一级注册建筑师考前复习用书

建 筑 构 造

600个历年试题解析及125个疑难问题解答

杨金铎　杨洪波　编著

中国建材工业出版社

图书在版编目（CIP）数据

建筑构造：600个历年试题解析及125个疑难问题解答／杨金铎，杨洪波编著．—北京：中国建材工业出版社，2012.1（2012.2重印）
ISBN 978-7-5160-0036-6

Ⅰ.①建… Ⅱ.①杨… ②杨… Ⅲ.①建筑构造—建筑师—资格考试—题解 Ⅳ.①TU22-44

中国版本图书馆CIP数据核字（2011）第195333号

内 容 简 介

作者作为多年从事一级注册建筑师考前辅导的老师，针对建筑构造试题内容庞杂、考点分散、涉及规范众多的特点，通过辅导过程中的疑点、难点、考点收集，依据新规范、标准在本书中进行了归纳总结。

本书对600个历年试题及125个疑难问题进行了逐一解答，以备读者查验。

建筑构造——600个历年试题解析和125个疑难问题解答

杨金铎　杨洪波　编著

出版发行：	中国建材工业出版社
地　　址：	北京市西城区车公庄大街6号
邮　　编：	100044
经　　销：	全国各地新华书店
印　　刷：	北京鑫正大印刷有限公司
开　　本：	710mm×1000mm　1/16
印　　张：	23.25
字　　数：	426千字
版　　次：	2012年1月第1版
印　　次：	2012年2月第2次
定　　价：	48.00元

本社网址：www.jccbs.com.cn
本书如出现印装质量问题，由我社发行部负责调换。联系电话：(010) 88386906

编者的话

"建筑构造"是一级注册建筑师考试课程"建筑材料与构造"中的难点，由于考题内容庞杂、考点分散、涉及规范众多，历年的及格率相对较低。为了破解难点、掌握重点、提高通过率，作者根据近20年从事一级注册建筑师考试辅导教材第四分册《建筑材料与构造》中"建筑构造"部分的编写和在北京及全国各地从事考前辅导讲课过程中搜集到的历年试题以及学员提出的各类问题，进行了归纳整理并依据现行规范（特别是新规范）进行了分析解释和归纳整理，编辑成《建筑构造》考前复习资料一书，其中包括600个历年试题的解析及125个疑难问题的解答，以求解决上述问题。《建筑构造》考前复习资料一书的问世，对报考一级注册建筑师"建筑材料与构造"的应考者而言，应该是一件幸事。

《建筑构造》的历年试题解析和疑难问题的解答均依据大量的新规范，其中有：《建筑抗震设计规范》（GB 50011—2010）、《严寒和寒冷地区居住建筑节能设计标准》（JGJ 26—2010）、《夏热冬冷地区节能设计标准》（JGJ 134—2010）、《混凝土结构设计规范》（GB 50010—2010）、《铝合金门窗工程技术规范》（JGJ 214—2010）、《民用建筑工程室内环境污染控制规范》（GB 50325—2010）、《倒置式屋面工程技术规范》（JGJ 230—2010）、《建筑遮阳工程技术规范》（JGJ 237—2011）、《建筑外墙防水工程技术规程》（JGJ/T 235—2011）等，所以本书除可以作为考试复习用书以外，还可以作为建筑设计人员的案头工作参考书。

本书在2009年年底出版第一版，在大量扩容后于2010年底出版第二版，此次为第三版。历年试题已从最初的400个增加到现在的600个，疑难问题解答也从最初的50个增加到125个。不少学员反映，本书对"建筑构造"考前复习和提高考试成绩均起到了积极的作用。

本书在编辑及修改过程中，不少读者提供了大量素材以及修改建议，我们均认真进行了深入的研究与采纳，使得本书内容更加全面、准确，在此对这些读者深表谢意。

参加本书搜集资料和协助编写的有黄超、杨红、汪裕生、胡国齐等同志，特此致谢。

杨金铎

2011年9月

目 录

第一部分 历年试题分析 ········· 1

一、建筑物的等级划分和建筑防火 ········· 1
二、基础与地下工程防潮、防水 ········· 22
三、墙体的构造 ········· 36
四、底层地面、楼地面与路面 ········· 68
五、楼梯和电梯 ········· 86
六、屋面 ········· 92
七、门窗 ········· 120
八、框架结构的有关问题 ········· 135
九、建筑装修 ········· 138
十、高层建筑、各种幕墙、无障碍措施和老年人建筑 ········· 166

第二部分 疑难问题解答 ········· 186

一、基本规定 ········· 186
  1. 民用建筑按工程规模如何进行分类？ ········· 186
  2. 民用建筑工程设计等级是如何分类的？ ········· 190
  3. 关于建筑高度的计算方法，各规范是如何规定的？ ········· 191
  4. 凸出屋面的屋顶凸出物，哪些可以不计入建筑高度内？ ········· 192
  5. 关于高层建筑起点高度（层数）的计算，各规范是如何规定的？ ········· 192
  6. 在多层砌体结构房屋的层数和总高度限值中，既有高度又有层数，应如何区分？ ········· 193
  7. 钢筋混凝土结构的抗震等级是如何划分的？ ········· 194
  8. 建筑面积如何计算，应从哪里开始计算？ ········· 195
  9. 建筑物中的哪些部分可以不计入建筑面积？ ········· 196
  10. 什么叫"商住楼"？它有什么特点？ ········· 197

二、基础与地下室 ········· 198
  11. 基础埋深如何计算？ ········· 198

1

12. 基础埋深与地上建筑高度是什么关系? ………………………… 198
13. 无筋扩展基础中，砖和灰土为什么能组合在一起形成灰土砖
    基础? …………………………………………………………… 198
14. 在地下室、半地下室的防火设计中，哪些问题是重点? ………… 199
15. 关于防水混凝土抗渗等级的表述，有的书中用S，有的书中用P，
    到底哪个对? …………………………………………………… 200
16. 地下工程防水中防水混凝土施工缝的构造要点是什么? ……… 200
17. 人民防空地下室是如何分级的? ………………………………… 202
18. 地下工程防水设计中会遇到哪些缝隙? 应如何处理? ………… 203
19. "后浇带"有什么构造特点? …………………………………… 203
20. 地下工程防水中的防水方案应如何确定? ……………………… 204
21. 什么叫"膨润土防水层"? 它有什么特点? …………………… 206

三、主体结构 …………………………………………………………… 209

22. "砖混结构"为何应更名为"砌体结构"? …………………… 209
23. 用于砌体结构的材料有哪些，它们的强度等级有几种? ……… 209
24. 加气混凝土砌块或加气混凝土板材可以做承重墙吗? ………… 210
25. 什么叫"预拌砂浆"? 什么叫"干拌砂浆"? ………………… 211
26. 如何解决女儿墙的抗震构造问题? ……………………………… 214
27. 什么叫"泰柏板"? 应该如何使用"泰柏板"? ……………… 214
28. 什么叫轻型条板隔墙? 它有哪些规定? ………………………… 215
29. 关于混凝土小型空心砌块的构造要点有哪些? ………………… 216
30. 砌体结构中后砌的非承重墙体与框架结构中填充墙的做法
    相同吗? ………………………………………………………… 225
31. 如何界定普通混凝土与轻骨料混凝土? ………………………… 226
32. 什么叫"补偿收缩混凝土"? ………………………………… 227
33. 如何界定"实心砖、多孔砖、空心砖、烧结普通砖、烧结
    多孔砖、烧结空心砖"? ……………………………………… 227
34. 如何界定"瓷质砖、炻质砖、陶质砖、通体砖"? …………… 228
35. 适用于外墙的建筑涂料有哪些? ………………………………… 228
36. 适用于内墙和地面的建筑涂料有哪些? ………………………… 228
37. 石膏砌块的优越性有哪些? 使用石膏砌块应注意些什么问题? … 229
38. 《墙体材料应用统一技术规范》(GB 50574—2010) 中对墙体
    材料的要求有哪些? …………………………………………… 230
39. 《墙体材料应用统一技术规范》(GB 50574—2010) 中对保温
    墙体有哪些构造要求? ………………………………………… 232

40.《植物纤维工业灰渣混凝土砌块建筑技术规程》(JGJ/T 228—2010) 中有哪些新的规定？ ············ 233
41.《混凝土结构设计规范》(GB 50010—2010) 中有哪些新的规定？ ············ 236

四、保温与节能 ············ 238

42. 关于气候分区，有的规范划分为五区，有的规范划分为七区，应如何理解？ ············ 238
43. 夏热冬冷地区指的是哪些地区？设计中应满足哪些要求？ ············ 239
44. 夏热冬暖地区指的是哪些地区？设计中应满足哪些要求？ ············ 242
45. 严寒和寒冷地区居住建筑如何达到节能？ ············ 242
46. 建筑节能设计应考虑哪几个方面的问题？ ············ 245
47. 居住建筑的墙体保温是如何解决的？ ············ 248
48.《建筑外墙防水工程技术规范》(JGJ/T 235—2011) 中对墙体防水有哪些新的规定？ ············ 250

五、屋面 ············ 253

49. 各种屋面的防水等级是如何对应的？ ············ 253
50. 在平屋面做法中有一种种植屋面，通过屋顶植物阻止热传导达到隔热目的，这种屋面的特点是什么？ ············ 254
51. 种植屋面的第一道防水层必须选用耐根穿刺的防水材料，什么样的防水材料是耐根穿刺的防水材料？它有什么特点？ ············ 255
52. "油毡"的叫法还存在吗？ ············ 255
53. 玻纤胎沥青瓦有什么构造特点？ ············ 256
54. 什么叫倒置式屋面？为什么推荐这种做法？ ············ 256
55. 古建和民居中的"坡屋顶"与现在的"瓦屋面"在构造上有什么不同？ ············ 258
56. 什么叫"排汽屋面"？它有什么特点？ ············ 260
57. 平屋面中隔汽层的设置原则是什么？ ············ 261
58. 屋面防水采用多道防水材料时，其构造顺序有无要求？ ············ 261

六、楼梯与电梯 ············ 262

59. 电梯设置台数有哪些规定？ ············ 262
60. 电梯的细部构造应注意哪些问题？ ············ 263
61. 消防电梯的设置有哪些规定？ ············ 266
62. 自动扶梯的细部构造应注意哪些问题？ ············ 267
63. 高层建筑的对外安全出口有哪些具体规定？ ············ 268
64. 什么叫剪刀楼梯？应用时应注意什么问题？ ············ 268
65. 楼梯间的防火要求有哪些？ ············ 269

66. 室外楼梯可以作为疏散楼梯吗？ 269
67. 建筑设计中如何确定楼梯的平面形式？ 269

七、门窗 271

68. 什么叫窗墙面积比？居住建筑各朝向的窗墙面积比是如何规定的？ 271
69. 门窗的五大性能指标是什么？ 273
70. 防火门的应用与选择，应注意哪些问题？ 274
71. 防火门的专用标准规定了哪些内容？ 277
72. 防火卷帘可以替代防火门使用吗？ 278
73. 防火窗的使用应注意什么问题？ 279
74. 关于防火窗的专用标准规定了哪些内容？ 279
75. 各种材质的门窗在选用时应注意些什么？ 281
76. 《铝合金门窗工程技术规范》（JGJ 214—2010）中对铝合金门窗有哪些新的规定？ 282
77. 窗的选用和布置应注意什么问题？ 283
78. 门的选用、基本尺度和布置应注意什么问题？ 284
79. 什么叫"副框"？它有什么好处？ 287
80. 什么叫"断桥铝合金窗"？它有什么特点？ 287
81. 门窗玻璃的选用应注意哪些问题？ 288
82. 防火玻璃如何进行分类？ 288
83. 安全玻璃的品种与应用如何？特殊玻璃包括哪些品种？ 289

八、建筑装修 292

84. 《建筑材料放射性核素限量》（GB 6566—2010）中对石材的级别和应用作了哪些规定？ 292
85. 《民用建筑工程室内环境污染控制规范》（GB 50325—2010）中对污染环境的控制内容有哪些？ 293
86. 建筑结构材料与建筑装修材料的燃烧性能划分一致吗？ 299
87. 民用建筑室内装修的燃烧性能等级是如何规定的？ 300
88. 建筑装修材料可以提高燃烧性能等级使用的有哪些做法？ 301
89. 特殊房间的地面做法选择中有哪些值得注意的地方？ 301
90. 防止混凝土开裂的措施有哪些？ 302
91. 楼地面的特殊构造有哪些？ 302
92. 地板玻璃地面的构造要点有哪些？ 303
93. 石材、地面砖楼地面的施工要点有哪些？ 304
94. 竹材、实木地板铺贴时的施工要点有哪些？ 305

95. 强化木地板铺贴时的施工要点有哪些? …………………… 306
96. 地毯铺装时应注意哪些问题? ……………………………… 307
97. 关于卫生间楼地面的构造要点有哪些? …………………… 308
98. 建筑门口一般均不加设"门槛",有无特例? …………… 308
99. 台阶和坡道应如何解决"防冻胀"问题? ………………… 309
100. 什么叫"空气洁净度"要求较高的地面?"空气洁净度"如何分级? ………………………………………………… 309
101. 什么叫"自流平"地面?它有什么特点? ………………… 310
102. 有关石材幕墙(装饰石材)的应用有哪些规定? ………… 312
103. 建筑玻璃防人体冲击应采用哪些措施? …………………… 312
104. 民用建筑外保温材料及外墙装饰如何达到防火要求? …… 314

九、抗震要求 …………………………………………………… 316

105. 《建筑工程抗震设防分类标准》(GB 50223—2008)中设防类别是如何界定的? …………………………………………… 316
106. 《建筑工程抗震设防分类标准》(GB 50223—2008)中需要提高设防标准的建筑有哪些? ……………………………………… 316
107. 砌体结构如何布局才能满足《建筑抗震设计规范》(GB 50011—2010)的要求? ………………………………… 317
108. 《建筑抗震设计规范》(GB 50011—2010)中对"构造柱"是如何规定的? …………………………………………………… 320
109. 《建筑抗震设计规范》(GB 50011—2010)中对"圈梁"是如何规定的? …………………………………………………… 323

十、各种幕墙 …………………………………………………… 324

110. 框支承玻璃幕墙、全玻璃墙、点支承玻璃幕墙在应用上有什么不同? ……………………………………………………… 324
111. 玻璃幕墙各组成部分在选用材料时应注意什么问题? …… 324
112. 什么叫"双层幕墙"?它的构造要点有哪些? …………… 326
113. 玻璃幕墙的竖向构件与结构应采用什么方法连接? ……… 327
114. 石材幕墙有几种构造做法? ………………………………… 328
115. 金属幕墙主要采用几种材料?其做法特点是什么? ……… 328
116. 金属幕墙的铝合金构件表面处理有几种方式? …………… 328

十一、采光顶 …………………………………………………… 329

117. 采光顶设计应注意哪些问题? ……………………………… 329
118. 玻璃采光顶构造应注意的有关问题 ………………………… 330

十二、其他 ……………………………………………………… 331

119. 框架结构能采用预制做法吗? ……………………………………… 331
120. 框架建筑中的墙体应选用什么材料? ………………………………… 331
121. 框架结构与砌体结构在构造方面有哪些明显区别? ………… 332
122. 建筑物的无障碍设计有哪些规定? …………………………………… 333
123. 设置变形缝时应注意哪些问题? ……………………………………… 334
124. 建筑遮阳设计应注意哪些问题? ……………………………………… 336
125. 《民用建筑隔声设计规范》(GB 50118—2010)有哪些内容值得注意? ………………………………………………………………… 338

附录 与考试复习有关的规范索引 ……………………………………… 359

第一部分 历年试题分析

一、建筑物的等级划分和建筑防火

（一）建筑高度与建筑层数

1-01 在抗震设防地区的实心砖（多孔砖、小砌块）多层砌体承重房屋的层高，不应超过下列何值？
  (A) 3.3m (B) 3.6m
  (C) 3.9m (D) 4.2m
  答案：B
  提示：《建筑抗震设计规范》（GB 50011—2010）第7.1.3条中规定普通砖（多孔砖、小砌块）承重房屋的层高为3.6m。（注：底部框架-抗震墙房屋的层高不得超过4.5m）

1-02 在抗震设防烈度为8度（0.20g）的地区，墙厚为240mm的多层多孔砖砌体住宅楼的最大高度为下列何值？
  (A) 15m (B) 18m
  (C) 20m (D) 21m
  答案：B
  提示：《建筑抗震设计规范》（GB 50011—2010）第7.1.2条中规定：抗震设防烈度为8度、设计基本地震加速度0.20g的地区，墙厚为240mm的多层多孔砖砌体住宅楼的最大建造高度为18m。

1-03 在抗震设防烈度为7度（0.10g）的地区，用普通混凝土小型空心砌块作为承重墙建造的楼房，最多可以建几层？
  (A) 4层 (B) 5层
  (C) 8层 (D) 7层
  答案：D
  提示：《建筑抗震设计规范》（GB 50011—2010）第7.1.2条中规定：在抗震设防烈度为7度、设计基本地震加速度0.10g的地区，用普通混凝土小型空心砌块作为承重墙建造楼房最多可以建造 7 层。

1-04 在抗震设防烈度为 8 度（0.20g）的地区，墙厚为 240mm 的烧结普通砖砌体住宅楼的最多建造层数为下列何值？
(A) 4 层　　　　　　　　(B) 5 层
(C) 6 层　　　　　　　　(D) 7 层

答案：C

提示：《建筑抗震设计规范》（GB 50011—2010）第 7.1.2 条中规定：抗震设防烈度为 8 度、设计基本地震加速度 0.20g 的地区，墙厚为 240mm 的烧结普通砖砌体结构住宅楼的最多建造层数为 6 层。（注：8 度、0.30g 地区的最多建造层数为 5 层）

1-05 下图是抗震设防为 6 度（0.05g）地区的多层承重砖墙一般构造示意图，其房屋的总高度和总层数的限值为以下哪一项？
(A) 24m，8 层　　　　　(B) 21m，7 层
(C) 18m，6 层　　　　　(D) 15m，5 层

答案：B

提示：《建筑抗震设计规范》（GB 50011—2010）第 7.1.2 条中规定：抗震设防烈度为 6 度、设计基本地震加速度 0.05g 的地区，墙厚为 240mm 的烧结普通砖砌体结构住宅楼的最高建造层数为 7 层，建造高度为 21m。

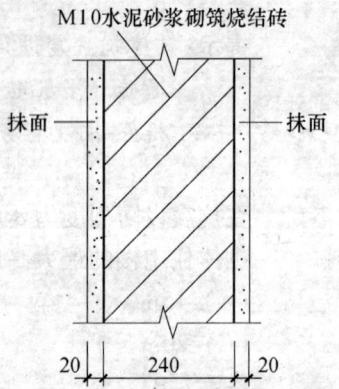

1-06 特别重要的建筑，其设计使用年限为多少年？
(A) 150 年以上　　　　　(B) 100 年
(C) 50～100 年　　　　　(D) 50 年

答案：B

提示：《民用建筑设计通则》（GB 50352—2005）第 3.2.1 条中规定：特别重要的建筑，其设计使用年限应为 100 年，属于 4 类建筑。

（二）建筑结构防火

1-07 根据有关规定，钢筋网架水泥聚苯乙烯夹心板墙的耐火等级的适用范围，下列表述中哪一项是错误的？

(A) 可以用作非承重防火墙、楼梯间墙
(B) 可以用作二类高层建筑中，面积不超过100m² 的房间隔墙
(C) 在一类高层建筑中要慎用
(D) 不可以用作建筑高度超过100m 建筑的疏散走道两侧隔墙和房间隔墙

答案：A

提示：《高层民用建筑设计防火规范》（GB 50045—95）2005 年版第3.0.2 条中规定：(A) 项，非承重防火墙是3.00h，楼梯间墙是2.00h；第3.0.5 条中规定：(B) 项，二类高层建筑中，面积不超过100m² 的房间隔墙的耐火极限是0.50h（难燃烧体）和0.30h（不燃烧体）；(C) 项，在一类高层建筑中要慎用是正确的；第3.0.2 条中规定：(D) 项，疏散走道两侧隔墙的耐火极限是1.00h、房间隔墙的耐火极限是0.75h；《建筑设计防火规范》（GB 50016—2006）附录中规定：钢筋网架水泥聚苯乙烯夹心板墙的耐火极限是1.30h，达不到防火墙和楼梯间墙的要求。

1-08 某高层民用建筑采用加气混凝土砌块墙（双面抹灰粉刷）做非承重的防火墙，试问下列哪一组厚度均能满足防火墙的耐火极限要求？

Ⅰ. 75mm
Ⅱ. 100mm
Ⅲ. 150mm
Ⅳ. 200mm

(A) Ⅰ、Ⅱ、Ⅲ、Ⅳ   (B) Ⅱ、Ⅲ、Ⅳ
(C) Ⅲ、Ⅳ   (D) Ⅳ

答案：B

提示：《高层民用建筑设计防火规范》（GB 50045—95）2005 年版第3.0.2 条中规定：非承重的防火墙的耐火极限是3.00h。附录中指出：75mm 厚加气混凝土的砌块墙的耐火极限是2.50h；100mm 厚耐火极限是3.75h；150mm 厚耐火极限是5.75h；200mm 厚耐火极限是8.00h，故B 组可以满足要求。

1-09 第三气候区（夏热冬冷地区），某耐火等级为二级的2 层幼儿园，设计时采用下列的技术措施，其中哪一条是错误的？

(A) 采用现浇钢筋混凝土屋顶、梁和柱
(B) 采用120mm 厚预应力钢筋混凝土圆孔空心楼板

(C) 外墙采用240mm厚蒸压加气混凝土砌块填充墙

(D) 走道两侧隔墙采用轻钢龙骨双面各12mm厚纸面石膏板隔墙

答案：B

提示：《建筑设计防火规范》（GB 50016—2006）第5.1.1条中规定，耐火等级为二级的楼板的耐火极限应是1.00h，而120mm厚预应力钢筋混凝土圆孔空心楼板的耐火极限只有0.40～0.85h，达不到防火规范的要求。

1-10 多层建筑室外疏散楼梯的构造做法，下列组合中哪一组是完全正确的？

Ⅰ. 每层出口处平台应采用钢筋混凝土构件，耐火极限不低于1.00h

Ⅱ. 每层出口处平台和楼梯段均可采用钢构件，耐火极限不低于0.25h

Ⅲ. 楼梯段的耐火极限应不低于0.25h

Ⅳ. 楼梯段应采用钢筋混凝土构件，耐火极限不低于0.50h

(A) Ⅳ、Ⅰ (B) Ⅰ、Ⅲ
(C) Ⅲ、Ⅱ (D) Ⅳ、Ⅲ

答案：B

提示：查找《建筑设计防火规范》（GB 50016—2006）第7.4.5条，(B)项中Ⅰ、Ⅲ做法与规范要求一致，完全正确。

1-11 一级耐火等级民用建筑房间隔墙的耐火极限是下列何值？

(A) 1.00h (B) 0.75h
(C) 0.50h (D) 0.25h

答案：B

提示：《建筑设计防火规范》（GB 50016—2006）第5.1.1条中规定：一级耐火等级民用建筑房间隔墙的耐火极限是0.75h。

1-12 耐火等级为二级的建筑，其吊顶的燃烧性能和耐火极限不应低于下列何值？

(A) 非燃烧体 0.25h (B) 非燃烧体 0.35h
(C) 难燃烧体 0.25h (D) 难燃烧体 0.15h

答案：C

提示：《建筑设计防火规范》（GB 50016—2006）第5.1.1条中规定，耐火等级为二级的建筑，其吊顶（包括吊顶搁栅）的燃烧性能和耐火极限应采用难燃烧体，耐火极限是0.25h。

1-13 当设计条件相同时,下列隔墙中哪一种耐火极限最低?
(A) 120mm 厚钢筋混凝土隔墙
(B) 100mm 厚加气混凝土砌块墙
(C) 轻钢龙骨双层防火石膏板隔墙,其构造厚度(mm):2×12+75(空)+2×12
(D) 90mm 厚石膏珍珠岩空心条板隔墙

答案:C

提示:《建筑设计防火规范》(GB 50016—2006)附录中规定,(A)项 120mm 厚钢筋混凝土隔墙的耐火极限为 2.50h,(B)项 100mm 厚加气混凝土砌块墙的耐火极限为 2.00h,(D)项 90mm 厚石膏珍珠岩空心条板隔墙的耐火极限为 1.75h,(C)项构造厚度 2×12+75(空)+2×12(mm)的轻钢龙骨双层防火石膏板隔墙的耐火极限只有 1.10h,故其耐火极限最低。

1-14 高层建筑内隔墙的下列防火设计中,哪一条是错误的?
(A) 疏散走道两侧隔墙的耐火极限不应小于 1.00h
(B) 一类高层房间隔墙的耐火极限不应小于 0.75h
(C) 柴油发电机房及其储油间的隔墙,耐火极限不应小于 2.00h
(D) 消防电梯机房与相邻电梯机房的隔墙,耐火极限不应小于 2.00h

答案:C

提示:《高层民用建筑设计防火规范》(GB 50045—95)2005 年版第 4.1.3 条中规定:柴油发电机房及其储油间的隔墙耐火极限不应小于 3.00h(即按防火墙的要求考虑)。

1-15 用 3cm 厚型钢结构防火涂料作保护层的钢柱,其耐火极限(h)为下列何值?
(A) 0.75   (B) 1.00
(C) 1.50   (D) 2.00

答案:D

提示:查找《建筑设计防火规范》(GB 50016—2006)附录中规定,用 3cm 厚型钢结构防火涂料作保护层的钢柱,其耐火极限为 2.00h。

1-16 100mm 厚加气混凝土非承重墙的耐火极限为下列何值?
(A) 3.75h   (B) 3.00h
(C) 2.25h   (D) 1.50h

答案：A

提示：查找《高层民用建筑设计防火规范》（GB 50045—95）2005年版附录中规定，100mm厚加气混凝土非承重墙的耐火极限为3.75h。

1-17 高层建筑中柴油发电机房储油间与锅炉间之间的非承重隔墙，下列做法哪一项符合耐火等级的要求？
（A）采用60mm厚纤维增强水泥加压平板墙
（B）采用75mm厚双面抹灰加气混凝土砌块墙
（C）采用120mm厚（不包括双面抹灰）普通烧结砖墙
（D）采用120mm厚钢筋混凝土大板墙

答案：C

提示：《高层民用建筑设计防火规范》（GB 50045—95）2005年版第4.1.2条中规定，高层建筑中柴油发电机房储油间的耐火极限均为3.00h。该规范附录中指出：（A）项60mm厚纤维增强水泥加压平板墙的耐火极限2.00h，（B）项75mm厚双面抹灰加气混凝土砌块墙的耐火极限为2.50h，（C）项120mm厚（不包括双面抹灰）普通烧结砖墙的耐火极限为3.00h；（D）项120mm厚钢筋混凝土大板墙的耐火极限为2.60h。很明显，（C）项满足规范规定的要求。

1-18 下列150mm厚的内隔墙，哪一项不满足3h的耐火极限要求？
（A）加气混凝土砌块墙
（B）钢筋加气混凝土垂直墙板墙
（C）充气混凝土砌块墙
（D）轻骨料混凝土砌块墙

答案：D

提示：查找《建筑设计防火规范》（GB 50016—2006）附录中得知，（A）项，150mm加气混凝土砌块墙为7.00h；（B）项，150mm钢筋加气混凝土垂直墙板墙为3.00h；（C）项，充气混凝土砌块墙为7.50h；（D）项，轻骨料混凝土砌块墙约为1.80h，不满足3h耐火极限的要求。

1-19 高层建筑内的楼梯间墙，以下哪一种无法满足耐火极限的要求？
（A）75mm厚加气混凝土砌块墙无抹灰

(B)双层石膏珍珠岩空心条板墙（6mm+50mm中空+6mm）
(C)120mm厚黏土砖墙无抹灰
(D)双层防火石膏板墙中空75mm填40mm岩棉

答案： D

提示：《高层民用建筑设计防火规范》（GB 50045—95）2005年版第3.0.2条中规定，高层建筑内的楼梯间墙耐火极限是2.00h，由附录中得知：(A)项，75mm厚加气混凝土砌块墙无抹灰的耐火极限是2.50h；(B)项，双层石膏珍珠岩空心条板墙（6mm+50mm中空+6mm）的耐火极限是3.25h；(C)项，120mm厚黏土砖墙无抹灰的耐火极限是3.00h；(D)项，双层防火石膏板墙中空75mm填40mm岩棉的耐火极限是1.60h。故(D)项不可以用作高层建筑内的楼梯间墙。

1-20 以下哪一类墙体不可用作多层住宅底层商店之间的隔墙？
(A) 120mm厚黏土砖墙
(B) 125mm厚石膏珍珠岩空心条板墙（双层中空）
(C) 150mm厚加气混凝土预制墙板
(D) 75mm厚加气混凝土砌块墙

答案： B

提示： 多层住宅底层商店之间的隔墙应按住宅分户墙考虑，《建筑设计防火规范》（GB 50016—2006）第5.1.1条中规定：分户墙的耐火极限应为2.00h，由附录中得知：(A)项，120mm厚黏土砖墙的耐火极限为2.50h；(B)项，125mm厚石膏珍珠岩空心条板墙（双层中空）的耐火极限约为2.40h；(C)项，150mm厚加气混凝土预制墙板的耐火极限为3.00h；(D)项，75mm厚加气混凝土砌块墙耐火极限为2.00h左右，虽上述4种材料均能满足防火要求。但125mm厚石膏珍珠岩空心条板墙（双层中空）作为多层住宅底层商店之间的隔墙，在构造上是不合理的。

1-21 高层建筑内的"消防控制室"隔墙，可用下列哪一种构造的墙体？
(A) 75mm厚加气混凝土墙板
(B) 60mm厚黏土砖隔墙
(C) 120mm厚轻质混凝土砌块墙
(D) 123mm厚中空填岩棉、双层防火石膏板墙

答案： A

提示：《高层民用建筑设计防火规范》（GB 50045—95）2005年版第4.1.4条中规定："消防控制室"隔墙的耐火极限是2.00h。由附录中得知：（A）项75mm厚加气混凝土墙板的耐火极限是2.50h；（B）项60mm厚黏土砖隔墙的耐火极限是1.50h；（C）项120mm厚轻质混凝土砌块墙的耐火极限是1.50h；（D）项123mm厚中空填岩棉、双层防火石膏板墙的耐火极限是1.50h。综上所述应选用75mm厚加气混凝土墙板。

1-22 防火窗的材料应采用下列哪一组？
（A）钢化玻璃、塑钢窗框　　　（B）夹丝玻璃、铝合金窗框
（C）镶嵌铅丝玻璃、钢窗框　　（D）夹层玻璃、木板包铁皮窗框
答案：C
提示：《建筑设计防火规范》（GB 50016—2006）附录中规定：防火窗的材料应采用镶嵌铅丝玻璃和钢窗框的做法。国家标准《防火窗》（GB 16809—2008）中规定：采用单片防火玻璃或复合防火玻璃、钢窗框也可以。

1-23 防火窗上使用的复合防火玻璃的厚度（mm）应该选择下列哪一项？
（A）$5 \leqslant d < 11$　　　　　（B）$11 \leqslant d < 17$
（C）$17 \leqslant d < 24$　　　　（D）$24 \leqslant d < 35$
答案：A
提示：查找国家标准《防火玻璃》（GB 15763.1—2009）第6.1条得知：防火玻璃共分为5个档次，除（A）~（D）项外，还有（E）项 $d \geqslant 35mm$。国家标准《防火窗》（GB 16809—2008）中第7.1.2条规定：防火窗上使用的复合防火玻璃的厚度，通常选择 $5 \leqslant d < 11$（mm）。

1-24 防火门窗使用的材料哪一项不对？
（A）框料为≥1.2mm厚的冷轧薄钢板材
（B）五金件能耐800℃高温
（C）玻璃可以选用复合防火玻璃
（D）铰链板采用≥3.0mm厚的冷轧薄钢板材制作
答案：B
提示：国家标准《防火门》（GB 12955—2008）中规定：防火门窗上安装的五金件不能低于其他材料的耐火性能。查找有关材料后得

知，五金件应达耐950℃以上高温的要求。

1-25 防火门背面的温升曲线检测温度应控制在多少度？
（A） 150　　　　　　　　　　（B） 180
（C） 210　　　　　　　　　　（D） 240
答案：B
提示：查找国家标准《门和卷帘的耐火试验方法》（GB/T 7633—2008）后得知：防火门检测背面的温升曲线检测温度应控制在180℃。

1-26 关于防火墙的描述，下列哪一项与规范不符？
（A） 地下防火墙不宜直接设置在基础或钢筋混凝土框架、梁等承重结构上
（B） 防火墙可以砌筑在耐火极限为3h的构件上
（C） 外墙为难燃烧体时，防火墙应凸出墙体外表面0.40m以上
（D） 屋顶承重结构和屋面板的耐火极限低于0.50h时，防火墙应高出燃烧体0.50m以上
答案：A
提示：《建筑设计防火规范》（GB 50016—2006）第7.1.1条中规定：防火墙应直接设置在基础或钢筋混凝土框架、梁等承重结构上。

1-27 泰柏板就耐火性能而言不能用于下列哪个部位？
（A） 低层建筑门厅分隔墙
（B） 一般工业与民用建筑内、外墙
（C） 轻型屋面板材
（D） 小开间、轻荷载建筑的楼板
答案：B
提示：《建筑设计防火规范》（GB 50016—2006）附录中规定，泰柏板的耐火极限是1.30h。（A）项，低层建筑门厅分隔墙要求的耐火极限是1.00h；（B）项，一般工业与民用建筑内、外墙要求的耐火极限是3.00h；（C）项轻型屋面板材和（D）项小开间、轻荷载建筑的楼板要求的耐火极限均是1.00h，很明显不满足B项的要求。

1-28 下列有关加气混凝土防火墙构造做法的有关要求中哪一项有误？
（A） 防火墙可以不直接设置在基础上或钢筋混凝土的框架梁上

(B) 加气混凝土墙体可以做为防火墙使用，但不得开设门窗洞口
(C) 加气混凝土防火墙高出不燃烧体屋面应不小于400mm
(D) 建筑物外墙如为不燃烧体时，加气混凝土防火墙可以不凸出外表面

答案：B

提示：《建筑设计防火规范》（GB 50016—2006）中第7.1.5条讲到，加气混凝土墙体属于轻质防火墙。防火墙上开设洞口的规定与重质防火墙要求一致，即防火墙上不应开设门窗洞口，当必须开设时，应设置固定的或火灾时能自动关闭的甲级防火门窗。

1-29 消防控制室宜设置在高层建筑的首层或地下一层，与其他房间之间隔墙的耐火极限应不低于下列哪一项数值（h）？
(A) 4.00　　　　　　　　(B) 3.00
(C) 2.00　　　　　　　　(D) 1.00

答案：C

提示：从《高层民用建筑设计防火规范》（GB 50045—95）2005年版第4.1.5条中可以查到，消防控制室与其他房间之间隔墙的耐火极限应不低于2.00h。

1-30 消防电梯井与相邻电梯井之间墙的耐火极限不应低于下列哪一项数值（h）？
(A) 1.50　　　　　　　　(B) 2.00
(C) 3.00　　　　　　　　(D) 3.50

答案：B

提示：从《高层民用建筑设计防火规范》（GB 50045—95）2005年版第6.3.3条中可以查到，消防电梯井与相邻电梯井之间隔墙的耐火极限应不低于2.00h。

1-31 乙级防火门的耐火极限是下列哪一项数值（h）？
(A) 0.50　　　　　　　　(B) 0.90
(C) 1.20　　　　　　　　(D) 1.50

答案：B

提示：从《高层民用建筑设计防火规范》（GB 50045—95）2005年版第5.4.1条中可以查到，乙级防火门的耐火极限是0.90h（注：甲级防火门的耐火极限是1.20h、丙级防火门的耐火极限是

0.60h）。国家标准《防火门》（GB 12955—2008）中规定：隔热防火门（A类）中的乙级，耐火极限为1.00h。

1-32 下列有关舞台防火的提法哪一项是错误的？
（A）在剧院设计中，应考虑安全疏散
（B）在舞台设计时应考虑必要的防火措施
（C）防火幕仅放于舞台与后台相交的地方
（D）防火幕、防火门、水幕及防火出烟口等都是舞台的防火措施
答案：C
提示：分析所得，防火幕除放于舞台与后台相交的地方外，还应放置于舞台与观众厅相交的台口部位。防火幕应按防火墙考虑，采用不燃烧体材料，耐火极限应为3.00h。

1-33 下列哪一个建筑部位的耐火极限要求最高？
（A）梁柱 （B）墙体
（C）楼板 （D）屋顶
答案：B
提示：《建筑设计防火规范》（GB 50016—2006）中第5.1.1条中规定：墙体的耐火极限要求最高（虽然柱与墙要求的耐火极限一样，但柱和梁一起组合是不合适的）。

1-34 下列哪一种墙体不能作为高层建筑疏散走道两侧的隔墙？
（A）60mm厚石膏珍珠岩空心条板隔墙
（B）12mm+75mm（空）+12mm轻钢龙骨单层石膏板隔墙
（C）100mm厚粉煤灰加气混凝土砌块隔墙
（D）120mm厚普通黏土砖隔墙
答案：B
提示：《高层民用建筑设计防火规范》（GB 50045—95）2005年版附录中规定：高层民用建筑走道的隔墙的耐火极限为1.00h。（A）项，60mm厚石膏珍珠岩空心条板的耐火极限为1.20h；（B）项，12mm+75mm（空）+12mm轻钢龙骨单层石膏板隔墙的耐火极限为0.50h；（C）项，100mm厚粉煤灰加气混凝土砌块墙的耐火极限为3.75h；（D）项，120mm厚普通黏土砖墙双面抹灰的耐火极限为4.50h。结论：B项12mm+75mm（空）+12mm轻钢龙骨单层石膏板隔墙的耐火极限最低，故不能作为高层建筑疏

散走道两侧的隔墙。

1-35 某18层单元式住宅,每个单元拟设置一部疏散楼梯并通向屋顶,以下哪一项不符合规范规定?
(A) 单元与单元之间设防火墙
(B) 户门均为甲级防火门
(C) 单元与单元之间的不燃烧体窗间墙宽度大于1.2m
(D) 上下层之间的不燃烧体窗槛墙高度大于0.8m
答案:D
提示:《高层民用建筑设计防火规范》(GB 50045—95)2005年版中第6.1.1条中规定:上下层之间的不燃烧体窗槛墙的高度应大于1.20m。

1-36 以下哪一种墙体构造不可用于剧院舞台与观众厅之间的隔墙?

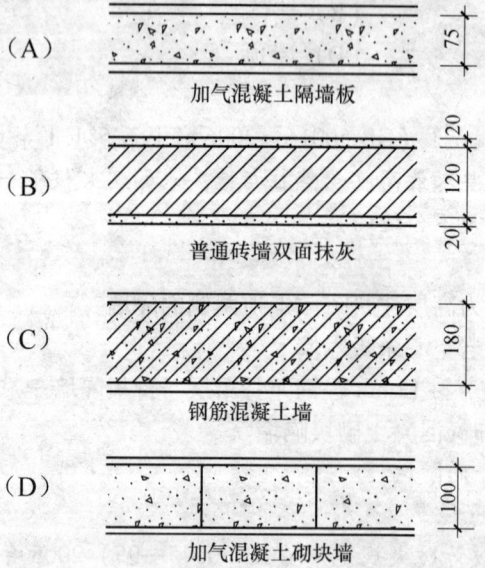

答案:A
提示:根据《建筑设计防火规范》(GB 50016—2006)第7.2.1条中规定:剧院舞台与观众厅之间的隔墙应为防火墙,防火墙的耐火极限应为3.00h。上述构造的耐火极限分别是(A)项是2.50h;(B)项是3.00h;(C)项是3.50h;(D)项是6.00h;故(A)项加气混凝土隔墙板不能用于剧院舞台与观众厅之间的隔墙。

1-37 关于挡烟垂壁的构造设计，下列哪一项是正确的？

（A）用难燃烧材料制成，从顶棚下垂不小于300mm

（B）用难燃烧材料制成，从顶棚下垂不小于500mm

（C）用不燃烧材料制成，从顶棚下垂不小于300mm

（D）用不燃烧材料制成，从顶棚下垂不小于500mm

答案：D

提示：《高层民用建筑设计防火规范》（GB 50045—95）2005年版中第5.1.6条中规定：挡烟垂壁的构造应采用不燃烧材料制作，从顶棚下垂的高度不应小于500mm。

1-38 18层及18层以下的单元式住宅，在同时满足以下条件时，可只设一个安全出口。下列哪一项条件是错误的？

（A）每个单元设有一座通向屋顶的疏散楼梯

（B）单元之间的楼梯通过屋顶连通

（C）单元与单元之间设有防火墙，户门为甲级防火门

（D）窗间墙宽度、窗槛墙高度大于0.8m且为不燃烧体墙

答案：D

提示：《高层民用建筑设计防火规范》（GB 50045—95）2005年版第6.1.1条中规定：18层及18层以下的单元式住宅，窗间墙宽度、窗槛墙高度应大于1.2m且均应为不燃烧体实墙。

1-39 当设计条件相同时，下列隔墙中，哪一种耐火极限最低？

（A）12cm厚普通黏土砖墙双面抹灰

（B）10cm厚加气混凝土砌块墙

（C）石膏珍珠岩双层空心条板墙厚度为6.0cm+5.0cm（空）+6.0cm

（D）轻钢龙骨双面钉石膏板，板厚1.2cm

答案：D

提示：《高层民用建筑设计防火规范》（GB 50045—95）2005年版附录中规定：（A）项，12cm厚普通黏土砖墙双面抹灰的耐火极限为4.50h；（B）项，10cm厚加气混凝土砌块墙的耐火极限为3.75h；（C）项，石膏珍珠岩双层空心条板墙厚度为6.0cm+5.0cm（空）+6.0cm的耐火极限为3.75h；（D）项，轻钢龙骨双面钉石膏板，板厚1.2cm的耐火极限为0.33h；结论：双面钉1.2cm厚的石膏板轻钢龙骨隔墙耐火极限最低。

1-40 高层建筑消防控制室，下列房间非承重隔墙哪一项符合耐火等级要求？
（A）通风、空调机房采用60mm厚GRC轻质空心条板墙
（B）柴油发电机房的储油间可采用75mm厚双面抹灰加气混凝土砌块墙
（C）消防控制室采用75mm厚双面抹灰加气混凝土砌块墙
（D）燃气锅炉房采用75mm厚双面抹灰加气混凝土砌块墙与裙房隔开
答案：C
提示：《高层民用建筑设计防火规范》（GB 50045—95）2005年版第4.1.2条中规定：（A）项，通风和空调机房的非承重隔墙的耐火极限为2.00h；（B）项，柴油发电机房的储油间的非承重隔墙的耐火极限为3.00h；（C）项，消防控制室的非承重隔墙的耐火极限为2.00h；（D）项，燃气锅炉房与裙房之间的耐火极限为3.00h。该规范附录中规定：75mm的加气混凝土砌块墙的耐火极限为2.50h，60mm厚GRC轻质空心条板墙的耐火极限只有1.50h。故C项正确。

1-41 管道井防火构造中哪一项与规范不符？
（A）电缆井、管道井、排烟道等竖向管道井可以合并设置
（B）管道井的井壁应为耐火极限不低于1.00h的不燃烧体
（C）井壁上的检查门应采用丙级防火门
（D）管道井应在每层楼板处采用不低于楼板耐火极限的不燃烧体或防火材料封堵
答案：A
提示：《建筑设计防火规范》（GB 50016—2006）第7.2.9条中指出：电缆井、管道井、排烟道、排气道、垃圾道等竖向管道井，应分别独立设置。

（三）建筑装修防火

1-42 建筑装修材料中纸面石膏板的燃烧性能属于哪一个级别？
（A）A级　　　　　　　　（B）B1级
（C）B2级　　　　　　　　（D）B3级
答案：B
提示：《建筑内部装修设计防火规范》（GB 50222—95）2001年版附录B中规定：纸面石膏板用于墙体材料和顶棚材料时，其燃烧性能均属于B1级。

1-43 安装在轻钢龙骨上的纸面石膏板,可作为燃烧性能为哪一级的装饰材料使用?

(A) A级　　　　　　　　　(B) B1级
(C) B2级　　　　　　　　　(D) B3级

答案:A

提示:《建筑内部装修设计防火规范》(GB 50222—95) 2001年版第2.0.4条中规定:安装在轻钢龙骨上的纸面石膏板的燃烧性能可以作为A级装饰材料使用。

1-44 在轻钢龙骨纸面石膏板上涂无机涂料吊顶属于哪一个等级?

(A) A级　　　　　　　　　(B) B1级
(C) B2级　　　　　　　　　(D) B3级

答案:A

提示:《建筑内部装修设计防火规范》(GB 50222—95) 2001年版第2.0.7条中指出:施涂于A级基材上的无机装饰涂料,可作为A级装修材料使用。

1-45 下列建筑吊顶中,哪一种吊顶的耐火极限最低?

(A) 木吊顶搁栅,钢丝网抹灰
(B) 木吊顶搁栅,钉矿棉吸声板
(C) 钢吊顶搁栅,钢丝网抹灰
(D) 钢吊顶搁栅,钉双面石膏板

答案:B

提示:查找《建筑设计防火规范》(GB 50016—2006) 附录中得知,(A) 项为0.25h、(B) 项为0.15h、(C) 项为0.25h、(D) 项为0.30h,结论是(B) 项最低。

1-46 在100mm厚的水泥钢丝网聚苯夹芯板隔墙的抹灰基层上,涂刷普通合成树脂乳液涂料(乳胶漆),其墙面的燃烧性能等级属于下列哪一级?

(A) B3级　　　　　　　　　(B) B2级
(C) B1级　　　　　　　　　(D) A级

答案:C

提示:《建筑内部装修设计防火规范》(GB 50222—95) 2001年版第2.0.7条中指出,上述做法的燃烧性能等级属于B1级。

1-47 下列对常用吊顶装修材料燃烧性能等级的描述，哪一项是正确的？
(A) 水泥刨花板为 A 级
(B) 岩棉装饰板为 A 级
(C) 玻璃板为 B1 级
(D) 矿棉装饰吸声板、难燃胶合板为 B1 级
答案：D
提示：《建筑内部装修设计防火规范》（GB 50222—95）2001 年版规定吊顶材料的燃烧性能应不低于 B1 级：(A) 项水泥刨花板的燃烧性能应为 B1 级，不是 A 级；(B) 项岩棉装饰板的燃烧性能应为 B1 级，不是 A 级；(C) 项玻璃板的燃烧性能应为 A 级，不是 B1 级；(D) 项矿棉装饰吸声板、难燃胶合板的燃烧性能是 B1 级，与规范要求一致，答案正确。

1-48 建筑高度超过 50m 的普通旅馆，采用下列哪一种吊顶是错误的？
(A) 轻钢龙骨纸面石膏板
(B) 轻钢龙骨 GRC 板
(C) 内外表面及相应龙骨均涂覆一级饰面型防火涂料的胶合板
(D) 轻钢龙骨硅酸钙板
答案：C
提示：《高层民用建筑设计防火规范》（GB 50045—95）2005 年版规定：建筑高度超过 50m 的普通旅馆属于一类高层建筑；《建筑内部装修设计防火规范》（GB 50222—95）2001 年版规定：一类高层建筑吊顶应采用 A 级材料，除 (C) 项内外表面及相应龙骨均涂覆一级饰面型防火涂料的胶合板属于 B1 级材料外，其余均属于 A 级材料。

1-49 一家可容纳 300 余人同时进餐的营业性酒楼，以下哪一种顶棚能达到防火要求？
(A) 矿棉装饰吸声板顶棚
(B) 轻钢龙骨纸面石膏板顶棚
(C) 水泥刨花板顶棚
(D) 玻璃棉装饰吸声板顶棚
答案：B
提示：《建筑内部装修设计防火规范》（GB 50222—95）2001 年版第 3.2.1 条中规定，可容纳 300 余人同时进餐的营业性酒楼的顶棚

应采用 A 级材料，《建筑设计防火规范》（GB 50016—2006）第 5.1.1 条规定：上述建筑顶棚的材料应选用不燃烧材料，耐火极限是 0.25h，只有（B）项轻钢龙骨纸面石膏板顶棚的耐火极限可达 0.30h，且属于 A 级材料，因而满足要求。其余各项的耐火极限分别是：（A）项矿棉装饰吸声板顶棚的耐火极限为 0.15h、（C）项水泥刨花板顶棚的耐火极限为 0.20h、（D）项玻璃棉装饰吸声板顶棚的耐火极限为 0.15h，均达不到标准。

1-50 采用嵌入式灯具的顶棚，下列设计应注意的要点中哪一条有误？
（A）尽量不选用散发大量热能的灯具
（B）灯具高温部位应采取隔热散热等防火措施
（C）灯饰所用材料不应低于吊顶燃烧等级
（D）顶棚内若空间小、设施又多时，宜设排风设施
答案：D
提示：《建筑内部装修设计防火规范》（GB 50222—95）2001 年版中无此规定。

1-51 下列哪一种吊顶不能用于一类高层建筑内？
（A）轻钢龙骨纸面石膏板吊顶
（B）轻钢龙骨矿棉装饰吸声板吊顶
（C）轻钢龙骨铝合金条板吊顶
（D）轻钢龙骨水泥纤维压力板吊顶
答案：B
提示：《高层民用建筑设计防火规范》（GB 50045—95）2005 年版第 3.0.2 条中规定：一类高层建筑的吊顶防火极限是 0.25h，（B）项轻钢龙骨矿棉装饰吸声板吊顶只有 0.15h，因而不满足要求。其余是：（A）项轻钢龙骨纸面石膏板顶棚的耐火极限为 0.30h；（C）项轻钢龙骨铝合金条板吊顶的耐火极限为 0.40h、（D）项轻钢龙骨水泥纤维压力板吊顶的耐火极限为 0.30h。

1-52 以下人防工程顶棚做法哪一个不对？
（A）1:2 水泥砂浆抹灰压光　　（B）钢筋混凝土结构板底刮腻子
（C）清水板底喷涂料　　　　　（D）结构板底刷素水泥浆
答案：A
提示：《建筑内部装修设计防火规范》（GB 50222—95）2001 年版规定：

地下民用建筑顶棚的燃烧等级应为 A 级，为保证安全，不应采用 1∶2 水泥砂浆抹灰压光，以免造成脱落伤人。《人民防空地下室设计规范》（GB 50038—2005）第 3.9.3 条中规定：防空地下室的顶板不应抹灰。

1-53 某小歌厅营业面积 $101m^2$，其顶棚装修可用以下哪一种材料？
（A）纸面石膏板（安装于轻钢龙骨上）
（B）矿棉装饰吸声板
（C）水泥刨花板
（D）铝塑板
答案：A
提示：《建筑内部装修设计防火规范》（GB 50222—95）2001 年版第 3.2.3 条中规定：$101m^2$ 的小歌厅顶棚装修应选用 A 级材料，上述材料只有安装于轻钢龙骨上的纸面石膏板达到 A 级，其余均为 B1 级。

1-54 内墙表面装修局部采用多孔或泡沫状塑料时，其厚度以及占内墙面积的最大限值为下列哪一项？
（A）厚 10mm，占 1/15　　（B）厚 15mm，占 1/10
（C）厚 20mm，占 1/8　　　（D）厚 25mm，占 1/6
答案：B
分析：《建筑内部装修防火设计规范》（GB 50222—95）2001 年版第 3.1.1 条中规定：内墙表面装修局部采用多孔或泡沫状塑料时，其厚度不应大于 15mm，面积不得超过该房间顶棚或墙面面积的 10%。

1-55 某餐饮店的厨房顶棚构造可用下列哪一种？
（A）纸面石膏板（安装在轻钢龙骨上）吊顶
（B）矿棉装饰吸声板顶棚
（C）岩棉装饰板顶棚
（D）铝箔、玻璃钢复合板吊顶
答案：A
提示：《建筑内部装修设计防火规范》第 3.1.16 条中规定，建筑内部的厨房，其顶棚应选用 A 级装修材料。安装在轻钢龙骨上的纸面石膏板属于 A 级材料。铝箔、玻璃钢复合板、矿棉装饰吸声板、岩棉装饰板均属于 B1 级材料。

1-56 根据规范要求，600座电影院的内墙面可选用以下哪一种装修材料？
（A）多彩涂料　　　　　　　（B）印刷木纹人造板
（C）复合壁纸　　　　　　　（D）无纺贴墙布
答案：A
提示：《建筑内部装修设计防火规范》（GB 50222—95）2001年版第3.2.1条中规定：600座电影院的内墙面应选B1级材料。（A）项多彩涂料属B1级；（B）项印刷木纹人造板属于B2级；（C）项复合壁纸属于B2级；（D）项无纺贴墙布属于B2级。结论：（A）项满足要求。

1-57 以下哪一项多层建筑可以使用经阻燃处理的化纤织物窗帘？
（A）1000座的礼堂　　　　　（B）6000m^2的商场
（C）三星级酒店客房　　　　（D）幼儿园
答案：C
提示：《建筑内部装修设计防火规范》（GB 50222—95）2001年版第3.2.1条中规定：（A）项1000座礼堂的窗帘应选用B1级材料；（B）项2000m^2的商场营业厅的窗帘应选用B1级材料；（C）项三星级酒店客房的窗帘应选用B2级材料；经阻燃处理的化纤织物窗帘属于B2级，故三星级酒店客房可以应用；（D）项幼儿园的窗帘应选用B1级材料。

1-58 住宅工程验收时，室内环境污染物TVOC的浓度总量不应大于下列哪一项数值？
（A）0.8mg/m^3　　　　　　（B）0.7mg/m^3
（C）0.6mg/m^3　　　　　　（D）0.5mg/m^3
答案：D
提示：《住宅建筑规范》（GB 50368—2005）第7.4.1条、《住宅装饰装修工程施工规范》（GB 50327—2001）第5.0.3条及《民用建筑工程室内环境污染控制规范》（GB 50325—2010）第6.0.4条中均规定：居住建筑中室内总挥发性有机化合物（TVOC）的浓度总量不应大于0.5（单位：mg/m^3）。

1-59 某20层的办公楼，办公室的室内装修用料如下，其中哪一项是错误的？
（A）楼地面：贴地板砖
（B）内墙面：涂刷涂料

(C) 顶棚：轻钢龙骨纸面石膏板吊顶
(D) 踢脚板：木踢脚板

答案：D

提示：《建筑内部装修设计防火规范》（GB 50222—95）2001年版第3.3.1条中规定：20层的办公楼属于一类高层建筑，其装修标准为：楼地面应为B1级、内墙面应为B1级；顶棚应为A级；踢脚板与地面要求相同，应为B1级。选用木踢脚板是不对的，木踢脚板属于B2级产品，应选用釉面砖类产品。

1-60 民用建筑中消防控制室机房的吊顶，可选择以下哪一种材料？
(A) 轻钢龙骨石膏板
(B) 轻钢龙骨纸面石膏板
(C) 轻钢龙骨纤维石膏板
(D) 轻钢龙骨矿棉吸声板

答案：A、B

提示：《建筑内部装修设计防火规范》（GB 50222—95）2001年版第3.1.5条中规定：消防水泵房、消防控制室机房的吊顶等均应采用A级装修材料。轻钢龙骨纸面石膏板属于A级装修材料；安装在轻钢龙骨上的纸面石膏板可做为A级装修材料使用，因而A、B两项均可以选用。

（四）地下室、半地下室防火

1-61 关于地下室、半地下室的耐火等级，下列哪一项正确？
(A) 地下汽车库的耐火等级应为二级
(B) 高层建筑地下室、半地下室的耐火等级应为二级
(C) 多层建筑附设地下室、半地下室的耐火等级不应低于二级
(D) 防空地下室的耐火等级应为二级

答案：C

提示：《汽车库、修车库、停车场设计防火规范》（GB 50067—97）第3.0.3条中规定，(A)项地下汽车库的耐火等级应为一级，《高层民用建筑设计防火规范》（GB 50045—95）2005年版第3.0.4条中规定，(B)项高层建筑地下室、半地下室的耐火等级应为一级，《建筑设计防火规范》（GB 50016—2006）中第5.1.8条规定，(C)项多层建筑附设地下、半地下建筑（室）的耐火等级应为一级、重要公共建筑的耐火等级不应低于二级，《人民防空工程设计防火规范》（GB 50098—2009）第4.3.2条中规定，(D)项防空地下室

的耐火等级应为一级。明显看出C项与规范的规定不符。

1-62 地下室、半地下室的楼梯间，在首层应采用隔墙与其他部位隔开并应直通室外，下列哪一种隔墙不能选用？
 （A）黏土空心砖，厚120mm
 （B）石膏粉煤灰空心条板，厚90mm
 （C）轻钢龙骨两面钉双层防火石膏板、板内掺玻璃纤维，构造厚度2×12mm+75mm（空隙，其中岩棉厚40mm）+2×12mm
 （D）加气混凝土砌块，厚100mm

答案：C

提示：《建筑设计防火规范》（GB 50016—2006）第5.1.1条中指出，地下室（半地下室）的楼梯间墙（包括首层隔墙）的耐火极限应是2.00h，上述做法查表后得知，（A）项为8.00h；（B）项为3.40h；（D）项为6.00h；（C）项双层防火石膏板墙（中空填岩棉）123mm厚的耐火极限只有1.50h，故不满足要求。

1-63 防火规范要求地下室（半地下室）的楼梯间在首层应采用隔墙和其他部位隔开，下列哪一种非承重隔墙不能满足要求？
 （A）双层防火石膏板墙（中空填岩棉）123mm厚
 （B）加气混凝土砌块墙100mm厚
 （C）石膏珍珠岩空心条板墙120mm厚
 （D）普通黏土砖墙（无抹灰）120mm厚

答案：A

提示：《建筑设计防火规范》（GB 50016—2006）中第5.1.1条规定，地下室（半地下室）的楼梯间在首层隔墙的耐火极限应是2.00h，（A）项双层防火石膏板墙（中空填岩棉）123mm厚的耐火极限只有1.50h，不满足要求；其余（B）项100mm厚加气混凝土砌块墙的耐火极限为6.00h；（C）项120mm厚石膏珍珠岩空心条板墙的耐火极限为2.40h；（D）项120mm厚普通黏土砖墙（无抹灰）的耐火极限为3.00h，均能满足要求。

1-64 下列有关地下室楼梯间的论述中哪一项不正确？
 （A）地下室、半地下室与地上层不应共用楼梯间
 （B）当必须共用楼梯间时，应在首层与地下室、半地下室的出入口处设置甲级防火门隔开

(C) 当必须共用楼梯间时,应在首层与地下室、半地下室的出入口处设置耐火极限不低于2.00h的隔墙隔开
(D) 高层建筑地下室疏散楼梯间应采用防烟楼梯间

答案:B

提示:《建筑设计防火规范》(GB 50016—2006)中第7.4.4条规定,当必须共用楼梯间时,应在首层与地下室、半地下室的出入口处采用乙级防火门隔开。

1-65 关于地下室、半地下室出入口处防火门的选用,下列哪一条不正确?
(A) 防空地下室的楼梯间前室应采用甲级防火门
(B) 多层建筑地下室通向楼梯间的门应采用乙级防火门
(C) 地下室内存放可燃物平均重量超过 $30kg/m^2$ 的房间门应采用乙级防火门
(D) 高层建筑地下室通向楼梯间及前室的门均应采用乙级防火门

答案:C

提示:《高层民用建筑设计防火规范》(GB 50045—95)2005年版第5.2.8条中规定:地下室内存放可燃物平均重量超过 $30kg/m^2$ 的房间门应采用甲级防火门。

二、基础与地下工程防潮、防水

(一) 基础

2-01 下列对各种刚性基础的表述中,哪一项表述是不正确的?
(A) 灰土基础在地下水位线以下或潮湿地基上不宜采用
(B) 用作砖基础的砖,其强度等级必须在MU5以上,砂浆一般不低于M2.5
(C) 毛石基础整体性欠佳,有振动的房屋很少采用
(D) 混凝土基础的优点是强度高、整体性好、不怕水,它适用于潮湿地基或有水的基槽中

答案:B

提示:《建筑地基基础设计规范》(GB 50007—2002)第8.1.2条中规定:用作砖基础的砖,其强度等级应不低于MU10,砂浆一般不低于M5。

2-02 关于基础埋置深度的表述，下列哪一项是错误的？
(A) 在抗震设防地区的高层建筑采用桩基础时，其埋置深度（不计桩长）不宜小于建筑物高度的1/20
(B) 土质好的、承载力高的土层，基础可以浅埋；土质差的，承载力低的土层应该深埋
(C) 一般应尽量将基础放在地下水位之上
(D) 一般应将基础灰土垫层放在冻结深度以上

答案：D

提示：《建筑地基基础设计规范》（GB 50007—2002）第5.1.4条中规定：基础灰土垫层因为怕受潮、受冻，应放在冻结深度以下。

2-03 基础断开的建筑物变形缝是哪一种？
(A) 伸缩缝   (B) 沉降缝
(C) 抗震缝   (D) 施工缝

答案：B

提示：分析所得，建筑物在考虑沉降时基础部位应断开，基础断开的建筑物变形缝应该是沉降缝。

2-04 无筋扩展砖基础的台阶宽高比最大允许值为下列何值？
(A) 1:0.5   (B) 1:1.0
(C) 1:1.5   (D) 1:2.0

答案：C

提示：《建筑地基基础设计规范》（GB 50007—2002）第8.1.2条中规定：无筋扩展砖基础的台阶宽高比的最大允许值为1:1.5。

2-05 深基础与浅基础的区分是以埋深多少（m）为界？
(A) 2   (B) 5
(C) 8   (D) 10

答案：B

提示：基础埋深小于基础宽度的4倍且小于5m时叫浅基础，基础埋深大于或等于基础宽度的4倍且大于或等于5m时叫深基础。

2-06 下列有关建筑基础埋深的选择，哪一项是不恰当的？
(A) 基础为均匀而压缩性小的良好土层，在承载力满足建筑总荷载时，埋深应越小越好，但不得小于900mm

(B) 基础埋深与有无地下室有关
(C) 基础埋深要考虑地基土冻胀和融陷的影响
(D) 基础埋深应考虑相邻建筑物的基础埋深

答案：A

提示：《建筑地基基础设计规范》（GB 50007—2002）第 5.1.2 条中规定：基础的最小埋深应为 500mm。

(二) 地下工程防水与防潮

2-07 关于地下室防潮做法的论述中，哪一条不正确？
(A) 地下室的防潮与防水做法取决于地下室地坪与地下水位的关系
(B) 当设计最高地下水位低于地下室底板 300mm，且基地范围内的土壤及回填土无形成上层滞水的可能时，应采用防潮做法
(C) 砌体结构地下室的砌体必须采用水泥砂浆砌筑
(D) 应在砌体的外侧涂冷底子油、刷热沥青；在墙身与地下室地坪及室内外地坪之间设墙身水平防潮层

答案：B

提示：由相关资料及标准图得知，设计最高地下水位低于地下室底板 500mm，且基地范围内的土壤及回填土不会形成上层滞水的可能时，应采用防潮做法。

2-08 关于地下工程的防水设计，下列表述中哪一条是正确的？
(A) 人员出入口应高出室外地面不小于 300mm
(B) 没有排水设施时，汽车坡道在出入口处宜高出室外地面 100mm
(C) 附建式地下工程或半地下工程的防水设防高度，应高出室外地面高度 500mm 以上
(D) 窗口墙高出室外地面不得小于 300mm

答案：C

提示：《地下工程防水技术规范》（GB 50108—2008）第 5.7.1 条中规定：(C) 项，附建式地下室或半地下室工程的防水设防高度，应高出室外地面 500mm 以上是正确的。

2-09 关于地下工程的防水设计，下列表述中哪一条是不正确的？
(A) 人员出入口应高出室外地面不小于 500mm
(B) 汽车坡道出入口设置明沟排水时，宜高出室外地面 100mm

(C) 窗井内的底板，应低于窗下缘300mm
(D) 窗井墙高出室外地面不得小于500mm

答案： B

提示：《地下工程防水技术规范》（GB 50108—2008）第5.7.1条中规定：汽车坡道出入口设置明沟排水时，宜高出室外地面150mm，并应采取防雨措施。

2-10 任何防水等级的地下室，其主体结构均应选用下列哪一种材料？
（A）防水卷材 　　　　　　（B）防水砂浆
（C）防水混凝土 　　　　　（D）防水涂料

答案： C

提示：《地下工程防水技术规范》（GB 50108—2008）第3.1.4条中规定：任何防水等级的地下室，其主体结构均应选用防水混凝土。

2-11 关于在地下工程中采用防水混凝土，下列哪一项表述不正确？
（A）迎水面的结构厚度不应小于200mm
（B）迎水面钢筋保护层厚度不应小于50mm
（C）防水混凝土的施工配合比应通过试验确定，抗渗等级应比设计要求提高一级
（D）抗渗等级不得小于P6

答案： A

提示：《地下工程防水技术规范》（GB 50108—2008）第4.1.7条中规定：防水混凝土在迎水面（附建式地下工程应为底板和侧墙，单建式地下工程应为底板、侧墙和顶板）的结构厚度不应小于250mm。

2-12 某地下室是人员经常活动的场所且为重要的战备工程，其地下工程防水等级应该为哪一级？
（A）一级 　　　　　　　　（B）二级
（C）三级 　　　　　　　　（D）四级

答案： B

提示：《地下工程防水技术规范》（GB 50108—2008）第3.2.2条中如此规定。

2-13 地下工程的防水等级分为几级？有少量湿渍的情况下，不会使物质变

质、失效的贮物场所应确定为几级？下列哪一项是正确的？

(A) 分为5级，确定为三级
(B) 分为3级，确定为三级
(C) 分为2级，确定为二级
(D) 分为4级，确定为二级

答案：D

提示：《地下工程防水技术规范》（GB 50108—2008）第3.2.1条和第3.2.2条中规定：地下工程的防水等级分为4级；有少量湿渍的情况下，不会使物质变质、失效的贮物场所属于二级。(D) 项正确。

2-14 某地下工程为一般战备工程，其任意100m² 防水面积上漏水或湿渍点不超过7处，其防水等级应确定为哪个等级？

(A) 一级 (B) 二级
(C) 三级 (D) 四级

答案：C

提示：《地下工程防水技术规范》（GB 50108—2008）第3.2.1条中规定一般战备工程，其任意100m² 防水面积上漏水或湿渍点不超过7处的防水等级应为三级。

2-15 "某地下室为一般战备工程，要供人员临时活动，且工程不得出现地下水线流和漏泥砂……"，则其防水等级应为哪个等级？

(A) 一级 (B) 二级
(C) 三级 (D) 四级

答案：C

提示：《地下工程防水技术规范》（GB 50108—2008）第3.2.2条中规定"地下室为一般战备工程，要供人员临时活动，且工程不得出现地下水线流和漏泥砂……"的情况属于三级。

2-16 关于地下工程卷材防水层设计，下列表述中哪一条有错误？

(A) 卷材防水层单层或双层使用时要求的厚度不同
(B) 高聚物改性沥青防水卷材单层使用时厚度不应小于4mm，双层使用时总厚度不应小于7mm
(C) 合成高分子（聚氯乙烯）防水卷材单层使用时厚度不应小于1.2mm，双层使用时总厚度不应小于2.4mm

(D) 石油沥青纸胎、沥青复合胎柔性防水卷材不得用于地下工程防水

答案：C

提示：《地下工程防水技术规范》（GB 50108—2008）中第4.3.6条中规定：合成高分子类（聚氯乙烯、三元乙丙橡胶）防水卷材单层使用时厚度不应小于1.5mm，双层使用时总厚度不应小于2.4mm。

2-17 下列哪一种防水涂料宜用于地下工程主体结构的背水面？
(A) 非焦油聚氯酯防水涂料
(B) 水泥基渗透结晶型防水涂料
(C) 硅橡胶防水涂料
(D) 丁苯胶乳沥青防水涂料

答案：B

提示：《地下工程防水技术规范》（GB 50108—2008）第4.4.2条中规定：用于地下工程主体结构背水面（一般为室内）的防水涂料，为减少污染，一般多选用无机防水涂料，上述水泥基渗透结晶型防水涂料是无机防水涂料的一种。

2-18 关于地下室的变形缝设计，下列哪一项表述是错误的？
(A) 用于伸缩的变形缝宜不设或少设，可采用诱导缝、加强带、后浇带等替代措施
(B) 变形缝处混凝土结构的厚度不应小于300mm
(C) 用于沉降的变形缝，其最大允许沉降差值不应大于50mm
(D) 用于沉降和伸缩的变形缝的宽度宜为20~30mm

答案：C

提示：《地下工程防水技术规范》（GB 50108—2008）第5.1.4条中规定：用于沉降的变形缝，其最大允许沉降差值不应大于30mm。

2-19 地下工程无论何种防水等级，变形缝处均应选用哪一种防水措施？
(A) 外贴式止水带　　　　(B) 遇水膨胀止水条
(C) 外涂防水涂料　　　　(D) 中埋式止水带

答案：D

提示：《地下工程防水技术规范》（GB 50108—2008）第5.1.2条中规定：地下工程无论何种防水等级，变形缝处均应选用中埋式止水带作为变形缝的防水措施。

2-20 地下室防水混凝土的抗渗等级是根据下列哪一条确定的?
（A）混凝土的强度等级
（B）最大水头
（C）最大水头与混凝土壁厚的比值
（D）地下室埋置深度
答案：D
提示：《地下工程防水技术规范》（GB 50108—2008）第4.1.4条中规定：地下室防水混凝土的抗渗等级是根据地下室的埋置深度确定的。

2-21 地下工程防水混凝土抗渗等级的确定，下列哪一项是正确的?
（A）应按防水混凝土的设计壁厚与该地区最大水头的比值
（B）最低抗渗等级应不低于0.5MPa（P5）
（C）最低抗渗等级应不低于0.6MPa（P6）
（D）确定施工用的防水混凝土配合比时，其抗渗等级应比设计要求提高0.4MPa
答案：C
提示：《地下工程防水技术规范》（GB 50108—2008）第4.1.3条中规定：地下室防水混凝土的抗渗等级应不低于0.6MPa（P6）。

2-22 地下室变形缝两侧700mm范围内混凝土结构的最小厚度是多少?
（A）200mm （B）250mm
（C）300mm （D）400mm
答案：C
提示：《地下工程防水技术规范》（GB 50108—2008）第5.1.3条中规定：地下室变形缝两侧700mm范围内混凝土结构的最小厚度是300mm。

2-23 地下工程下列部位的防水构造中，哪个部位不能单独使用遇水膨胀止水条作为防水措施?
（A）施工缝防水构造 （B）后浇带防水构造
（C）变形缝防水构造 （D）预埋固定式穿墙管防水构造
答案：C
提示：《地下工程防水技术规范》（GB 50108—2008）第5.1.6条中规定：地下工程变形缝处的防水构造不能使用遇水膨胀止水条而应

使用中埋式止水带、外贴式止水带等防水措施。

2-24 有关地下建筑防水层的厚度,下列哪一条有误?
(A) 采用高聚物改性沥青防水卷材单层使用时,厚度不应小于4mm
(B) 采用合成高分子(聚氯乙烯)防水卷材单层使用时,厚度不应小于1.2mm
(C) 采用聚合物水泥砂浆防水层厚度不应小于6mm
(D) 采用掺外加料的水泥砂浆防水层厚度不宜小于18mm
答案:B
提示:《地下工程防水技术规范》(GB 50108—2008)第4.3.6条中规定:采用合成高分子(聚氯乙烯、三元乙丙橡胶)防水卷材单层使用时,厚度不应小于1.5mm,双层使用时总厚度为2.4mm。

2-25 埋深12m的重要地下工程,主体为钢筋防水混凝土结构,在主体结构的迎水面设置涂料防水层,在下列涂料防水层中应优先采用哪一种?
(A) 丙烯酸酯涂料防水层　　(B) 渗透结晶型涂料防水层
(C) 水泥聚合物涂料防水层　　(D) 聚氨酯涂料防水层
答案:D
提示:《地下工程防水技术规范》(GB 50108—2008)第4.4.3条中规定:埋置深度较深的重要、有振动或有较大变形的工程,宜选用高弹性防水涂料。聚氨酯防水涂料固化的体积收缩小,可形成较厚的防水涂膜,具有弹性高、延伸率大、耐高低温性好、耐油、耐化学药品等优点。

2-26 地下建筑防水设计的下列论述中,哪一条有误?
(A) 地下建筑防水材料分刚性防水材料及柔性防水材料
(B) 地下建筑防水设计应遵循"刚柔相济"的原则
(C) 防水混凝土、防水砂浆均属刚性防水材料
(D) 防水涂料、防水卷材均属柔性防水材料
答案:B
提示:《地下工程防水技术规范》(GB 50108—2008)第3.1.4条中规定:地下工程迎水面主体结构应采用防水混凝土,并应根据防水等级的要求辅以其他防水措施,无"刚柔相济"的提法。

2-27 地下建筑防水设计的下列论述中,哪一条有误?

(A) 地下建筑防水设计应采用防水混凝土结构，并在迎水面设柔性防水层
(B) 防水混凝土的抗渗等级不得低于P8
(C) 防水混凝土结构厚度不应小于250mm
(D) 防水混凝土使用的水泥强度等级不应低于32.5MPa

答案：B

提示：《地下工程防水技术规范》（GB 50108—2008）中第4.1.1条中规定，防水混凝土的抗渗等级不得低于P6。

2-28 在地震区地下室用于沉降的变形缝宽度，以下哪一个数值为宜？
(A) 20~30mm
(B) 40~50mm
(C) 70mm
(D) 70mm以上或等于上部结构防震缝的宽度

答案：A

提示：《地下工程防水技术规范》（GB 50108—2008）第5.1.5条中规定：用于解决地下室沉降变形的变形缝宽度为20~30mm。

2-29 地下室通风口应与窗井同样处理，竖井窗下缘离室外地面高度不应小于多少？
(A) 50mm   (B) 150mm
(C) 300mm   (D) 500mm

答案：D

提示：《地下工程防水技术规范》（GB 50108—2008）第5.7.6条中规定：竖井窗下缘离室外地面高度不应小于500mm。

2-30 用于地下工程防水的变形缝设计，下列表述中哪一条是错误的？
(A) 用于沉降的变形缝其最大允许沉降差值不应大于30mm
(B) 用于沉降的变形缝的宽度宜为20~30mm
(C) 用于伸缩的变形缝的宽度宜小于20~30mm
(D) 用于高层建筑沉降的变形缝不得小于60mm

答案：D

提示：《地下工程防水技术规范》（GB 50108—2008）第5.1.5条的规定中没有高层建筑沉降的变形缝不得小于60mm的规定（多层建筑与高层建筑均为20~30mm）。

2-31 关于地下工程涂料防水层设计，下列哪一条表述是错误的？
(A) 有机防水涂料宜用于结构主体迎水面
(B) 无机防水涂料宜用于结构主体背水面
(C) 粘结性、抗渗性较高的有机防水涂料也可用于结构主体的背水面
(D) 采用无机防水涂料时，应在阴阳角及底板增加一层玻璃纤维网格布
答案： D

提示：《地下工程防水技术规范》（GB 50108—2008）第4.4.4条中规定：采用有机防水涂料时，基层阴阳角应做成圆弧形，阴角直径宜大于50mm，阳角直径宜大于10mm，在底板转角部位应增加胎体增强材料，并应增涂防水涂料。

2-32 下列为某工程地下室变形缝防水构造设计，试问下图哪一个部位设计不当？
(A) 部位 A　　　　　　　(B) 部位 B
(C) 部位 C　　　　　　　(D) 部位 D
答案： B

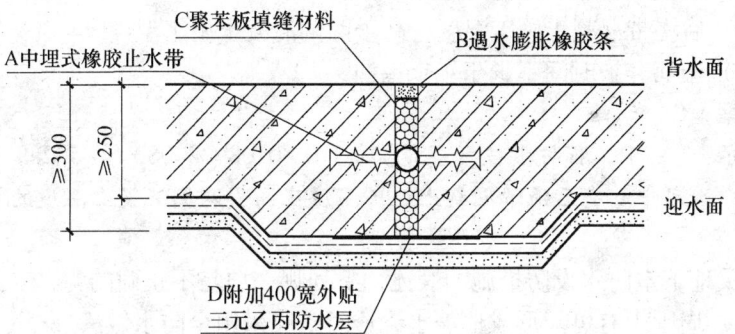

提示：《地下工程防水技术规范》（GB 50108—2008）第5.1.6条的规定中没有B项（遇水膨胀橡胶条）的要求。

2-33 作为地下工程墙体防水混凝土的水平施工缝，下列哪种接缝表面容易清理且经常使用？

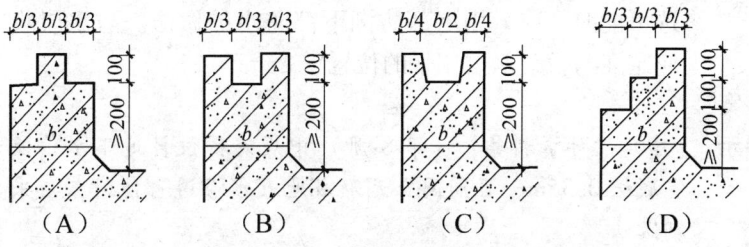

答案：A

提示：分析所得，这种做法属于榫式构造，表面清洗容易、施工方便，上下连接效果较好。

2-34 有关地下室防水混凝土构造抗渗性能的规定，下列哪一条有误？
（A）防水混凝土抗渗等级不得小于 P6
（B）防水混凝土结构厚度不小于 250mm
（C）裂缝宽度不大于 0.2mm，并不得贯通
（D）迎水面钢筋保护层厚度不应小于 25mm

答案：D

提示：《地下工程防水技术规范》（GB 50108—2008）第 4.1.7 条中规定：侧墙和底板迎水面的钢筋保护层均为 50mm。

2-35 地下室防水混凝土后浇带的一般构造，下列哪一条不正确？
（A）应在其两侧混凝土浇筑完毕 6 个星期后再进行后浇缝施工
（B）后浇带混凝土应优先选用补偿收缩混凝土
（C）后浇带混凝土施工温度应高于两侧混凝土施工温度
（D）湿润养护时间不少于 4 个星期

答案：C

提示：《地下工程防水技术规范》（GB 50108—2008）第 5.2.9 条的规定中没有后浇带混凝土施工温度应高于两侧混凝土温度的规定。

2-36 有关地下室防水设防措施的表述，下列哪一项是不正确的？
（A）周围土有可能形成地表水渗透时，应采用全防水做法
（B）设计地下水位高于地下室底板，且距室外地坪不足 2m 时，应采用全防水做法
（C）设计地下水位低于地下室底板 0.35m，且周围土无形成地表水渗透可能，应采用全防潮做法
（D）设计地下水位高于地下室底板，且距室外地坪大于 2m 且无地表水渗透可能时，应采用上部防潮下部防水的做法。防水层收头的高度应定在与设计水位相平的位置

答案：C

提示：《建筑设计资料集》（第 8 册）中规定：设计地下水位低于地下室底板 0.35m，且周围土无形成地表水渗透可能时，应采用全防潮做法。

2-37 关于埋深为9m的地下工程防水混凝土墙体结构的规定,下列哪一条表述不准确?

(A) 迎水面结构厚度应≥250mm

(B) 裂缝宽度≤0.2mm,且不得贯通

(C) 设计抗渗等级 P6

(D) 钢筋保护层厚度一律≥50mm

答案: D

提示:《地下工程防水技术规范》(GB 50108—2008)第 4.1.7 条中规定,只有附建式地下工程的外墙、底板及单建式地下工程的外墙、底板和顶板,在迎水面时的钢筋保护层厚度才不应小于 50mm,而背水面的钢筋保护层厚度一般为 25mm。

2-38 关于防水混凝土施工缝的构造做法论述中,哪一项有误?

(A) 防水混凝土应连续浇筑,宜少留施工缝

(B) 水平施工缝不应留在剪力与弯矩最大处或底板与侧墙交接处

(C) 水平施工缝距孔洞边不应小于 200mm

(D) 垂直施工缝应避开地下水和裂缝较多的地段,并宜与变形缝相结合

答案: C

提示:《地下工程防水技术规范》(GB 50108—2008)第 4.1.24 条规定:防水混凝土水平施工缝距孔洞边不应小于 300mm。

2-39 以下防水混凝土施工缝防水构造图示中,哪一条有误?

(A) $b \geq 250$mm

(B) 采用橡胶止水带 $L \geq 80$mm

(C) 采用钢板止水带 $L \geq 150$mm

(D) 采用钢边橡胶止水带 $L \geq 120$mm

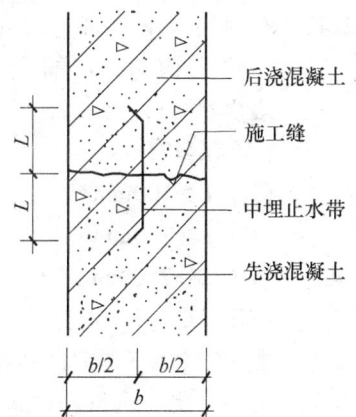

答案: B

提示:《地下工程防水技术规范》(GB 50108—2008)第 4.1.25 条中规定,防水混凝土施工缝采用中埋式橡胶止水带时,施工缝上下的长度 L 应≥200mm。(注:2001 版规范规定为 125mm)。

2-40 用于伸缩的变形缝不可以用下列哪一种措施替代?

(A) 诱导缝 　　　　　　 (B) 施工缝
(C) 加强带 　　　　　　 (D) 后浇带
答案：B
提示：《地下工程防水技术规范》（GB 50108—2008）第 5.1.2 条中规定，用于伸缩的变形缝可以用后浇带、加强带和诱导缝替代，但不能采用施工缝替代。因为伸缩缝是永久缝隙，施工缝是施工间歇的暂时缝隙。

2-41　有关地下室窗井构造的要点，下列哪一条有误？
(A) 窗井底部在最高地下水位以上时，窗井底板和墙应做防水处理并与主体结构断开
(B) 窗井底部在最高地下水位以下时，应与主体结构连成整体，防水层也连成整体
(C) 窗井内底板应比窗下缘低 200mm，窗井墙高出室外地面不得小于 300mm
(D) 窗井内底部要用排水沟（管）或集水井（坑）排水
答案：C
提示：《地下工程防水技术规范》（GB 50108—2008）第 5.7.1 条和第 5.7.5 条中规定：窗井内底板应比窗台下缘至少低 300mm，窗井墙高出室外地面不得小于 500mm。

2-42　右图为地下建筑防水混凝土施工缝的防水构造，L 的合理尺寸应为多少？
(A) $L \geqslant 75$mm
(B) $L \geqslant 100$mm
(C) $L \geqslant 150$mm
(D) $L \geqslant 250$mm

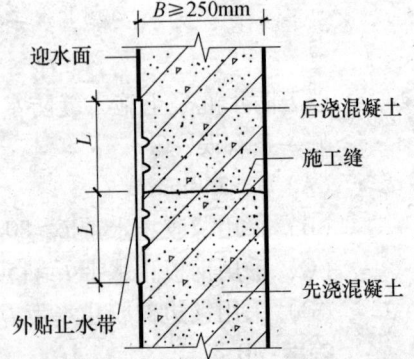

答案：C
提示：《地下工程防水技术规范》（GB 50108—2008）第 4.2.25 条中规定：采用外贴止水带时 L 为 $\geqslant 150$mm。（注：若采用外涂防水涂料或外抹防水砂浆时，$L \geqslant 200$mm）

2-43　地下工程混凝土结构的细部防水构造对变形缝的规定，以下哪一条有误？

(A) 伸缩缝宜少设
(B) 可因地制宜用诱导缝、加强带、后浇带替代变形缝
(C) 变形缝处混凝土结构厚度≥300mm
(D) 沉降缝宽度宜为20~30mm，用于伸缩的变形缝宽度宜大于此值

答案：D

提示：《地下工程防水技术规范》（GB 50108—2008）第5.1.5条中规定：用于伸缩的变形缝宽度亦应采用20~30mm或小于此值，亦可用诱导缝、加强带、后浇带替代。

2-44 地下室窗井的一部分在地下水位以下，下列各项防水措施中哪一项是错误的？
(A) 窗井墙高出地面不少于500mm
(B) 窗井的底板和墙与主体断开
(C) 窗井内的底板比窗下缘底300~500mm
(D) 窗井外地面应做散水

答案：B

提示：《地下工程防水技术规范》（GB 50108—2008）第5.7.3条规定：窗井应与主体结构连成整体，其防水层也应连成整体，并应在窗井内设置集水坑。

2-45 当设计地下水位位于地下室底板标高以下，可以用防潮层替代防水层，但不能隔除下列哪一种水源？
(A) 毛细管作用形成的地下土质潮湿
(B) 由地表水（雨水、绿化浇灌水等）下渗的无压水
(C) 由于附近排水管井渗漏形成的无压水
(D) 由于地下不渗水基坑积累的滞留水

答案：D

提示：分析所得，地下室防潮做法只能解决地潮和无压水，无法解决滞留水。

2-46 有关地下工程防水层厚度，下列哪项叙述是错误的？
(A) 聚合物水泥砂浆防水层双层施工厚度不宜小于10mm
(B) 合成高分子防水卷材单层使用时厚度不应小于1.5mm
(C) 高聚物改性沥青防水卷材双层使用的总厚度不应小于6mm
(D) 水泥基渗透结晶型防水涂料的厚度不应小于0.8mm

答案：C

提示：《地下工程防水技术规范》（GB 50108—2008）第4.3.7条中规定：高聚物改性沥青防水卷材双层使用的总厚度不应小于的数值已改为7mm（4mm+3mm）。

三、墙体的构造

（一）墙体材料的有关问题

3-01 5层及5层以上房屋的墙体用普通砖承重，其强度等级不应小于下列何值？
（A）MU10　　　　　　　　（B）MU15
（C）MU20　　　　　　　　（D）MU25

答案：A

提示：《砌体结构设计规范》（GB 50003—2001）第6.2.1条和《建筑抗震设计规范》（GB 50011—2010）第3.9.2条均规定：5层及5层以上房屋的墙体用普通砖承重，其强度等级不应小于MU10。

3-02 5层及5层以上房屋的墙体用普通砖承重，其砌筑砂浆的强度等级不应小于下列何值？
（A）M2.5　　　　　　　　（B）M5
（C）M7.5　　　　　　　　（D）M10

答案：B

提示：《砌体结构设计规范》（GB 50003—2001）第6.2.1条和《建筑抗震设计规范》（GB 50011—2010）第3.9.2条均规定5层及5层以上房屋的墙体用普通砖承重，其砌筑砂浆的强度等级不应小于M5。

3-03 层高大于6m以及受振动的墙体采用砌块砌筑时，其最低强度等级是多少？
（A）MU5　　　　　　　　（B）MU7.5
（C）MU10　　　　　　　（D）MU15

答案：B

提示：《砌体结构设计规范》（GB 50003—2001）第6.2.1条和《建筑抗震设计规范》（GB 50011—2010）第3.9.2条均规定：层高大于6m以及受振动的墙体采用砌块砌筑时，其最低强度等级是MU7.5。

3-04 用于砌体结构墙体的材料中，下列哪一项不是？
（A）烧结普通砖、烧结多孔砖
（B）蒸压灰砂砖、蒸压粉煤灰砖
（C）蒸压加气混凝土砌块、植物纤维工业废渣混凝土砌块
（D）碳化石灰板、石膏板

答案：D

提示：《砌体结构设计规范》（GB 50003—2001）第3.1.1条中规定的材料中没有碳化石灰板、石膏板。碳化石灰板和石膏板是隔墙的一种材料。

3-05 下列何种墙体不能作为承重墙使用？
（A）蒸压灰砂砖墙 （B）蒸压粉煤灰砖墙
（C）烧结黏土空心砖墙 （D）蒸压粉煤灰中型砌块墙

答案：C

提示：分析所得，烧结黏土空心砖只能用于框架结构的填充墙或其他结构的隔墙。同时由于节能、节地等因素要求，黏土空心砖的生产量也日益减少。

3-06 下列哪一种状况可以优先采用加气混凝土砌块砌筑墙体？
（A）常浸水或经常干湿循环交替的场所
（B）易受局部冻融的部位
（C）受化学环境侵蚀的地方
（D）墙体表面常达48℃～78℃的高温环境

答案：D

提示：《蒸压加气混凝土建筑应用技术规程》（JGJ/T 17—2008）第3.0.3条中规定：（A）、（B）、（C）3项均为加气混凝土砌块的禁用范围，而（D）项加气混凝土砌块的使用温度最高可达80℃，可以优先选用。

3-07 关于石膏砌块砌体的选用原则，下列哪一项有误？
（A）不得应用于防潮层以下部位
（B）不得应用于长期浸水部位
（C）不得应用于化学侵蚀部位
（D）厨房、卫生间可以采用普通砌块砌筑

答案：D

提示：《石膏砌块砌体技术规程》（JGJ/T 201—2010）第4.0.1条中规定：厨房、卫生间必须采用防潮实心石膏砌块砌筑，其内侧应采用防水砂浆抹灰或采用防水涂料粉刷等防水措施。

3-08 关于加气混凝土砌块墙的使用条件，下列哪一项是错误的？
(A) 一般用于非承重墙体
(B) 不宜在厕、浴等易受水浸及干湿交替的部位使用
(C) 不可用于女儿墙
(D) 用于外墙应采用配套砂浆砌筑，配套砂浆抹面或加钢丝网抹面

答案：C

提示：《蒸压加气混凝土建筑应用技术规程》（JGJ/T 17—2008）第3.0.3条中的禁用范围没有不可用于女儿墙的规定。

(二) 墙体细部构造

3-09 砖砌外墙的防潮层位置，下列哪一项正确？

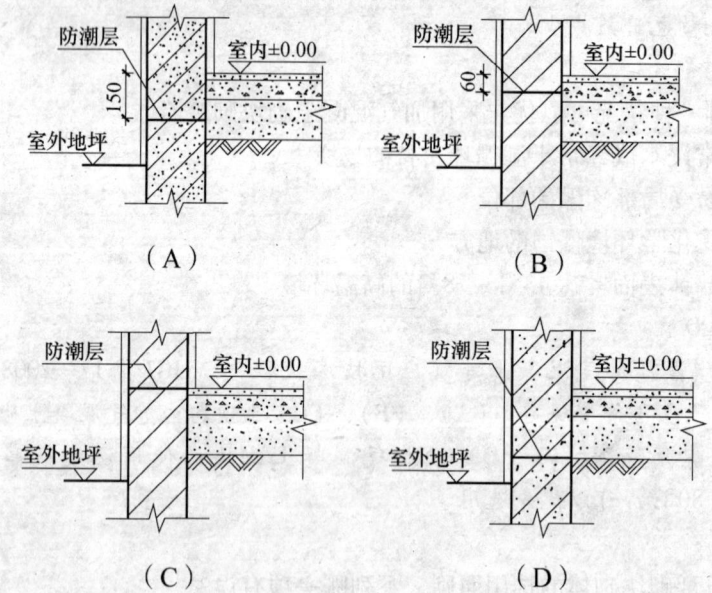

答案：B

提示：根据防潮层的作用分析，（B）图的防潮作用最好。防潮层一般应做在室内地坪与室外地坪之间，标高在-0.060m处为最佳。《民用建筑设计通则》（GB 50352—2005）第6.9.3条中也讲

到，砌体墙应在室外地面以上，位于室内地面垫层处设置连续的水平防潮层。

3-10 一般地区，当屋面允许采用无组织排水时，散水宽度应比屋面挑檐宽出多少？
(A) 100~200mm   (B) 200~300mm
(C) 300~400mm   (D) 400~500mm
答案：B
提示：《建筑地面设计规范》（GB 50037—96）第6.0.24条规定：当屋面采用无组织排水时，散水宽度应比屋面挑檐宽出200~300mm。

3-11 属于建筑物变形缝的是下列哪一组？
Ⅰ.防震缝；Ⅱ.伸缩缝；Ⅲ.施工缝；Ⅳ.沉降缝
(A) Ⅰ、Ⅱ、Ⅲ   (B) Ⅰ、Ⅱ、Ⅳ
(C) Ⅰ、Ⅲ、Ⅳ   (D) Ⅱ、Ⅲ、Ⅳ
答案：B
提示：分析所得，建筑物的变形缝通常指的是伸缩缝、沉降缝和防震缝三种缝隙的总称，施工缝只是施工间歇留的缝隙，不属于变形缝的范围。

3-12 在设防烈度为8度的地区，主楼为框剪结构，高60m，裙房为框架结构，高21m，主楼与裙房间设防震缝，缝宽至少为下列哪一项数值？
(A) 100mm   (B) 140mm
(C) 185mm   (D) 260mm
答案：B
提示：《建筑抗震设计规范》（GB 50011—2010）第6.1.4条中规定：防震缝两侧结构类型不同时，宜按需要较宽防震缝的结构类型和较低房屋高度确定缝宽的原则。本题中需以较宽防震缝的结构类型是框剪结构，较低房屋是框架结构高度为21m。所以应以框架结构确定缝宽，即以建筑物高度15m为基数，缝宽取100mm；建筑物高度在8度设防时每增加3m，缝宽增加20mm的原则，21m高的建筑应取140mm。

3-13 下列四个外墙变形缝构造中，哪一个适合于沉降缝？

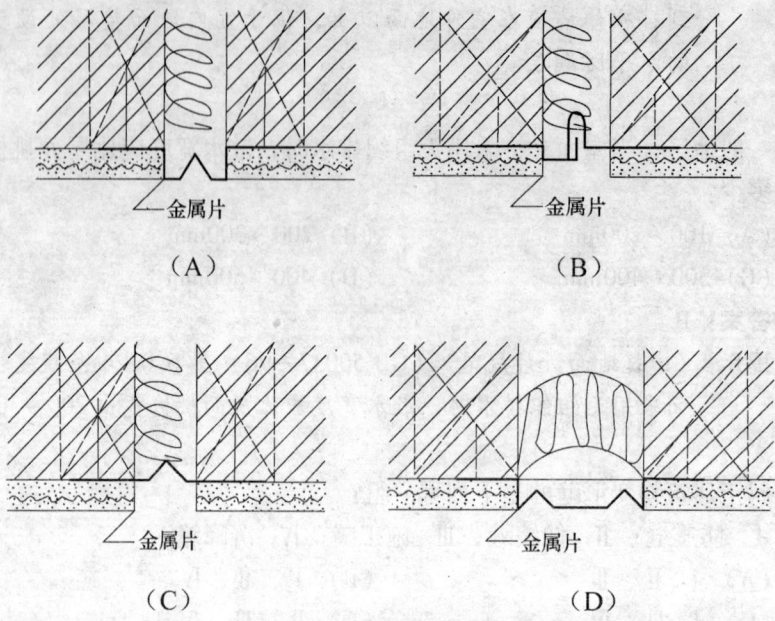

答案：B

提示：分析所得，沉降缝的金属片应能保证上下错动，（B）图正确。

3-14 关于墙身防潮层设置部位的表述，下列哪一条是错误的？
（A）一般设在室内地坪下 0.060m 处
（B）应设在室内地面的混凝土垫层厚度范围内
（C）当内墙两侧的室内地坪有高差时，应在该墙身高差段任一侧做垂直防潮层并连接上下水平防潮层
（D）当墙身为混凝土、钢筋混凝土或石砌体时，可不做墙身防潮层

答案：C

提示：分析所得，当内墙两侧的室内地坪有高差时，应在该墙身高差的有回填土一侧做垂直防潮层并连接上下水平防潮层。《民用建筑设计通则》（GB 50352—2005）第 6.9.3 条中也讲到，室内相邻地面有高差时，应在高差处墙身侧面加设垂直防潮层并连接上下水平防潮层。

3-15 关于散水构造做法的论述中，下列哪一项不妥？
（A）应根据土壤性质、气候条件、建筑物高度和屋面排水形式确定宽度
（B）散水宽度宜为 600~800mm

（C）当屋面采用无组织排水时，散水的宽度可按檐口线放出 200～300mm

（D）散水的坡度可为 3%～5%

答案： B

提示：《建筑地面设计规范》（GB 50037—96）第 6.0.24 条中规定：散水宽度宜为 600～1000mm。

3-16 关于砌块女儿墙的构造设计，下列哪一条是错误的？

（A）女儿墙的厚度不宜小于 200mm

（B）抗震设防烈度为 6、7、8 度地区女儿墙的高度超过 0.50m 时，应加设钢筋混凝土构造柱和圈梁

（C）女儿墙的顶部应设厚度不小于 60mm 的现浇钢筋混凝土压顶

（D）女儿墙不可使用加气混凝土砌块砌筑

答案： D

提示：《蒸压加气混凝土建筑应用技术规程》（JGJ/T 17—2008）中没有女儿墙不可使用加气混凝土砌块砌筑的规定。

3-17 某科研工程墙身两侧的室内有高差，其墙身防潮构造以下哪一项最好？

（A）b、c

（B）a、b、c

（C）a、b

（D）a、c

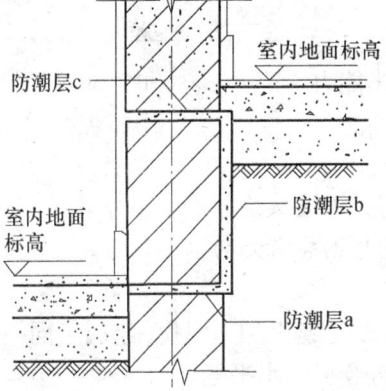

答案： B

提示： 分析所得，墙身两侧的室内有高差时，墙身防潮层构造应采用 B 项做法；《民用建筑设计通则》（GB 50352—2005）第 6.9.3 条中也规定：室内相邻地面有高差时，应在高差处墙身侧面加设防潮层。

3-18 蒸压加气混凝土砌块砌筑时应上下错缝，搭接长度不宜小于砌块长度的多少？

(A) 1/5   (B) 1/4
(C) 1/3   (D) 1/2
答案：C
提示：查找《蒸压加气混凝土建筑应用技术规程》（JGJ/T 17—2008）第9.2.1条，蒸压加气混凝土砌块砌筑时上下层应错缝，搭接长度不宜小于砌块长度的1/3。

3-19 下图为外墙外保温（节能65%）首层转角处构造平面图，其金属护角的主要作用是下列哪一项？

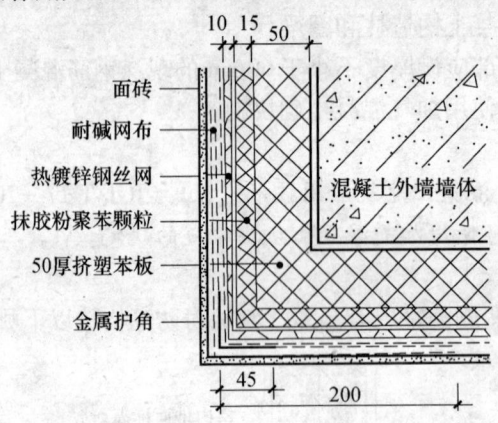

(A) 提高抗冲击能力   (B) 防止面层开裂
(C) 增加保温性能   (D) 保持墙角挺直
答案：A
提示：分析所得，上述做法可以提高外墙转角的抗冲击能力，其作用相当于室内墙面转角处的水泥包角。

3-20 建筑工程中有不少"缝"，以下哪一组属于同一性质？
(A) 沉降缝、分仓缝、水平缝
(B) 伸缩缝、温度缝、变形缝
(C) 抗震缝、后浇缝、垂直缝
(D) 施工缝、分格缝、结合缝
答案：B
提示：分析所得，伸缩缝又称为温度缝，是变形缝的一种。

3-21 混凝土小型空心砌块承重墙的正确构造是哪一项？
(A) 必要时可采用与黏土砖混合砌筑

(B) 室内地面以下的砌块孔洞内应用 C15 混凝土灌实
(C) 五层住宅楼底层墙体应采用不低于 MU3.5 小砌块和不低于 M2.5 砌筑砂浆
(D) 应对孔错缝搭砌，搭接长度至少 60mm

答案：D

提示：《混凝土小型空心砌块建筑技术规程》（JGJ/T 14—2004）第 7.4.6 条中规定：(A) 项，混凝土小型空心砌块不得与黏土砖混合砌筑；(B) 项，室内地面以下的砌块孔洞内应用 Cb20 混凝土灌实；(C) 项，5 层住宅楼底层墙体应采用不低于 MU7.5 小砌块和不低于 M7.5 砌筑砂浆砌筑；(D) 项对孔错缝是对的，但该规范第 7.4.6 条中指出竖缝应相互错开 1/2 主规格尺寸，即搭接长度应为 200mm。

3-22 有关砌块女儿墙的构造要点，下列哪一条有误？
(A) 上人屋面女儿墙的构造柱间距宜小于或等于 4.5m
(B) 女儿墙厚度不宜小于 200mm
(C) 抗震设防 6、7、8 度区，无锚固女儿墙高度不应超过 0.5m
(D) 女儿墙顶部应做 60mm 厚钢筋混凝土压顶板

答案：A

提示：《砌体结构设计规范》（GB 50003—2001）第 6.3.2 条规定，上人屋面女儿墙的构造柱间距宜小于或等于 4.0m。

3-23 下面有关混凝土小型空心砌块的论述中，哪一项不妥？
(A) 混凝土小型空心砌块包括普通混凝土小型空心砌块和轻集料混凝土小型空心砌块两类
(B) 普通混凝土小型空心砌块在 8 度设防时，允许的建造高度为 18m，允许的建造层数为 6 层
(C) 轻骨料混凝土小型空心砌块在 8 度设防时，允许的建造高度为 12m，允许的建造层数为 4 层
(D) 混凝土小型空心砌块的强度等级不应低于 MU7.5，砌筑砂浆的强度等级不应低于 Mb5

答案：D

提示：《混凝土小型空心砌块建筑技术规程》（JGJ/T 14—2004）第 6.1.4 条中规定：混凝土小型空心砌块的强度等级不应低于 MU7.5，砌筑砂浆的强度等级不应低于 Mb7.5。

3-24 混凝土小型空心砌块墙体在下列哪一个部位不需要用 Cb20 混凝土灌实砌体的孔洞？

(A) 浴厕等有防水要求的房间，其四周墙下部一皮砌体
(B) 底层室内地面以下基础以上的砌体
(C) 外墙防潮层以上一皮砌体
(D) 无圈梁檩条和钢筋混凝土楼板支承面下的一皮砌体

答案：C

提示：《混凝土小型空心砌块建筑技术规程》（JGJ/T 14—2004）第 5.6.2 条中没有外墙防潮层以上一皮砌体须用 Cb20 混凝土灌实砌体的要求。

3-25 混凝土小型空心砌块房屋，其纵横墙交接处的加固构造要求，下列哪一条有误？

(A) 平面范围指距墙中心线交接点每边不小于 300mm
(B) 应采用不低于 Cb20 混凝土灌实其孔洞
(C) 灌实高度距地至少 2m
(D) 在多雨水地区，墙体应做双面粉刷

答案：C

提示：《混凝土小型空心砌块建筑技术规程》（JGJ/T 14—2004）第 5.6.7 条中规定：混凝土小砌块房屋纵横墙交接处，距墙中心线每边不小于 300mm 范围内的孔洞，应采用不低于 Cb20 混凝土灌实，灌实高度应为墙身全高。该规范第 4.1.2 条规定：在多雨水地区，单排孔小砌块墙体应做双面粉刷，勒脚应采用水泥砂浆粉刷。

3-26 混凝土小型空心砌块墙体的砌筑要点，以下哪一条正确？

(A) 砌筑前要浇水湿透
(B) 构造需要时，墙内可适当混砌黏土砖
(C) 镶砌时，应采用同强度等级的预制混凝土块
(D) 墙体小砌块孔洞中需充填隔热隔声材料时，应填满、捣实

答案：C

提示：《混凝土小型空心砌块建筑技术规程》（JGJ/T 14—2004）第 7.4.5 条中规定：(C) 项，镶砌时，应采用与小砌块材料强度同等级的预制混凝土块是正确的。(A) 项，该规范第 7.4.3 条中规定"小砌块砌筑前不得浇水"；(B) 项，该规范第 7.4.5 条中规定"小砌块墙内不得混砌黏土砖或其他墙体材料"；(D) 项，

该规范第7.4.13条中规定"小砌块墙体孔洞中需填充保温或隔声材料时,应砌一皮灌满一皮,应填满、不得捣实。"

3-27 下列哪一种墙基必须设置墙身防潮层?
（A）混凝土实心砌块墙体　　（B）天然石块砌体
（C）黏土多孔砖墙体　　　　（D）钢筋混凝土剪力墙体
答案：C
提示：分析所得,亦可查找《北京市建筑设计技术细则》（建筑专业）。由于混凝土实心砌块墙体、天然石块砌体和钢筋混凝土剪力墙体的材料密实性较高,不易吸水、吸潮,这些墙体不需做防潮层。而黏土多孔砖墙体必须设置防潮层。

3-28 一般可不填塞泡沫塑料类的变形缝是哪一种变形缝?
（A）平屋面变形缝　　　　　（B）高低屋面抗震缝
（C）外墙温度伸缩缝　　　　（D）结构基础沉降缝
答案：D
提示：分析所得,填塞泡沫塑料是解决变形缝中的保温问题,目的是减少热桥现象的发生,结构基础沉降缝的温差变化很小,不需要填塞泡沫塑料类材料。

3-29 从墙身防潮层构造图判断其室内地面垫层为下列哪一种?

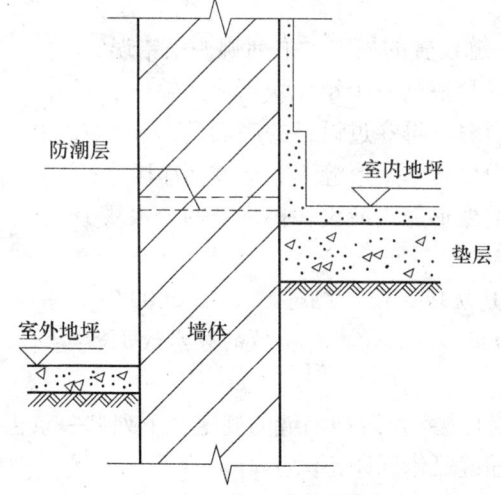

（A）普通混凝土垫层　　　　（B）钢筋混凝土垫层
（C）炉渣碎石等透水材料垫层　（D）细石混凝土不透水材料垫层

答案：A、D
提示：分析所得，上图地面图例为普通混凝土垫层或细石混凝土不透水材料垫层。防潮层位置应在地面垫层中间。

3-30 以下四种常用墙身防潮构造做法，哪一种不适合于地震区？
（A）防水砂浆防潮层　　　　（B）防水卷材（油毡）防潮层
（C）细石混凝土防潮层　　　（D）墙脚本身用条石、混凝土等
答案：B
提示：分析所得，油毡防潮层会形成上下墙体断层，地震时容易产生错动。

3-31 有关加气混凝土砌块墙的规定，以下哪一条有误？
（A）一般不用于承重墙
（B）不用于屋顶女儿墙
（C）一般不用于厕浴等有水浸、干湿交替部位
（D）隔墙根部应采用 C15 混凝土做 100mm 高条带
答案：B、D
提示：《蒸压加气混凝土建筑应用技术规程》（JGJ/T 17—2008）第 3.0.3 条的禁用范围中没有加气混凝土砌块不能用于屋顶女儿墙的规定；该规范关于加气混凝土砌块墙构造的规定中，也没有隔墙根部应采用 C15 混凝土做 100mm 高条带的要求。

3-32 相关变形缝设置的规定，下列哪一条错误？
（A）玻璃幕墙的一个单元块不应跨缝
（B）变形缝不得穿过设备的底面
（C）洁净厂房的变形缝不宜穿越洁净区
（D）地面变形缝不应设在排水坡的分水线上
答案：D
提示：《建筑地面设计规范》（GB 50037—96）第 6.0.2 条中规定，地面变形缝应设在排水坡的分水线上。

3-33 有关混凝土散水设置伸缩缝的规定，下列哪一条正确？
（A）伸缩缝延米间距不大于 18m
（B）缝宽不大于 10mm
（C）散水与建筑物连接处应设缝处理

(D) 缝隙用防水砂浆填实

答案： C

提示：《建筑地面设计规范》（GB 50037—96）第 6.0.24 条中规定，（C）项，散水与建筑物连接处应设缝处理是正确的。（A）项，伸缩缝延米间距应是 20~30m；（B）项，缝宽应为 20~30mm；（D）项缝隙中应用沥青类材料填实。

3-34 抗震设防地区的砖砌体建筑，下列措施中哪一项是不正确的？
(A) 不应采用无筋砖过梁作门窗过梁
(B) 基础墙的水平防潮层可用防水卷材（油毡），并在上下抹 15mm 厚 1:2 水泥砂浆
(C) 地面以下的砌体不宜采用空心砖
(D) 不可采用空斗砖墙

答案： B

提示： 分析所得，抗震设防地区的水平防潮层不可选用防水卷材（油毡）制品，原因是防水卷材（油毡）与砂浆不能粘结在一起，会形成上下断层。

3-35 钢筋混凝土过梁两端各伸入砖砌墙体的长度应不小于多少 mm？
(A) 60   (B) 120
(C) 180   (D) 240

答案： D

提示：《建筑抗震设计规范》（GB 50011—2010）第 7.3.10 条中指出：过梁两端各伸入砖砌墙体的长度应不小于 240mm。

3-36 多层建筑采用烧结多孔砖作承重墙时，有些部位必须改用烧结普通砖砌体，以下表述哪一条是不恰当的？
(A) 地下水位以下砌体不得采用烧结多孔砖
(B) 防潮层以下砌体不得采用烧结多孔砖
(C) 底层窗台以下砌体不得采用烧结多孔砖
(D) 冰冻线以上、室外地面以下的砌体不得采用烧结多孔砖

答案： B

提示： 分析所得，应以墙身防潮层为界，其上部砌体可以采用烧结多孔砖，其下部砌体必须采用烧结普通砖。

3-37 下述承重砌体对最小截面尺寸的限制,哪一条表述是不恰当的?
(A) 承重独立砖柱,截面尺寸不应小于 240mm×240mm
(B) 240mm 厚承重砖墙设 6m 跨度大梁时,应在支承处设壁柱
(C) 毛料石柱截面尺寸不应小于 400mm×400mm
(D) 毛石墙厚度不宜小于 350mm

答案:A

提示:《砌体结构设计规范》(GB 50003—2001)第 6.2.3 条中讲到,承重独立砖柱的截面尺寸不应小于 240mm×370mm。

3-38 以下墙身防潮层构造示意,哪一项错误?

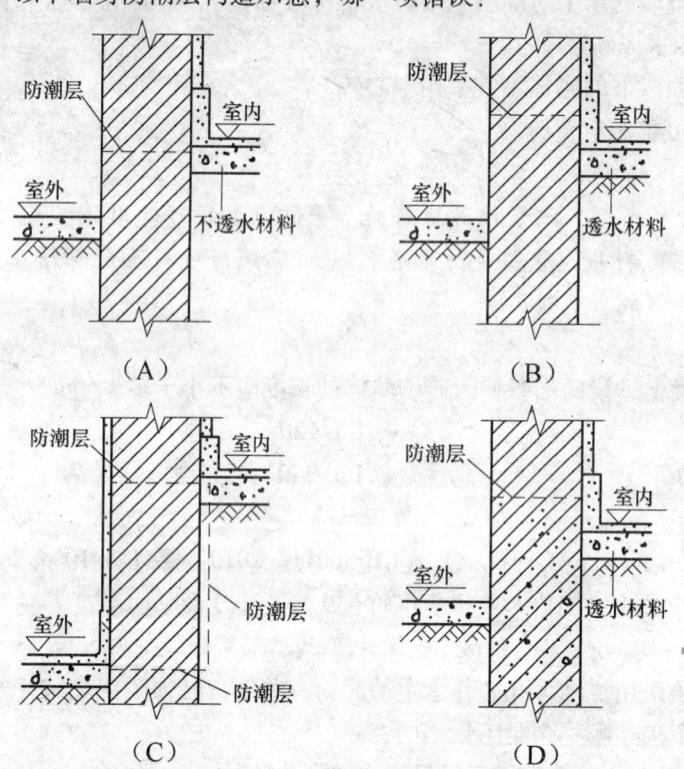

答案:B

提示:分析所得,A、C、D 做法均符合规范的规定,B 项做法的墙身已遭到透水的材料带来的毛细水侵蚀。

3-39 图示构造的散水名称是?

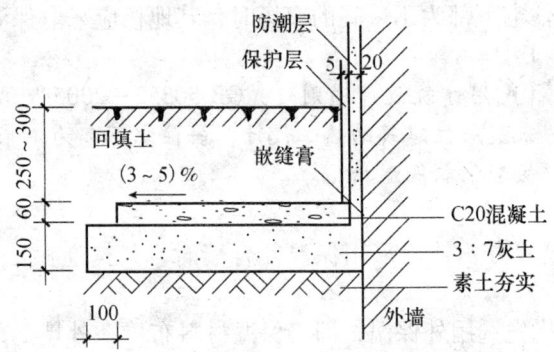

(A) 灰土散水　　　　　　　(B) 混凝土散水
(C) 种植散水　　　　　　　(D) 细石混凝土散水

答案：C

提示：从相关标准图中可以查到这种散水应为种植散水（暗埋式散水）。

(三) 墙体保温与节能

3-40 北方寒冷地区采暖房间外墙为有保温层的复合墙体，如设隔汽层，隔汽层可设于下列哪个部位？
Ⅰ. 保温层的外侧
Ⅱ. 保温层的内侧
Ⅲ. 保温层的两侧
Ⅳ. 围护结构的内表面（内保温）、外表面（外保温）
(A) Ⅰ、Ⅱ　　　　　　　　(B) Ⅱ、Ⅲ
(C) Ⅱ、Ⅳ　　　　　　　　(D) Ⅲ、Ⅳ

答案：C

提示：分析所得，隔汽层应紧贴保温层或围护结构设置，北方寒冷地区采暖房间外墙隔汽层可设置在保温层的内侧或围护结构的内表面（内保温做法）或外表面（外保温做法）。

3-41 关于采暖居住建筑的热工设计，下列哪一条符合采暖住宅建筑节能设计有关标准规定？
(A) 外廊式住宅的外廊可不设外窗
(B) 除共用楼梯间的集合式住宅外，住宅的楼梯间在底层出入口处均应设外门
(C) 消防车道穿过住宅建筑的下部时，消防车道上面的住宅地板应采用耐火极限不低于1.5小时的非燃烧体，可不再采取保温措施

(D) 住宅下部为不采暖的商场时,其地板应采取保温措施

答案: D

提示:《民用建筑设计通则》(GB 50352—2005) 第 6.12.8 条中规定:采暖居住建筑的热工设计,当住宅下部为不采暖的商场时,其地板应采取保温措施。

3-42 在我国北方,外墙采用保温复合墙时,其构造做法中下列哪一条是错误的?
(A) 优先选用外保温,即将保温材料布置在外墙的外侧,而将密度大、蓄热系数也大的材料布置在外墙内侧为好。
(B) 必须选用内保温时,应在外墙与楼板、外墙与承重墙交接处采取防热和保温措施
(C) 宜设空气间层,其厚度一般以 40~50mm 为宜
(D) 为提高空气间层的保温能力,间层贴涂铝箔时,铝箔应设在间层的外侧

答案: D

提示:《民用建筑热工设计规范》(GB 50176—93) 第 5.2.1 条中规定:为提高空气间层保温能力,采用贴涂铝箔时,铝箔应设在空气间层的内侧(即高温一侧)。

3-43 在我国南方,围护结构的隔热构造设计,下列哪一条措施是错误的?
(A) 外表面采用浅色饰面
(B) 设置通风间层
(C) 当采用复合墙时,密度大,其蓄热系数也大的,宜设在高温一侧
(D) 设置带铝箔的封闭空气间层,单面设铝箔时,宜设于温度较高的一侧

答案: C

提示:《民用建筑热工设计规范》(GB 50176—93) 第 5.2.1 条中规定:当采用复合墙时,密度大,其蓄热系数也大的材料,宜设在低温一侧。

3-44 有关夏热冬冷地区居住建筑的热工节能设计中,哪一项不妥?
(A) 围护结构的外表面宜采用浅色饰面材料
(B) 外窗(包括阳台门的透明部分)的面积不应过大
(C) 多层住宅外窗宜采用推拉窗
(D) 多层居住建筑的体形系数不应超过 0.40,高层居住建筑的体形系数不应超过 0.35

答案: C

提示：《夏热冬冷地区居住建筑节能设计标准》（JGJ 134—2010）第4.0.8条中指出，多层住宅外窗宜采用平开窗。

3-45 有关夏热冬暖地区居住建筑的热工节能设计中，哪一项不妥？
（A）外窗（包括阳台门）的可开启面积不应小于外窗所在房间地面面积的8%或外窗面积的60%
（B）屋顶和外墙宜采用浅色饰面
（C）屋顶宜采用屋面蓄水和屋面遮阳
（D）建筑物朝向宜采用南北向或接近南北向
答案：A
提示：《夏热冬暖地区居住建筑节能设计标准》（JGJ 75—2003）第4.0.10条中指出，外窗（包括阳台门）的可开启面积不应小于外窗所在房间地面面积的8%或外窗面积的45%。

3-46 单框双玻金属窗的传热系数 $E[W/(m^2 \cdot K)]$ 接近于下列哪一项值？
（A）6.4　　　　　　　　（B）4.7
（C）4.0　　　　　　　　（D）2.7
答案：C
提示：查找有关资料，单框双玻金属窗的热阻是0.287，传热系数是3.48，C值最接近。

3-47 下列围护结构中，哪一种保温性能最好？

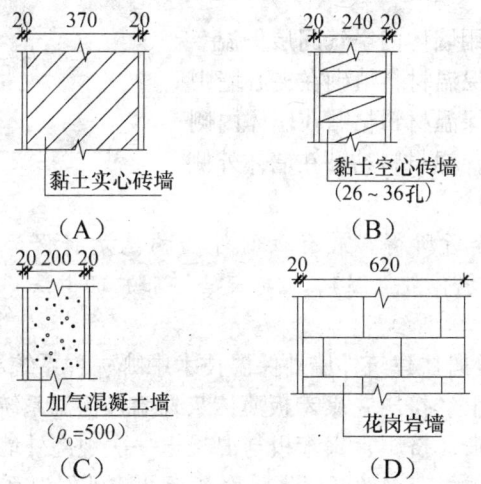

答案：D
提示：分析所得。因为加气混凝土表观密度小、导热系数小、传热系数

低，因而保温性能最好。（上述构造按保温性能优劣的排序为：加气混凝土、黏土空心砖、黏土实心砖、花岗岩）

3-48 板式住宅楼，进深12m，长50m，下述可选层数中，哪一项最有利于节能？
（A）4层
（B）5层
（C）6层
（D）6层跃局部7层（7层占6层的50%面积）
答案：C
提示：分析所得。经计算C值体形系数最小，有利于节能。

3-49 当混凝土空心砌块外墙采用下列同等厚度的保温材料作外保温时，哪一种材料墙体的平均传热系数最大？
（A）聚苯颗粒保温砂浆　　　（B）憎水珍珠岩板
（C）水泥聚苯板　　　　　　（D）发泡聚苯板
答案：C
提示：分析所得。由于水泥聚苯板平均传热系数最大，目前已淘汰不用。

3-50 我国自实行采暖居住建筑节能标准以来，最有效的外墙构造为下列哪一项？
（A）利用墙体内空气间层保温
（B）将保温材料填砌在夹心墙中
（C）将保温材料粘贴在墙体内侧
（D）将保温材料粘贴在墙体外侧
答案：D
提示：分析所得。最有效的外墙构造是将保温材料粘贴在墙体外侧（墙体外保温），因而是当前推广的做法。

3-51 下列采暖居住建筑外墙外保温技术中哪一种系统不适用于严寒地区？
（A）膨胀（挤压）聚苯板薄抹灰外墙外保温系统
（B）膨胀（挤压）聚苯板与混凝土一次现浇外墙外保温系统
（C）机械固定钢丝网架膨胀聚苯板外墙外保温系统
（D）胶粉聚苯颗粒外墙外保温系统
答案：B

提示：《外墙外保温工程技术规程》（JGJ 144—2004）第 6.3.7 条中规定：膨胀（挤压）聚苯板与混凝土一次现浇外墙外保温系统不适用于严寒地区，因为混凝土必须在现场浇筑，基层和环境空气温度均要求不能低于 5℃。

3-52 外墙墙身隔热构造设计，下列哪一条措施是错误的？
(A) 南向房间可利用上层阳台、凹廊、外廊等进行遮阳
(B) 东、西向房间可设置固定或活动式遮阳措施
(C) 当采用复合墙体时，复合墙体外侧采用表观密度、蓄热系数较大的重质材料
(D) 设置带铝箔的封闭空气间且单面贴铝箔时，铝箔宜贴在靠室外一侧
答案：C
提示：《民用建筑热工设计规范》（GB 50176—93）第 5.2.1 条中指出：当采用复合墙体时，复合墙体内侧应采用表观密度、蓄热系数较大的重质材料。

3-53 外墙外保温构造系统中不需要做热工处理的部分是下列哪一个部位？
(A) 门窗框外侧洞口   (B) 女儿墙
(C) 阳台外挑底板、附墙构件   (D) 雨水管、铁爬梯
答案：D
提示：《外墙外保温工程技术规程》（JGJ 144—2004）第 5.0.2 条中规定：门窗框外侧洞口、女儿墙、封闭阳台等热桥部位均应做保温处理。雨水管、铁爬梯等处不需做热工处理。

3-54 图示外墙外保温构造的技术要求中，下列哪一条正确？

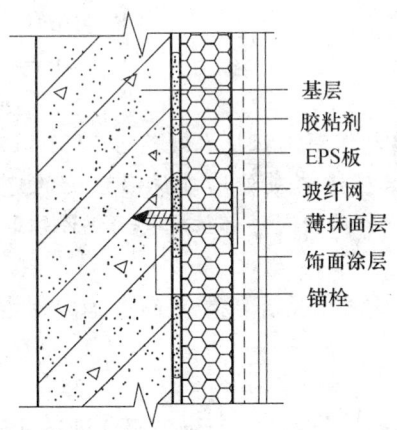

（A）建筑物高于20m，宜用锚栓辅助固定
（B）EPS板宽宜1500mm，板高宜900mm
（C）背面涂胶粘剂的面积应控制为EPS板面积的1/4
（D）作为保护层的薄抹灰面层厚度宜为10mm

答案：A

提示：《外墙外保温工程技术规程》（JGJ 144—2004）第6.2.1条中规定：（A）项，建筑物高于20m，宜用锚栓辅助固定是正确的。此外，（B）项，EPS板宽宜1200mm，板高宜600mm。（C）项，背面涂胶粘剂的面积应控制为EPS板面积的40%。（D）项，作为保护层的薄抹灰面层厚度宜为3~6mm。

3-55 《严寒和寒冷地区居住建筑节能设计标准》（JGJ 26—2010）对寒冷地区住宅建筑的节能设计技术措施作出明确规定，下列设计措施的表述，哪一条不符合该标准的规定？
（A）在住宅楼梯间设置外门
（B）采用气密性好的门窗，如加密闭条的钢窗、塑钢推拉窗等
（C）寒冷地区居住建筑的北向窗不应设置凸窗
（D）北向、东西向、南向外窗的窗墙面积比控制在25%、35%、40%

答案：D

提示：《严寒和寒冷地区居住建筑节能设计标准》（JGJ 26—2010）第4.1.4条中规定：寒冷地区北向、东西向、南向外窗的窗墙面积比应分别控制在30%、35%、50%。

3-56 考虑到外墙外保温EPS板薄抹面系统受负压作用较大等因素，规范推荐使用锚栓进行保温板辅助固定，此类建筑的最小高度为：
（A）15m （B）16m
（C）18m （D）20m

答案：D

提示：《外墙外保温工程技术规范》（JGJ 144—2004）第6.1.2条中规定，采用EPS板薄抹灰外墙外保温系统的建筑物，高度超过20m时，在受负风压，作用较大的部位宜使用锚栓辅助固定。

3-57 从施工方面和综合经济核算方面考虑，保温用EPS板厚度一般不宜小于：
（A）20mm （B）25mm
（C）30mm （D）40mm

答案：D

提示：《外墙外保温工程技术规范》（JGJ 144—2004）第6.5.3条中规定：保温用EPS板厚度一般不宜小于40mm。北京地区采用膨胀型聚苯板（EPS板）做外保温时其厚度与传热系数有关：三层及三层以下建筑的平均传热系数≤0.45W/（m²·K）时，厚度应取90mm；四层及四层以上建筑的平均传热系数≤0.60W/（m²·K）时，厚度应取70mm。若选用挤塑型聚苯板（XPS）板，三层及三层以下的建筑时，厚度应取70mm；四层及四层以上时，厚度应取50mm。

3-58 在正常使用和正常维护的条件下，外墙外保温工程的使用年限不应少于：
(A) 10年 (B) 15年
(C) 20年 (D) 25年

答案：D

提示：《外墙外保温工程技术规范》（JGJ 144—2004）第3.0.10条中规定：在正确使用和正常维护的条件下，外墙外保温工程的使用年限不应少于25年。

3-59 EPS板薄抹灰外墙外保温系统中薄抹灰的厚度应为：
(A) 1~2mm (B) 3~6mm
(C) 6~10mm (D) 10~15mm

答案：B

提示：《外墙外保温工程技术规范》（JGJ 144—2004）第5.0.3条中规定：EPS板薄抹灰外墙外保温系统，保护层厚度应是3~6mm；EPS板厚抹灰外墙外保温系统，保护层厚度应是25~30mm。

3-60 关于公共建筑节能设计的措施，下列哪一条是错误的？
(A) 严寒、寒冷地区建筑的体形系数应小于或等于0.4
(B) 建筑每个朝向的窗墙面积比均不应大于0.7
(C) 外窗可开启面积不应小于窗面积的30%
(D) 外窗的气密性不应低于3级

答案：D

提示：《公共建筑节能设计标准》（GB 50189—2005）第4.1.2条中规定：（A）项，严寒、寒冷地区建筑的体形系数应小于或等于0.40是对的；（B）项，建筑每个朝向的窗墙面积比均不应大于0.7是对的；（C）项，外窗的可开启面积应不小于窗面积的30%是对的；（D）项，外窗的气密性不应低于《建筑外窗气密性能分级及其检测方法》（GB 7107—2002）规定的 3 级是错的，应为 4 级。

（四）墙体隔声

3-61 隔墙的隔声性能，与墙体材料的密实性、构造连接的严密性及墙体的吸声性能有关，将下列墙体的隔声性能优劣按其计权隔声量排序，下列哪一组是错误的？

　　Ⅰ. 125mm 加气混凝土砌块墙，双面抹灰各 20mm 厚
　　Ⅱ. 120mm 承重实心黏土砖，双面抹灰各 20mm 厚
　　Ⅲ. 轻钢龙骨，75mm 厚空气层，双面各 12mm 厚纸面石膏板
　　Ⅳ. 轻钢龙骨，75mm 厚空气层，双面各双层 12mm 厚纸面石膏板
　　（A）Ⅰ＞Ⅲ　　　　　　　　　（B）Ⅱ＞Ⅳ
　　（C）Ⅱ＞Ⅰ　　　　　　　　　（D）Ⅳ＞Ⅲ

答案：B

提示：从相关技术资料中可查得下列数值：Ⅰ项的隔声指标为 40dB；Ⅱ项的隔声指标为 43~47dB；Ⅲ项的隔声指标为 37dB；Ⅳ项的隔声指标为 49dB。比较后，（B）项是错误的。

3-62 住宅分户轻质隔墙的隔声标准的隔声量最低限值是下列哪一项？
　　（A）30dB　　　　　　　　　　（B）35dB
　　（C）40dB　　　　　　　　　　（D）50dB

答案：C

提示：《民用建筑设计通则》（GB 50352—2005）第 7.5.2 条中规定，住宅分户轻质隔墙的隔声标准的隔声量最低限值为 40dB。

3-63 旅馆客房与客房之间隔墙空气隔声标准（计权隔声量 dB）应为下表中哪一项？

旅馆客房间隔墙空气隔声标准（dB）

	特级	一级	二级	三级
（A）	≥50	≥45	≥40	≥35
（B）	≥50	≥45	≥40	≥40
（C）	≥50	≥50	≥45	≥40
（D）	≥45	≥45	≥40	≥40

答案：B

提示：《民用建筑设计通则》（GB 50352—2005）第 7.5.2 条中规定如此。

3-64 下列哪一种隔墙构造不能满足学校中语言教室与一般教室之间隔墙的要求?

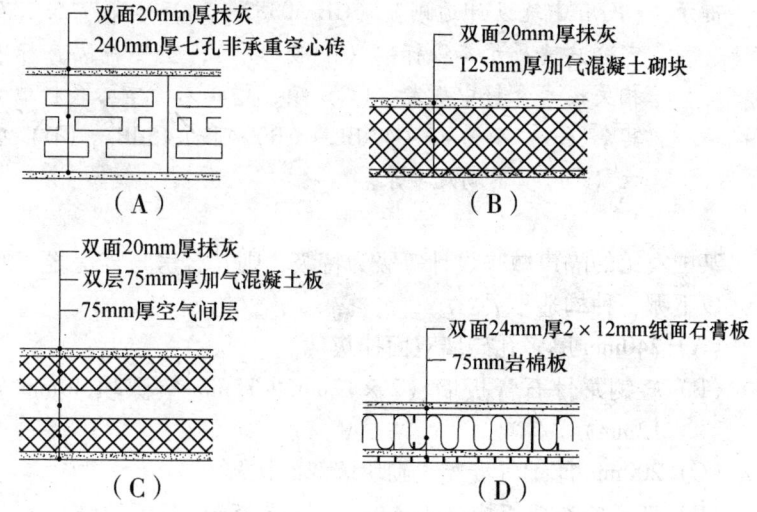

答案：B

提示：《民用建筑隔声设计规范》（GB 50118—2010）中规定：学校中语言教室与一般教室之间隔墙的隔声指标为50dB。相关技术资料中规定：（B）项只有40~45dB，不满足要求。其余：（A）项为48~53dB；（C）项为60dB；（D）项为50~55dB。

3-65 下列住宅分户墙构造，哪种不满足二级标准（一般标准）空气声隔声标准的要求?

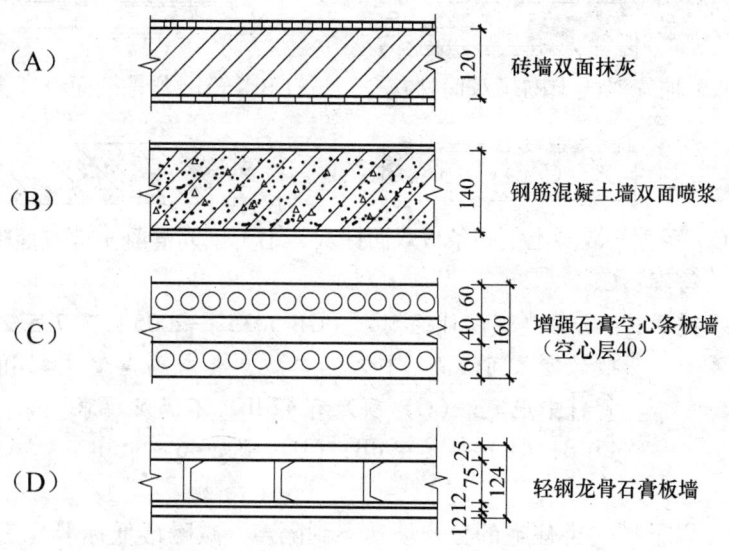

答案：C

提示：《民用建筑设计通则》（GB 50352—2005）第7.5.2条规定：住宅分户墙属于二级标准（一般标准），空气声隔声标准是45dB。相关技术资料中规定，(C)项，增强石膏空心条板墙只有41dB，其余（A）项为43～47dB，(B)项为45dB，(D)项为51dB。故（C）项不满足要求。

3-66 某国宾馆的隔声减噪设计等级为特级，则其客房与客房之间的隔墙采用以下哪一种构造不妥？

(A) 240mm厚多孔砖墙双面抹灰

(B) 轻钢龙骨石膏板墙（2×12mm+75mm空隙填40mm岩棉+2×12mm）

(C) 200mm厚加气混凝土砌块墙双面抹灰

(D) 双层空心条板均厚75mm，空气层75mm且无拉结

答案：C

提示：《民用建筑设计通则》（GB 50352—2005）第7.5.2条规定：国宾馆的隔声减噪设计等级为特级，其指标≥50dB。相关技术资料中规定，(C)项只有46dB，(A)项为53dB，(B)项为51dB，(D)项为>50dB。故（C）项不达标。

3-67 以下哪一种隔墙不能用作一般教室之间的隔墙？

（A）加气混凝土砌块双面抹灰　（B）轻钢龙骨纸面石膏板双面双层

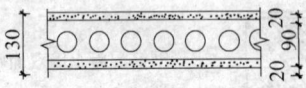 

（C）轻骨料混凝土空心条板双面抹灰　（D）钢筋混凝土墙双面喷浆

答案：C

提示：《民用建筑设计通则》（GB 50352—2005）第7.5.2条规定：一般教室之间的隔墙标准为二级，要求隔声量是45dB。相关技术资料中规定，(C)项只有42dB，不满足要求。(A)项是40～45dB；(B)项是49dB；(D)项是46～50dB。

3-68 以下哪一类住宅的分户墙达不到隔声、减噪最低标准（三级标准）的

要求？

(A) 140mm 厚钢筋混凝土墙，双面喷浆

(B) 240mm 厚多孔黏土砖墙，双面抹灰

(C) 140mm 厚混凝土空心砌块墙

(D) 150mm 厚加气混凝土条板墙，双面抹灰

答案：C

提示：《民用建筑设计通则》（GB 50352—2005）第 7.5.2 条规定：住宅的分户墙隔声、减噪最低标准（三级）是 40dB。相关技术资料中指出，(A) 项是 42dB；(B) 项是 48～53dB；(C) 项是 35～40dB，(D) 项是 44dB。

3-69 下列有关室内隔声标准中，哪一条不符合规定？

(A) 有安静要求的室内做吊顶时，应先将隔墙超过吊顶砌至楼板底

(B) 建筑物各类主要用房的隔墙和楼板的空气计权隔声量不应小于 30dB

(C) 楼板的计权归一化撞击声压级不应大于 75dB

(D) 居住建筑卧室的允许噪声级应为：白天 50dB；黑夜 40dB

答案：B

提示：《民用建筑设计通则》（GB 50352—2005）第 7.5.2 条规定：住宅、学校、医院手术室与病房之间、旅馆客房与客房之间等主要用房的隔墙和楼板的空气计权隔声量不应小于 40dB。

3-70 图1、图2 为隔墙构造图，某中学的语音教室与录音室之间隔墙的选用，正确的是哪一种做法？

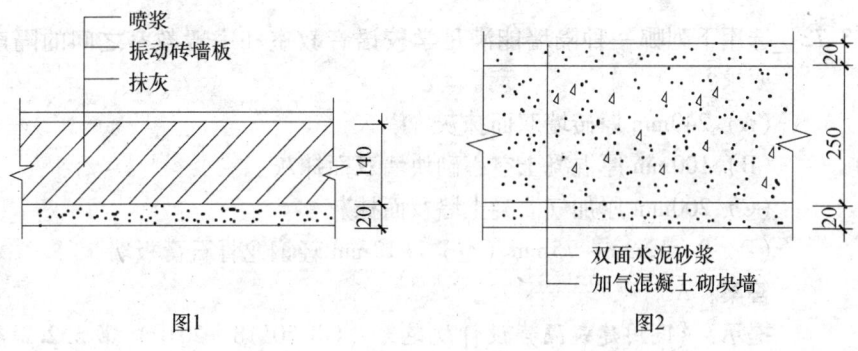

图1　　　　　　　　　　图2

(A) 图1、图2 均可选　　(B) 图1、图2 均不可选

(C) 选图 1　　　　　　　(D) 选图 2

答案：C

提示：《民用建筑设计通则》（GB 50352—2005）第 7.5.2 条规定：语音教室与录音室之间的隔墙应按一级隔声标准（50dB）考虑。相关技术资料中规定，图 1 的隔声量是 50dB；图 2 的隔声量是 47～48dB。只有图 1 达到标准。

3-71 图示为 80～90mm 厚石膏复合板填岩棉轻质隔墙，此构造隔声性能不能用于下列哪一种墙体？

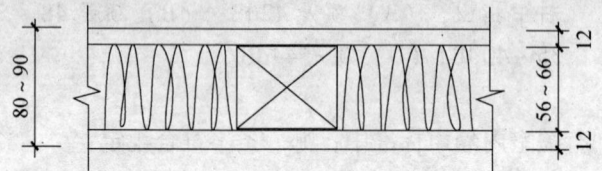

（A）普通住宅内起居室隔墙
（B）普通住宅内卧室、书房间隔墙
（C）学校阅览室与普通教室间隔墙
（D）旅馆内客房与走廊间隔墙

答案：C

提示：《民用建筑隔声设计规范》（GB 50118—2010）规定：普通住宅内起居室隔墙的隔声标准是 45dB；普通住宅内卧室、书房间隔墙的隔声标准是 45dB；学校阅览室与普通教室间隔墙的隔声标准是 50dB；旅馆内客房与走廊间隔墙的隔声标准是 45dB；从相关技术资料中查得该构造图中的做法，其隔声量只有 37～46dB，因而不能用于学校阅览室与普通教室间隔墙。

3-72 选用下列哪一种隔墙能满足学校语音教室和一般教室之间的隔声标准要求？

（A）240mm 厚砖墙双面抹灰
（B）100mm 厚混凝土空心砌块墙双面抹灰
（C）200mm 厚加气混凝土墙双面抹灰
（D）2×12mm +75mm（空）+12mm 轻钢龙骨石膏板墙

答案：A

提示：《民用建筑隔声设计规范》（GB 50118—2010）第 5.2.2 条中规定：学校语音教室和一般教室之间的隔声标准为 50dB。240mm 厚砖墙双面抹灰的隔声量为 48～53dB；满足要求。

3-73 纸面石膏板隔墙内的填充物，以下哪一项不妥？
（A）玻璃棉　　　　　　　　（B）砂子
（C）矿棉板　　　　　　　　（D）岩棉板
答案：B
提示：分析所得，纸面石膏板隔墙内的填充物应是轻质材料，以利于隔声、减噪。填充砂子是错误的。

（五）隔墙构造

3-74 用增强石膏空心条板或水泥玻纤空心条板（GRC板）作为轻质隔墙，墙体高度一般限制为多少？
（A）≤3.0m　　　　　　　　（B）≤3.5m
（C）≤4.0m　　　　　　　　（D）≤4.5m
答案：B
提示：《建筑轻质条板隔墙技术规程》（JG/T 157—2008）第3.3.3条中指出：90mm和120mm厚轻质条板的墙体高度为≤3.5m。

3-75 在下列轻质隔墙中哪一种施工周期最长？
（A）钢丝网架水泥聚苯乙烯夹芯板隔墙
（B）增强石膏空心条板隔墙
（C）玻璃纤维增强水泥轻质多孔条板隔墙
（D）工业灰渣混凝土空心条板隔墙
答案：A
提示：分析所得，因为钢丝网架水泥聚苯乙烯夹芯板隔墙抹灰湿作业过多，故施工周期较长。

3-76 下列轻质隔墙中哪一种自重最大？
（A）125mm厚轻钢龙骨每侧双层12mm厚纸面石膏板隔墙
（B）120mm厚玻璃纤维增强水泥轻质多孔条板隔墙
（C）100mm厚工业灰渣混凝土空心条板隔墙
（D）100mm厚钢丝网架水泥聚苯乙烯夹芯板隔墙
答案：B
提示：由《建筑结构荷载规范》（GB 50009—2001）2006年版附录中可以看出：（A）项为0.27kN/m²；（B）项为1.13kN/m²；（C）项

为 0.45kN/m²；（D）项为 0.90kN/m²。很明显（B）项自重最大。

3-77 轻质隔墙的构造要点中，下列哪一条不妥？
（A） 应采用轻质材料，其面密度应为 70kg/m²
（B） 应保证其自身的稳定性
（C） 应与周边构件有良好的联结
（D） 应保证其不承重
答案：A
提示：《建筑轻型条板隔墙技术规程》（JGJ/T 157—2008）术语中规定：轻质材料的面密度应为 110kg/m² 及以下。

3-78 在轻钢龙骨石膏板隔墙中，要提高其限制高度，下列措施中哪一种效果最差？
（A） 增大龙骨规格　　　　（B） 缩小龙骨间距
（C） 在空腹中填充轻质材料　（D） 增加石膏板厚度
答案：C
提示：分析所得，要提高其限制高度，增大龙骨规格、缩小龙骨间距、增加石膏板厚度均可以达到，但在空腹中填充轻质材料只可以提高隔声效果，对提高限制高度是没有作用的。

3-79 下列哪一种隔墙自重荷载最小？
（A） 双面抹灰板条隔墙
（B） 轻钢龙骨纸面石膏板隔墙
（C） 100mm 厚加气混凝土砌块隔墙
（D） 90mm 厚增强石膏条板隔墙
答案：B
提示：《建筑结构荷载规范》（GB 50009—2001）2006 年版附录中规定：（A）项为 0.90kN/m²、（B）项为 0.27kN/m²、（C）项为 0.55kN/m²、（D）项为 0.45kN/m²。

3-80 以下同样厚度条板隔墙中，每平方米哪一个最重？
（A） 石膏珍珠岩空心条板　　（B） 水泥空心条板
（C） GRC 空心条板　　　　　（D） 加气混凝土配筋条板
答案：B

提示：查找《建筑结构荷载规范》(GB 50009—2001) 2006年版附录中得知。(A) 项为 $0.45kN/m^2$、(B) 项为 $1.60kN/m^2$、(C) 项为 $0.30kN/m^2$、(D) 项为 $0.55 \sim 0.75kN/m^2$。结论是水泥空心条板每平方米的自重最重。

3-81 下列哪一种轻质隔墙比较适用于卫生间、浴室？
（A）轻钢龙骨纤维石膏板隔墙
（B）轻钢龙骨水泥加压板隔墙
（C）加气混凝土砌块隔墙
（D）增强石膏条板隔墙
答案：B
提示：分析所得，B 项的轻钢龙骨水泥加压板隔墙吸水性较小，比较适用于卫生间、浴室。

3-82 某洗衣房内，下列哪一种轻质隔墙立于楼、地面时其底部可不筑条基（墙垫）？
（A）加气混凝土块隔墙　　　（B）水泥玻纤空心条板隔墙
（C）轻钢龙骨石膏板隔墙　　（D）增强石膏空心条板隔墙
答案：B
提示：分析所得，因为水泥玻纤空心条板隔墙，耐潮湿性能好、吸水性差，故用于洗衣房内较为合适。立于楼、地面时其底部可以不筑条基。(注：石膏制品隔墙应加做100mm高C20的细石现浇混凝土墙垫；加气混凝土砌块规范规定不得用于潮湿环境中；轻钢龙骨石膏板隔墙底部应加做墙垫)

3-83 对于轻质隔墙泰柏板的下列描述中哪一条有误？
（A）厚度薄、自重轻、强度高
（B）保温、隔热性能好
（C）除用作内隔墙，也用于外墙、轻型屋面
（D）能用于低层公共建筑门厅部位的墙体
答案：D
提示：分析所得，泰柏板轻质隔墙由于自重轻、强度高、保温及隔热性能好，一般多用于非承重部位（包括轻型框架的外墙、内隔墙及轻型屋面）。但不能用于直接承重的墙体（如低层公共建筑门厅部位的墙体）。

3-84 抗震设防地区的半砖隔墙，下列哪一项技术措施是错误的？
（A）隔墙砌至板底或梁底
（B）当房间有吊顶时，隔墙砌至吊顶上部300mm
（C）底层房间的隔墙应做基础
（D）隔墙高度超过3m，长度超过5m均应采取加强稳定性措施
答案：C
提示：分析所得，隔墙属于非承重墙，因而不需要做基础。

3-85 各类隔墙的安装应满足有关建筑技术要求，但是下列哪一条不属于应该满足的要求？
（A）稳定、抗震　　　　　　（B）保温
（C）防空气渗透　　　　　　（D）防火、防潮
答案：B
提示：分析所得，隔墙是用于建筑物内部分隔空间的墙，不存在保温要求。

3-86 安装轻钢龙骨纸面石膏板隔墙时，下列叙述哪一项是错误的？
（A）石膏板宜竖向铺设，长边接缝应安装在竖龙骨上
（B）龙骨两侧的石膏板接缝应错开，不得在同一根龙骨上接缝
（C）石膏板应采用自攻螺钉固定
（D）石膏板与周围墙或柱应挨紧不留缝隙
答案：D
提示：《住宅装饰装修工程施工规范》（GB 50327—2001）第9.3.5条中规定：石膏板与周围墙或柱应留有3mm的槽口，以便进行防开裂处理。

3-87 应用于有水房间的隔墙，下列哪一种材料必须做100mm高的条带？
（A）水泥炉渣空心砖　　　　（B）加气混凝土
（C）灰砂砖　　　　　　　　（D）石膏条板
答案：D
提示：《建筑轻型条板隔墙技术规程》（JGJ/T 157—2008）第4.2.18条中规定：石膏条板（防水型）隔墙及其他有防水要求的条板隔墙用于潮湿环境时，下端应做C20细石混凝土条形墙垫，墙垫高度不应小于100mm。

3-88 某框架结构建筑的内隔墙采用轻质条板隔墙,下列技术措施中哪一项是错误的?

(A) 用作住宅户内分室隔墙时,墙厚不宜小于90mm

(B) 120mm厚条板隔墙接板安装高度不应大于4.2m

(C) 条板隔墙安装长度大于8m时,应采取防裂措施

(D) 条板隔墙用于卫生间时,墙面应做防水处理,高度不宜低于1.8m

答案:C

提示:《建筑轻质条板隔墙技术规程》(JGJ/T 157—2008)第4.2.6条中规定:条板隔墙安装长度大于6m时,应采取防裂措施。

(六) 墙体抗震

3-89 多层砌体房屋在抗震设防烈度为8度的地区,下述房屋中砌体墙段的局部尺寸限值,哪一项不正确?

(A) 承重窗间墙最小距离为1.20m

(B) 承重外墙尽端至门窗洞边的最小距离为1.50m

(C) 非承重外墙尽端至门窗洞边的最小距离为1.00m

(D) 内墙阳角至门窗洞边的最小距离为1.50m

答案:B

提示:《建筑抗震设计规范》(GB 50011—2010)第7.1.6条中规定:多层砌体房屋在抗震设防烈度为8度(设计基本地震加速度为0.20g)的地区承重外墙尽端至门窗洞边的最小距离为1.20m。

3-90 有关多层黏土砖房屋抗震构造措施,下面叙述哪一项不正确?

(A) 构造柱最小截面可采用240mm×240mm

(B) 构造柱与墙连接处应砌成马牙槎,并应沿墙高每隔500mm设2ϕ6拉结钢筋,伸入墙内不宜小于1.00m

(C) 构造柱与圈梁连接处,构造柱的纵筋应穿过圈梁,保证柱筋上下贯通

(D) 构造柱可不单独设置基础,但应伸入室外地面下500mm,或与埋深小于500mm的基础圈梁相连

答案:A

提示:《建筑抗震设计规范》(GB 50011—2010)第7.3.2条中规定,构造柱最小截面可采用180mm×240mm。

3-91 小型砌块墙的设计要点中，下列哪一条是错误的？
(A) 砌块的强度等级不宜低于 MU5.0，砌筑砂浆一般不低于 Mb5.0
(B) 墙长大于 8m 时应同梁或楼板拉结或加构造柱
(C) 墙高大于 5m 时，应在墙高的中部加设圈梁或钢筋混凝土配筋带
(D) 窗间墙宽不宜小于 600mm
答案：C
提示：《建筑抗震设计规范》（GB 50011—2010）第 13.3.4 条中指出：小型砌块墙的设计要点中，墙高大于 4m 时，应在墙高的中部加设圈梁或钢筋混凝土配筋带。

3-92 小型砌块隔墙，墙身长度大于多少时应加设构造柱或采取其他拉结措施？
(A) 12m (B) 8m
(C) 5m   (D) 3m
答案：B
提示：《建筑抗震设计规范》（GB 50011—2010）第 13.3.4 条中规定：小型砌块隔墙，墙身长度大于 8m 时应加构造柱。

3-93 在抗震设防地区，轻质条板隔墙长度超过多少限值时应设构造柱？
(A) 6m (B) 7m
(C) 8m (D) 9m
答案：A
提示：《建筑轻质条板隔墙技术规程》（JGJ/T 157—2008）第 4.2.11 条中规定：在抗震设防地区，轻质块材隔墙长度超过 6m 时应设构造柱。

3-94 有关多层黏土砖房屋构造柱的做法，下面叙述哪一项不正确？
(A) 较低房屋构造柱配筋，主筋是 4ϕ12，箍筋是 ϕ6@250mm
(B) 7 度时超过 6 层、8 度时超过 5 层和 9 度时，主筋采用 4ϕ14，箍筋采用 ϕ6@200mm
(C) 构造柱的下部应深入地梁内，无地梁时应伸入室外地坪下 800mm 处
(D) 构造柱的上端应伸入顶层圈梁
答案：C
提示：《建筑抗震设计规范》（GB 50011—2010）第 7.3.2 条中规定：

构造柱的下部应伸入地梁内，无地梁时应伸入室外地坪下500mm处。

3-95 有关多层黏土砖房屋现浇钢筋混凝土圈梁的做法，下面叙述哪一项不正确？
（A）圈梁的宽度宜与墙厚相同，并不得小于180mm
（B）地上墙体中圈梁高度不应小于120mm
（C）基础中圈梁的最小高度为180mm
（D）8度设防地区圈梁配筋：主筋采用4ϕ12，箍筋采用ϕ6@200mm

答案：A

提示：查找有关抗震构造手册得知，圈梁的宽度宜与墙厚相同，并不得小于240mm。

3-96 有关砌体结构房屋墙体的构造柱做法，下列哪一条有误？
（A）构造柱最小截面为240mm×180mm
（B）施工时先砌墙后浇筑构造柱
（C）构造柱必须单独设置基础
（D）构造柱上沿墙高每500mm设2ϕ6水平钢筋和ϕ4分布短筋组成的拉结网片，每边伸入墙内不宜小于1m

答案：C

提示：《建筑抗震设计规范》（GB 50011—2010）第7.3.1条及第7.3.2条规定，构造柱的底部不需单独设置基础，但应与地梁连接或埋入室外地坪以下500mm处。

3-97 抗震设防烈度为8度的6层砖墙承重住宅建筑，有关设置钢筋混凝土构造柱的措施，下述各条中哪一条是不恰当的？
（A）在外墙四角及宽度大于2.0m的洞口应设置构造柱
（B）在内墙与外墙交接处及楼梯间横墙与外墙交接处应设置构造柱
（C）构造柱的最小截面为180mm×240mm，构造柱与砖墙体连接处应砌成马牙槎
（D）构造柱可不单独设置基础，而应伸入室外地面以下500mm或与埋深小于500mm的基础圈梁相连

答案：B

提示：《建筑抗震设计规范》（GB 50011—2010）第7.3.1条规定，构造柱应在内墙与外墙交接处及楼梯间四角及楼梯斜梯段上下端对应的墙体处设置构造柱。

3-98 抗震设防烈度为6、7、8度地区无锚固女儿墙的高度不应超过下述哪一项数值?
(A) 0.5m (B) 0.6m
(C) 0.8m (D) 0.9m

答案：A

提示：《建筑抗震设计规范》（GB 50011—2010）第7.1.6条中规定：抗震设防烈度为6、7、8度地区无锚固女儿墙的高度均不应超过0.5m。

3-99 抗震设防烈度为8度地区的多层砌体建筑，以下关于墙身的抗震构造措施哪一项是错误的？
(A) 承重窗间墙最小宽度为1.2m
(B) 承重外墙尽端至门窗洞边的最小距离为1.2m
(C) 非承重外墙尽端至门窗洞口边的最小距离为1.0m
(D) 内墙阳角至门窗洞边的最小距离为1.0m

答案：D

提示：《建筑抗震设计规范》（GB 50011—2010）第7.1.6条中规定：内墙阳角至门窗洞边的最小距离为1.5m。

3-100 7度抗震设防的多层砌体房屋的以下局部尺寸，哪一处不符合《建筑抗震设计规范》（GB 50011—2010）的要求？
(A) 承重窗间墙1200mm
(B) 承重外墙尽端至门窗洞边最小距离1000mm
(C) 非承重外墙尽端至门窗洞边最小距离1000mm
(D) 无锚固女儿墙500mm

答案：C

提示：《建筑抗震设计规范》（GB 50011—2010）第7.1.6条规定：7度抗震设防的多层砌体房屋的承重窗间墙应为1000mm。

四、底层地面、楼地面与路面

（一）底层地面

4-01 根据相关规定，"建筑地面"不包括以下哪一项内容？
(A) 地下室、底层、楼层的地面 (B) 室外散水、明沟

（C）踏步、台阶、坡道　　　　　（D）设备管沟地面
答案：D
提示：《建筑地面设计规范》（GB 50037—96）总则中规定的地面适用范围包括一般工业与民用建筑的底层地面和楼层地面以及散水、明沟、踏步、台阶和坡道等，不包括设备管沟地面。

4-02　以下哪一个层次不是底层地面的构造层次？
　　　（A）面层　　　　　　　　　　　（B）垫层
　　　（C）基层　　　　　　　　　　　（D）填充层
答案：D
提示：《建筑地面设计规范》（GB 50037—96）术语中规定的底层地面构造层次不包含填充层，填充层是楼地面满足隔声要求而设置的构造层次。

4-03　关于地面垫层的适用范围和构造要求，下列哪一项表述是错误的？
　　　（A）1:6 水泥炉渣不能用作现浇整体面层的楼地面垫层
　　　（B）以粘结剂水泥砂浆结合的块材面层宜采用混凝土垫层
　　　（C）一般地面混凝土垫层的最小厚度不得低于 50mm
　　　（D）混凝土垫层强度等级不应低于 C10
答案：A
提示：《建筑地面设计规范》（GB 50037—96）第 A.0.3 条中规定：（A）项，1:6 水泥炉渣可以用作现浇整体面层的楼地面填充层（垫层）。

4-04　某小型汽车库地面采用 120mm 厚混凝土垫层兼面层，其最小强度等级，下列哪一项是正确的？
　　　（A）不低于 C10　　　　　　　　（B）不低于 C15
　　　（C）不低于 C20　　　　　　　　（D）不低于 C25
答案：B
提示：《建筑地面设计规范》（GB 50037—96）第 A.0.1 条中规定：混凝土垫层兼面层的最小强度等级应不低于 C15。

4-05　关于地面变形缝的设置，下列哪一条表述是错误的？
　　　（A）变形缝应在排水坡的分水线上，不得通过有液体流经或积聚的部位

(B) 建筑的同一防火分区不可以跨越变形缝
(C) 地下人防工程的同一防护单元不可跨越变形缝
(D) 设在变形缝附近的防火门，门扇开启后不可跨越变形缝

答案：B

提示：《建筑设计防火规范》（GB 50016—2006）中没有建筑的同一防火分区不可以跨越变形缝的规定，（B）项是答案。另外，（A）项变形缝应在排水坡的分水线上，不得通过有液体流经或积聚的部位是正确的（可查看《建筑地面设计规范》）；（C）项地下人防工程的同一防护单元不可跨越变形缝也是正确的，也可以变形缝作为防护单元的分界（可查看《人民防空地下室设计规范》）；（D）项设在变形缝附近的防火门，门扇开启后不可跨越变形缝是正确的（可查看《建筑设计防火规范》）。

4-06 一般民用建筑中地面混凝土垫层的最小厚度应采用多少？
(A) 50mm　　　　　　　(B) 60mm
(C) 70mm　　　　　　　(D) 80mm

答案：A

提示：《建筑地面设计规范》（GB 50037—96）第4.0.2条中规定：一般民用建筑中地面混凝土垫层的最小厚度为50mm。其他建筑地面混凝土垫层的最小厚度应是60mm。

4-07 地面垫层下的填土不得使用下列哪一种土层？
(A) 砂土　　　　　　　(B) 粉土
(C) 黏性土　　　　　　(D) 杂填土

答案：D

提示：《建筑地面设计规范》（GB 50037—96）第5.0.3条中规定：地面垫层以下的填土应选用砂土、粉土、黏性土及其他有效填料，不得使用过湿土、淤泥、腐殖土、冻土、膨胀土以及有机物含量大于8%的杂填土。

4-08 关于铺设在混凝土垫层上的面层分格缝，下列技术措施中哪一项是错误的？
(A) 沥青类面层、块材面层可不设缝
(B) 细石混凝土面层的分格缝应与垫层的缩缝对齐
(C) 设隔离层的面层分格缝，可不与垫层的缩缝对齐

(D) 水磨石面层的分格缝可不与垫层的缩缝对齐

答案：D

提示：《建筑地面设计规范》（GB 50037—96）第6.0.12条中规定：水磨石面层的分格缝除应与垫层的缩缝对齐外，还应适当缩小间距。

4-09 下列哪一种地面变形缝不能作为室内混凝土地面的纵向缩缝或横向缩缝？

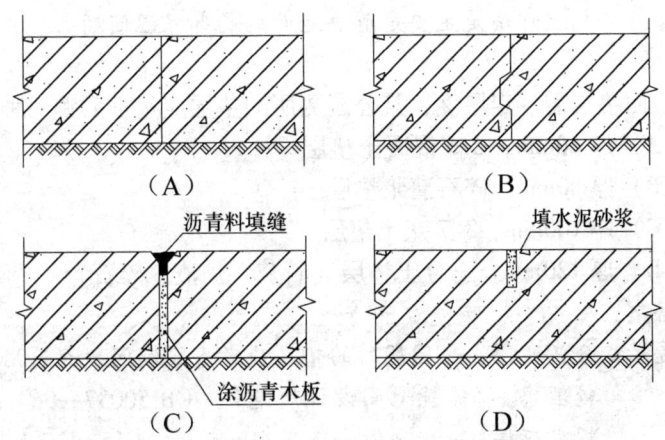

答案：C

提示：《建筑地面设计规范》（GB 50037—96）第6.0.7条中规定，C图是室外伸缝，不能用于室内。

4-10 关于地面垫层最小厚度的规定，以下哪一项是不正确的？

(A) 砂垫层的最小厚度为60mm

(B) 三合土、3:7灰土垫层的最小厚度为100mm

(C) 混凝土垫层的强度等级为C10时，最小厚度为100mm

(D) 炉渣垫层的最小厚度为80mm

答案：C

提示：《建筑地面设计规范》（GB 50037—96）第4.0.2条中规定，混凝土垫层的强度等级为C10时，最小厚度为60mm。

4-11 采暖期室外平均温度低于-10°C的地区，建筑物外墙在室内地坪以下墙面及周边直接接触土壤的地面，应加铺50~70mm聚苯板，其构造作用是下列哪一项？

(A) 地面防裂　　　　　　　(B) 地面防潮
(C) 地面保温　　　　　　　(D) 地面防蚁

答案：C

提示：《民用建筑设计通则》（GB 50352—2005）第 3.3.1 条规定：采暖期室外平均温度低于 -10℃ 的地区属于严寒地区。《建筑地面设计规范》（GB 50037—96）第 3.0.12 条中规定：当建筑物周边无采暖通风管沟时，严寒地区底层地面，在外墙内侧 0.5～1.0m 范围内宜采取保温措施（如加铺 50～70mm 聚苯板等），其构造作用是主要是解决地面的局部保温问题。

4-12 地面垫层需一定厚度，某公园厕所的垫层应选下列哪一种？
(A) 厚 60mm，C15 混凝土垫层
(B) 厚 80mm，碎石灌浆垫层
(C) 厚 100mm，3:7 灰土垫层
(D) 厚 120mm，三合土垫层（石灰、炉渣、碎石）

答案：A

提示：分析所得，公园厕所的垫层应考虑隔潮问题，选用混凝土垫层比较理想。《建筑地面设计规范》（GB 50037—96）第 4.0.2 条中规定应按（A）项做法选用 60mm 厚，C15 混凝土垫层。

4-13 现浇水磨石地面构造上用嵌条分块的最主要的作用是什么？
(A) 控制面层厚度　　　　　(B) 便于施工、维修
(C) 预防面层开裂　　　　　(D) 满足美观要求

答案：C

提示：分析所得，现浇水磨石地面构造上用嵌条分块最主要的作用是防止面层开裂，兼有满足美观的要求。

4-14 地面应铺设在基土上，以下哪一种填土经分层、夯实、压密后可成为基土？
(A) 有机物含量控制在 8%～10% 的土
(B) 经技术处理的湿陷性黄土
(C) 淤泥、耕植土
(D) 冻土、腐殖土

答案：B

提示：《建筑地面设计规范》（GB 50037—96）第 5.0.3 条中规定：经

技术处理的湿陷性黄土可以做地面基层，其他土层均属于禁用范围。

4-15 有关灰土垫层的构造要点，下列哪一条有误？
（A）灰土拌合料熟化石灰与黏土宜为3:7的重量比
（B）灰土垫层厚度至少100mm
（C）黏土不得含有机质
（D）灰土需保持一定湿度
答案：A
提示：查找施工手册，灰土拌合料的熟化石灰与黏土的3:7配合比是体积比。

4-16 以下哪一种材料做法不适用于艺术展览馆的室外地面面层？
（A）天然大理石板材，15mm厚水泥砂浆结合层
（B）花岗岩板材，25mm厚水泥砂浆结合层
（C）陶瓷地砖，5mm厚沥青胶结料铺设
（D）料石或块石，铺设于夯实后60mm厚的砂垫层上
答案：C
提示：分析所得，陶瓷地砖一般只用于室内地面。艺术展览馆的室外地面面层不应该选用陶瓷地砖的做法。该做法采用5mm厚沥青胶合料铺设也是错误的。

4-17 关于地面的做法选择，下列哪一项不正确？
（A）当采用玻璃地面时，应避免采用透光率高的玻璃
（B）语言教室应采用防尘地面
（C）加油、加气站内场地和道路应采用沥青路面
（D）室外地面面层应避免采用釉面或磨光面等反射率高且光滑的材料
答案：C
提示：《北京市建筑设计技术细则》（建筑专业）中规定，加油、加气站内场地和道路不得采用沥青路面。

4-18 下列哪一个房间的首层地面必须设置防潮层？
（A）有洁净度要求的房间
（B）住宅的卫生间、厨房的地面
（C）首层观众厅的走道

(D) 电子计算机房的地面

答案：A

提示：《北京市建筑设计技术细则》（建筑专业）中规定，有洁净度要求的房间必须设置防潮层。《建筑地面设计规范》（GB 50037—96）第3.0.4条中也指出：有洁净度要求的房间的首层地面必须设置防潮层。

4-19 散水、明沟、坡道、台阶等在季节性冰冻地区应设置防冻涨层，其材料选择哪一个不妥？

(A) 中粗砂　　　　　　　(B) 混凝土
(C) 炉渣石灰土　　　　　(D) 砂卵石

答案：B

提示：《建筑地面设计规范》（GB 50037—96）第3.0.13条中规定应选择松散材料为主，除上述材料外还可以采用炉渣、3:7灰土等材料。混凝土不属于松散材料的范围。

4-20 对建筑地面的灰土、砂石、三合土三种垫层的相似点的说法，下列哪一种是错误的？

(A) 均为承受并传递地面荷载到基土上的构造层
(B) 其最小厚度都为100mm
(C) 垫层压实均需保持一定湿度
(D) 均可在0℃以下的环境中施工

答案：D

提示：《建筑地面工程施工质量验收规范》（GB 50209—2010）第4.3.1条中指出的灰土垫层和第4.5.1条中指出的砂石垫层的厚度均为100mm；《建筑地面设计规范》（GB 50037—96）第4.0.2条中规定三合土垫层的最小厚度也为100mm。因而（B）项是正确的。《建筑地面工程施工质量验收规范》（GB 50209—2010）第3.0.1条中指出：掺有水泥、石灰的拌合料铺设以及用石油沥青胶结料铺贴时，施工现场环境温度不应低于5℃；采用砂石料铺设时，施工现场环境温度不应低于0℃。

4-21 当建筑底层地面经常受水浸湿时，下列地面垫层中哪一项是不适宜的？

(A) 砂石垫层　　　　　　(B) 碎石垫层
(C) 灰土垫层　　　　　　(D) 炉渣垫层

答案：C

提示：分析所得，由于灰土垫层不耐潮、不耐水，因而是不适宜的。

4-22 下列有关室内外混凝土垫层设伸缩变形缝的叙述中，哪一条不确切？
（A）混凝土垫层铺设在基土上，且气温长期处于0℃以下房间的地面必须设置伸缩缝
（B）室内混凝土垫层宜设置纵横向缩缝
（C）室内混凝土垫层一般应设置纵横向缩缝
（D）纵向缩缝间距一般为3~6m，横向缩缝间距一般为6~12m，伸缝间距为30m

答案：A

提示：分析所得，气温长期处于0℃以下房间或温度没有变化房间的地面可以不设伸缩缝。

4-23 图书馆底层地面不宜采用下列哪一种地面面层？
（A）水磨石　　　　　　　（B）木地板
（C）塑料地板　　　　　　（D）磨光花岗石板

答案：D

提示：《建筑地面设计规范》（GB 50037—96）第3.0.29条中指出，图书馆底层地面可以选用水磨石、木地板、塑料地板，不宜采用磨光花岗石板。

4-24 下列地面面层中哪一种不适合用作高级餐厅的楼地面面层？
（A）水磨石　　　　　　　（B）陶瓷锦砖（马赛克）
（C）防滑地板　　　　　　（D）水泥砂浆

答案：D

提示：《建筑地面设计规范》（GB 50037—96）第3.0.27条中指出，水泥砂浆面层档次较低，不适合用作高级餐厅的楼地面面层。陶瓷锦砖（马赛克）虽然可用，但因其缝隙较多，容易积尘，故应尽量少用。

（二）楼地面

4-25 城市住宅的楼面构造中"填充层"的厚度主要取决于下列哪一项？
（A）材料选择因素　　　　（B）敷设管线及隔声要求

(C) 楼板找平所需　　　　　　(D) 厨、卫防水找坡

答案：B

提示：分析所得，"填充层"曾称为"楼面垫层"，其厚度主要取决于敷设管线及楼层上下的隔声要求。

4-26 下面是钢筋混凝土楼板上，一般防水要求的卫生间楼面的工程做法，由上向下表述分列如下，其中错误的工程做法是下列哪一项？

Ⅰ. 20mm 厚 1:2.5 水泥砂浆压实赶光，素水泥浆一道（内掺建筑胶）

Ⅱ. 最薄处 30mm 厚 C15 细石混凝土，从入口处以 1% 坡度坡向地漏

Ⅲ. 3mm 厚高聚物改性沥青涂膜防水层

Ⅳ. 素水泥浆一道，20mm 厚 1:3 水泥砂浆找平层

(A) Ⅰ、Ⅲ　　　　　　　　　(B) Ⅰ、Ⅳ
(C) Ⅱ、Ⅲ　　　　　　　　　(D) Ⅱ、Ⅳ

答案：D

提示：此做法为水泥楼面，《工程做法》08BJ1—1 标准图中规定的正确做法是：

1. 20mm 厚 1:2.5 水泥砂浆压实赶光，素水泥浆一道（内掺建筑胶）；
2. 防水层：0.7mm 厚聚乙烯丙纶防水卷材，用 1.3mm 厚胶粘剂粘贴；
3. 最薄处 30mm 厚 C20 细石混凝土，从门口处向地漏找 1% 坡；
4. 钢筋混凝土楼板。

4-27 公共建筑中，经常有大量人员走动的楼地面应着重从哪些性能选择面层材料？

(A) 光滑、耐磨、防水　　　　(B) 耐磨、防滑、易清洁
(C) 耐冲击、防滑、弹性　　　(D) 易清洁、暖性、弹性

答案：B

提示：《建筑地面设计规范》(GB 50037—96) 第 3.0.22 条中规定：公共建筑中经常有大量人员走动的楼地面应选用耐磨、防滑、易清洁的面层。

4-28 下列哪一种楼地面，不宜设计为幼儿园的活动室、卧室的楼地面？

(A) 陶瓷地砖　　　　　　　　(B) 木地板
(C) 橡胶　　　　　　　　　　(D) 菱苦土

答案：A

提示：《建筑地面设计规范》（GB 50037—96）第 3.0.24 条中规定：供儿童活动的地段，地面面层应选用木地板、塑料或地毯等暖性材料。《幼儿园、托儿所建筑设计规范》（JGJ 39—87）第 3.7.1 条中指出：乳儿室、活动室、寝室和音体活动室宜为暖性、弹性地面

4-29 下图为楼地面变形缝构造，其性能主要适用于以下哪一种缝隙的设计？

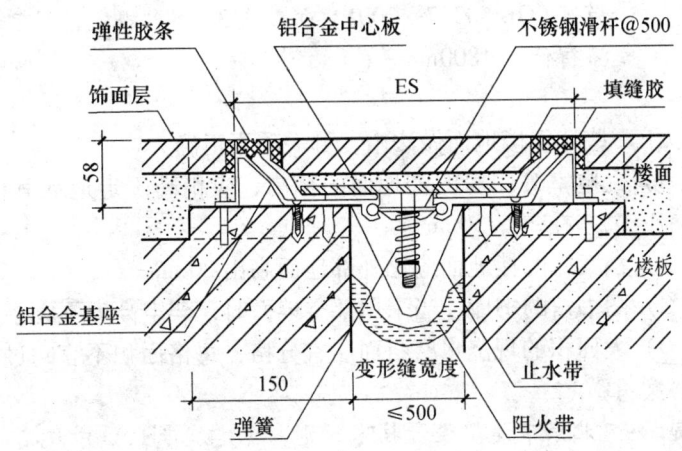

（A）高层建筑抗震缝　　　　（B）多层建筑伸缩缝
（C）一般建筑变形缝　　　　（D）高层与多层之间的沉降缝

答案：A

提示：分析所得，图中弹簧应为减震弹簧，缝宽≤500mm 只有防震缝时才有可能出现。

4-30 厕浴等需防水的房间楼地面的构造要求，以下哪一条不正确？
（A）应采用现浇或整块预制钢筋混凝土板的结构
（B）混凝土强度不应小于 C20
（C）楼板四周应设置上翻高度≥20mm，宽 100mm 的边梁（门洞处除外）
（D）防水材料铺毕应做蓄水检验，以 24h 内无渗漏为合格

答案：C

提示：《建筑地面工程施工质量验收规范》（GB 50209—2010）第 4.10.11 条中规定，楼板四周的混凝土翻边高度不应小于 200mm，宽度同墙厚。

4-31 有给水设备或有浸水可能的房间，其楼地面采取的措施哪一项不妥？

(A) 防水层在立墙部位，应至少高出楼面100mm
(B) 淋浴间等用房的防水层应适当上延，其高度不应小于1400mm
(C) 医院的手术室不应设置地漏，否则应有防污染措施
(D) 楼地面标高应低于走道或其他房间10~20mm

答案：B

提示：《北京市建筑设计技术细则》（建筑专业）中规定，淋浴间等用房的防水层的上延高度为1800mm。《住宅装饰装修工程施工规范》（GB 50327—2001）第6.3.3.条也规定，浴室墙面的防水层不得低于1800mm。

4-32 以下一些特殊楼地面做法中，哪一项不正确？
(A) 配电室等用房的楼地面的标高，应稍高于走道或其他房间，一般高差在20~30mm
(B) 档案库的楼地面应比外部地面高出20mm
(C) 图书馆的书库，当采用架空地面时，架空高度不宜小于300mm
(D) 大面积的现浇水磨石面层宜分格，每格面积不宜超过25m²

答案：C

提示：《北京市建筑设计技术细则》（建筑专业）中规定：图书馆的书库，当采用架空地面时，架空高度不宜小于450mm，并宜采取通风透气措施。

4-33 关于不同功能用房楼地面类型的选择，下列哪一项是错误的？
(A) 洁净车间采用现浇水磨石地面
(B) 机加工车间采用地砖地面
(C) 宾馆客房采用铺设地毯地面
(D) 办公场所采用PVC贴面板地面

答案：B

提示：《建筑地面设计规范》（GB 50037—96）第3.0.20条中规定：机加工车间采用地砖地面是不妥当的。

4-34 关于汽车库楼地面设计，下列哪一项是错误的？
(A) 楼地面应采用强度高、具有耐磨防滑性能的非燃烧体材料
(B) 应按停车层设置楼地面排水系统
(C) 楼地面排水坡度不应小于1%
(D) 楼地面排水优先采用明沟方式

答案：D

提示：《汽车库建筑设计规范》（JGJ 100—98）第 4.1.19、4.1.20 条中规定，汽车库地面不得采用明沟排水的构造做法。

4-35 下列部位的楼地面构造设计，哪一项是不恰当的？
(A) 经常有水浸湿的楼面，应采用防水卷材或防水涂料设置隔离层
(B) 位于过街楼上的房间的楼板直接暴露于室外空气，当房间有采暖要求时，改善热工环境的措施为增加散热器数量
(C) 严寒地区当外墙四周无采暖或通风管沟时，在外墙内侧 0.5～1.0m 范围内应设保温措施
(D) 有空气洁净度要求（100 级、1000 级、10000 级）的房间地面不宜留变形缝，地面应平整耐磨、易清洗，地面下应设防潮层

答案：B

提示：《建筑地面设计规范》（GB 50037—96）第 3.0.2 条中规定：位于过街楼上的房间的楼板直接暴露于室外空气，当房间有采暖要求时，改善热工环境的措施为采取局部保温，而不是增加散热器数量。

(三) 路面

4-36 关于室内外地面和广场道路的混凝土垫层的设计，下列表述哪一条是错误的？
(A) 纵向缩缝的间距可采用 3～6m
(B) 室外纵向伸缝缝宽 20mm，内填沥青材料
(C) 横向缩缝宜采用假缝，内填沥青材料
(D) 室外混凝土垫层宜设伸缝，缝宽 20～30mm，间距 20～30m

答案：C

提示：《建筑地面设计规范》（GB 50037—96）第 6.0.5 条中规定，室内地面垫层的横向缩缝可以采用假缝，但缝内的填充材料应是水泥砂浆。

4-37 石灰土垫层广泛适用于地下水位较低地区道路，下列哪一种路面不适合采用石灰土垫层？
Ⅰ．混凝土整体路面
Ⅱ．沥青碎石路面
Ⅲ．中粒式沥青混凝土路面
Ⅳ．混凝土预制块路面
Ⅴ．花岗石路面

Ⅵ. 嵌草水泥砖路面
（A）Ⅳ、Ⅵ　　　　　　　　（B）Ⅳ、Ⅴ
（C）Ⅱ、Ⅲ　　　　　　　　（D）Ⅰ、Ⅴ
答案：A 应为（Ⅵ）
提示：查找《工程做法》08BJ1—1 标准图，只有嵌草水泥砖路面应采用天然级配砂石垫层外，其余做法均可采用石灰土垫层。

4-38 下列关于混凝土路面伸缩缝构造设计的表述，哪一条是错误的？
（A）路面宽度 <7m 时不设纵向缩缝
（B）胀缝间距在低温及冬季施工时为 20~30m
（C）胀缝内木嵌条的高度应为混凝土厚度的 2/3
（D）横向缩缝深度宜为混凝土厚度的 1/3
答案：C
提示：《建筑地面设计规范》（GB 50037—96）第 6.0.5 条中规定：胀缝内应填沥青类材料，无木嵌条做法。

4-39 下列路面中，哪一种起尘最少、噪声最小？
（A）混凝土路面　　　　　　（B）沥青混凝土路面
（C）半整齐石块路面　　　　（D）三合土路面
答案：B
提示：分析所得，一般路面均采用沥青混凝土路面。

4-40 混凝土路面缩缝的间距不应大于下列哪一个尺寸？
（A）4~5m　　　　　　　　（B）6~7m
（C）8~10m　　　　　　　 （D）12~14m
答案：B
提示：《建筑地面设计规范》（GB 50037—96）第 6.0.8 条中规定，混凝土路面缩缝的间距不应大于 6m。

4-41 以下常用道路中，哪一种路面噪声小且起尘最少？
（A）现浇混凝土　　　　　　（B）沥青混凝土
（C）沥青贯入式　　　　　　（D）沥青表面处理
答案：B
提示：分析所得，沥青混凝土路面噪声小且起尘最少。

4-42 下列车行道路面类型中，哪一种等级最低（垫层构造相同）？

（A）沥青贯入式　　　　　　（B）沥青表面处理
（C）预制混凝土方砖　　　　（D）沥青混凝土

答案：C

提示：分析所得，预制混凝土方砖缝隙多，路面不平整，用于车行道路有颠簸感，因而等级最低，故不适用于车行道路。

4-43　下列车行道路中，哪一种路面必须设置伸缩缝？
（A）现浇混凝土　　　　　　（B）沥青表面处理
（C）预制混凝土方砖　　　　（D）沥青混凝土

答案：A

提示：《建筑地面设计规范》（GB 50037—96）第6.0.2条中规定，现浇混凝土路面每6m应设一道伸缩缝。

4-44　道路边缘铺设的路边石有立式和卧式两种，混凝土预制的立式路边石一般高出路面多少？
（A）100mm　　　　　　　　（B）120mm
（C）150mm　　　　　　　　（D）200mm

答案：C

提示：查找标准图《工程做法》08BJ1—1，立式路边石（道牙）一般高出路面150mm。

4-45　场地内消防车道的最小转弯半径是多少？
（A）9m　　　　　　　　　　（B）12m
（C）15m　　　　　　　　　（D）18m

答案：A

提示：《北京市建筑设计技术细则》（建筑专业）中规定，场地内消防车道的最小转弯半径是9m。

4-46　图示为常用人行道的路面结构形式，其①缝隙和②垫层的构造做法，以下哪一个正确？

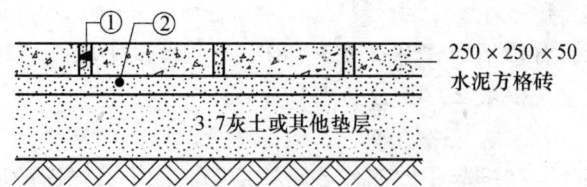

(A) ①粗砂填塞缝隙；②粗砂结合层 25mm 厚
(B) ①M5 水泥砂浆灌缝；②M5 混合砂浆 25mm 厚
(C) ①M5 水泥砂浆灌缝；②中砂垫层 25mm 厚
(D) ①细砂填塞缝隙；②M5 混合砂浆 25mm 厚

答案：A

提示：查找标准图《工程做法》08BJ1—1，正确做法应为①干石灰粗砂扫缝后洒水封缝，②1:6 干硬性水泥砂浆铺砌。

4-47 有关预制混凝土块路面构造的要点，下列哪一条不对？
(A) 可用砂铺设
(B) 缝隙宽度不应大于 6mm
(C) 用干砂灌缝，洒水使砂沉实
(D) 找平时，在底部不得支垫碎砖、木片，但可用砂浆填塞

答案：A

提示：查找标准图《工程做法》08BJ1—1，预制混凝土块路面不能用干砂铺设，应采用干硬性水泥砂浆。

4-48 某会展中心急于投入使用，在尚未埋设地下管线的通行路段宜采用下列哪一种做法？
(A) 现浇混凝土路面　　(B) 沥青混凝土路面
(C) 混凝土预制块铺砌路面　　(D) 泥结碎石路面

答案：C

提示：分析所得，会展中心急于投入使用，在尚未埋设地下管线的通行路段宜采用混凝土预制块铺砌路面，以便于拆除改造。

4-49 根据车况选择路面面层构造及宜用厚度，下列哪一项不对？
(A) 电瓶车：50mm 厚沥青混凝土路面
(B) 小轿车：100mm 厚现浇混凝土路面
(C) 卡车：180mm 厚现浇混凝土路面
(D) 大轿车：220mm 厚现浇混凝土路面

答案：B

提示：标准图《工程做法》08BJ1—1 指出，通行小轿车（<8t）的现浇混凝土路面应为 120mm 厚。

4-50 下图为一般混凝土路面伸缩缝构造图，图中有错误的地方是哪一点？

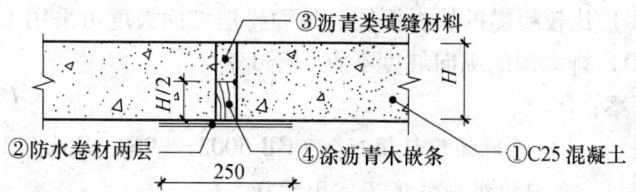

(A) ①C25 混凝土,厚(H)≥120
(B) ②缝底铺防水卷材两层
(C) ③缝填沥青类材料
(D) ④缝内涂沥青木嵌条高 H/2
答案:D
提示:《建筑地面设计规范》(GB 50037—96)第6.0.9条中指出,混凝土路面伸缩缝构造中无填沥青木嵌条的要求。

4-51 有关室外广场、庭院路面的一般构造要点,以下哪一条有误?
(A) 可用各类块材铺砌成多种形式　(B) 块材间预留 5~10mm 间隙
(C) 块石面层应铺在砂垫层上　(D) 不能用水泥砂浆填缝
答案:C
提示:查找有关技术资料,块石面层一般均铺设在1:6干硬性水泥砂浆上,缝隙用干石灰粗砂扫缝。

4-52 构造图所示为以下哪一种场地?

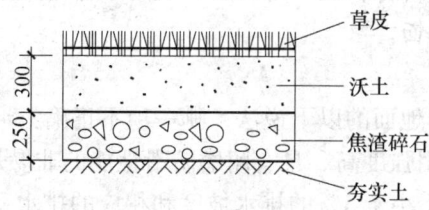

(A) 羽毛球场地　(B) 高尔夫球场地
(C) 网球场地　(D) 公园草坪
答案:B
提示:分析和查找有关资料可得,上述构造应为高尔夫球场地。

4-53 关于建筑地面排水,下列哪一项要求是错误的?
(A) 排水坡面较长时,宜设排水沟
(B) 比较光滑的块材面层,地面排泄坡面坡度可采用0.5%~1.5%

（C）比较粗糙的块材面层，地面排泄坡面坡度可采用1.0%~2.0%
（D）排水沟的纵向坡度不宜小于1%

答案：D

提示：《建筑地面设计规范》（GB 50037—96）第6.0.16条中指出，排水沟的纵向坡度不宜小于0.5%。

4-54 图为嵌草砖路面构造，以下有关该构造的叙述哪一项错误？

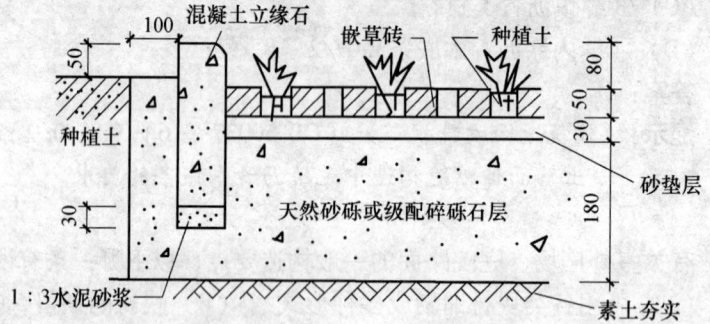

（A）此路适用于车行道
（B）嵌草砖下为30厚砂垫层
（C）混凝土立缘石强度等级为C30
（D）嵌草砖可采用透气、透水环保砖

答案：A

提示：分析所得，嵌草砖路面只能用于停车的车位路面，不能用于车行道路面。

4-55 关于汽车库地面的以下说法，哪一项不正确？
（A）应采用强度高、具有耐磨防滑性能的非燃烧体材料
（B）应设不小于5%的排水坡度和相应的排水系统
（C）不得采用明沟排水
（D）汽车库内坡道面层应采取防滑措施

答案：B

提示：《汽车库建筑设计规范》（JGJ 100—98）第4.1.19、4.1.20条中规定：汽车库地面应设有1%的排水坡度和相应的排水系统。

4-56 铺设橡胶沥青路面时一般选用以下哪一种橡胶？
（A）丁基橡胶 （B）氯丁橡胶

(C) 再生橡胶 　　　　　　(D) 聚氨酯橡胶

答案：C

提示：分析所得，应采用再生橡胶，铺贴路面效果最好。资料表明：橡胶沥青是先将废旧轮胎原质加工成为橡胶粉粒，再按一定的粗细级配比例进行组合，同时添加多种高聚合物改性剂，并在充分拌合的高温条件下（180℃以上），与基质沥青充分熔胀反应后形成的改性沥青胶结材料。（又：丁基橡胶主要用于制作内胎、垫圈；氯丁橡胶主要用于制作涂料；聚氨酯橡胶主要用于制作塑胶跑道）

4-57 道路胀缝用什么材料填充效果最好？
(A) 高强水泥砂浆 　　　　(B) 细石混凝土
(C) 沥青橡胶 　　　　　　(D) 石灰砂浆

答案：C

提示：《建筑地面设计规范》（GB 50037—96）第6.0.9条中规定：道路胀缝的宽度是20~30mm，缝中应填弹性材料。选项中沥青橡胶属于弹性材料，应是本题选项。

（四）其他

4-58 下列多层建筑阳台临空栏杆的图示中，其栏杆高度哪项错误？

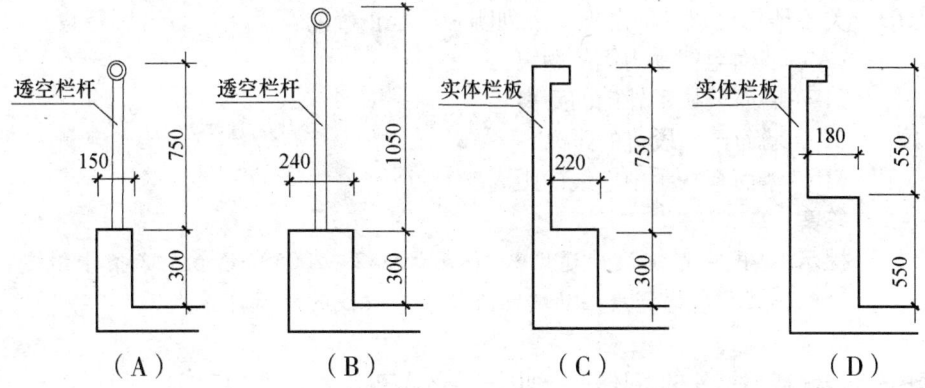

答案：C

提示：《民用建筑设计通则》（GB 50352—2005）第6.6.3条中规定：上述多层建筑阳台临空栏杆做法的图示中，C项不正确。（正确做法应从可踏面计起，高度为1050mm）。

五、楼梯和电梯

(一) 楼梯

5-01 关于住宅公共楼梯设计，下列哪一条是错误的？
(A) 6层以上的住宅楼梯梯段净宽不应小于1.10m
(B) 楼梯踏步宽度不应小于0.26m
(C) 楼梯井净宽大于0.20m时，必须采取防止儿童攀滑的措施
(D) 楼梯栏杆垂直杆件间净空应不大于0.11m

答案：C

提示：《住宅设计规范》（GB 50096—1999）2003年版第4.1.5条中规定：住宅公共楼梯井净宽大于0.11m时，必须采取防止儿童攀滑的措施。

5-02 住宅公共楼梯的平台净宽应不小于下列哪一个尺寸？
(A) 1.00m (B) 1.20m
(C) 1.10m (D) 1.30m

答案：B

提示：《民用建筑设计通则》（GB 50352—2005）第6.7.3条中规定：住宅公共楼梯的平台净宽应不小于1.20m。

5-03 关于楼梯段宽度的解释，下列哪一项是正确的？
(A) 墙面至扶手内侧的距离
(B) 墙面至扶手外侧的距离
(C) 墙面至梯段边的距离
(D) 墙面至扶手中心线的距离

答案：D

提示：《民用建筑设计通则》（GB 50352—2005）第6.7.2条中规定：楼梯段的宽度应从墙面至扶手中心线的距离计算。

5-04 关于楼梯尺寸的叙述，下列哪一条不妥？
(A) 每个梯段的踏步不应超过18级，也不应少于3级
(B) 楼梯平台上部及下部过道处的净高不应小于2.00m，梯段净高不宜小于2.20m
(C) 靠楼梯井一侧水平扶手长度超过1.00m时，其高度不应小于1.05m
(D) 梯段宽度应按两股人流计算，6层住宅的梯段宽度不应小于1.00m

答案：C

提示：《民用建筑设计通则》（GB 50352—2005）第 6.7.7 条中规定：靠楼梯井一侧水平扶手长度超过 0.50m 时，其高度不应小于 1.05m。

5-05 关于楼梯扶手高度的规定，下列哪一条是正确的？
（A）高层建筑室外楼梯当作为辅助疏散楼梯使用时，其扶手高度不应小于 1.10m
（B）室内楼梯临空一侧水平扶手长度为 0.70m 时，其高度不应小于 1.00m
（C）楼梯为残疾人设上下两层扶手时，上层扶手高度为 0.90m，下层扶手高度为 0.60m
（D）幼儿园建筑中，供幼儿使用的靠墙扶手高度不应大于 0.75m

答案：A

提示：《高层民用建筑设计防火规范》（GB 50045—95）2005 年版第 6.2.10 条中规定：（A）项的 1.10m 是正确的。《民用建筑设计通则》（GB 50352—2005）第 6.7.7 条中规定，（B）项应该是临空一侧水平扶手长度为 0.50m 时扶手高度为 1.05m。《城市道路和建筑物无障碍设计规范》（JGJ 50—2001）第 7.6.1 条中规定，（C）项应该是 0.85m 和 0.65m；《托儿所、幼儿园建筑设计规范》（JGJ 39—87）第 3.6.5 条中规定，（D）项应该是 0.60m。

5-06 以下敬、养老院建筑楼梯的做法中，哪一条不对？
（A）平台区内不得设踏步
（B）楼梯梯段净宽≮1200mm
（C）楼梯踏步要平缓，踏步高≤140mm、宽≥300mm
（D）不能用扇弧形楼梯踏步

答案：C

提示：《老年人建筑设计规范》（JGJ 122—99）第 4.4.3 条中规定，踏步宽度应≥300mm，踏步高度：居住建筑为 150mm、公共建筑为 130mm。

5-07 少儿可到达的楼梯的构造要点，下列哪一条不妥？
（A）室内楼梯栏杆自踏步前缘量起高度≥0.90m
（B）靠梯井一侧水平栏杆长度大于 0.50m，则栏杆扶手高度至少

87

要 1.05m

（C）楼梯栏杆垂直杆件间净距不应大于 0.11m

（D）为少儿审美需求，其杆件间可置花饰、横格等构件

答案：D

提示：分析所得，杆件间设置花饰、横格等构件对少年儿童使用的楼梯不太合适，容易造成少年儿童攀蹬。

5-08 残疾人专用的楼梯构造要求，下列哪一条有误？

（A）应采用直跑梯段

（B）应设有休息平台

（C）提示盲道应设于踏步起点处

（D）不应采用无踢面、突缘为直角形的踏步

答案：C

提示：《城市道路和建筑物无障碍设计规范》（JGJ 50—2001）第 7.5.1 条中规定：提示盲道应设于踏步起点或终点 250~300mm 处。

5-09 楼梯从安全和舒适的角度考虑，常用的角度应该是多少？

（A）10°~20°　　　　　　　（B）20°~25°

（C）26°~35°　　　　　　　（D）35°~40°

答案：C

提示：分析所得，从安全和舒适的角度应为 26°~35°，坡度为 1/2 时为舒适踏步。

5-10 室内楼梯的最小宽度×最大高度（280mm×160mm）主要适用于下列哪一项建筑？

（A）住宅建筑　　　　　　　（B）幼儿园建筑

（C）电影院建筑、体育馆建筑　（D）专用服务楼梯、住宅户内楼梯

答案：C

提示：《民用建筑设计通则》（GB 50352—2005）第 6.7.10 条中规定，280mm×160mm 踏步适用于电影院、剧场、体育馆、商场、医院和大中学校建筑的楼梯。

5-11 坡道既要便于车辆使用，又要便于行人通行，下述有关坡度的叙述中哪一项有误？

（A）室内坡道不宜大于 1:8

（B）室内坡道不宜大于 1:10

(C) 无障碍使用的坡道不应大于 1∶12

(D) 坡道的坡度范围应为 1∶5~1∶10

答案: D

提示:《民用建筑设计通则》(GB 50352—2005)第 6.6.2 条中没有坡道的坡度范围应为 1∶5~1∶10 的规定。

5-12 楼梯的宽度根据通行人流股数来决定,并应不少于两股人流,一般每股人流的宽度为多少 m?

(A) 0.50+(0~0.10)m　　　　(B) 0.55+(0~0.10)m

(C) 0.50+(0~0.15)m　　　　(D) 0.55+(0~0.15)m

答案: D

提示:《民用建筑设计通则》(GB 50352—2005)第 6.7.2 条中规定,每股人流的宽度应为 0.55+(0~0.15)m。

5-13 公共建筑楼梯梯段宽度达到下列哪一个数值时,必须在梯段两侧均设扶手?

(A) 1200mm　　　　(B) 1400mm

(C) 1600mm　　　　(D) 2100mm

答案: D

提示:《民用建筑设计通则》(GB 50352—2005)第 6.7.6 条中规定,公共建筑中楼梯的梯段宽度达到 1650~2100mm (三股人流)时,应在两侧设置扶手。

(二) 电梯与自动扶梯

5-14 关于目前我国自动扶梯倾斜角的说法,下列哪一项是不正确的?

(A) 有 27.3°、30°、35°三种倾斜角度的自动扶梯

(B) 条件允许时,宜优先用 30°者

(C) 商场营业厅应选用≤30°者

(D) 提升高度 7.2m 时不应采用 35°者

答案: D

提示:《民用建筑设计通则》第 6.8.2 条中规定:提升高度不超过 6.0m、额定速度不超过 0.5m/s 时,倾斜角允许增至 35°。

5-15 电梯井道内不得开设下列哪一类开口?

(A) 层门开口、检修人孔　　　　(B) 观察窗、扬声器孔

(C) 通风孔、排烟孔　　　　(D) 安全门、检修门

答案：B

提示：《建筑设计防火规范》（GB 50016—2006）第7.2.9条指出：电梯井壁除开设电梯门洞和通风洞外，不得开设其他洞口；其他相关资料指出：两层间站距离超过11m时，其间应设安全门，其高度不得小于1.8m、宽度不得小于0.35m；电梯井道内不得设置观察窗、扬声器孔应该是选项。

5-16　关于自动扶梯的规定，下列哪一项是错误的？

(A) 自动扶梯的倾斜角应≤30°

(B) 扶手带外边至任何障碍物不应小于0.50m

(C) 相邻平行交叉设置时两梯之间扶手带中心线的水平距离不宜小于0.80m

(D) 自动扶梯的梯级，垂直净高不应小于2.30m

答案：C

提示：《民用建筑设计通则》（GB 50352—2005）第6.8.2条中规定，(C) 值相邻平行交叉设置时两梯之间扶手带中心线的水平距离不宜小于500mm。

5-17　关于电梯的表述，下列哪一项是错误的？

(A) 电梯井道壁当采用砌体墙时厚度不应小于240mm，采用钢筋混凝土墙时厚度不应小于200mm

(B) 电梯机房的门宽不应小于1200mm

(C) 在电梯机房内当有两个不同平面的工作平台且高差大于0.5m时，应设楼梯或台阶及不小于0.9m高的安全防护栏杆

(D) 不宜在电梯机房顶板上直接设置水箱，当电梯机房顶板为防水混凝土时，可以兼做水箱底板

答案：D

提示：《民用建筑设计通则》（GB 50352—2005）第6.8.1条中规定，电梯机房顶板一般不采用防水混凝土制作，也不可以兼做水箱底板。

5-18　关于电梯的设置规定，下列哪一条与规范不一致？

(A) 电梯不得计作安全出口

(B) 以电梯为主要垂直交通的高层公共建筑，每栋楼设置电梯的台数

不应少于 2 台

(C) 以电梯为主要垂直交通的 12 层及以上的高层住宅建筑,每栋楼设置电梯的台数不应少于 2 台

(D) 机房应为专用房间,为节省空间和减少管线长度,机房内可以穿越水管或蒸汽管

答案: D

提示:《民用建筑设计通则》(GB 50352—2005) 第 6.8.1 条中规定,电梯机房顶板不可以兼做水箱底板,也不得在机房内穿越水管或蒸汽管。

5-19 以下电梯机房的设计要点中哪一条有误?

(A) 电梯机房门宽为 1.20m

(B) 电梯机房地面应平整、坚固、防滑且不允许有高差

(C) 墙、顶等围护结构应做保温隔热

(D) 机房室内应有良好防尘、防潮措施

答案: B

提示:查找电梯样本及分析工程实例,电梯机房地面允许存在高差。

5-20 关于自动扶梯和自动人行道的叙述,下面哪一条是正确的?

(A) 自动扶梯和自动人行道不得计作安全出口

(B) 自动扶梯的倾斜角不应超过 35°

(C) 当提升高度不超过 6m,额定速度不超过 0.50m/s 时,倾斜角允许增至 45°

(D) 倾斜式自动人行道的倾斜角不应超过 15°

答案: A

提示:《民用建筑设计通则》(GB 50352—2005) 第 6.8.2 条中规定,(A) 项自动扶梯和自动人行道不得计作安全出口是正确的。(B) 项自动扶梯的倾斜角不应超过 30°;(C) 项当提升高度不超过 6m,额定速度不超过 0.50m/s 时,倾斜角允许增至 35°;(D) 项倾斜式自动人行道的倾斜角不应超过 12°。

5-21 某星级宾馆有速度 >2m/s 的载人电梯,则应在电梯井道顶部设置不小于 600mm×600mm 的孔,此孔应是下列哪一种?

(A) 检修孔 (B) 带百叶进气孔

(C) 紧急逃生孔 (D) 艺术装饰孔

答案：B

提示：《高层民用建筑设计防火规范》（GB 50045—95）2005 年版第 5.3.1 条指出：电梯井井壁除开设电梯门洞和通风孔外，不得开设其他洞口。结论为（B），此孔应是带百叶的进气孔。

5-22 关于电梯井道的设计要求，下列哪项是错误的？
(A) 电梯井道墙的厚度，砌体墙不应小于 240mm，钢筋混凝土墙不应小于 200mm
(B) 电梯井道内严禁敷设可燃气体管道
(C) 电梯井道内不可敷设任何电缆
(D) 电梯井道底坑和顶板应为不燃烧体材料

答案：C

提示：《高层民用建筑设计防火规范》（GB 50045—95）2005 年版第 6.3.3 条中规定：电梯井道内敷设的动力与控制电缆、电线应采取防水措施。

（三）室外楼梯

5-23 高层建筑的室外疏散楼梯，其以下技术措施中的哪一项是不符合规范要求的？
(A) 楼梯的最小净宽不应小于 0.90m
(B) 楼梯的倾斜角度不大于 45°
(C) 楼梯栏杆扶手的高度不小于 1.10m
(D) 楼梯周围 1.00m 内的墙面上除设疏散门外不应开设其他门、窗、洞口

答案：D

提示：《高层民用建筑设计防火规范》（GB 50045—95）2005 年版第 6.2.10 条中规定：在楼梯周围 2.00m 以内的墙面上，除疏散门外，不应开设其他门。

六、屋面

（一）一般规定

6-01 下列哪一个屋面不属于平屋面的范畴？
(A) 涂膜防水屋面   (B) 压型钢板屋面
(C) 种植屋面   (D) 刚性防水屋面

答案：B

提示：《屋面工程技术规范》（GB 50345—2004）第 10.3.3 条中规定：压型钢板屋面应属于坡屋面。平屋面的坡度一般为 2%～3%，而压型钢板屋面的坡度一般为 5%～35%。

6-02 关于屋面防水等级和设防要求的叙述中，哪一项是正确的？
(A) 高层建筑的防水等级属于Ⅰ级
(B) Ⅱ级防水等级的建筑其防水层使用年限为 20 年
(C) 传统的"三毡四油"做法，只能用于Ⅲ级防水，其防水层使用年限为 10 年
(D) 非永久性建筑的防水层必须选用高聚物改性沥青防水卷材
答案：C
提示：《屋面工程技术规范》（GB 50345—2004）第 3.0.1 条中规定：(C) 项传统的"三毡四油"做法，只能用于Ⅲ级防水，其防水层使用年限为 10 年是正确的。(A) 项高层建筑的防水等级应为Ⅱ级；(B) 项Ⅱ级防水等级的建筑其防水层使用年限应为 15 年；(D) 项非永久性建筑的防水层应选用"二毡三油"做法和高聚物改性沥青防水涂料等材料。

6-03 一根内径为 100mm 水落管，其最大汇水面积宜小于下列哪一项数值？
(A) 200m²   (B) 250m²
(C) 300m²   (D) 400m²
答案：A
提示：查找《北京市建筑设计技术细则》（建筑专业），内径为 100mm 的水落管的最大汇水面积为 200m²。

6-04 在施工温度为 0℃情况下，仅有下列哪一种防水材料可以施工？
(A) 氯化聚乙烯橡胶共混卷材
(B) 刚性防水层
(C) 水泥聚合物防水涂料
(D) 石油沥青聚氨酯防水涂料
答案：A
提示：《屋面工程技术规范》（GB 50345—2004）第 7.1.9 条中规定 (B) 项刚性防水层；第 6.7.6 条中规定 (C) 项水泥聚合物防水涂料；第 6.5.6 条中规定 (D) 项石油沥青聚氨酯防水涂料的施工温度均不得低于 5℃～35℃。由相关资料得知，氯化聚乙烯橡胶共混卷材可以在零下 40℃～80℃时施工。

6-05 平面尺寸为90m×90m的金属网架屋面,采用压型金属板保温屋面、双坡排水,选用压型金属板的合理长度宜为下列何值?
(A) 9m　　　　　　　　　(B) 15m
(C) 22.5m　　　　　　　 (D) 45m
答案: A
提示: 分析所得,考虑屋面坡度、屋檐处挑出长度和运输的可能,应选择9m的金属板进行拼接。《建筑设计资料集》(第8册)指出:大于9m的板上、下表面钢板会由于温差造成不等值膨胀而翘曲变形,影响使用和外观。

6-06 大跨度金属压型板屋面的最小排水坡度可为下列哪一项数值?
(A) 1%　　　　　　　　　(B) 3%
(C) 5%　　　　　　　　　(D) 8%
答案: C
提示:《民用建筑设计通则》(GB 50352—2005)第6.13.2条中规定:大跨度金属压型板屋面的排水坡度应为5%~35%,最小排水坡度为5%。

6-07 重要的建筑及高层建筑的屋面防水,至少应按下列哪一种防水等级和设防要求设计才是正确的?
(A) Ⅰ级,三道设防　　　　(B) Ⅱ级,二道设防
(C) Ⅲ级,一道设防　　　　(D) Ⅳ级,一道设防
答案: B
提示:《屋面工程技术规范》(GB 50345—2004)第3.0.1条中规定:重要的建筑及高层建筑的防水等级属于Ⅱ级,应采用二道设防。

6-08 根据《屋面工程技术规范》,为了减轻屋面荷载,平屋面单坡大于下列哪一个数值时,宜作坡度不小于3%的结构找坡?
(A) 9m　　　　　　　　　(B) 12m
(C) 15m　　　　　　　　 (D) 18m
答案: A
提示:《屋面工程技术规范》(GB 50345—2004)第4.2.2条中规定,平屋面单坡大于9m时宜采用坡度不小于3%的结构找坡。

6-09 在Ⅰ级屋面防水工程的多道设防中,必须有下列哪一种防水材料?

(A) 纸胎沥青油毡
(B) SBS 改性沥青防水卷材
(C) APP 改性沥青防水卷材
(D) 三元乙丙橡胶防水卷材

答案：D

提示：《屋面工程技术规范》（GB 50345—2004）第 3.0.1 条中规定：Ⅰ级屋面防水工程中必须有一道橡胶类卷材，如三元乙丙橡胶防水卷材、氯化聚乙烯防水卷材等。

6-10 屋面天沟和檐沟中落水口至分水线的最大距离是多少？
(A) 10m (B) 12m
(C) 15m (D) 20m

答案：B

提示：查找《北京市建筑设计技术细则》（建筑专业），落水口至分水线的最大距离为 12m，意即雨水管之间最大间距为 24m。

6-11 某高层住宅直通屋面疏散楼梯间的屋面出口处内外结构板面无高差，屋面保温做法为正置式，出口处屋面构造总厚度为 250mm，要求出口处屋面泛水构造符合规范规定，试问出口内外踏步至少应为多少？
(A) 室内 2 步，室外 1 步
(B) 室内 3 步，室外 1 步
(C) 室内 2 步，室外 2 步
(D) 室内 4 步，室外 2 步

答案：B

提示：分析所得，由于屋面出口处构造总厚度为 250mm，油毡泛水应压在门下踏步混凝土板的下面，还考虑到屋面积水不能产生倒灌，应选择室内 3 步，室外 1 步的做法。可参看《屋面工程技术规范》（GB 50345—2004）第 5.4.9 条的附图。

6-12 根据屋面防水等级，重要的高层建筑及重要的工业与民用建筑，其屋面防水层的使用年限为多少？
(A) 15 年 (B) 20 年
(C) 25 年 (D) 30 年

答案：A

提示：《屋面工程技术规范》（GB 50345—2004）第 3.0.1 条中规定重

要的高层建筑及重要的工业与民用建筑其防水等级为Ⅱ级，防水层的合理使用寿命为 15 年。

6-13 用细石混凝土做屋面刚性防水层时，不得使用下列哪一种水泥？
（A）硅酸盐水泥　　　　　　　（B）普通硅酸盐水泥
（C）矿渣硅酸盐水泥　　　　　（D）火山灰质硅酸盐水泥
答案：D
提示：《屋面工程技术规范》（GB 50345—2004）第 7.2.1 条中规定：防水层的细石混凝土宜用普通硅酸盐水泥或硅酸盐水泥。当采用矿渣硅酸盐水泥时，应采取减少泌水性的措施。但不得使用火山灰质硅酸盐水泥。原因是火山灰质硅酸盐水泥容易产生收缩干裂，造成屋面漏水。

6-14 下列 4 种屋面构造中，架空板下净高 200mm，蓄水屋面蓄水深 150mm，种植屋面种植介质深 300mm，哪一个隔热降温的效果最差？
（A）双层板屋面　　　　　　　（B）架空板屋面
（C）种植屋面　　　　　　　　（D）蓄水屋面
答案：A
提示：《屋面工程技术规范》（GB 50345—2004）第 9.1.1 条中规定：隔热屋面包括架空屋面（架空高度为 180~300mm）、种植屋面（种植土厚度最低为 100mm）和蓄水屋面（蓄水深度为 150~200mm）。双层板屋面不属于隔热屋面，因而隔热降温的效果最差。

6-15 下列关于蓄水屋面的简述中，哪一条不正确？
（A）适用于Ⅰ、Ⅱ级防水等级的屋面
（B）能起到隔热层的作用
（C）严寒地区或地震区不应采用
（D）蓄水深度宜为 150~200mm，坡度≤0.5%
答案：A
提示：《屋面工程技术规范》（GB 50345—2004）第 9.1.1 条中规定，当屋面防水等级为Ⅰ、Ⅱ级时，不宜采用蓄水屋面。

6-16 种植土屋面的防水等级应不低于几级？
（A）Ⅰ级　　　　　　　　　　（B）Ⅱ级
（C）Ⅲ级　　　　　　　　　　（D）Ⅳ级
答案：B

提示：《北京市建筑设计技术细则》（建筑专业）中规定为Ⅱ级。同时，《种植屋面工程技术规范》（JGJ 155—2007）第3.0.7条中也规定，种植屋面防水层的合理使用年限不应少于15年，属于Ⅱ级防水。

6-17 防水等级为Ⅱ级的屋面及其设防的要求，以下哪一条是正确的？
(A) 类别属于"一般的建筑"
(B) 二道防水设防
(C) 防水层合理使用年限为20年
(D) 可用三毡四油沥青防水卷材
答案：B
提示：《屋面工程技术规范》（GB 50345—2004）第3.0.1条中规定，(B)项防水等级为Ⅱ级的屋面防水必须采用二道防水，属于重要的建筑和高层建筑；(A)项一般的建筑，其防水等级属于Ⅲ级；(C)项Ⅱ级设防防水层合理使用年限应该为15年；(D)项"三毡四油"沥青防水卷材只能用于防水等级为Ⅲ级的建筑中。

6-18 以下哪一种情况不宜采用蓄水屋面？
(A) 炎热地区
(B) 非地震地区
(C) 不产生较大振动的建筑物上
(D) 防水等级为Ⅰ、Ⅱ级的屋面
答案：D
提示：《屋面工程技术规范》（GB 50345—2004）第9.1.1条中规定：蓄水屋面不得用于防水等级为Ⅰ、Ⅱ级的屋面上，只能用于Ⅲ、Ⅳ级的屋面。

6-19 某楼是永久性重要的高层建筑，其屋面防水层合理使用年限为多少年？
(A) 15年　　　　　　　　　(B) 20年
(C) 25年　　　　　　　　　(D) 30年
答案：A
提示：《屋面工程技术规范》（GB 50345—2004）第3.0.1条中规定：永久性重要的高层建筑属于Ⅱ级屋面防水，其屋面防水层的合理使用年限应为15年。

6-20 多层普通住宅屋面，至少应按下列哪一种防水等级和设防要求设计才是正确的？
(A) Ⅰ级，三道设防　　　　　(B) Ⅱ级，二道设防
(C) Ⅲ级，一道设防　　　　　(D) Ⅳ级，一道设防
答案：C
提示：《屋面工程技术规范》（GB 50345—2004）第3.0.1条中规定：多层普通住宅屋面属于Ⅲ级防水，应采取一道设防。

6-21 在规范规定的保温材料中哪一种保温效果最好？
(A) 加气混凝土　　　　　　(B) 页岩混凝土
(C) 膨胀珍珠岩混凝土　　　(D) 泡沫玻璃
答案：D
提示：分析所得，一般应比较密度大小（单位：kg/m³），密度越小，保温效果越好。查找《屋面工程技术规范》（GB 50345—2004）第9.2.4条及相关资料得知：加气混凝土为400~600；页岩混凝土400；膨胀珍珠岩混凝土200~350；泡沫玻璃150。

6-22 下列哪一项措施不是隔热屋面应该设置的做法？
(A) 架空隔热层的进风口，宜设置在当地炎热季节最大频率风向的正压区，出风口宜设置在负压区
(B) 在架空屋面的柔性防水层上铺设一层铝箔
(C) 蓄水屋面应设排水管、溢水口和给水管，排水管应与水落管或其他排水出口连通
(D) 蓄水屋面应设置人行通道
答案：B
提示：《屋面工程技术规范》（GB 50345—2004）第4.2.11条中规定：架空屋面、倒置式屋面的柔性防水层上可不做（铝箔）保护层。

6-23 屋面排水天沟可以跨越的是下列哪一种？
(A) 伸缩缝　　　　　　　　(B) 沉降缝
(C) 防震缝　　　　　　　　(D) 施工缝
答案：D
提示：《北京市建筑设计技术细则》（建筑专业）中指出：天沟、檐沟排水不得流经变形缝和出屋面的防火墙。施工缝不属于变形缝的范畴，因而不受限制。

6-24 下列哪一种防水材料可以用于Ⅰ~Ⅳ级的防水屋面中？
(A) 卷材防水　　　　　　(B) 涂膜防水
(C) 刚性防水　　　　　　(D) 瓦屋面

答案：A

提示：《屋面工程技术规范》（GB 50345—2004）第5.1.1条中指出，卷材防水适用于Ⅰ~Ⅳ级的屋面防水，但卷材类别有明显不同；第6.1.1条中指出，涂膜防水只适用于Ⅲ、Ⅳ级的屋面防水；第7.1.1条中指出，刚性防水只适用于Ⅲ级的屋面防水；第10.1.1条中指出，瓦屋面中平瓦屋面只适用于Ⅱ、Ⅲ、Ⅳ级的屋面防水，玻纤胎沥青瓦（油毡瓦）屋面只适用于Ⅱ、Ⅲ级的屋面防水，金属板屋面只适用于Ⅰ、Ⅱ、Ⅲ级的屋面防水。

6-25 高低屋面高度差达到多少时需要加设检修钢梯？
(A) 1.8m　　　　　　　　(B) 2.0m
(C) 3.0m　　　　　　　　(D) 3.6m

答案：B

提示：《建筑设计资料集》（第8册）指出：高低屋面高差≥2.0m时，应设置检修钢梯。钢梯宽度为400~600mm，距墙面为170~250mm，距低屋面高度为600mm。

6-26 倒置式屋面保护层和保温层之间的隔离层不能用哪一种材料？
(A) 干铺塑料膜　　　　　(B) 土工布
(C) 防水卷材　　　　　　(D) 高强度砂浆

答案：D

提示：《屋面工程技术规范》（GB 50345—2004）第9.3.7条中规定：保温层的上面采用卵石保护层时，保护层与保温层之间应铺设隔离层。隔离层的材料在规范第4.2.9条中规定：隔离层可采用干铺塑料膜、土工布或卷材，也可以采用铺抹低强度等级的砂浆。

6-27 刚性防水屋面主要适用于下列哪一项？
(A) 适用于严寒和寒冷地区
(B) 适用于温和地区
(C) 适用于受较大振动或冲击的屋面
(D) 适用于Ⅱ级屋面防水

答案：B

提示：《屋面工程技术规范》（GB 50345—2004）第7.1.1条中指出：

刚性防水屋面主要适用于Ⅲ级屋面防水；不适用于受较大振动或冲击的屋面；不适用于严寒和寒冷地区。刚性防水屋面主要适用于温和地区，原因是温和地区的温度冬天是 0～15℃、夏天是 18～25℃。不冷不热的气温是刚性防水屋面所需求的。（刚性防水的施工温度为 5～35℃）

（二）平屋面构造

6-28 不上人、材料找坡、正置式、一般房屋平屋面由上而下的构造层次排序哪一组正确？
（A）保护层—防水层—找平层—找坡层—保温层—结构层
（B）保护层—找平层—防水层—找坡层—保温层—结构层
（C）保护层—找坡层—找平层—防水层—保温层—结构层
（D）保护层—保温层—找平层—找坡层—防水层—结构层

答案：A
提示：按其功能分析所得，其中保温层与找坡层可以对调或合并。

6-29 平屋面在选用多道防水材料时，其上下关系哪一个不正确？
（A）合成高分子卷材或合成高分子涂膜的上部，不得采用热熔型卷材或涂料
（B）卷材与涂膜复合使用时，卷材宜放在上部
（C）柔性材料（卷材、涂膜）与刚性材料（混凝土、防水砂浆）复合使用时，刚性材料应放在柔性材料的下部
（D）反应型涂料和热熔型改性沥青涂料，可作为铺贴材性相容的卷材胶粘剂并进行复合防水

答案：C
提示：《屋面工程技术规范》（GB 50345—2004）第 4.2.7 条中规定：柔性材料（卷材、涂膜）与刚性材料（混凝土、防水砂浆）复合使用时，刚性材料应放在柔性材料的上部。

6-30 关于隔离层设置的描述，下列各条中哪一项与规范不符？
（A）柔性（卷材、涂膜）防水层上设置块体材料时
（B）柔性（卷材、涂膜）防水层上设置水泥砂浆、细石混凝土时
（C）隔离层的材料有：干铺塑料膜、土工布、卷材、低强度等级的砂浆

(D) 隔离层亦可采用纸筋灰、麻刀灰

答案： D

提示：《屋面工程技术规范》（GB 50345—2004）第 4.2.9 条中规定的隔离层材料可以选用干铺塑料膜、土工布或卷材，不能选用纸筋灰、麻刀灰。

6-31 关于屋面设置隔汽层的要求，下列表述中哪一条是错误的？
(A) 寒冷和严寒地区的采暖建筑屋面，均应设隔汽层
(B) 北纬 40°以北地区，且室内空气湿度大于 75%的保温屋面，应设隔汽层
(C) 北纬 40°以南地区室内空气湿度常年大于 80%的保温屋面，应设隔汽层
(D) 根据当地气候条件，建筑使用环境和屋面构造进行建筑热工设计，当保温层内温度低于露点温度时，应设隔汽层

答案： A

提示：《屋面工程技术规范》（GB 50345—2004）第 4.2.6 条中规定：寒冷和严寒地区的采暖建筑屋面，应以纬度多少和相对湿度大小作为设置隔汽层的基本条件，不是必须设置隔汽层。

6-32 关于普通细石混凝土的刚性防水屋面设计，下列表述哪一条是错误的？
(A) 细石混凝土不得使用火山灰水泥
(B) 细石混凝土的强度等级不得低于 C20
(C) 细石混凝土防水层厚度不应小于 40mm
(D) 细石混凝土防水层上不设分格时，细石混凝土内应配置双向钢筋网片

答案： D

提示：《屋面工程技术规范》（GB 50345—2004）第 7.3.3 条中规定：细石混凝土防水层在任何情况时，均应配置双向钢筋网片。

6-33 10 层住宅屋面的防水层材料不能选用下列哪一组做法？
(A) 聚氯乙烯防水涂料与聚合物水泥基防水涂料上下组合
(B) 氯化聚乙烯防水卷材与非焦油聚氨酯防水涂料上下组合
(C) APP 改性沥青防水卷材与三毡四油沥青防水卷材上下组合
(D) 细石混凝土防水层与氯丁橡胶防水卷材上下组合

答案： A、C

提示：《屋面工程技术规范》（GB 50345—2004）第 3.0.1 条中规定：10

层住宅属于高层建筑，防水等级应为Ⅱ级防水，应采用二道防水材料；第6.1.1条中规定：涂膜防水屋面主要适用于防水等级为Ⅲ、Ⅳ级的屋面防水，也可以用作Ⅰ、Ⅱ级多道防水中的一道防水层。(A)项为两种涂料上下组合是不妥当的。(C)项，由于"三毡四油"做法只适用于Ⅲ级的屋面防水，故APP改性沥青防水卷材与"三毡四油"沥青防水卷材上下组合的做法也是不可选用的。

6-34 关于平屋面的工程做法，下列哪一项是正确的？
(A) 在两层三元乙丙丁基橡胶防水层表面抹20mm厚，1:3水泥砂浆保护层
(B) 倒置屋面在防水层上铺100mm厚聚苯泡沫保温板，上铺60mm厚粒径15~20mm卵石，其间干铺一层无纺聚酯纤维布。
(C) 在聚氯乙烯防水涂料上铺撒绿豆砂
(D) 在聚氯酯防水涂料防水层表面铺40mm厚细石混凝土保护层

答案：A

提示：《屋面工程技术规范》（GB 50345—2004）第5.7.6条中规定：(A)项，在两层三元乙丙丁基橡胶防水层表面抹20mm厚，1:3水泥砂浆做保护层是正确的；(B)项，材料厚度均偏厚。《工程做法》08BJ1—1指出，倒置式屋面的做法是应在防水层上铺60mm厚挤塑聚苯保温板，上铺40mm厚粒径20~30mm卵石，其间干铺一层无纺聚酯纤维布隔离层；(C)项，规范第6.3.5条中规定：聚氯乙烯防水涂料上铺设保护层可以选用细砂、云母、蛭石等材料，不能选用绿豆砂；(D)项，规范第6.3.5条中规定：聚氯酯防水涂料防水层表面铺40mm厚细石混凝土板做保护层是可以的，但应在两者之间设置隔离层。

6-35 关于架空隔热屋面的设计要求，下列表述中哪一条是错误的？
(A) 架空高度一般为180~300mm
(B) 屋面采用女儿墙时，架空板与女儿墙的距离不宜小于250mm
(C) 屋面坡度不宜大于5%
(D) 不宜在8度地区使用

答案：D

提示：《屋面工程技术规范》（GB 50345—2004）第9.4.3条中没有规定架空隔热屋面不宜在8度地震设防地区使用的内容。

6-36 架空隔热屋面的架空隔热层的高度，根据屋面宽度的大小变化确定，当屋面宽度（B）大于多少米时，应设置通风屋脊？

(A) $B>6m$　　　　　　　　(B) $B>10m$

(C) $B>20m$　　　　　　　(D) $B>25m$

答案：B

提示：《屋面工程技术规范》（GB 50345—2004）第 9.3.4 条中规定：架空隔热屋面的架空隔热层高度是 180~300mm，当屋面宽度 $B>10m$ 时，应设置通风屋脊。

6-37 当屋面防水等级为Ⅲ级，采用一道设防，但屋面变形较大时，其防水材料的选用以下列哪一种为宜？

(A) 合成高分子防水涂膜

(B) 合成高分子弹性体防水卷材

(C) 高聚物改性沥青防水卷材（胎体为长丝聚酯胎）

(D) 高聚物改性沥青防水涂膜

答案：B

提示：屋面变形较大时其防水材料应选用合成高分子弹性体防水卷材。《屋面工程技术规范》（GB 50345—2004）第 5.2.3 条中规定：合成高分子弹性体防水卷材拉断延伸率（%）≥400（硫化橡胶类），该规范第 5.2.2 条中规定，高聚物改性沥青防水卷材（胎体为长丝聚酯胎）最大拉力时的拉断延伸率（%）仅大于等于 30。

6-38 当屋面基层的变形较大，屋面防水层采用合成高分子卷材时，宜选用下列哪一类卷材？

(A) 纤维增强类　　　　　　(B) 非硫化橡胶类

(C) 树脂类　　　　　　　　(D) 硫化橡胶类

答案：C

提示：《屋面工程技术规范》（GB 50345—2004）第 5.2.3 条中规定：屋面基层的变形较大，屋面防水层采用合成高分子卷材时，应采用断裂拉伸强度较高的材料。上述 4 种材料的断裂拉伸强度分别是：(A) 项纤维增强类为≥9MPa；(B) 项非硫化橡胶类为≥3MPa；(C) 项树脂类为≥10MPa；(D) 项硫化橡胶类为≥6MPa。因而应选树脂类材料。

6-39 选用屋面防水等级为Ⅰ级的卷材时，合成高分子卷材和高聚物改性沥青卷材的厚度分别不应小于多少？
(A) 1.5mm，4mm　　　　　(B) 1.5mm，3mm
(C) 1.2mm，4mm　　　　　(D) 1.2mm，3mm
答案：B
提示：《屋面工程技术规范》（GB 50345—2004）第5.3.2条中规定如此。

6-40 倒置式屋面设计时应注意的事项，下列条款中哪一条是不正确的？
(A) 倒置式屋面的保温隔热层必须采用吸水率低、抗冻融并具有一定抗压强度的绝热材料
(B) 倒置式屋面的保温隔热层上部必须设置保护层（埋压层）
(C) 倒置式屋面的防水层如为卷材时可采用松铺工艺
(D) 倒置式屋面不适用于室内空气湿度常年大于80%的建筑
答案：C、D
提示：《倒置式屋面工程技术规程》（JGJ 230—2010）第4.3.2条中规定，(C)项，保温材料可采用挤塑聚苯板、硬泡聚氨酯板、硬泡聚氨酯防水保温复合板、喷涂硬泡聚氨酯、泡沫玻璃保温板等，但不可以采用松铺工艺。(D)项，室内空气湿度常年大于80%的建筑必须设置隔蒸汽层，倒置式屋面由于防水层在保温层下面，隔汽层可以取消。但没有倒置式屋面不适用于室内空气湿度常年大于80%建筑的规定。

6-41 刚性屋面设计中下列规定哪一条是不合适的？
(A) 应采用配筋细石混凝土防水层，其厚度不应小于40mm
(B) 细石混凝土强度等级不应低于C20
(C) 细石混凝土防水层应设分格缝，其纵横间距不宜大于6m
(D) 分格缝内应满嵌密封材料，使其与两侧及底三面粘结牢固
答案：D
提示：《屋面工程技术规范》（GB 50345—2004）第7.3.4条中没有分格缝内应满嵌密封材料，使其与两侧及底三面粘结牢固的规定。

6-42 屋面柔性防水层应设保护层，对保护层的规定中，下列哪一条是不恰当的？
(A) 浅色涂料保护层应与柔性防水层粘结牢固，厚薄均匀，不得漏涂
(B) 水泥砂浆保护层的表面应抹平压光，表面分格缝面积宜为3.00m^2
(C) 块体材料保护层应设分格缝，分格面积不宜大于100m^2，缝宽不宜小于20mm

(D) 细石混凝土保护应设分格缝，分格面积不大于 36m²

答案：B

提示：《屋面工程技术规范》（GB 50345—2004）第 5.5.6 条中指出：水泥砂浆保护层的表面应抹平压光，表面分格缝面积宜为 1.00m²。

6-43 当屋面防水等级为Ⅱ级，采用二道设防，对卷材厚度选用时，下列论述哪一项是不正确的？

(A) 合成高分子防水卷材厚度不应小于 1.2mm
(B) 高聚物改性沥青防水卷材厚度不应小于 3mm
(C) 自粘聚酯胎改性沥青防水卷材厚度不应小于 2mm
(D) 自粘橡胶沥青防水卷材厚度不应小于 1.2mm

答案：D

提示：《屋面工程技术规范》（GB 50345—2004）第 5.3.2 条中规定：自粘橡胶沥青防水卷材厚度不应小于 1.5mm。

6-44 在屋面工程中，多种防水材料复合使用时，下列规定哪一条不妥？

(A) 合成高分子卷材上部，不得采用热熔型卷材
(B) 卷材与涂膜复合使用时，卷材宜放在下部
(C) 柔性防水层与刚性防水层复合使用时，刚性防水层应设置在上部
(D) 反应型防水涂料可作为铺贴材性相容的卷材胶粘剂并进行复合防水

答案：B

提示：《屋面工程技术规范》（GB 50345—2004）第 4.2.7 条中规定：卷材与涂膜复合使用时，涂膜宜放在下部，卷材宜放在上部。

6-45 当钢筋混凝土平屋面的防水等级为Ⅱ级，采用正置式屋面，室内空气湿度常年大于 80%，屋面保温材料采用挤塑聚苯板（XPS 板）时，下列构造哪一项为宜？

(A) 用聚合物水泥防水涂料作隔汽层
(B) 用硅橡胶防水涂料作隔汽层
(C) 用聚氨酯防水涂料作隔汽层
(D) 不设隔汽层

答案：D

提示：分析所得，上述构造虽室内空气湿度常年大于 80%，按规范要

求应设隔汽层。但屋面保温材料采用的是挤塑聚苯板（XPS板），这种板材密实性较好，吸水率较低且经常用于倒置式屋面的保温层中，故上述构造做法可以不设置隔汽层。《倒置式屋面工程技术规程》（JGJ 230—2010）第5.1.1条中规定的基本构造层次中也没有隔汽层。（该规范规定的构造层次为结构层、找坡层、找平层、防水层、保温层、保护层）

6-46 屋面接缝密封防水设计中，应遵守的规定中下列哪一条有误？
(A) 密封防水的接缝宽度不宜大于30mm
(B) 接缝深度宜为宽度的0.5~0.7倍
(C) 密封材料底部应设置背衬材料
(D) 背衬材料应选择与密封材料能粘结牢固的材料

答案：D
提示：《屋面工程技术规范》（GB 50345—2004）第8.3.4条中规定：背衬材料应选择与密封材料不粘结或粘结力弱的材料。采用热灌法施工时，应选用耐热性好的背衬材料。

6-47 倒置式屋面的排水方式，以选择下列哪一项为宜？
(A) 无组组织排水 (B) 檐沟排水
(C) 天沟排水   (D) 有组织无天沟排水

答案：B
提示：分析所得，倒置式屋面的排水应选用檐沟排水。《倒置式屋面工程技术规程》（JGJ 230—2010）第5.1.7条中规定屋面排水应以檐沟、天沟为主。

6-48 倒置式屋面保温层上的保护层构造（自上而下），下列哪一种做法不宜采用？
(A) 卵石、聚酯无纺布隔离层
(B) 铺地砖、水泥砂浆结合层
(C) 整浇配筋细石混凝土
(D) 现浇细石素混凝土（设分格缝）

答案：C
提示：《屋面工程技术规范》（GB 50345—2004）第9.3.7条中指出：倒置式屋面保温层上的保护层构造，可以采用预制混凝土板等块体材料或卵石保护层，不得采用整浇配筋细石混凝土。《倒置式屋面工程技术规程》（JGJ 230—2010）第5.2.6条中规定的保护层材料有：卵石、混凝土板块、地砖、瓦材、水泥砂浆、细石混凝土、金属板材、人造草皮、种植植物等。

6-49 多道防水材料复合使用，可以扬长避短，提高防水效果，下列复合使用的防水组合表述中正确的是下列哪一组？
（A）合成高分子卷材在下，防水涂料在上
（B）合成高分子卷材在下，热熔型防水卷材在上
（C）卷材、涂膜与刚性材料复合使用时，刚性材料在柔性材料之下
（D）反应型、热熔型涂料可作为铺贴材性相容的卷材胶结剂并作为一道设防进行复合防水

答案：D

提示：《屋面工程技术规范》（GB 50345—2004）第4.2.7条中规定：（A）项，合成高分子卷材与涂膜复合使用时，涂膜宜放在下部；（B）项，合成高分子卷材或合成高分子涂膜的上部不得采用热熔型卷材或涂料；（C）项，卷材、涂膜与刚性材料复合使用时，刚性材料应设置在柔性材料的上部；（D）项，完全符合规范要求。

6-50 下列钢筋混凝土屋顶基层上无保温的防水做法中，哪一种做法没有错误？

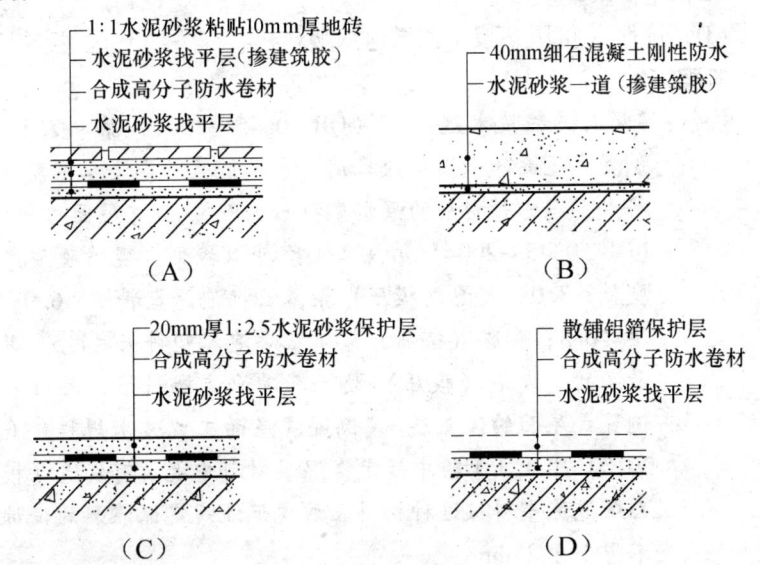

107

答案: B

提示: 分析所得,(B)项,属于刚性防水屋面,水泥砂浆属于隔离层,是正确做法。(A)项,属于上人屋面,应采用1:3水泥砂浆粘结地砖;(C)项合成高分子防水卷材上部可以采用水泥砂浆保护层,并应设置分格缝;(D)项合成高分子防水卷材上部可以采用铝箔保护层,但不得在现场(散铺)施工。

6-51 下列刚性防水屋面做法中哪一项是错误的?
(A) 刚性防水屋面主要适用于防水等级为Ⅲ级的屋面防水
(B) 防水层为40mm厚C20细石混凝土,内配双向ϕ4钢筋网片,间距150mm,分格缝间距小于6m
(C) 干铺沥青卷材一层作隔离层
(D) 现浇钢筋混凝土屋面板上做2%的水泥粗砂焦渣找坡层

答案: D

提示:《屋面工程技术规范》(GB 50345—2004)第7.3.2条中规定:刚性防水应采用结构找坡,坡度宜为2%~3%。

6-52 下列哪一种保温材料不适于用作倒置式屋面保温层?
(A) 现喷硬质聚氨酯泡沫塑料
(B) 发泡(模压)聚苯乙烯泡沫塑料板
(C) 泡沫玻璃块
(D) 膨胀(挤压)聚苯乙烯泡沫塑料板

答案: B

提示:《屋面工程技术规范》(GB 50345—2004)第9.2.5条中指出:倒置式屋面的保温层应采用吸水率低且长期浸水不腐烂的保温材料。上述四种材料的吸水率(v/v,%)在《屋面工程技术规范》(GB 50345—2004)第9.2.4条可以找到:现喷硬质聚氨酯泡沫塑料≤3.0;发泡(模压)聚苯乙烯泡沫塑料板≤6.0;泡沫玻璃块≤0.5;膨胀(挤压)聚苯乙烯泡沫塑料板≤1.5。其中吸水率最高的是发泡(模压)聚苯乙烯泡沫塑料板,因而不适宜用作倒置式屋面的保温层。《倒置式屋面工程技术规程》(JGJ 230—2010)第4.3.1条中规定保温层材料中也没有发泡(模压)聚苯乙烯泡沫塑料板这种材料。该规范还规定保温层的设计最小厚度不得小于25mm。

6-53 根据《屋面工程技术规范》有关屋面泛水防水构造的条文，下列哪一条不符合规范要求？
(A) 铺贴泛水处的卷材应采用满贴，泛水高≥250mm
(B) 泛水遇砖墙时，卷材收头可压入砖墙凹槽内固定密封
(C) 泛水遇混凝土墙时，卷材收头可采用金属压条钉压，密封胶密封
(D) 泛水宜采取隔热防晒措施，可直接用水泥砂浆抹灰保护

答案：D

提示：《屋面工程技术规范》（GB 50345—2004）第 5.4.3 条中规定：泛水宜采取隔热防晒措施，可在泛水卷材面砌砖后抹水泥砂浆或浇筑细石混凝土保护，也可以涂刷浅色涂料或粘贴铝箔保护。直接用水泥砂浆抹灰保护是不对的。

6-54 对于一般复合多道防水层的平屋面构造，应在刚性防水层的下面、结构层或柔性防水层的上面设置下列哪一道层次？
(A) 隔热层　　　　　　　(B) 隔离层
(C) 隔声层　　　　　　　(D) 隔汽层

答案：B

提示：《屋面工程技术规范》（GB 50345—2004）第 6.3.5 条中规定应设置隔离层。

6-55 下列哪一种保温屋面不是图示卷材防水的构造做法？
(A) 敞露式保温屋面　　　(B) 倒置式保温屋面
(C) 正置式保温屋面　　　(D) 外置式保温屋面

答案：C

提示：分析其构造层次，上述做法保温层在上、防水层在下，应属于倒置式保温屋面，（敞露式保温屋面、外置式保温屋面不是规范规定的正式叫法），而非正置式保温屋面。

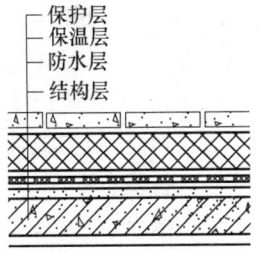

6-56 架空板隔热屋面的做法，以下哪一条有误？
(A) 架空净高宜约 200mm
(B) 架空板下砌地垄墙（支承墙）支承
(C) 架空板与女儿墙之间应留出 >250mm 的空隙
(D) 屋面宽度较大时，宜设通风屋脊

答案：C

109

提示：《屋面工程技术规范》（GB 50345—2004）第 9.4.4 条中要求：架空板与女儿墙之间应留出≥250mm 的空隙。

6-57 分格缝（分仓缝或分隔缝）是屋面刚性防水层中的变形缝，以下构造要点哪一条有误？
（A）一般分格缝纵横间距≤6m
（B）屋脊、女儿墙处也应设缝
（C）刚性防水层中钢筋在缝处不应断开
（D）缝口内嵌填密封材料，缝面铺粘防水卷材300mm 宽

答案：C

提示：《屋面工程技术规范》（GB 50345—2004）第 7.3.3 条中要求，钢筋网片在分格缝处应断开，其保护层厚度不应小于10mm，位置应在板厚的中部偏上。

6-58 下列有关刚性防水屋面的规定哪一条不对？
（A）主要适用于防水等级为 II 级的屋面防水
（B）不适用于受较大振动和冲击的建筑屋面
（C）刚性防水层应设置分格缝并嵌填密封材料
（D）防水层厚度≥40mm 并配筋，严禁其中埋设管线

答案：A

提示：《屋面工程技术规范》（GB 50345—2004）第 7.1.1 条中规定，刚性防水屋面主要适用于防水等级为 III 级的屋面防水。

6-59 有关钢筋混凝土屋面找坡的要点，以下哪一条不对？
（A）可用轻质材料或保温层找坡
（B）材料找坡时坡度宜为2%
（C）单坡跨度不大于9m 的屋面宜结构找坡
（D）结构找坡的坡度不应小于3%

答案：C

提示：《屋面工程技术规范》（GB 50345—2004）第 4.2.2 条中规定，应为单坡跨度大于9m 的屋面宜采用结构找坡。

6-60 卷材、涂膜防水层的基层应设找平层，下列构造要点中哪一条不正确？
（A）找平层应设6m 见方分格缝
（B）水泥砂浆找平层宜掺抗裂纤维

（C）细石混凝土找平层≥40mm 厚，强度等级 C15

（D）水泥砂浆找平层一般厚度为 20mm

答案：C

提示：《屋面工程技术规范》（GB 50345—2004）第 4.2.5 条中规定，细石混凝土找平层应为 30~35mm 厚，强度等级应为 C20。

6-61 屋面防水隔离层一般不采取以下哪一种做法？

（A）抹 1:3 水泥砂浆　　　　（B）采用干铺塑料膜

（C）铺土工布或卷材　　　　（D）铺抹麻刀灰

答案：D

提示：《屋面工程技术规范》（GB 50345—2004）第 4.2.9 条中规定：隔离层不得选用铺抹麻刀灰的做法。

6-62 关于隔离层的设置位置，以下哪一条不对？

（A）卷材上设置块体材料时设置

（B）涂膜防水层上设置水泥砂浆时设置

（C）在细石混凝土防水层与结构层之间设置

（D）卷材上设置涂膜时设置

答案：D

提示：《屋面工程技术规范》（GB 50345—2004）第 4.2.9 条中规定：卷材上设置涂膜时不必设置隔离层，但卷材应保证搭接。

6-63 屋面采用涂膜防水层构造时，设计图纸必需注明下列哪一项？

（A）涂膜层厚度　　　　　　（B）涂刷的遍数

（C）每平方米涂料重量　　　（D）涂膜配制组分

答案：B

提示：《屋面工程技术规范》（GB 50345—2004）第 4.2.8 条中规定：涂膜防水层应以厚度表示，这是必须注明的。用涂刷的遍数表示厚度的做法是不正确的。

6-64 关于架空屋面的构造要点，以下哪一条有误？

（A）架空隔热板的高度宜为 100mm

（B）架空板与女儿墙距离宜≥250mm

（C）屋面坡度不宜大于 5%

(D) 屋面宽度>10m时应设置通风屋脊

答案：B

提示：《屋面工程技术规范》（GB 50345—2004）第9.4.4条中规定，架空板的高度应为180~300mm。

6-65 有关屋面排水的说法，下列哪一条有误？
(A) 宜采用有组织排水
(B) 不超过三层（≤10m高）的房屋可无组织排水
(C) 无组织排水的挑檐宽度不宜小于600mm
(D) 无组织排水的散水宽度应为其挑檐宽度再加200mm

答案：C

提示：分析所得，平屋面必须采用有组织排水。在《建筑设计资料集》第8集中介绍，坡屋顶在少雨地区（年降雨量小于或等于900mm的地区）不超过三层（檐口高度≤10m高）的房屋也应采用有组织排水。无组织排水的挑檐宽度不宜小于500mm

6-66 有关倒置式保温屋面的构造要点，下列哪一条有误？
(A) 保温层应采用吸水率小、不腐烂的憎水材料
(B) 保温层在防水层上面对其做屏蔽防护
(C) 保温层上方的保护层应尽量轻，避免压坏保温层
(D) 保温层和保护层之间应干铺一层无纺聚酯纤维布做隔离层

答案：C

提示：《屋面工程技术规范》（GB 50345—2004）第9.3.7条中规定：没有保温层上方的保护层应尽量轻，避免压坏保温层的规定。《倒置式屋面工程技术规程》（JGJ 230—2010）第5.2.6条中规定：保温层上方的保护层的质量应保证当地30年一遇最大风力时保温层不被刮起和保温层在积水状态下不会浮起。

6-67 有关细石混凝土刚性防水屋面的构造要点，下列哪一条不对？
(A) 不适用于受较大震动、冲击的屋面
(B) 细石混凝土防水层厚度不应小于40mm
(C) 其强度等级至少为C20，应使用火山灰质硅酸盐水泥
(D) 细石混凝土防水层的分格缝，纵横间距≤6m，缝内嵌填密封材料

答案：C

提示：《屋面工程技术规范》（GB 50345—2004）第7.2.1条中规定细

石混凝土强度等级为C20是正确的，但不得使用火山灰质硅酸盐水泥，原因是这种水泥容易干裂，造成漏水。

6-68 有关架空隔热屋面的构造规定，以下哪一条正确？
(A) 架空高度越高隔热效果越好
(B) 屋面宽度大于6m时宜设通风屋脊
(C) 架空板边端距山墙或女儿墙不得小于250mm
(D) 架空混凝土板强度至少要C15，且板内配置钢筋

答案：C

提示：《屋面工程技术规范》（GB 50345—2004）第9.4.3条中规定：(C)项架空板边端距山墙或女儿墙不得小于250mm是正确的。(A)项架空高度不是越高隔热效果越好，其高度限定为180～300mm；(B)项应是屋面宽度大于10m时宜设通风屋脊；(D)项架空混凝土板强度至少要C20，而不是C15。

6-69 蓄水屋面构造特征的"一壁三孔"是指下列哪一项？
(A) 蓄水池仓壁、溢水孔、泄水孔、过水孔
(B) 蓄水区分仓壁、溢水孔、排水孔、过水孔
(C) 阻水床埂壁、雨水孔、滤水孔、挡水孔
(D) 女儿墙兼池壁、给水孔、落水孔、泄水孔

答案：B

提示：《屋面工程技术规范》（GB 50345—2004）第9.3.5条中规定蓄水屋面构造特征的"一壁三孔"是指蓄水区分仓壁、溢水孔、排水孔、过水孔。

6-70 有关平屋面做找坡层的构造要点，不正确的做法是下列哪一项？
(A) 宜用结构找坡
(D) 尽量用轻质材料找坡
(C) 可用现制保温层找坡
(D) 屋面跨度≥12m时必须结构找坡

答案：D

提示：《屋面工程技术规范》（GB 50345—2004）第4.2.2条中规定：单坡跨度＞9m时，宜做结构找坡，坡度不应小于3%。

6-71 长度超过多少米的蓄水屋面应做一道横向伸缩缝？

(A) 30m　　　　　　　　　(B) 40m
(C) 50m　　　　　　　　　(D) 60m

答案：B

提示：《屋面工程技术规范》（GB 50345—2004）第9.3.5条中规定为40m。

6-72 下列不同构造的屋面中，隔热效果最好的是下列哪一项？
(A) 种植屋面（土深300mm）　　(B) 蓄水屋面（水深150mm）
(C) 双层屋面板通风屋面　　　　(D) 架空板通风屋面

答案：D

提示：《屋面工程技术规范》（GB 50345—2004）中介绍的保温隔热屋面的构造做法中，架空板通风屋面构造较为简单，故应用较为广泛。

6-73 下图为屋面变形缝防水构造图示，a 为缝内填塞材料，b 为附加防水卷材宽度，以下哪一项是错误的？

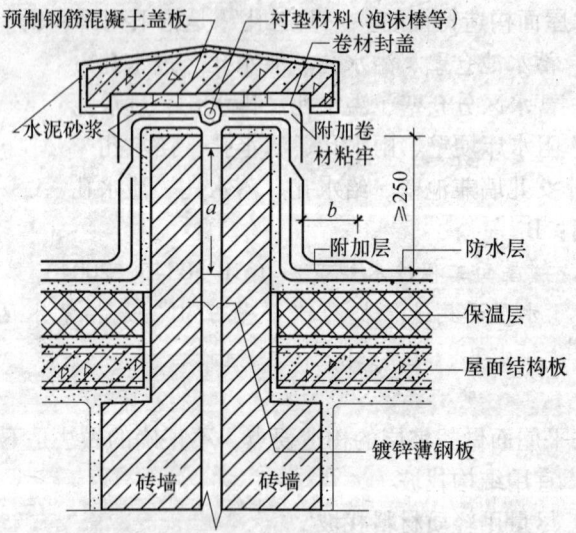

(A) a 泡沫塑料填塞，b 约为290mm
(B) a 沥青麻丝填嵌，$b \geq 250$mm
(C) a 木丝板堵塞，b 约为200mm
(D) a 聚苯乙烯碎料堵填，b 约为270mm

答案：C

提示：《屋面工程技术规范》（GB 50345—2004）第6.4.3条中规定，a 处应填松散材料如聚苯乙烯泡沫塑料、沥青麻丝等材料，不应选用木丝板堵塞。b 值应 $\geqslant 250$mm。

6-74 卷材防水平屋面与砖墙交接处的泛水收头做法，下列哪一项是正确的？
(A) 挑出 40mm 眉砖
(B) 挑出 40mm 眉砖，抹 20mm 厚 1:2.5 水泥砂浆
(C) 不挑出眉砖，墙上留凹槽，上部墙体抹 20mm 厚 1:2.5 水泥砂浆
(D) 不挑出眉砖，墙上不留凹槽，上部墙体用 1:1 水泥砂浆勾缝
答案：C
提示：《屋面工程技术规范》（GB 50345—2004）第 5.4.5 条中规定，不挑出眉砖，墙上留凹槽，上部墙体抹 20mm 厚 1:2.5 水泥砂浆的做法是正确的。

6-75 下列哪一种材料不宜用作高层宾馆的屋面防水材料？
(A) SBS 高聚物改性沥青防水卷材
(B) 聚氨酯合成高分子涂料
(C) 细石防水混凝土
(D) 三毡四油
答案：D
提示：《屋面工程技术规范》（GB 50345—2004）第 3.0.1 条中规定：高级宾馆的防水等级属于Ⅱ级防水，防水层合理使用年限为 15 年，规范规定不允许使用"三毡四油"做法。因为"三毡四油"的做法只用于Ⅲ级防水，其耐水年限只有 10 年。

6-76 关于屋面的排水坡度，下列哪一项是错误的？
(A) 平屋面采用材料找坡宜为 2%
(B) 平屋面采用结构找坡宜为 3%
(C) 种植平屋面坡度不宜大于 4%
(D) 架空屋面坡度不宜大于 5%
答案：C
提示：《民用建筑设计通则》（GB 50352—2005）第 6.13.2 条附注中规定：(C) 项，种植屋面用于平屋面时的坡度不宜大于 3%。《种植屋面工程技术规程》（JGJ 155—2007）第 3.0.9 条中规定：种植屋面用于坡屋面时，当屋面坡度达到 20%时，应采取

防滑措施；屋面坡度大于50%时，不宜采用种植屋面。

6-77 关于屋面保温层的构造措施，下列哪一项是错误的？
（A）保温层设置在防水层上部时，保温层的上面应做保护层
（B）保温层设置在防水层下部时，保温层的上面应做找平层
（C）保温层设置在坡度较大的屋面时应采取防滑构造措施
（D）吸湿性保温材料不宜用于封闭式保温层，但经处理后可用于倒置式屋面的保温层

答案：D

提示：《屋面工程技术规范》（GB 50345—2004）第9.3.3条中规定：吸湿性保温材料不宜用于封闭式保温层，当需要采用时，应采用排汽屋面。该规范第9.3.7条中还规定：倒置式屋面的保温层应采用吸水率低且长期浸水不腐烂的材料。

6-78 下列哪一种防水卷材不得用于外露的防水层？
（A）合成高分子防水卷材
（B）高聚物改性沥青防水卷材
（C）自粘橡胶沥青防水卷材
（D）自粘聚酯胎改性沥青防水卷材（铝箔覆面）

答案：C

提示：《屋面工程技术规范》（GB 50345—2004）第5.3.1条中规定：自粘橡胶沥青防水卷材不得外露（铝箔覆面者除外）。

6-79 下列关于刚性防水屋面的说法中哪一项是错误的？
（A）不适用于受较大振动或冲击的建筑屋面
（B）宜采用结构找坡，坡度宜为2%～3%
（C）防水层应设置分格缝，分格缝内应嵌填密封材料
（D）防水层与基层间不应设隔离层，以保持其整体性

答案：D

提示：《屋面工程技术规范》（GB 50345—2004）第7.1.4条中规定：防水层与基层间宜设置隔离层。

6-80 下图为屋面垂直出入口防水做法的构造简图，图中的标注哪一项是错误的？

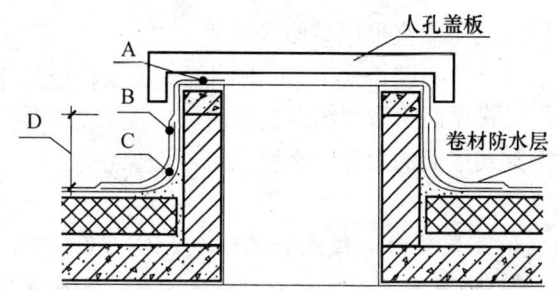

(A) 防水收头压在人孔盖板下 (B) 泛水卷材面粘贴铝箔保护
(C) 设附加层   (D) 泛水高度≥250mm

答案：B

提示：《屋面工程技术规范》（GB 50345—2004）第5.4.3条中规定：泛水卷材的泛水宜采取隔热防晒措施，可在泛水卷材面砌砖后抹水泥砂浆或浇筑细石混凝土保护，也可以采用涂刷浅色涂料或粘贴铝箔保护。但铝箔在施工现场施工操作难度较大。

6-81 关于屋面隔汽层的设置，下列哪一项是错误的？
(A) 室内空气湿度常年大于80%时，若采用吸湿性保温材料做保温层，应做隔汽层
(B) 倒置式屋面可不做隔汽层
(C) 可采用防水砂浆做隔汽层
(D) 隔汽层应与屋面的防水层相连接，并沿女儿墙面向上铺设

答案：C

提示：《屋面工程技术规范》（GB 50345—2004）第4.2.6条中规定：隔汽层只能选用防水卷材或防水涂料，不可选用防水砂浆。

6-82 采用以下哪一种方法施工时，高聚物改性沥青防水卷材的搭接缝口应采用材性相容的密封材料封严？
(A) 满粘法   (B) 热粘法
(C) 热熔法   (D) 自粘法

答案：D

提示：《屋面工程技术规范》（GB 50345—2004）第5.6.6条中规定：采用自粘法施工时，高聚物改性沥青防水卷材的搭接缝口应采用材性相容的密封材料封严。

6-83 在倒置式屋面设计中，下列说法哪一条是不正确的？

（A）倒置式屋面宜采用结构找坡
（B）当屋面单向坡长大于9m的倒置式屋面，应采用结构找破
（C）倒置式屋面当采用结构找坡时，坡度宜为3%
（D）倒置式屋面的柔性防水层上可不做保护层

答案： C

提示：《倒置式屋面工程技术规程》（JGJ 230—2010）第5.2.1条中规定：倒置式屋面当采用材料找坡时，坡度宜为3%。

6-84 为防止刚性防水屋面出现裂缝，下列措施哪一项是错误的？
（A）刚性防水层与山墙、女儿墙以及突出屋面结构的交接处应留缝隙，并应做柔性密封处理
（B）刚性防水层与基层之间不应设置隔离层
（C）刚性防水层上应设置分格缝，分格缝内应嵌填密封材料
（D）刚性防水层内严禁埋设管线

答案： B

提示：《屋面工程技术规范》（GB 50345—2004）第7.1.6条中规定：为防止刚性防水屋面出现裂缝，刚性防水层与基层之间宜设置隔离层。

6-85 根据《屋面工程技术规程》有关屋面泛水防水构造的条文，下列哪一条不符合规范要求？
（A）铺贴泛水处的卷材应采取满贴，泛水高≥250mm
（B）泛水遇砖墙时，卷材收头可塞入砖墙凹槽内固定密封
（C）泛水遇混凝土墙时，卷材收头可采用金属压条钉压，密封胶密封
（D）泛水宜采取隔热防晒措施，可直接用水泥砂浆抹灰保护

答案： D

提示：《屋面工程技术规范》（GB 50345—2004）第5.4.3条中规定：泛水宜采取隔热防晒措施，可在泛水卷材面砌砖后抹水泥砂浆或浇筑细石混凝土保护，也可以采用涂刷浅色涂料或粘贴铝箔保护。直接用水泥砂浆抹灰保护的做法是错误的。

（三）坡屋面构造

6-86 关于瓦屋面设计要求，下列表述中，哪一条是错误的？
（A）平瓦、玻纤胎沥青瓦屋面仅适用坡度不小于20%的屋面，严禁钉

帽外露玻纤胎沥青瓦面
（B）抗震设防地区使用平瓦屋面，应采取固定加强措施
（C）平瓦屋面坡度大于45%时，应采取固定加强措施
（D）固定金属压型板的螺栓（螺钉），应设在波峰上

答案：C

提示：《屋面工程技术规范》（GB 50345—2004）第10.3.5条中规定：平瓦屋面坡度大于50%时，应采取固定加强措施。

6-87 图示平瓦屋面檐口中瓦头挑出封檐的长度 a 宜为下列哪一个尺寸？

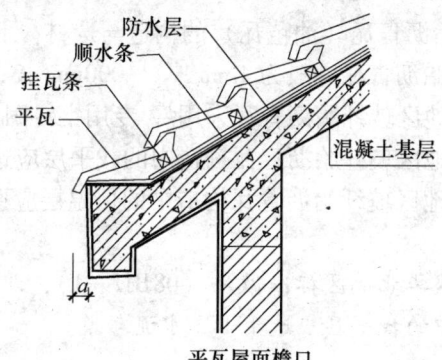

平瓦屋面檐口

（A）20～30mm 　　　　（B）35～45mm
（C）50～70mm 　　　　（D）80～100mm

答案：C

提示：《屋面工程技术规范》（GB 50345—2004）第10.4.1条中规定，瓦头挑出封檐的长度 a 应为50～70mm。

6-88 屋面排水方式的要点，下列哪一条有误？
（A）檐高＜10m的房屋一般可用无组织排水
（B）积灰聚尘的屋面应采用无组织排水
（C）无组织排水的屋面挑檐宽度不小于散水宽
（D）大门雨篷不应做无组织排水

答案：C

提示：《建筑地面设计规范》（GB 50037—96）第6.0.24条中规定，无组织排水的散水宽度应大于屋面挑檐宽度200～300mm。

6-89 有关彩色压型钢板瓦屋面的构造做法，下面的叙述中哪一项不妥？
（A）彩色压型钢板瓦屋面属于坡屋面，其排水坡度≥10%

（B）彩色压型钢板瓦由单一板和复合板两种，钢板用特制钢钉与钢檩条连接，檩条放在钢屋架上

（C）彩色压型钢板瓦屋面属于无基层屋面，其保温性能靠上下钢板与聚苯乙烯泡沫塑料组成的复合板解决

（D）彩色压型钢板瓦在檐口部位挑出的长度不应小于100mm，

答案：D

提示：《屋面工程技术规范》（GB 50345—2004）第10.4.5条中规定：彩色压型钢板瓦在檐口部位挑出的长度不应小于200mm。

6-90 关于玻纤胎沥青瓦（油毡瓦）的构造与选材，下列描述中哪一项有误？

（A）玻纤胎沥青瓦一般为4mm厚、1000mm长、333mm宽

（B）北京地区玻纤胎沥青瓦采用ϕ3专用钢钉固定沥青瓦片

（C）北京地区玻纤胎沥青瓦构造中的找平层应选用1:2水泥砂浆

（D）北京地区玻纤胎沥青瓦构造中的保温层应选用挤塑聚苯板

答案：C

提示：查找华北地区标准做法（08BJ1—1），北京地区玻纤胎沥青瓦构造中的找平层应选用1:3水泥砂浆。

6-91 有关坡屋面构造的说法，下列哪一项是不对的？

（A）平瓦、玻纤胎沥青瓦（油毡瓦）可铺设在钢筋混凝土基层上或木基层上

（B）金属板材可直接铺设在檩条上

（C）瓦屋面严禁在雨天、雪天和5级及以上大风中施工

（D）玻纤胎沥青瓦（油毡瓦）可以在0℃及以下的温度中施工

答案：D

提示：《屋面工程技术规范》（GB 50345—2004）第10.1.5条中规定：玻纤胎沥青瓦（油毡瓦）的施工温度宜为5~35℃。

七、门窗

7-01 下列窗户中，哪一种窗户的传热系数最大？

（A）单层木窗　　　　　　（B）单框双玻璃钢窗

（C）单层铝合金窗　　　　（D）单层彩板钢窗

答案：C

提示：查找有关资料得知：(A)项传热系数为$K=5.81W/(m^2 \cdot K)$；(B)项传热系数为$K=2.48W/(m^2 \cdot K)$；(D)项传热系数为$K=5.93W$

$(m^2 \cdot K)$；(C) 项单层铝合金窗的传热系数是 $6.41W/(m^2 \cdot K)$，数值最大。

7-02　供残疾人轮椅通行的平开木门，其净宽应不小于下列哪一项数值？
(A) 0.80m　　　　　　　　(B) 0.90m
(C) 1.00m　　　　　　　　(D) 1.10m
答案：A
提示：《城市道路与无障碍设计规范》（JGJ 50—2001）第 7.4.1 条中规定：供残疾人轮椅通行的平开木门，其净宽应不小于 0.80m。

7-03　下列木门设计中，哪一项不妥？

 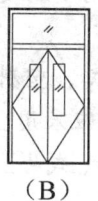 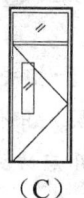 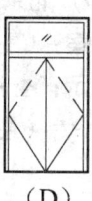
　(A)　　　　　(B)　　　　　(C)　　　　　(D)

答案：D
提示：分析所得，(D) 图为双扇弹簧门，这种门必须在可视高度内装有小玻璃窗，否则容易伤人。

7-04　关于木门窗的选用，下列哪一条有误？
(A) 一般建筑可以采用木材制作内外门窗
(B) 木门扇的宽度不宜大于 1.00m；如大于 1.00m 时，应加大断面
(C) 门洞口宽度大于 1.20m 时，应分成双扇或大小扇
(D) 木窗扇的宽度不宜大于 0.60m
答案：A
提示：《北京市建筑设计技术细则》（建筑专业）规定：一般建筑可以选用木材制作外门，但不宜采用木材制作外窗。

7-05　下列关于铝门窗的选用，哪一条应优先选用？
(A) 铝门窗适用于各种类型和档次的建筑
(B) 铝门窗具有高强、密闭性好、使用中变形小、美观等优点
(C) 表面应采用阳极氧化、静电粉末喷涂、氟碳喷涂等工艺进行处理
(D) 有条件应采用断桥措施
答案：D
提示：《北京市建筑设计技术细则》（建筑专业）规定如此，断桥措施

的作用是阻断"热桥"现象的产生，目前大量采用的"断桥铝门窗"就是一种典型的窗型。《铝合金门窗工程技术规范》（JGJ 214—2010）中指出：有隔热保温性能要求的铝合金门窗可以采用有断桥结构的隔热铝合金型材降低门窗的传热系数。

7-06 下列关于塑料门窗的论述，哪一条有误？
 （A）塑料门窗隔热、隔声、节能、密闭性好、价格合理
 （B）塑料门窗广泛应用于多层和高层居住建筑中
 （C）塑料门亦可在高层公共建筑（包括超高层）中使用
 （D）北京地区住宅建筑中的塑料窗中的玻璃，应采用双层中空玻璃
 答案：C
 提示：查找标准图和相关资料得知，塑料门窗不可以在高层公共建筑（包括超高层）中使用，而应采用金属门窗（铝合金门窗、彩板钢门窗），开启方式以推拉方式为主。

7-07 下列关于建筑物外窗的选用中，哪一项不妥？
 （A）7层和7层以上的建筑可以采用平开窗、推拉窗、外翻窗等开启形式
 （B）开向公共建筑走道的外开窗扇，其底部高度不应低于2.00m
 （C）住宅底层外窗，其窗台高度低于2.00m时，应采取防护措施
 （D）有空调的建筑外窗，应设可开启扇，其数量为5%
 答案：A
 提示：《北京市建筑设计技术细则》（建筑专业）规定，7层和7层以上的建筑不应采用平开窗，可以采用推拉窗、外翻窗、平开下旋窗等开启形式。

7-08 下列关于门的选用中，哪一项不妥？
 （A）一般公共建筑经常出入的西向和北向的外门，应设置双道门
 （B）双面开启的弹簧门，应在可视高度部分装透明玻璃
 （C）所有内门，若无隔声要求或其他特殊要求均不得设置门槛
 （D）防空地下室的防护密闭门也不得设置门槛
 答案：D
 提示：查找《人民防空地下室设计规范》（GB 50038—2005）第3.3.7条和其他相关资料，防空地下室的防护密闭门采用钢筋混凝土制

作，门扇大于门框，采用悬挂方式连接（属于外挂门），因而必须设置门槛。

7-09 下列关于门的开启方向中，哪一项不妥？
(A) 住宅户门应向内开启，并宜在构造上采取防护措施（如设置防盗、防火、隔声的综合门）
(B) 住宅户门应向外开
(C) 公共建筑的外门宜采用弹簧门或转门
(D) 办公室的内门应开向走道

答案：D

提示：《北京市建筑设计技术细则》（建筑专业）规定，办公室的内门不应开向走道而应开向房间。

7-10 下列关于住宅中门洞口最小尺寸的描述，哪一项不正确？
(A) 单元门：洞口宽度为1200mm，洞口高度为2000mm
(B) 厨房门：洞口宽度为700mm，洞口高度为2000mm
(C) 户门：洞口宽度为1000mm，洞口高度为2000mm
(D) 卧室门：洞口宽度为900mm，洞口高度为2000mm

答案：B

提示：《北京市建筑设计技术细则》（建筑专业）和《住宅设计规范》（GB 50096—1999）2003年版第3.9.5条规定，住宅中厨房最小门洞口尺寸为宽度800mm，高度2000mm。

7-11 下列关于中小学校教学用房间门的洞口最小尺寸及构造要求的描述，哪一项不正确？
(A) 教室、实验室靠后墙的门，宜设观察孔
(B) 教学用房及其附属用房不宜设置门槛
(C) 教室安全入口的宽度不应小于1000mm
(D) 合班教室门洞宽度不应小于1200mm

答案：D

提示：《北京市建筑设计技术细则》（建筑专业）和《中小学校建筑设计规范》（GBJ 99—86）第6.4.2条均规定，合班教室门洞口宽度不应小于1500mm。

7-12 下列关于托幼建筑的门的规定中，哪一项不对？
（A）幼儿经常出入的门在距地 0.60～1.20m 高度内，不应装易碎玻璃
（B）幼儿经常出入的门在距地 0.90m 处，宜加设幼儿专用扶手
（C）幼儿经常出入的门不应设置门槛和弹簧门
（D）幼儿经常出入的外门宜设纱门
答案：B
提示：《北京市建筑设计技术细则》（建筑专业）及《托儿所、幼儿园建筑设计规范》（JGJ 39—87）第 3.7.2 条中均规定，幼儿经常出入的门在距地 0.70m 处，宜加设幼儿专用扶手。

7-13 下列关于防火门防火极限及应用部位的描述，哪一项不正确？
（A）甲级防火门的耐火极限为 1.20h，主要应用于防火墙上
（B）乙级防火门的耐火极限为 0.90h，主要应用于疏散走道、前室、楼梯间等处
（C）丙级防火门的耐火极限为 0.80h，主要应用于竖向井道的检查口上
（D）用于检查口的丙级防火门底部应留出 100mm 的门槛
答案：C
提示：《北京市建筑设计技术细则》（建筑专业）规定，丙级防火门的耐火极限为 0.60h，主要应用于竖向井道的检查口上，其下部应设置 100mm 高门槛。《高层民用建筑设计防火规范》（GB 50045—95）2005 年版第 5.3.2 条中也规定，井壁上的检查门应采用丙级防火门。

7-14 铝合金窗××平开系列是以下哪一个部位尺寸决定的？
（A）框料壁厚　　　　　　（B）框料宽度
（C）框料厚度　　　　　　（D）框料截面模量
答案：B
提示：分析所得，如铝合金窗 88 系列中的 88 为框料宽度（也可称为截面高度）是 88mm。

7-15 80 系列铝合金窗中的 80，是指以下哪一项？
（A）铝合金门窗框料断面的壁厚　　（B）铝合金门窗框料断面的宽度
（C）铝合金门窗框料断面的高度　　（D）铝合金门窗框料的长度
答案：C

提示：分析所得，80系列铝合金窗的命名依据是铝合金门窗框料断面的高度，即以框料高度为80mm而命名的。

7-16 下列哪一种窗扇的抗风能力最差？
(A) 铝合金推拉窗　　　　(B) 铝合金外开平开窗
(C) 塑钢推拉窗　　　　　(D) 塑钢外开平开窗
答案：B
提示：分析所得，由于铝合金窗是空心料型，壁厚较薄、稳定性差，采用外开平开方式很难抵挡风力的影响，抗风能力最差。

7-17 下列有关门窗构造做法的叙述，哪一项有误？
(A) 金属门窗和塑料门窗安装应采用预留洞口的方法施工
(B) 木门窗与砖石砌体、混凝土或抹灰层接触处，应进行防腐处理并应设置防潮层
(C) 建筑外窗的安装必须牢固，在砌体上安装门窗宜用射钉或膨胀螺栓固定
(D) 木门窗如有允许限值以内的死节及直径较大的虫眼时，应用同一材质的木塞加胶填补
答案：C
提示：《住宅装饰装修工程施工规范》（GB 50327—2001）第10.1.7条中规定：在砌体上安装门窗禁用射钉或膨胀螺栓固定。

7-18 下列有关常用窗的开启的叙述，哪一项不妥？
(A) 中、小学等需儿童擦窗的外窗应采用内开下悬式或距地一定高度的内开窗
(B) 卫生间窗宜用上悬或下悬
(C) 平开窗的开启窗，其净宽不宜大于0.80m，净高不宜大于1.40m
(D) 推拉窗的开启窗，其净宽不宜大于0.90m，净高不宜大于1.50m
答案：C
提示：查找标准图，平开窗的开启窗，其净宽不宜大于0.60m，净高不宜大于1.50m。

7-19 宾馆客房内卫生间的门扇与地面间应留缝，下列哪一项数值为宜？
(A) 3~5mm　　　　　　(B) 5~8mm
(C) 8~15mm　　　　　 (D) 20~40mm

答案：A

提示：分析所得，门扇下部的缝隙一般不大于5mm。

7-20 在无障碍设计的住房中，平开门开启后最小净宽度应为下列哪一项数值？
(A) 0.70m　　　　　　　　(B) 0.75m
(C) 0.80m　　　　　　　　(D) 0.85m

答案：C

提示：《城市道路和建筑物无障碍设计规范》（JGJ 50—2001）第7.4.1条中规定：无障碍设计的住房中，平开门开启后最小净宽度应为0.80m。

7-21 下列各类门窗的有关规定中，哪一项有误？
(A) 铝合金门窗框与墙体间缝隙应采用水泥砂浆填塞饱满留出10mm打胶
(B) 塑料门窗与墙体固定点间距不应大于600mm
(C) 塑料门窗框与墙体间缝隙应采用闭孔弹性材料嵌填
(D) 砖砌体上安装门窗时，严禁用射钉固定

答案：A

提示：《住宅装饰装修工程施工规范》（GB50327—2001）第10.3.2条中规定，铝合金门窗框与墙体间缝隙不应采用水泥砂浆填塞。《严寒和寒冷地区居住建筑节能设计标准》（JGJ 26—2010）第4.2.8条中也有此类规定。

7-22 下面4个木门框的断面图中，哪一个适用于常用弹簧门的中竖框？

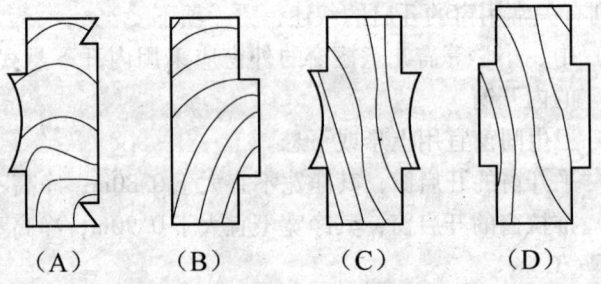

(A)　　(B)　　(C)　　(D)

答案：C

提示：分析所得，适用于弹簧木门的中竖框料型应是C图。

7-23 下列有关门窗玻璃安装的表述，哪一项是正确的？
(A) 磨砂玻璃的磨砂面应朝向室外
(B) 压花玻璃的花纹宜朝向室内

(C) 单面镀膜玻璃的镀膜层应朝向室内
(D) 中空玻璃的热反射镀膜玻璃应在最内层，镀膜层应朝向室外

答案：C

提示：《建筑装饰装修工程质量验收规范》（GB 50210—2001）第 5.6.9 条中规定，单面镀膜玻璃的镀膜层应朝向室内。

7-24 下列有关木门窗五金配件的安装，哪一项是错误的？
(A) 合页距门窗扇上下端宜取立梃高度的 1/10，并应避开上下冒头
(B) 五金配件安装采用木螺钉拧入，不得锤击钉入
(C) 门锁宜安装在冒头与立梃的结合处
(D) 窗拉手距地面高度宜为 1.50～1.60m，门拉手距地面高度宜为 0.90～1.05m

答案：C

提示：分析所得，木门窗五金配件的安装，门锁不宜安装在冒头与立梃的结合处。

7-25 某商场建筑设计任务书中要求设无框玻璃外门，应采用下列哪一种玻璃？
(A) 厚度不小于 12mm 的钢化玻璃
(B) 厚度不小于 6mm 的单片防火玻璃
(C) 单片厚度不小于 6mm 的中空玻璃
(D) 厚度不小于 12mm 的普通退火玻璃

答案：A

提示：《建筑玻璃应用技术规程》（JGJ 113—2009）第 7.2.1 条中规定，无框玻璃外门应采用厚度不小于 12mm 的钢化玻璃。

7-26 下列有关各种材料窗上玻璃固定构造的表述，哪一种不正确？
(A) 木窗用钉子加油灰固定
(B) 钢窗用钢弹簧卡加油灰固定
(C) 铝合金窗用聚氨酯胶条固定
(D) 隐框玻璃幕墙上用硅酮胶粘结

答案：C

提示：《铝合金门窗工程技术规程》（JGJ 214—2010）第 3.3.1 条规定：铝合金门窗密封胶条宜使用硫化橡胶类材料或热塑性弹性体类材料。

7-27 以下关于防火窗基本构造的表述，哪一条正确？
(A) 铝合金窗框，钢化玻璃　　(B) 塑钢窗，夹丝玻璃
(C) 钢窗框，复合夹层玻璃　　(D) 铝衬塑料窗，电热玻璃
答案：C
提示：《建筑设计防火规范》（GB 50016—2006）附录中规定：防火窗的基本构造应选用钢窗框，复合夹层玻璃（夹丝玻璃）。

7-28 窗台高度低于规定要求的"低窗台"，其安全防护构造措施以下哪一条有误？
(A) 公建窗台高度<0.80m、住宅窗台高度<0.90m时，应设防护栏杆
(B) 相当于护栏高度的固定窗扇，应有安全横档窗框并应用夹层玻璃
(C) 室内外高差 0.60m 的首层低窗台可不加护栏等
(D) 楼上低窗台高度<0.50m，防护高度距楼地面≥0.90m
答案：D
提示：《北京市建筑设计技术细则》（建筑专业）规定：楼层上低窗台高度<0.45m时，防护高度距楼地面≥0.80m（住宅为0.90m）。

7-29 以下保温门构造图中有误，主要问题是下列哪一项？

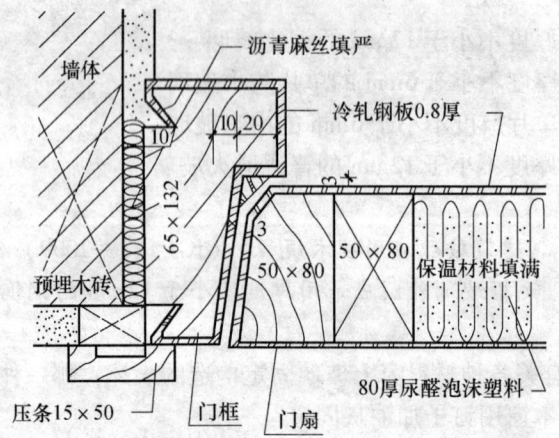

(A) 保温材料欠妥
(B) 钢板厚度不够
(C) 木材品种未注明
(D) 门框、扇间缝隙缺密封条构造
答案：D
提示：分析所得，图中缺少门框、扇间缝隙密封条的构造。

7-30 塑料门窗上安装五金件的正确选择是下列哪一点？
 （A）高强度胶粘结牢固　　　（B）直接锤击钉入定位
 （C）配套专用塑条绑扎　　　（D）螺孔套丝、螺栓固定
答案：D
提示：查找施工手册，安装五金件的正确选择是螺孔套丝、螺栓固定。

7-31 下列关于塑料窗的描述，哪一条有误？
 （A）以聚氯乙烯等树脂为主料，轻质碳酸钙为填料
 （B）型材内腔衬加钢或铝以增强抗弯曲能力
 （C）其隔热性、密封性、耐蚀性均好于铝窗
 （D）上色漆、刷涂料可提高其耐久性
答案：D
提示：分析所得，塑料窗无此要求。

7-32 铝合金门窗固定后，其与门窗洞四周的缝隙应用软质保温材料嵌塞并分层填实，外表面留槽用密封膏密封，其构造作用，下列的描述哪一条不对？
 （A）防止门、窗框四周形成冷热交换区产生结露
 （B）有助于防寒、防风、隔声、保温
 （C）避免框料直接与水泥砂浆等接触，消除碱腐蚀
 （D）有助于提高抗震性能
答案：D
提示：分析所得，与提高抗震性能无关。

7-33 电梯的土建层门洞口尺寸的宽度、高度分别是层门净尺寸各加多少？
 （A）宽度加 100mm，高度加 50~70mm
 （B）宽度加 100mm，高度加 70~100mm
 （C）宽度加 200mm，高度加 70~100mm
 （D）宽度加 200mm，高度加 100~200mm
答案：B
提示：分析所得，增加尺寸主要是考虑门套装修的需要。《全国民用建筑工程设计技术措施》（规划－建筑－景观）第 193 页中指出：层门尺寸指门套装修后的净尺寸，土建层门的洞口尺寸应大于层门尺寸，留出装修的余量，一般宽度为层门两边各加 100mm，高度为层门加 70~100mm。

7-34 以下有关中、小学教室门的构造要求,哪一条正确?
（A）为了安全,门上方不宜设门亮子
（B）多雨潮湿地区宜设门槛
（C）靠后墙的门宜设观察孔
（D）合班大教室的门洞宽度1200mm
答案：C
提示：《中小学校建筑设计规范》（GBJ 99—86）第 5.3.1 条中规定：教室、实验室靠后墙的门宜设观察孔。

7-35 下列关于防火窗的描述,哪一项有误?
（A）防火窗有隔热防火窗（A 类）和非隔热防火窗（C 类）
（B）防火窗的玻璃可以采用复合防火玻璃和单片防火玻璃
（C）防火窗的框材必须采用钢材
（D）防火窗有固定式和活动式两种开启型式
答案：C
提示：国家标准《防火窗》（GB 16809—2008）第 4.1 条指出：防火窗有钢制防火窗、木质防火窗和钢木复合防火窗。防火窗上使用的玻璃为复合防火玻璃和单片防火玻璃。

7-36 下图为某办公楼外窗立面示意图,由图推理以下哪一条有误?
（A）此楼不超过24m高
（B）此窗玻璃厚度为5mm
（C）此窗不位于走道上
（D）它不是空腹、实腹钢窗,也不是木窗
答案：B

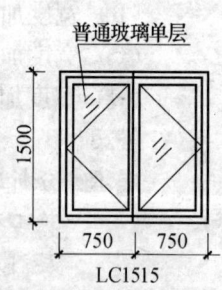

提示：分析所得,（A）项,此图由开启线判断为外开平开窗。高度超过24m为高层建筑,高层建筑不应采用平开窗；（C）项,位于走道的窗其底部应留有2000mm的空间,一般窗高不可能达到1500mm；（D）项,此图的标注表明,它不是钢窗、也不是木窗,而是铝窗（LC）；这三项是正确的。而（B）项,平开窗的单扇宽度一般不应超过600mm,1500mm的窗应做成三扇,且窗玻璃厚度应为4mm。

7-37 隔声窗玻璃之间的空气层以多少 mm 为宜?
（A）20~30　　　　　　　　（B）30~50
（C）80~100　　　　　　　　（D）200
答案：C
提示：查找标准图及其他相关资料，隔声窗玻璃之间的空气层以 80~100mm 为宜。

7-38 在商店橱窗的设计中，下列要点中哪一点有误?
（A）橱窗一般采用 6mm 以上玻璃
（B）橱窗窗台高度宜为 600mm
（C）为防尘土，橱窗一般不宜采用自然通风
（D）为防结露，寒冷地区橱窗应设采暖设备
答案：D
提示：分析所得，寒冷地区橱窗中加设采暖设备更容易产生结露。

7-39 以下关于木质防火门的有关做法，哪一条是错误的?
（A）公共建筑的出入口一般采用耐火极限为 0.90h 的乙级防火门
（B）防火门两面都有可能被烧时，门扇两面应各设泄气孔一个，位置应错开
（C）防火门单面包钢板时，钢板应面向室外
（D）防火门包钢板最薄用 26 号镀锌钢板，并可用 0.5mm 厚普通钢板替代
答案：D
提示：26 号镀锌钢板的厚度约为 1mm，《防火门》（GB 12955—2008）表 3 中规定：木质防火门的钢板面层厚度不应小于 0.8mm，故不能采用 0.5mm 普通钢板替代。

7-40 门窗洞口与门窗框之间的缝隙为安装量，安装量的大小与下列因素的哪一项无关?
（A）门窗本身幅面大小
（B）外墙抹灰或贴面材料种类
（C）有无假框（副框）
（D）门窗种类：木门窗、钢门窗或铝合金门窗
答案：A
提示：分析所得，门窗洞口与门窗框之间的安装量与门窗本身幅面大小无关。
《全国民用建筑工程设计技术措施》（规划-建筑-景观）第 194 页中

指出：门窗安装量与装修做法密切相关，清水墙及副框为10mm；水泥砂浆或贴陶瓷锦砖为15~20mm；贴釉面瓷砖为20~25mm；贴大理石或花岗石板为40~50mm；外保温墙体为保温层厚度加10mm。

7-41 门窗设置贴脸板的主要作用是下列各项中的哪一项？
(A) 在墙体转角处起护角作用
(B) 掩盖门框与墙面抹灰之间的缝隙
(C) 作为加固件，加强门框与墙体之间的连接
(D) 起隔声作用
答案：B
提示：分析所得，贴脸板的主要作用主要是掩盖门框与墙面抹灰之间的缝隙，并起美观作用。

7-42 门顶弹簧（又称为自动关门器）不适和安装在下列哪一种门的上部？
(A) 高级办公楼的办公室门
(B) 公共建筑的厕所门、盥洗室门
(C) 幼儿园活动室门
(D) 公共建筑疏散用的防火门
答案：C
提示：分析所得，为避免碰伤幼儿，幼儿园活动室的门不应安装门顶弹簧。

7-43 建筑物的东、西向窗口的遮阳宜采用下列哪一种组合？
Ⅰ．水平式遮阳　　　　　　Ⅱ．垂直式遮阳
Ⅲ．活动遮阳　　　　　　　Ⅳ．挡板式遮阳
(A) Ⅰ、Ⅱ　　　　　　　　(B) Ⅰ、Ⅲ
(C) Ⅱ、Ⅲ　　　　　　　　(D) Ⅱ、Ⅳ
答案：D
提示：《建筑遮阳工程技术规范》（JGJ 237—2011）第4.1.4条中规定：建筑物的东向、西向窗口宜采用垂直式遮阳或挡板式遮阳，必要时可以辅以活动遮阳。

7-44 我国南方地区的南向房间，宜采用以下哪一种遮阳形式？
(A) 水平式　　　　　　　　(B) 垂直式
(C) 综合式　　　　　　　　(D) 活动式

答案：A

提示：《建筑遮阳工程技术规范》（JGJ 237—2011）第 4.1.4 条中规定：南向、北向宜采用水平式遮阳，必要时可辅以综合式遮阳。

7-45 下列哪一种类型的门不能作为供残疾人使用的门？
(A) 自动门　　　　　　　(B) 旋转门
(C) 推拉门　　　　　　　(D) 平开门

答案：B

提示：《城市道路和建筑物无障碍设计规范》（JGJ 50—2001）第 7.4.1 条中规定：供残疾人使用的门应采用自动门，也可以采用推拉门、折叠门或平开门，不应采用旋转门。

7-46 下列门窗玻璃的安装要求中，哪一项是错误的？
(A) 单块玻璃大于 1.5m² 对应使用安全玻璃
(B) 玻璃不应直接接触金属型材
(C) 磨砂玻璃的磨砂面应朝向室内
(D) 中空玻璃的单面镀膜玻璃应在内层，镀膜层应朝向室外

答案：D

提示：《建筑装饰装修工程质量验收规范》（GB 50210—2001）第 5.6.9 条中规定：门窗玻璃中采用中空镀膜玻璃时，单面镀膜玻璃应在最外层，镀膜层应朝向室内。

7-47 关于门窗安装，下列哪一项要求是错误的？
(A) 金属门窗和塑料门窗可采用先安装后砌口的方法施工
(B) 木门窗与砖石砌体、混凝土或抹灰层接触处应进行防腐处理并应设置防潮层
(C) 在砌体上安装外门窗严禁用射钉固定
(D) 寒冷地区的外门窗与砌体间的空隙应填充保温材料

答案：A

提示：《建筑装饰装修工程质量验收规范》（GB 50210—2001）第 5.1.11 条中规定：金属门窗与塑料门窗安装时，应采用预留洞口的方法施工，不得采用边安装边砌口或先安装后砌口的方法施工。

7-48 托儿所、幼儿园建筑门窗的设置，下列哪一项是错误的？

(A) 活动室、寝室、音体活动室应设双扇平开门，其宽度不应小于1.2m
(B) 幼儿经常出入的门在距地0.7m处，宜加设幼儿专用拉手
(C) 活动室、音体活动室的窗台距地面高度应大于等于0.9m
(D) 活动室、音体活动室距地面1.3m内不应设平开窗

答案：C

提示：《托儿所、幼儿园建筑设计规范》（JGJ 39—87）第3.7.3条中规定：（C）项，活动室、音体活动室的窗台距地高度不宜大于0.60m。楼层无阳台时，应设护栏。其余（A）、（B）、（D）项均与规范要求一致。

7-49 海边的度假村，适合安装哪一种材料的窗？
(A) 粉末喷涂铝合金窗　　　(B) 塑钢窗
(C) 钢窗　　　　　　　　(D) 玻璃钢窗

答案：B

提示：分析所得。塑钢窗的内层以钢衬作支撑，外层则是抗氧化塑料，由于塑料外层不易导热，且内部构造接缝紧密，因而其密封性、隔热保温性能均较好。与普通玻璃窗相比还耐酸碱、耐腐蚀。故海边的度假村适宜安装这种窗型。

7-50 碱性粉尘大的车间，不应采用哪一种窗？
(A) 木窗　　　　　　　　(B) 塑钢窗
(C) 铝合金窗　　　　　　(D) 钢窗

答案：A

提示：《工业建筑防腐蚀设计规范》（GB 50046—2008）中指出：生产中散发碱性粉尘较多时，宜采用钢窗不宜采用木窗。《全国民用建筑工程设计技术措施》（规划·建筑·景观）第126页中指出：钢材耐碱，但不耐酸、不耐水、不耐大气腐蚀。

7-51 中空玻璃的最大空气层间距是多少（mm）？
(A) 9　　　　　　　　　(B) 12
(C) 20　　　　　　　　(D) 25

答案：A

提示：应分清是应用于幕墙的中空玻璃还是应用于门窗的中空玻璃。《玻璃幕墙工程技术规范》（JGJ 102—2003）中规定幕墙中空玻璃气体层厚度不应小于9mm；《塑料门窗工程技术规程》（JGJ

103—2008）中规定有保温和隔热要求的门窗采用中空玻璃时，气体层的最小厚度不宜小于9mm。《中空玻璃》（GB/T11944—2002）中规定的玻璃厚度、玻璃的间隔（空气层）厚度和最大面积可查阅下表：

玻璃厚度（mm）	间隔厚度（mm）	最大面积（m²）
3	6	2.40
	9~12	2.40
4	6	2.86
	9~10	3.17
	12~20	3.17
5	6	4.00
	9~10	4.80
	12~20	5.10
6	6	5.88
	9~10	8.54
	12~20	9.00
10	6	8.54
	9~10	15.00
	12~20	15.90
12	12~20	15.90

八、框架结构的有关问题

8-01 抗震设防为8度，现浇钢筋混凝土框架结构的最大应用高度，下列哪一个数值正确？

（A）35m　　　　　　　　（B）40m
（C）80m　　　　　　　　（D）100m

答案： B

提示：《建筑抗震设计规范》（GB 50011—2010）第6.1.1条中规定：现浇钢筋混凝土框架在0.2g时高度为40m，在0.3g时为30m。

8-02 抗震设防为8度，现浇钢筋混凝土框架结构的最大体形高宽比，下列哪一个数值正确？

（A）5.0　　　　　　　　（B）5.5
（C）6.0　　　　　　　　（D）6.5

答案： C

提示：《北京市建筑设计技术细则》（建筑专业）中规定，抗震设防为8度（0.20g）时，现浇钢筋混凝土框架结构的最大体形高宽比为6.0。

8-03 150mm 厚的框架结构非承重隔墙的最大应用高度是下列何值?
(A) 2.10~3.20m (B) 2.70~3.90m
(C) 3.30~4.70m (D) 4.90~5.60m
答案: C
提示: 《北京市建筑设计技术细则》（建筑专业）中规定，(C)项 150mm 厚的框架结构非承重隔墙的最大应用高度是 3.30~4.70m。其他：(A)项，2.10~3.20m 是 75mm 墙厚的应用高度；(B)项，2.70~3.90m 是 125mm 墙厚的应用高度；(D)项，4.90~5.60m 是 175mm 墙厚的应用高度。

8-04 对钢筋混凝土结构中的砌体填充墙，下述抗震措施中哪个不正确?
(A) 砌体的砂浆强度等级不应低于 Mb5，墙顶应与框架梁密切结合
(B) 填充墙应沿框架柱全高每隔 500mm 设 2φ6 拉筋，拉筋伸入墙内的长度不小于 500mm
(C) 墙长大于 5m 时，墙顶与梁宜有拉结，墙长超过层高 2 倍时，设构造柱
(D) 墙高超过 4m 时，墙体半高宜设置与柱连接通长的钢筋混凝土水平系梁
答案: B
提示: 《建筑抗震设计规范》（GB 50011—2010）第 13.3.4 中规定：填充墙应沿框架柱全高每隔 500~600mm 设 2φ6 拉筋，6、7 度时宜为墙全长贯通，8、9 度时应为墙全长贯通。

8-05 8 度区框架结构的内、外墙体采用小型混凝土砌块墙，下列技术措施中哪一项是错误的?
(A) 砌块的强度等级不宜低于 MU7.5，砌筑砂浆的强度等级不应低于 M5.0
(B) 窗间墙宽不宜小于 400mm
(C) 砌块墙与柱子交接处设拉结筋，沿高度每 0.50~0.60m 设 2φ6 拉结钢筋，伸入墙内的长度应为全墙贯通
(D) 厨房、卫生间墙根部宜灌实一皮砌块或设置 C20 现浇混凝土、高度不小于 200mm 的条带
答案: B
提示: 《混凝土小型空心砌块建筑技术规程》（JGJ/T14—2004）第 6.1.9 条中规定，窗间墙宽度不宜小于 1200mm。

8-06 关于小型砌块墙的设计要点，下列哪一条有误？
(A) 墙长大于5m或大型门窗洞口两边应用梁或楼板拉结或加构造柱
(B) 墙高大于4m应在墙高的中部加设圈梁或钢筋混凝土配筋带
(C) 砌块窗间墙的宽度不宜小于1200mm
(D) 墙与柱子交接处，柱子凿毛并用高强度等级砂浆砌筑固结

答案：D

提示：《建筑抗震设计规范》（GB 50011—2010）第13.3.4条中指出：墙与柱子交接处主要通过钢筋拉结，若采取柱子凿毛并用高强度等级砂浆砌筑固结的做法不但会损伤结构、施工还相当麻烦。

8-07 下列有关框架结构的构造特点中，哪一项不对？
(A) 尽量利用框架梁代替门窗过梁
(B) 轻质材料（轻骨料混凝土）的墙体在窗台顶部应加做钢筋混凝土配筋带
(C) 墙体重量由框架梁或基础梁承托
(D) 防潮层上下的墙体可以使用同一种材料

答案：D

提示：分析所得，应以防潮层为界，上部墙体应选用轻质材料（如陶粒混凝土空心砌块、加气混凝土砌块等），下部墙体必须使用重质材料（如烧结普通砖、混凝土实心砌块等）。

8-08 现浇钢筋混凝土框架结构的构件有柱、梁、板等，关于板的判定以下哪一条不正确？
(A) 两对边支承的板应按双向板考虑
(B) 四边支承的板，长边与短边之比不大于2.0，应按双向板考虑
(C) 四边支承的板，长边与短边之比不小于3.0，应按单向板考虑
(D) 四边支承的板，长边与短边之比在大于2.0，但小于3.0时，宜按沿短边方向的双向板考虑

答案：A

提示：《混凝土结构设计规范》（GB 50010—2010）第9.1.1条中规定：(A)项，两对边支承的板应该按单向板考虑才是正确的；(B)项，四边支承的板，长边与短边之比≤2.0，应按双向板考虑是对的；(C)项，四边支承的板，长边与短边之比≥3.0，应按单向板考虑是正确的；(D)项四边支承的板，长边与短边之比在2.0~3.0之间时，宜按双向板考虑也是对的。

8-09 在 8 度（0.20g）设防地区多层钢筋混凝土框架建筑中，建筑高度为 18m 时，防震缝的缝宽为多少 mm？
(A) 50　　　　　　　　　(B) 70
(C) 100　　　　　　　　 (D) 120
答案：D
提示：《建筑抗震设计规范》（GB 50011—2010）第 6.1.4 条中规定：当多层钢筋混凝土框架建筑为 15m 时，缝宽为 100mm。8 度设防时，高度每增加 3m，缝宽增加 20mm，因而 18m 高框架建筑缝宽为 120mm。（注：原规范缝宽基数为 70mm，18m 高框架建筑缝宽为 90mm）。

8-10 下列防震缝的最小宽度，哪一条不符合抗震规范要求？
(A) 8 度设防的多层砖墙承重建筑，防震缝的最小宽度应为 70～100mm
(B) 高度小于 15m 的钢筋混凝土框架结构、框架－剪力墙结构防震缝的最小宽度为 100mm
(C) 高度大于 15m 的钢筋混凝土框架结构对比（B）款的规定，7 度、8 度、9 度时分别每增加 4m、3m、2m，防震缝的宽度增加 20mm。
(D) 框架－剪力墙结构防震缝的宽度对比（B）款的规定，可以减少 50%
答案：D
提示：《建筑抗震设计规范》（GB 50011—2010）第 6.1.4 条中规定：框架－剪力墙结构防震缝的宽度对比（B）款的规定，可以减少 70%，且不宜小于 100mm。（注：只有抗震墙结构房屋的防震缝宽度可以减少 50%）。

九、建筑装修

（一）抹灰工程

9-01 墙面抹灰层的总厚度一般不宜超过多少？
(A) 35mm　　　　　　　(B) 30mm
(C) 25mm　　　　　　　(D) 20mm
答案：A
提示：《住宅装饰装修工程施工规范》（GB 50327—2001）第 7.3.3 条中规定：墙面抹灰层的总厚度一般不宜超过 35mm。当抹灰总厚度超出 35mm 时，应采取加强措施。

9-02 关于抹灰工程的表述，下列哪一条是错误的？
（A）一般抹灰工程分普通抹灰和高级抹灰，当设计无要求时，按普通抹灰验收
（B）抹灰层总厚度应符合设计要求
（C）水泥砂浆不得抹在石灰砂浆层上
（D）罩面石灰膏可以抹在水泥砂浆层上
答案：A
提示：查找施工手册，（A）项，普通抹灰只要求平整度和表面压光，而高级抹灰除要求平整度和表面压光外，还要求阴阳角找方。两者的验收标准是不同的。《住宅装饰装修工程施工规范》（GB 50327—2001）第 7.3.5 条中规定：底层的抹灰强度不得低于面层的抹灰层强度。（C）、（D）两项均是对的。

9-03 为避免抹灰层脱落，下列哪一条措施是错误的？
（A）抹灰前基层表面应清除干净，洒水润湿
（B）当抹灰总厚度大于或等于 35mm 时，应采取加强措施
（C）当在不同材料基体交接处表面上抹灰时，可采取加大厚度进行过渡
（D）当在聚苯乙烯泡沫板上抹灰时，可先在基面上采用表面处理剂胶浆粘贴加强网
答案：B
提示：《建筑装饰装修工程质量验收规范》（GB 50210—2001）第 4.2.4 条中规定，当在不同材料基体交接处表面上抹灰时，应采用加强网防止开裂，加强网与各基体的搭接宽度不应小于 100mm。

9-04 室内墙面、柱面等阳角部位，宜用 1∶2 水泥砂浆做护角，下述做法中哪一项符合规范要求？
（A）高度不应低于 1.20m，每侧宽度不应小于 100mm
（B）高度不应低于 1.50m，每侧宽度不应小于 50mm
（C）高度不应低于 1.80m，每侧宽度不应小于 100mm
（D）高度不应低于 2.00m，每侧宽度不应小于 50mm
答案：D
提示：《建筑装饰装修工程施工规范》（GB 50327—2001）第 7.1.4 条

规定：室内墙面、柱面等阳角处的护角高度不应低于2.00m，每侧宽度不应小于50mm。

9-05 下列有关室内抹灰基层处理的表述，哪一项与规范要求不符？
 (A) 砖砌体应清除表面杂物，并洒水润湿
 (B) 混凝土表面应凿毛
 (C) 混凝土表面也可在表面洒水润湿后涂刷1:3水泥砂浆（内加适量胶粘剂）
 (D) 加气混凝土应在润湿后，边刷界面剂边抹强度不大于M5的水泥混合砂浆
答案：C
提示：《住宅装饰装修工程施工规范》（GB 50327—2001）第7.3.1条中规定：混凝土表面洒水润湿后应涂刷1:1水泥砂浆（内加适量胶粘剂）。

9-06 下列内墙抹灰做法中，哪一项是不妥当的？
 (A) 室内墙、柱、门洞口的阳角应做1:2水泥砂浆护角，高度不低于2m，护角每侧宽度不小于50mm
 (B) 水泥砂浆不得抹在石灰砂浆层上
 (C) 罩面石膏灰可以直接抹在水泥砂浆层上
 (D) 当要求抹灰层具有防水、防潮功能时，应采用防水砂浆
答案：D
提示：(A) 项是对的。《住宅装饰装修工程施工规范》（GB 50327—2001）第7.3.5条中规定：底层的抹灰强度不得低于面层的抹灰层强度。(B)、(C) 两项均是对的。该规范第7.3.1条中规定：(D) 项，当要求抹灰层具有防水、防潮功能时，不是采用防水砂浆而应采用1:1水泥砂浆（加适量胶粘剂）。

9-07 扫毛灰墙面是有仿石效果的装饰性抹灰墙面，以下叙述中哪一条不对？
 (A) 面层用白水泥、石膏、砂子按1:1:6配成混合砂浆
 (B) 抹后用扫帚扫出犹如天然石材的剁斧纹理
 (C) 扫毛抹灰厚度20mm左右
 (D) 要仿石材分块，分格木条嵌缝约15mm宽、6mm深
答案：A
提示：查找施工手册和相关标准图，混合砂浆一般采用普通水泥配制，

而不用白水泥。

9-08 关于内墙抹灰中的护角构造，以下各条中哪一条有误？
   (A) 内墙阳角、阴角、门洞边角均应做护角
   (B) 护角一般用1:2水泥砂浆与抹灰层等厚
   (C) 护角也可用木材、金属制作
   (D) 护角高度距楼、地面以上2m
   答案：A
   提示：《住宅装饰装修工程施工规范》（GB 50327—2001）第7.1.4条中对阴角没有护角的要求。

9-09 水磨石、水刷石、干粘石均属于下列做法中的哪一种？
   (A) 高级抹灰   (B) 装饰抹灰
   (C) 中级抹灰   (D) 普通抹灰
   答案：B
   提示：查找施工手册和相关标准图，水磨石、水刷石、干粘石应属于装饰抹灰做法。

9-10 水泥砂浆的使用在下列哪一个面层上不受限制？
   (A) 水泥石灰膏砂浆层上   (B) 石灰砂浆层上
   (C) 加气混凝土墙表面   (D) 板条墙麻刀石灰砂浆层上
   答案：C
   提示：《住宅装饰装修工程施工规范》（GB 50327—2001）第7.3.5条中规定：底层的抹灰层强度不得低于面层的抹灰层强度。水泥石灰膏砂浆、石灰砂浆、麻刀石灰砂浆的强度均低于水泥砂浆的强度，使用时应受到限制。《蒸压加气混凝土建筑应用技术规程》（JGJ/T17—2008）第8.0.3条中规定：外墙应采用与加气混凝土强度等级接近的砂浆抹灰，内墙宜采用粉刷石膏抹灰。

9-11 在加气混凝土墙上铺贴装饰面砖时，其基层构造做法下列哪一项不正确？
   (A) 适当喷湿墙面
   (B) TG胶质水泥砂浆底面刮糙至6mm厚
   (C) 刷素水泥浆一道
   (D) 石灰砂浆结合层9~12mm厚
   答案：D
   提示：查找华北地区《工程做法》08BJ1—1，应采用6~10mm厚1:2

水泥砂浆铺贴。

9-12 以下有关普通住宅内部抹灰工程施工的规定，哪一条有误？
(A) 室内墙面转角、柱面和门洞口应做护角
(B) 不同材料基体的交界处应采取防止开裂的加强措施
(C) 水泥砂浆抹灰层应在抹灰24h后进行养护
(D) 冬季施工作业面的温度不宜低于0℃
答案：D
提示：《住宅装饰装修工程施工规范》（GB 50327—2001）第7.1.6条中规定：冬期施工作业面的温度不宜低于5℃。

9-13 下列关于墙面粉刷底层抹灰材料的选择，哪一条有误？
(A) 砖墙、砌块墙选用石灰砂浆底层
(B) 混凝土墙选用混合砂浆或水泥砂浆底层
(C) 加气混凝土砌块墙选用水泥砂浆底层
(D) 有防水、防潮要求的砖墙选用水泥砂浆底层
答案：C
提示：《蒸压加气混凝土建筑应用技术规程》（JGJ/T17—2008）第8.0.2条中规定：加气混凝土墙面抹灰前，应在其表面用专用砂浆或其他有效的专用界面剂进行基底处理后方可抹底灰。

9-14 木结构与砖石、混凝土结构等相接面处抹灰的构造要求，以下哪一条不正确？
(A) 应铺钉金属网
(B) 金属网要绷紧牢固
(C) 基体表面应干净湿润
(D) 金属网与各基体搭接宽度不小于50mm
答案：D
提示：《建筑装饰装修工程质量验收规范》（GB 50210—2001）第4.2.4条中规定：金属网（加强网）与各基体搭接宽度不小于100mm。

9-15 有排水要求的部位，其抹灰工程滴水线（槽）的构造做法，下列哪项是错误的？
(A) 滴水线（槽）应整齐顺直
(B) 滴水线应内高而外低
(C) 滴水槽的宽度不应小于6mm

(D) 滴水槽的深度不应小于10mm

答案：C

提示：《建筑装饰装修工程质量验收规范》（GB 50210—2001）第4.2.10条和《铝合金门窗工程技术规范》（JGJ 214—2010）第4.5.4条均规定：滴水槽的深度和宽度均不应小于10mm。

9-16 关于抹灰工程，下列哪一项表述是错误的？

(A) 有排水要求的部位应做滴水线（槽），其宽度和深度均不应小于10mm

(B) 人防地下室顶棚应在板底抹1:2.5水泥砂浆，15mm厚

(C) 木结构和砖石结构、混凝土结构等相接处基体表面的抹灰，应先铺钉金属网，并绷紧牢固，金属网与各基体搭接宽度不应小于100mm

(D) 抹灰工程分普通抹灰和高级抹灰，当设计无要求时，按普通抹灰验收

答案：B

提示：《人民防空地下室设计规范》（GB 50038—2005）第3.9.3条中规定：防空地下室的顶棚不应抹灰。

（二）门窗工程

9-17 某18层科研楼内管道竖井的检修门，其下列构造设置哪一项有误？

(A) 门下方与地面间宜留15mm缝隙

(B) 选向外平开的门

(C) 用丙级防火门

(D) 门下筑≥100mm高的门槛

答案：A

提示：《高层民用建筑设计防火规范》（GB 50045—95）2005年版第5.3.2条中规定：18层科研楼内管道竖井的检修门，（A）项，门下方与地面间宜留15mm缝隙是错误的。其余均是正确的。

9-18 洞口高度和宽度≤2700mm的一般木门，在两侧墙上的固定点共有几个？

(A) 4个   (B) 6个
(C) 8个   (D) 10个

答案：D

提示：《住宅装饰装修工程施工规范》（GB 50327—2001）第10.3.3条

143

规定：按每600mm设置1个固定点，距窗角150mm的要求，两侧应共设10个固定点。

9-19 塑料窗与墙体的连接采用固定片，试问固体件的中距 L 与窗角（或中框）的距离 a，下列哪一组答案正确？

(A) $L \leqslant 1200mm$，$a = 200 \sim 250mm$

(B) $L \leqslant 1000mm$，$a = 200 \sim 250mm$

(C) $L \leqslant 900mm$，$a = 150 \sim 200mm$

(D) $L \leqslant 600mm$，$a = 150 \sim 200mm$

答案：D

提示：查找《塑料门窗安装及验收规程》（JGJ 103—2008）第6.2.7条可得上述数值。

9-20 在下列哪一种墙上安装建筑外门窗可以使用射钉？

(A) 加气混凝土砌块 (B) 钢筋混凝土墙

(C) 实心黏土砖墙 (D) 多孔黏土砖墙

答案：B

提示：《住宅装饰装修工程施工规范》（GB 50327—2001）第10.1.7条中规定：钢筋混凝土墙可以使用射钉，块材墙不得使用。

9-21 一般常用木门的框料尺寸，下列哪一组尺寸安全、合理？

Ⅰ. 夹板门框料 55mm×90mm

Ⅱ. 夹板门框料 40mm×65mm

Ⅲ. 弹簧镶玻璃门框料 75mm×125mm

Ⅳ. 弹簧镶玻璃门框料 90mm×180mm

(A) Ⅱ、Ⅲ

(B) Ⅳ、Ⅰ

(C) Ⅱ、Ⅳ

(D) Ⅰ、Ⅲ

答案：D

提示：查找标准图所得。

9-22 关于建筑门窗安装的规定，下列哪一条是错误的？

(A) 单块玻璃 1.50m² 时，应采用安全玻璃

(B) 门窗玻璃不应直接接触型材

(C) 单面镀膜层应朝向室内,磨砂玻璃的磨砂面应朝向室外
(D) 中空玻璃的单面镶膜玻璃应在最外层,镀膜层应朝向室内

答案:C

提示:《住宅装饰装修工程施工规范》(GB 50327—2001)第 10.3.5 条中规定:单面镀膜层应朝向室内,磨砂玻璃的磨砂面亦应朝向室内。

9-23 关于多层经济适用房(住宅)的外窗设计,下列哪一条不合理?
(A) 平开窗的开启扇,其净宽不宜大于 0.60m,净高不宜大于 1.40m
(B) 推拉窗的开启扇,其净宽不宜大于 0.90m,净高不宜大于 1.50m
(C) 窗的单块玻璃面积不宜大于 $1.80m^2$
(D) 为了安装窗护栏,底层外窗不宜采用向外平开窗

答案:C

提示:《塑料门窗工程技术规程》(JGJ 103—2008)第 3.1.2 条中规定:窗的单块玻璃面积不宜大于 $1.5m^2$,当窗的单块玻璃面积大于 $1.5m^2$ 时应采用安全玻璃。

(三)玻璃工程

9-24 下列玻璃中,哪一项不是安全玻璃?
(A) 半钢化玻璃   (B) 钢化玻璃
(C) 半钢化夹层玻璃   (D) 钢化夹层玻璃

答案:A

提示:《建筑玻璃应用技术规程》(JGJ 113—2009)第 7.1.1 条中规定:安全玻璃包括钢化玻璃和夹层玻璃。半钢化玻璃不属于安全玻璃。

9-25 某住宅采用砖缝贯通的空心玻璃砖隔断,隔断高为 2m,宽为 4m,试问该空心玻璃砖隔断与相连砖墙的连接方式,下列哪一种正确?
(A) 木楔固定,M5 水泥砂浆嵌固
(B) 与砖墙接缝宽为 20mm,垂直布 1 根 $\phi 8$ 钢筋,M5 水泥砂浆嵌牢
(C) 用 U 型材卡牢,型材卡用膨胀螺栓与砖墙连接
(D) 每 2 层砖布 2 根 $\phi 8$ 钢筋,伸入砖墙内 240mm,伸入空心玻璃砖墙内 500mm

答案:C

提示：查找有关施工手册可知，空心玻璃砖隔断与相连砖墙的连接一般采用 U 型材卡牢，U 型材卡用膨胀螺栓与砖墙连接。

9-26 采用直径为 6mm 或 8mm 钢筋增强的技术措施砌筑室内玻璃砖隔断，下列表述中哪一条是错误的？
（A）当隔断高度超过 1.50m 时，应在垂直方向上每 2 层空心玻璃砖水平布一根钢筋
（B）当隔断长度超过 1.50m 时，应在水平方向上每 3 个缝垂直布一根钢筋
（C）当高度和长度同时超过 1.50m 时，应在垂直方向上每 2 层空心玻璃砖水平布 2 根钢筋，在水平方向上每 3 个缝至少垂直布一根钢筋
（D）用钢筋增强的室内玻璃砖隔断的高度不得超过 6m
答案：D
提示：查找有关施工手册可知，用钢筋增强的室内玻璃砖隔断最大应用高度为 4m。

9-27 下列玻璃品种中，哪一种可以用作玻璃板隔墙使用？
（A）夹层玻璃　　　　　　（B）吸热玻璃
（C）浮法玻璃　　　　　　（D）中空玻璃
答案：A
提示：《建筑玻璃应用技术规程》（JGJ 113—2009）第 7.1.1 条中规定：玻璃板隔墙应使用安全玻璃，上述玻璃中夹层玻璃属于安全玻璃。

9-28 承受水平力玻璃栏杆使用的玻璃，下列表述中哪一项是正确的？
（A）10mm 厚以上的钢化玻璃
（B）15mm 厚以上的钢化玻璃
（C）不小于 12mm 厚的夹层玻璃
（D）不小于 16mm 厚的夹层玻璃
答案：C
提示：《建筑玻璃应用技术规程》（JGJ 113—2009）第 7.2.5 条中规定：承受水平力玻璃栏杆使用的玻璃应使用公称厚度不小于 12mm 厚的夹层玻璃或公称厚度不小于 16.76mm 的钢化夹层玻璃。

9-29 在夏热冬冷地区的公共建筑玻璃屋顶设计中，其玻璃的选型以下列哪一

项为最佳?

(A) 热反射镀膜夹层玻璃

(B) 低辐射镀膜夹层玻璃

(C) 外层为热反射镀膜钢化玻璃，内层为透明夹层玻璃的中空玻璃

(D) 外层为透明夹层玻璃，内层为钢化玻璃的中空玻璃

答案： C

提示： 分析所得，夏热冬冷地区应以隔热为主。公共建筑屋顶应选用安全玻璃，中空玻璃是安全玻璃的一种，为反射热量应将热反射镀膜钢化玻璃放在外层较为合理。

9-30 当设计采光玻璃屋顶采用钢化夹层玻璃时，其夹层胶片的厚度应不小于下列哪一项数值？

(A) 0.38mm (B) 0.76mm

(C) 1.14mm (D) 1.52mm

答案： B

提示：《建筑玻璃应用技术规程》(JGJ 113—2009) 第8.2.2条中规定：采光玻璃屋顶采用钢化夹层玻璃时，其夹层胶片的厚度应不小于0.76mm。此外，夹层胶片聚乙烯醇缩丁醛（PVB）的厚度不存在1.14mm 的品种。

9-31 在屋面玻璃应用的下列规定中，哪一条是不正确的?

(A) 屋面玻璃是指与水平面夹角小于30°的屋面玻璃

(B) 屋面玻璃必须使用安全玻璃

(C) 当斜玻璃屋面的中部离室内地面大于4m时，必须使用夹层玻璃

(D) 用于屋面的夹层玻璃，夹层胶片的厚度不应小于0.76mm

答案： C

提示：《建筑玻璃应用技术规程》(JGJ 113—2009) 第8.2.2条中规定：当屋面玻璃最高点离地面高度大于3.00m时必须使用安全玻璃，夹层玻璃是安全玻璃的一种。

9-32 室内隔断起着分隔室内空间的作用，下列哪一种玻璃不得用于室内玻璃隔断?

(A) 普通浮法玻璃 (B) 夹层玻璃

(C) 钢化玻璃 (D) 防火玻璃

答案： A

提示：《建筑玻璃应用技术规程》（JGJ 113—2009）第 7.2.2 条中规定，室内隔断必须采用安全玻璃，有框时应采用 5mm 的钢化玻璃或不小于 6.38mm 的夹层玻璃；无框时应采用不小于 10mm 的钢化玻璃。普通浮法玻璃不是安全玻璃，因而不得用于室内玻璃隔断。

9-33 当室内采光屋面玻璃顶距地面高度超过 3m 时，应使用下列哪一种玻璃？
（A）普通退火玻璃　　　　　　（B）钢化玻璃
（C）夹丝玻璃　　　　　　　　（D）夹层玻璃
答案：D
提示：《建筑玻璃应用技术规程》（JGJ 113—2009）第 8.2.2 条中规定，当室内采光屋面玻璃顶距地面高度超过 3m 时，应采用夹层玻璃（夹层胶片 PVB 厚度不应小于 0.76mm）。

9-34 某节能住宅建筑采用角度（屋面与水平面的夹角）>30°的斜屋面，且在斜屋面上开设屋面窗。窗玻璃面积为 1.60m²，窗户中部距离室内地面高 3.80m，试问该斜屋面窗宜采用哪一种玻璃？
（A）内层为浮法玻璃的中空玻璃
（B）内层为夹层玻璃的中空玻璃
（C）单片钢化玻璃
（D）夹丝玻璃
答案：A
提示：《建筑玻璃应用技术规程》（JGJ 113—2009）第 8.2.2 条中规定：屋面玻璃必须采用安全玻璃。当屋面玻璃最高点离地面高度大于 3m、且采用中空玻璃时，集中荷载应只作用在中空玻璃的上片玻璃（即上片玻璃应为安全玻璃，下片玻璃可以为浮法玻璃）。

9-35 下列关于屋面玻璃的规定中哪一项有误？
（A）屋面玻璃必须使用安全玻璃
（B）当最高端离地 >3m 时，必须使用夹层玻璃
（C）用中空玻璃时，安全玻璃应使用在外侧
（D）两边支承的玻璃，应支撑在玻璃的短边
答案：D
提示：《建筑玻璃应用技术规程》（JGJ 113—2009）第 8.2.1 条中规定，两边支承的玻璃，应支撑在玻璃的长边。

9-36 下列玻璃顶棚构造的说法，哪一条是正确的？
(A) 其顶棚面层的玻璃宜选用钢化玻璃
(B) 顶棚离地高于5m时不应采用夹层玻璃
(C) 顶棚距地小于3m时，可用厚度≥5mm的压花玻璃
(D) 玻璃顶棚若兼有人工采光要求时，应采用冷光源

答案：A

提示：《北京市建筑设计技术细则》中规定：顶棚面层的玻璃必须选用安全玻璃（夹层玻璃、钢化玻璃等），选用钢化玻璃是正确的。但顶棚离地高度大于5m时为避免钢化玻璃破碎伤人，则应采用钢化夹层玻璃。压花玻璃经常用于窗玻璃；玻璃顶棚兼有人工采光要求时，可以采用冷光源（冷光源指的是物体发光时，光源的温度比环境温度低，如荧光灯）和一般光源（如白炽灯）。

9-37 平板玻璃隔断不正确的做法是下列哪一项？
(A) 隔墙基层应平整、牢固
(B) 玻璃隔断分为有框和无框两种做法
(C) 有框隔断玻璃与金属框之间应贴紧安装
(D) 室内玻璃隔断应使用安全玻璃（钢化玻璃、夹层玻璃等）

答案：C

提示：《建筑装饰装修工程质量验收规范》（GB 50210—2001）第7.5.6条中规定：有框玻璃板隔墙框与玻璃之间应加胶垫，其位置应准确。

(四) 吊顶、顶棚工程

9-38 下列顶棚中，哪一组的两种顶棚均可作为配电室、人防地下室顶棚？
Ⅰ. 板底抹灰喷乳胶漆顶棚
Ⅱ. 板底抹灰顶棚
Ⅲ. 板底喷涂顶棚
Ⅳ. 轻钢龙骨水泥加压板

(A) Ⅰ、Ⅱ (B) Ⅱ、Ⅲ
(C) Ⅲ、Ⅳ (D) Ⅰ、Ⅳ

答案：C

提示：《建筑内部装修设计防火规范》（GB 50222—95）2001年版第3.1.5条及第3.4.1条中规定，配电室、人防地下室顶棚应选用

A级装修材料，（C）项符合A级装修材料标准，但人防地下室顶棚不应抹灰只可以做板底喷浆顶棚。

9-39 关于轻钢龙骨纸面石膏板吊顶的设计，下列哪一条是错误的？
（A） U型轻钢主龙骨中距≤1200mm
（B） U型轻钢龙骨横撑中距1200mm
（C） 纸面石膏板的长边垂直于纵向横撑龙骨铺设
（D） 大面积吊顶每隔12m在主龙骨上部焊接横卧龙骨一道
答案：B
提示：标准图中规定，U型轻钢龙骨的横撑中距为400~600mm。

9-40 关于吊顶工程，下列哪一条表述不完全符合规范规定？
（A） 重型灯具，重型设备严禁安装在吊顶工程的龙骨上
（B） 电扇、轻型灯具应吊在主龙骨或附加龙骨上
（C） 安装双层石膏板时，面层板与基层板的接缝应错开，并不得在同一龙骨上接缝
（D） 当顶棚的饰面板为玻璃时，应使用安全玻璃，或采取可靠的安全措施
答案：A
提示：《住宅装饰装修工程施工规范》（GB 50327—2001）第8.1.4条中规定：重型灯具、电扇及其他重型设备，严禁安装在吊顶龙骨上。

9-41 对一类建筑吊顶用的吊杆、龙骨的要求，下列哪一条表述得不完全正确？
（A） 木龙骨应进行防腐处理
（B） 金属预埋件、吊杆、龙骨应进行表面防锈、防腐处理
（C） 吊杆距龙骨端部距离不得大于300mm
（D） 吊杆长度大于1.50m时，应设置反向支撑
答案：A
提示：《建筑内部装修设计防火规范》（GB 50222—95）2001年修订版第3.1.1条及相关标准图中规定，一类建筑吊顶应为A级。上述做法中木龙骨属于B1级，不满足防火要求。

9-42 潮湿房间现浇钢筋混凝土板底水泥砂浆顶棚的工程做法，从外向里依次

表述，其中哪一条是错误的？

(A) 喷涂料面层

(B) 3mm 厚 1:0.5:2.5 水泥石灰膏砂浆找平

(C) 5mm 厚 1:3 水泥砂浆打底扫毛或划出纹道

(D) 板底用水加 1% 火碱清洗油渍，并用素水泥一道甩毛（内掺建筑胶）

答案：B

提示：标准图 08BJ1—1 中规定，潮湿房间现浇钢筋混凝土板底水泥砂浆顶棚的工程做法应为 3mm 厚 1:2.5 水泥砂浆找平。

9-43 下列吊顶面板中不宜用于潮湿房间的是哪一种板？

(A) 水泥纤维压力板　　　　(B) 无纸面石膏板

(C) 铝合金装饰板　　　　　(D) 聚氯乙烯塑料天花板

答案：B

提示：分析所得，无纸面石膏板容易吸潮、脱落。

9-44 下列关于吊顶龙骨安装的说明中，哪一条是错误的？

(A) 吊杆距龙骨端距离不得大于 300mm

(B) 龙骨接头应错开布置，不得在同一直线上，相邻接头距离不应小于 300mm

(C) 龙骨起拱高度应不小于房间短向跨度的 1/200

(D) 吊扇、风扇和风口可与上人吊顶的吊杆及龙骨连接

答案：D

提示：《建筑装饰装修工程施工规范》（GB 50327—2001）第 8.1.4 条中规定重型灯具、电扇及其他重型设备严禁安装在吊顶龙骨上。

9-45 一般宾馆客房卫生间吊顶的面板宜优先选用下列那一种面板？

(A) 防水石膏板　　　　　　(B) 水泥纤维压力板

(C) 氧指数≥32 的 PVC 条板　(D) 铝合金方板

答案：C

提示：《建筑内部装修设计防火规范》（GB 50222—95）2001 年版第 3.2.1 条规定：一般宾馆客房卫生间吊顶属于 B1 级。上述材料中防水石膏板属于 A 级；水泥纤维压力板属于 A 级；氧指数≥32 的 PVC 条板属于 B1 级；铝合金方板属于 A 级。若按同等级选用，应优先选用氧指数≥32 的 PVC 条板，其他板材均为提高

等级选用。（注：氧指数＜22时属于易燃材料；氧指数在22～27时属于可燃材料；氧指数＞27时属于难燃材料）

9-46 下列哪一种材料最适宜作为卫生间吊顶的罩面板？
(A) 纤维水泥加压板（FC板） (B) 矿棉装饰板
(C) 纸面石膏板 (D) 装饰石膏板
答案：A
提示：分析所得，对比上述4种材料，纤维水泥加压板（FC板）防潮效果较好，最适宜作为卫生间吊顶的罩面板，其他板材均存在吸潮变形的问题。

9-47 下列哪一种材料不能作为吊顶罩面板？
(A) 纸面石膏板 (B) 水泥石棉板
(C) 铝合金条板 (D) 矿棉吸声板
答案：B
提示：分析所得，上述4种材料中(A)(C)(D)均可以用于吊顶罩面板。水泥石棉板由于材质、色泽、质感等原因，不能作为吊顶罩面板，一般多用于室外工程中。

9-48 当轻钢龙骨吊顶的吊杆长度大于1.50m时，应当采取下列哪一项加强措施？
(A) 增加龙骨的吊点 (B) 加粗吊杆
(C) 设置反向支撑 (D) 加大龙骨
答案：C
提示：《建筑装饰装修工程质量验收规范》（GB 50210—2001）第6.1.11条中及标准图中均规定吊杆长度大于1.50m时应设置反向支撑。

9-49 封闭的吊顶内不能安装哪一种管道？
(A) 通风管道 (B) 电气管道
(C) 给排水管道 (D) 可燃气管道
答案：D
提示：分析所得，燃气管道不能安装在封闭的吊顶内。《全国民用建筑工程设计技术措施》（规划·建筑·景观）第142页中明确提出：吊顶内严禁敷设可燃气管道。

9-50 吊顶设计中，下列哪一项做法要求是错误的？
(A) 电扇不得与吊顶龙骨连接，应另设吊钩
(B) 重型灯具应吊在主龙骨或附加龙骨上
(C) 烟感器、温感器可以固定在饰面材料上
(D) 上人吊顶的吊杆可采用$\phi 8 \sim \phi 10$钢筋

答案：B

提示：《住宅装饰装修工程施工规范》（GB 50327—2001）第8.1.4条中及标准图中指出：重型灯具不得吊在主龙骨或附加龙骨上，必须与结构连接。

9-51 轻钢龙骨吊顶的吊杆距主龙骨端部的距离，不得超过下列哪一个数值？
(A) 300mm
(B) 400mm
(C) 500mm
(D) 600mm

答案：A

提示：《住宅装饰装修工程施工规范》（GB 50327—2001）第8.3.1条中规定如此，多于300mm时，容易造成端部下垂。

9-52 住宅纸面石膏板轻钢龙骨吊顶安装时，下列哪一项是不正确的？
(A) 主龙骨吊点间距应小于1.20m
(B) 按房间短向跨度的1‰~3‰起拱
(C) 次龙骨间距不得大于900mm
(D) 潮湿地区和场所的次龙骨间距宜为300~400mm

答案：C

提示：《住宅装饰装修工程施工规范》（GB 50327—2001）第8.3.1条中及标准图规定：次龙骨间距不得大于600mm。

9-53 钢筋混凝土结构板底顶棚的工程做法，下列哪一种不妥？
(A) 变电室、配电室的顶棚不宜采用板底抹灰
(B) 人防地下室顶棚宜直接在板底喷涂料
(C) 厨房、卫生间的顶棚宜采用石灰砂浆做底层抹灰
(D) 大中型公用浴室的顶棚应设置坡度

答案：C

提示：分析所得，厨房、卫生间的顶棚不宜采用石灰砂浆做底层抹灰，原因是容易受潮脱落。

9-54 游泳馆、公共浴室的顶棚面应设较大坡度，其主要原因是下列哪一项？
(A) 顶棚内各种管道本身放坡所需
(B) 使顶棚表面凝结水顺坡沿墙面流下
(C) 使潮气集中在上部高处有利排气
(D) 使大空间与结构起拱一致
答案：B
提示：分析所得，游泳馆、公共浴室的顶棚面应设较大坡度，以使顶棚表面凝结水顺坡沿墙面流下。

9-55 有关U型轻钢龙骨吊顶的构造，下列哪一项是不正确的？
(A) 大龙骨间距一般不宜大于1200mm
(B) 大、中、小龙骨之间的连接均可以采用点焊连接
(C) 吊杆间距一般不宜大于1200mm
(D) 吊顶面材有纸面石膏板、浇筑型石膏板、矿棉吸声板等
答案：B
提示：查找北京地区标准图《内装修——吊顶》，只有大龙骨可以采用焊接连接。

9-56 人民防空地下室顶棚做法中，以下哪一项正确？
(A) 高标号水泥砂浆分层抹灰   (B) 清水板底喷涂料
(C) 板条抹灰吊顶   (D) 石棉防火吸声板吊顶
答案：B
提示：《建筑内部装修设计防火规范》（GB 50222—95）2001年版第3.4.1条中规定，人民防空地下室顶棚应选用A级装修材料，清水板底喷涂料符合要求。《人民防空地下室设计规范》（GB 50038—2005）第3.9.3条中明确指出：防空地下室的顶板不应抹灰。

9-57 观众厅顶棚设计检修用马道的构造要点，以下哪一条正确？
(A) 顶棚马道净空不低于1.6m
(B) 马道应设栏杆，其高度≥0.90m
(C) 天棚内马道可不设照明
(D) 允许马道栏杆悬挂轻型器物
答案：B
提示：《北京市建筑设计技术细则》（建筑专业）中规定，观众厅顶棚

设计检修马道应设栏杆，其高度≥0.90m。《全国民用建筑工程设计技术措施》（规划·建筑·景观）第142页中也明确提出：永久性马道应设护栏栏杆，栏杆高度不应低于900mm。马道宽度不宜小于500mm。

9-58 从消防考虑，以下吊顶设计构造的表述哪一条不对？
（A）可燃气体管道不得设在封闭吊顶内
（B）顶棚不宜设置散发大量热能的灯具
（C）灯饰材料可低于吊顶燃烧等级
（D）顶棚灯具的高温部位应采取隔热、散热等防火保护措施
答案：C
提示：《建筑内部装修设计防火规范》（GB 50222—95）2001年版第3.1.11条中规定：吊顶的灯饰材料的燃烧性能不应低于吊顶的燃烧等级，并不得低于B1级。

9-59 纸面石膏板吊顶的次龙骨间距一般不大于600mm，但在下列哪一种状况时应改其间距为300mm左右？
（A）地震设防区域　　　　　（B）南方潮湿地区
（C）上人检修吊顶　　　　　（D）顶棚管道密布
答案：B
提示：《住宅装饰装修工程施工规范》（GB 50327—2001）第8.3.1条中规定，南方潮湿地区和场所次龙骨间距宜为300~400mm。

9-60 下列有关顶棚构造的说法，哪一条有误？
（A）封闭吊顶内不得敷设可燃气管道
（B）顶棚面装修不应采用石棉水泥板、普通玻璃
（C）人防工程的顶棚可以刷浆，也可以抹灰
（D）浴室、游泳池顶棚面应设置坡度，以便于排除冷凝水
答案：C
提示：《人民防空地下室设计规范》（GB 50038—2005）第3.9.3条中指出：防空地下室的顶板不应抹灰。

9-61 关于U型50系列轻钢龙骨上人吊顶的构造要点与性能，以下哪一条错误？
（A）用薄壁镀锌钢带压制成主龙骨高50mm

(B) 结构底板用φ8~φ10钢筋作吊杆,吊住主龙骨
(C) 吊点距离为900~1200mm
(D) 主龙骨可承担1000N的检修荷载
答案:D
提示:查找标准图《内装修-吊顶》,50系列U型轻钢龙骨吊顶属于不经常上人的吊顶,主龙骨只能承担800N的检修荷载。

9-62 轻钢龙骨吊顶中固定板材的次龙骨间距一般不得大于多少?
(A) 300mm   (B) 400mm
(C) 500mm   (D) 600mm
答案:D
提示:《住宅装饰装修工程施工规范》(GB 50327—2001)第8.3.1条中规定:固定石膏板的次龙骨间距不得大于600mm。

9-63 关于吊顶的设备安装做法,下列哪项是错误的?
(A) 筒灯可以固定在吊顶上
(B) 轻型灯具可安装在主龙骨或附加龙骨上
(C) 电扇宜固定在吊顶的主龙骨上
(D) 吊顶内的风道、水管应吊挂在结构主体上
答案:C
提示:《建筑装饰装修工程质量验收规范》(GB 50210—2001)第6.1.12条中规定:电扇不应吊在主龙骨上、轻型灯具可以吊在附加龙骨上。

(五) 隔断工程

9-64 下列石膏板轻质隔墙固定方法中,哪一条是错误的?
(A) 石膏板与轻钢龙骨用自攻螺丝固定
(B) 石膏板与石膏龙骨用粘结剂粘结
(C) 石膏板接缝处,贴50mm宽玻纤带,表面腻子刮平
(D) 石膏板轻质隔墙阳角处,贴80mm宽玻纤带,表面腻子刮平
答案:C
提示:《建筑装饰装修工程质量验收规范》(GB 50210—2001)第4.2.4条中规定:采用加强网时,加强网与各基体的搭接宽度不应小于100mm。

9-65 轻钢龙骨石膏板隔墙竖向龙骨的最大间距应该是多少？
(A) 400mm　　　　　　　　　(B) 450mm
(C) 600mm　　　　　　　　　(D) 700mm
答案：C
提示：《住宅装饰装修工程施工规范》（GB 50345—2001）第9.3.2条中规定：轻钢龙骨石膏板隔墙竖向龙骨的最大间距应是600mm。用于隔墙的纸面石膏板的厚度为12mm，板宽有900mm和1200mm两种，每块板应由三根龙骨支承，故其间距应为450mm和600mm两种。

9-66 有关轻钢龙骨石膏板隔墙的构造，哪一条是错误的？
(A) 为便于固定，轻钢龙骨两侧石膏板的接缝应尽量在同一龙骨上
(B) 沿地、沿顶龙骨可以用射钉或膨胀螺栓固定于地面和顶面
(C) 石膏板与轻钢龙骨用自攻螺钉固定，螺钉间距不大于200mm
(D) 厨房、卫生间等有防水要求的房间隔墙，应采用防水型石膏板
答案：A
提示：《住宅装饰装修工程施工规范》（GB 50327—2001）第9.3.5条中规定：轻钢龙骨两侧石膏板及龙骨一侧的双层板的接缝应错开，不得在同一根龙骨上接缝。

（六）饰面板、饰面砖工程

9-67 冰冻期在一个月以上的地区，应用于室外的陶瓷墙砖吸水率应不大于以下哪一个数值？
(A) 14%　　　　　　　　　(B) 10%
(C) 6%　　　　　　　　　　(D) 2%
答案：C
提示：《外墙饰面砖工程施工及验收工程》（JGJ 126—2000）第3.1.3条中规定，在冰冻期超过一个月的北方地区，所用外墙饰面砖的吸水率不应超过6%。

9-68 外墙饰面砖工程中采用的陶瓷砖，在Ⅱ类气候区吸水率不应大于多少？
(A) 1%　　　　　　　　　(B) 2%
(C) 3%　　　　　　　　　(D) 6%
答案：D

提示：《外墙饰面砖工程施工及验收规程》（JGJ 126—2000）第3.1.3条中规定，Ⅱ类气候区（华北大部地区、西北地区东部、东北南部部分地区）吸水率不应大于6%。

9-69 为了防止外墙饰面砖脱落，下列材料和设计规定表述中哪一条是错误的？
(A) 在Ⅱ气候区陶瓷面砖的吸水率不大于10%，Ⅲ、Ⅳ、Ⅴ气候区不宜大于10%
(B) 外墙饰面砖粘贴应采用水泥基粘结材料
(C) 水泥基粘结材料应采用普通硅酸盐水泥或硅酸盐水泥
(D) 面砖接缝的宽度不应小于5mm，缝深不宜大于3mm，也可采用平缝

答案：A
提示：查找《外墙饰面砖工程施工及验收规程》（JGJ 126—2000）第3.1.3条可知：(A)项，在Ⅱ类气候区陶瓷面砖的吸水率不应大于6%，Ⅲ、Ⅳ、Ⅴ类气候区不宜大于6%；其余，(B)项外墙饰面砖粘贴应采用水泥基粘结材料，不得采用有机物作为主要粘结材料；(C)项水泥基粘结材料应采用普通硅酸盐水泥（强度等级不应低于32.5）或硅酸盐水泥（强度等级不应低于42.5）；(D)项面砖接缝的宽度不应小于5mm，不得采用密缝，缝深不宜大于3mm，也可采用平缝。

9-70 下列钢筋混凝土外墙贴陶瓷面砖的工程做法，从外到里表述，其中哪一条做法是正确的？
(A) 1:1水泥砂浆勾缝
(B) 8mm厚1:0.2:2.5水泥石灰膏砂浆（内掺建筑胶）贴10mm厚陶瓷面砖
(C) 在底灰上刷一道素水泥浆（内掺建筑胶），抹8mm厚1:0.5:3水泥石灰膏砂浆，抹平扫毛
(D) 在墙面上刷一道混凝土界面处理剂，随刷随抹8mm厚1:3水泥砂浆，打底扫毛

答案：A
提示：查找《工程做法》08BJ1—1，(A)项采用1:1水泥细砂砂浆勾缝是正确的；(B)项应为6mm厚1:0.2:2.5水泥石灰膏砂浆贴10mm厚陶瓷面砖；(C)项为10mm厚1:3水泥砂浆打底扫毛或

划出纹道；(D) 项为刷界面剂。

9-71 石材中所含的放射性物质，按国家标准《建筑材料放射性核素限量》(GB 6566—2010) 的规定可分为"A、B、C"三类产品，如用于旅馆门厅内墙饰面的磨光石板材，下列哪类产品可以使用？
(A) "A、B" 类产品 (B) "A、C" 类产品
(C) "B、C" 类产品 (D) "C" 类产品

答案：A

提示：《建筑材料放射性核素限量》(GB 6566—2010) 中规定："A"类产品的适用范围不受限制；"B"类产品不可以用于Ⅰ类民用建筑的内饰面，但可以用于Ⅱ类民用建筑的内饰面和其他建筑的内饰面；"C"类产品只能用于建筑物及室外其他用途。经过分析，旅馆、招待所等一般民用建筑应属于Ⅱ类民用建筑，故可以选用"A、B类"产品，(A) 项正确。

9-72 有关外墙饰面砖工程的技术要求表述中，下面哪一组正确？
Ⅰ. 外墙饰面砖粘贴应设置伸缩缝
Ⅱ. 面砖接缝的宽度不应小于 3mm，不得采用密缝，缝深不宜大于 3mm，也可采用平缝
Ⅲ. 墙面阴阳角处宜采用异型角砖，阳角处也可采用边缘加工成 45°的面砖对接
(A) Ⅰ、Ⅱ (B) Ⅱ、Ⅲ
(C) Ⅰ、Ⅲ (D) Ⅰ、Ⅱ、Ⅲ

答案：D

提示：《外墙饰面砖工程施工及验收规程》(JGJ 126—2000) 第 4.0.6 条中规定：面砖接缝的宽度不应小于 5mm，不得采用密缝，缝深不宜大于 3mm，也可采用平缝。第 4.0.5 条中规定：外墙饰面砖粘贴应设置伸缩缝。竖直向伸缩缝可设在洞口两侧与横墙、柱对应的部位；水平向伸缩缝可设在洞口上、下与楼层对应处。《住宅装饰装修工程施工规范》(GB 50327—2001) 第 12.3.2 条中规定：阳角线宜做成 45°对接，阴角处亦可采用墙面阴角砖过渡。

9-73 天然石材用"拴挂法"安装并在板材与墙体间用砂浆灌缝的构造中，以下哪一条有误？
(A) 一般用 1∶2.5 水泥砂浆灌缝

(B) 砂浆层厚 30mm 左右

(C) 每次灌浆高度不宜超过一块石材高，并≤600mm

(D) 待下层砂浆初凝后，再灌注上层

答案：C

提示：《住宅装饰装修工程施工规范》中规定，"拴挂法"又称为"湿挂法"，石材拴挂安装后的灌浆高度应为150~200mm，且为板材高度的1/3。

9-74 外墙安装天然石材的常用方法，下列哪一种做法不正确？

(A) 拴挂法（铜丝绑扎、水泥砂浆灌缝）

(B) 干挂法（钢龙骨固定、金属挂卡件）

(C) 高强水泥砂浆固定法

(D) 树脂胶粘结法

答案：C

提示：《住宅装饰装修工程施工规范》（GB 50327—2001）第12.3.2条中规定，外墙安装天然石材不得采用高强水泥砂浆粘结固定。

9-75 墙面安装人造石材时，以下哪一种情况不能使用粘贴法？

(A) 600mm×600mm 板材厚度为 15mm

(B) 粘贴高度≤3m

(C) 非地震区的建筑物墙面

(D) 仅用于室内墙面的装修

答案：A

提示：查找施工手册或相关标准图，只有板材厚度在10~12mm的薄型板材才可以采用粘贴法。

9-76 有关室内墙面干挂石材的构造做法，以下哪一条正确？

(A) 每块石板独立吊挂互不传力

(B) 干作业，但局部难挂处可用1:1水泥砂浆灌筑

(C) 吊挂件可用铜、铝合金等金属制品

(D) 干挂吊装工序一般技工即可操作完成

答案：A

提示：分析所得。(A)项，每块石板的荷载均有金属件独立吊挂且互不传力是对的；(B)项，干挂石材属于干作业，不能与湿挂法混用；(C)项，吊挂件不能采用铜、铝合金等金属制品，必须

采用型钢；（D）项，干挂吊装工序较为复杂，安装工序多，应由专业技工操作。

（七）涂料工程

9-77 下列普通纸面石膏板隔墙上乳胶漆墙面的工程做法，从外向内表述，其中哪一条做法是错误的？

（A）喷合成树脂乳液涂料饰面

（B）封底漆一道

（C）满刮 2mm 厚耐水腻子分遍找平

（D）刷界面剂一道

答案：A

提示：查找施工手册，喷合成树脂乳液涂料饰面应为两道。

9-78 下列现浇钢筋混凝土板底乳胶漆顶棚的工程做法，从外向里依次表述，其中哪一做法是错误的？

（A）喷合成树脂乳液涂料面层二道，封底漆一道

（B）3mm 厚 1:2.5 水泥砂浆找平

（C）5mm 厚 1:0.2:3 水泥石膏打底扫毛或划出纹道

（D）板底用水加 1% 火碱清洗油渍，并用素水泥一道甩毛（内掺建筑胶）

答案：B、C

提示：北京地区标准图（08BJ1—1）中规定：（A）项正确；（B）项应为 2mm 厚耐水腻子和 2mm 厚纸筋灰罩面；（C）项应为 5~10mm 厚 1:0.2:5 水泥石灰膏砂浆；（D）项正确。

9-79 涂饰工程基层处理的做法，下列规定中哪一条是错误的？

（A）新建筑物的混凝土或抹灰基层在涂饰涂料前，应涂刷抗碱封闭底漆

（B）混凝土或抹灰基层涂刷溶剂型涂料时，含水率不得大于 12%

（C）基层腻子应平整、坚实、无粉化和裂缝

（D）厨房、卫生间墙面必须使用耐水腻子

答案：B

提示：《建筑涂饰工程施工及验收规程》（JGJ/T 29-2003）第 4.0.1 条中规定，混凝土或抹灰基层涂刷溶剂型涂料时，含水率不得

大于8%。

9-80 关于涂饰工程的施工，下列哪一项不符合要求？
(A) 涂饰工程应优先选用绿色环保产品
(B) 混凝土或抹灰基层涂刷溶剂型涂料时，含水率不得大于8%
(C) 涂饰工程应在抹灰、吊顶、细部、地面及电气工程验收合格后进行
(D) 对泛碱、析盐的基层应先用5%的草酸溶液清洗
答案：D
提示：《住宅装饰装修工程施工规范》（GB 50327—2001）第13.3.6条中规定：对泛碱、析盐的基层应先用3%的草酸溶液清洗。

(八) 裱糊工程

9-81 有关装饰装修裱糊工程的质量要求，下列表述哪一项不对？
(A) 壁纸、墙布表面应平整，不得有裂缝及斑污，斜视时应无胶痕
(B) 壁纸、墙布与各种装饰线、设备线盒应交接严密
(C) 壁纸、墙布边缘应平直整齐，不得有纸毛、飞刺
(D) 壁纸、墙布阴角处搭接应背光，阳角处应无接缝
答案：D
提示：查找施工手册，壁纸、墙布阴角处搭接应顺光，阳角处应无接缝。

9-82 对于壁纸、壁布施工的下列规定中，哪一条是错误的？
(A) 环境温度应≥5℃
(B) 房间湿度>85%不得施工
(C) 混凝土及抹灰基层的含水率应≤15%
(D) 木基层的含水率应≤12%
答案：C
提示：查找施工手册，混凝土及抹灰基层的含水率应≤8%。

9-83 顶棚裱糊聚氯乙烯塑料壁纸（PVC）时，不正确的做法是下列哪一种？
(A) 先用1:1的建筑胶液涂刷基层
(B) 壁纸用水湿润数分钟
(C) 裱糊顶棚时仅在其基层表面涂刷胶粘剂

（D）裱好后赶压气泡、擦净

答案：C

提示：《住宅装饰装修工程施工规范》（GB 50327—2001）第12.3.5条中指出：裱糊顶棚时基层和壁纸背面均应涂刷胶粘剂，墙面裱糊时只在基层表面涂刷胶粘剂。

（九）地面辐射供暖

9-84 楼面辐射供暖的构造顺序，下列哪一组正确？

（A）面层—找平层—隔离层—填充层—绝热层—楼板
（B）面层—隔离层—找平层—填充层—绝热层—楼板
（C）面层—填充层—找平层—隔离层—绝热层—楼板
（D）面层—绝热层—隔离层—填充层—找平层—楼板

答案：A

提示：《地面辐射供暖技术规程》（JGJ 142—2004）第3.2.2条中规定如此。

9-85 有关地面辐射供暖的伸缩缝构造中，下列哪一项说法不妥？

（A）石材、面砖在与内外墙、柱等垂直构件交接处，应留10mm宽的伸缩缝
（B）瓷砖、大理石、花岗石面层施工时，在伸缩缝处采用干贴
（C）伸缩缝填充材料宜采用聚苯乙烯泡沫塑料
（D）木地板在与内外墙、柱等垂直构件交接处，应留14mm宽的伸缩缝

答案：C

提示：《地面辐射供暖技术规程》（JGJ 142—2004）第5.6.2条中规定：伸缩缝填充材料宜采用高发泡聚乙烯泡沫塑料。

9-86 地面辐射供暖的构造做法中，下列哪一项不正确？

（A）与土壤相邻的地面，必须设绝热层
（B）绝热层的下部必须设置防潮层
（C）对卫生间、洗衣房、浴室和游泳馆等潮湿房间，在填充层的上部应设置隔离层
（D）楼层之间楼板上聚苯乙烯泡沫塑料板绝热层的厚度为40mm

答案：D

提示：《地面辐射供暖技术规程》（JGJ 142—2004）第 3.2.5 条中规定聚苯乙烯泡沫塑料板绝热层的厚度应为 20mm。

9-87 地面辐射供暖构造的材料选择中，下列哪一项不正确？
(A) 填充层的材料宜采用 C15 豆石混凝土，豆石粒径宜为 5～12mm
(B) 加热管的填充层厚度不宜小于 50mm，发热电缆的填充层厚度不宜小于 35mm
(C) 当地面荷载大于 20kN/m² 时，应会同结构设计人员，采取加固措施
(D) 面层宜采用热阻小于 0.5 (m²·K)/W 的材料

答案：D

提示：《地面辐射供暖技术规程》（JGJ 142—2004）第 3.2.3 条中规定：面层宜采用热阻小于 0.05 (m²·K)/W 的材料。

9-88 楼面辐射供暖的面层材料，下列哪一项有误？
(A) 水泥砂浆、混凝土地面
(B) 瓷砖、大理石、花岗石等地面
(C) 符合国家标准的复合木地板、实木复合地板及耐热实木地板
(D) 任意地面面层材料

答案：D

提示：《地面辐射供暖技术规程》（JGJ 142—2004）第 5.6.1 条中规定：楼面辐射供暖的面层材料必须选择前三项所列材料其中的一种。

9-89 地面辐射供暖的构造要求，下列哪一项有误？
(A) 与土壤相邻的地面，必须设绝热层，且绝热层下部必须设置防潮层
(B) 直接与室外空气相邻的楼板，必须设置绝热层
(C) 绝热层采用聚苯乙烯泡沫塑料时，楼层之间的楼板上是 20mm 厚；与室外空气相邻的地板上是 60mm
(D) 填充层的材料宜采用 C15 豆石混凝土

答案：C

提示：《地面辐射供暖技术规程》（JGJ 142—2004）第 3.2.5 条中规定，绝热层采用聚苯乙烯泡沫塑料时，与室外空气相邻的地板上是 40mm。

(十) 普通地面工程

9-90 石材与地面砖铺贴的施工，下列哪一项有误？
(A) 石材与地面砖铺贴前应浸水湿润
(B) 结合层砂浆宜采用体积比为1:3的干硬性水泥砂浆，厚度宜高出实铺厚度2~3mm
(C) 石材与地面砖铺贴时应保持水平对位，然后用橡皮锤轻击
(D) 铺贴后应及时清理表面
答案：D
提示：《住宅装饰装修工程施工规范》（GB 50327—2001）第14.3.2条中规定：铺贴后应及时清理表面，24h后应用1:1水泥浆灌缝，选择与地面颜色一致的颜料与白水泥拌合均匀后嵌缝。

9-91 实木地板铺贴的施工，下列哪一项有误？
(A) 基层平整度误差不得大于5mm
(B) 铺贴前应对基层进行防潮处理，防潮层宜涂刷防水涂料或铺贴塑料薄膜
(C) 木龙骨应与基层连接牢固，固定点间距不得大于1000mm
(D) 地板钉子的长度宜为地板厚度的2.5倍
答案：C
提示：《住宅装饰装修工程施工规范》（GB 50327—2001）第14.3.2条中规定，木龙骨应与基层连接牢固，固定点间距不得大于600mm。

9-92 强化木地板铺贴的施工，下列哪一项有误？
(A) 清理基层，不平处找平
(B) 防潮垫层应铺贴平整，接缝处不得叠压
(C) 安装第一排时应凹槽靠墙，地板与墙之间应留出8~10mm的缝隙
(D) 房间长度或宽度超过10m时，应在适当位置设置伸缩缝
答案：D
提示：《住宅装饰装修工程施工规范》（GB 50327—2001）第14.3.3条中指出：房间长度或宽度超过8m时，应在适当位置设置伸缩缝。

9-93 地毯铺装的施工，下列哪一项有误？

(A) 地毯对花拼接应按毯面绒毛和织纹走向的同一方向拼接
(B) 当使用倒刺板固定地毯时,应沿房间四周将倒刺板与基层固定牢固
(C) 地毯铺装方向应是绒毛走向的顺光方向
(D) 满铺地毯,应用扁铲将毯边塞入卡条和墙壁间的缝隙中或塞入踢脚板下面

答案:C

提示:《住宅装饰装修工程施工规范》(GB 50327—2001)第14.3.4条中指出:地毯铺装方向应是绒毛走向的背光方向。

9-94 竹地板铺贴的施工,下列哪一项有误?
(A) 基层平整度误差不得大于10mm
(B) 铺装前应对地板进行选配,宜将纹理、颜色接近的地板集中使用在一个房间或部位
(C) 必须加设防潮层,防潮层宜涂刷防水涂料或铺设塑料薄膜
(D) 木龙骨应与基层连接牢固,固定点间距不得大于600mm

答案:A

提示:《住宅装饰装修工程施工规范》(GB 50327—2001)第14.3.2条中规定:基层平整度误差不得大于5mm。

十、高层建筑、各种幕墙、无障碍措施和老年人建筑

(一)一般规定

10-01 以下哪一项幕墙类型不是按幕面材料进行分类的?
(A) 玻璃幕墙   (B) 金属幕墙
(C) 石材幕墙   (D) 墙板式幕墙

答案:D

提示:分析所得,墙板式幕墙不属于按幕面材料分类的构造做法。

10-02 以下几种玻璃幕墙中,哪一种只可以用于大堂、大厅等部位?
(A) 明框式玻璃幕墙   (B) 隐框式玻璃幕墙
(C) 全玻璃墙   (D) 点式玻璃幕墙

答案:C

提示:查找有关资料,全玻璃墙的玻璃面板靠玻璃肋连接,玻璃肋不

可做得过高，故只能满足大堂、大厅的高度需求。

（二）玻璃幕墙

10-03 玻璃幕墙采用中空玻璃，其气体层的最小厚度为多少？
（A） 6mm 　　　　　　　　　（B） 9mm
（C） 12mm 　　　　　　　　　（D） 15mm
答案：B
提示：《玻璃幕墙工程技术规范》（JGJ 102—2003）第 3.4.3 条中规定：玻璃幕墙采用中空玻璃，其气体层的最小厚度为 9mm。

10-04 幕墙的金属材料与其他金属或水泥砂浆混凝土接触处，应设置绝缘垫片或做涂料处理，其作用是哪一项？
（A） 连接稳妥 　　　　　　　　（B） 幕墙美观
（C） 安装位移 　　　　　　　　（D） 防止腐蚀
答案：D
提示：《玻璃幕墙工程技术规范》（JGJ 102—2003）第 4.3.8 条中指出，设置绝缘垫片的作用是防止金属材料锈蚀。

10-05 全玻璃幕墙依靠胶缝传力，其胶缝厚度不应小于 6mm 并应选用下列哪一种材料？
（A） 硅酮结构密封胶 　　　　　（B） 硅酮建筑密封胶
（C） 弹性强力密封胶 　　　　　（D） 丁基热熔密封胶
答案：A
提示：《玻璃幕墙工程技术规范》（JGJ 102—2003）第 7.4.1 条中规定：全玻璃幕墙依靠胶缝传力必须采用硅酮结构密封胶，但胶缝宽度宜为 10mm。

10-06 无窗槛墙的玻璃幕墙，应在每层楼板外沿设置耐火极限不低于多少小时，高度不低于多少米的不燃烧实体墙裙或防火玻璃裙墙？
（A） 耐火极限不低于 0.9h，墙裙不低于 0.9m
（B） 耐火极限不低于 1.0h，墙裙不低于 0.8m
（C） 耐火极限不低于 1.2h，墙裙不低于 0.6m
（D） 耐火极限不低于 1.5h，墙裙不低于 1.0m
答案：B

提示：《玻璃幕墙工程技术规范》（JGJ 102—2003）第4.4.10条中规定：无窗槛墙的玻璃幕墙应在每层楼板外沿设置耐火极限不低于1.0h，高度不低于0.8m的不燃烧实体裙墙或防火玻璃裙墙。

10-07 采用玻璃肋支承的点支承玻璃幕墙，其玻璃肋应该用哪一种玻璃？
（A）钢化夹层玻璃　　　　　（B）钢化玻璃
（C）安全玻璃　　　　　　　（D）有机玻璃
答案：A
提示：《玻璃幕墙工程技术规范》（JGJ 102—2003）第7.3.1条中规定：采用玻璃肋支承的点支承玻璃幕墙，其玻璃肋应采用钢化夹层玻璃。

10-08 铝塑复合板幕墙即两层铝合金板中夹有低密度聚乙烯芯板，其性能中不包括以下哪一项？
（A）板材强度高　　　　　　（B）截剪摺边比较麻烦
（C）耐久性差　　　　　　　（D）表面不易变形
答案：C
提示：分析所得，铝塑复合板幕墙由于其耐久性很好、外表美观、板材强度高、不易变形，因而被大量选用。

10-09 玻璃幕墙的玻璃应采用安全玻璃，下列玻璃中哪一项不是安全玻璃？
（A）夹层玻璃　　　　　　　（B）钢化玻璃
（C）防火玻璃　　　　　　　（D）单片半钢化玻璃和单片夹丝玻璃
答案：D
提示：查找《北京市建筑设计技术细则》（建筑专业）的有关内容，单片半钢化玻璃和单片夹丝玻璃不属于安全玻璃的范畴。

10-10 玻璃幕墙采用中空玻璃时，下列应符合的规定中哪一项不妥？
（A）中空玻璃气体层厚度不应小于6mm
（B）中空玻璃应采用双道密封
（C）中空玻璃的间隔铝框不得使用热熔性间隔胶条
（D）中空玻璃应消除玻璃表面可能产生的凹、凸现象
答案：A
提示：《玻璃幕墙工程技术规范》（JGJ 102—2003）第3.4.3条中规定，中空玻璃气体层厚度不应小于9mm。

10-11 玻璃幕墙的构造设计中，以下构造做法哪一项不对？
(A) 玻璃幕墙的非承重胶缝应采用硅酮建筑密封胶
(B) 玻璃幕墙的结构构件之间的粘结应采用硅酮结构密封胶
(C) 框支承玻璃幕墙的立柱宜焊接在主体结构上
(D) 幕墙玻璃之间的拼接胶缝宽度应满足玻璃和胶的变形要求，并不宜小于10mm

答案：C
提示：《玻璃幕墙工程技术规范》（JGJ 102—2003）第 5.5.3 条中规定，框支承玻璃幕墙的立柱宜悬挂在主体结构上。

10-12 下列玻璃幕墙的密封材料使用及胶缝设计，哪一项是错误的？
(A) 采用胶缝传力的全玻璃幕墙，胶缝应采用硅酮建筑密封胶
(B) 玻璃幕墙的开启扇的周边缝隙宜采用氯丁橡胶、三元乙丙橡胶或硅橡胶材料的密封条
(C) 幕墙玻璃之间的拼接胶缝宽度应能满足玻璃和胶的变形要求，并不宜小于10mm
(D) 除全玻璃幕墙外，不应在现场打注硅酮结构密封胶

答案：A
提示：《玻璃幕墙工程技术规范》（JGJ 102—2003）第 7.4.1 条中规定，采用胶缝传力的全玻幕墙，胶缝应采用硅酮结构密封胶。

10-13 玻璃幕墙立面分格设计，应考虑诸多影响因素，下列哪一项不是影响因素？
(A) 玻璃幕墙的性能
(B) 所使用玻璃的品种
(C) 所使用玻璃的尺寸
(D) 室内空间效果

答案：D
提示：分析所得，玻璃幕墙立面分格设计与室内空间效果无关。

10-14 关于玻璃幕墙的开启部分面积与玻璃幕墙墙面面积的比值的表述，下列哪一项是正确的？
(A) ≤30%   (B) 不宜大于25%
(C) ≤20%   (D) 不宜大于15%

答案：D

提示：查找有关技术资料，玻璃幕墙的开启部分面积与玻璃幕墙墙面面积的比值不宜大于15%。

10-15 下列嵌缝材料中，哪一种可以作为玻璃幕墙玻璃的嵌缝材料？
(A) 耐候丙烯酸密封胶　　　　(B) 耐候硅酮密封胶
(C) 耐候聚氨酯密封胶　　　　(D) 耐候聚硫密封胶
答案：B
提示：《玻璃幕墙工程技术规范》(JGJ 102—2003) 第 4.3.3 条规定：应选用硅酮建筑密封胶。

10-16 当玻璃幕墙采用热反射镀膜玻璃时允许使用下列哪一组？
Ⅰ. 在线热喷涂镀膜玻璃　　　Ⅱ. 化学凝胶镀膜玻璃
Ⅲ. 真空蒸养镀膜玻璃　　　　Ⅳ. 真空磁控阴极溅射镀膜玻璃
(A) Ⅰ、Ⅱ　　　　　　　　　(B) Ⅰ、Ⅲ
(C) Ⅰ、Ⅳ　　　　　　　　　(D) Ⅲ、Ⅳ
答案：C
提示：《玻璃幕墙工程技术规范》(JGJ 102—2003) 第 3.4.2 条中指出：玻璃幕墙采用阳光控制镀膜玻璃时，离线法生产的镀膜玻璃应采用真空磁控溅射法生产工艺；在线法生产的镀膜玻璃应采用热喷涂法生产工艺。

10-17 玻璃幕墙的龙骨立柱与横梁接触处的正确处理方式是下列哪一项？
(A) 焊死　　　　　　　　　　(B) 铆牢
(C) 柔性垫片　　　　　　　　(D) 自由伸缩
答案：C
提示：《玻璃幕墙工程技术规范》(JGJ 102—2003) 第 6.3.11 条中规定：应采用角码、螺钉或螺栓等柔性垫片与立柱连接。

10-18 在下列 4 种玻璃幕墙构造中，哪一种不适合选用镀膜玻璃？
(A) 明框结构　　　　　　　　(B) 隐框结构
(C) 半隐框结构　　　　　　　(D) 驳爪点式结构
答案：D
提示：《玻璃幕墙工程技术规范》(JGJ 102—2003) 第 4.4.3 条中规定：驳爪点式结构（点支承玻璃幕墙）应选用钢化玻璃。前三者均为框式玻璃幕墙，可以选用镀膜玻璃。

10-19 对立柱散装式玻璃幕墙，下列描述哪一条是错误的？
(A) 竖直玻璃幕墙的立柱是竖向杆件，在重力荷载作用下呈受压状态
(B) 立柱与结构混凝土主体的连接，应通过预埋件实现，预埋件必须在混凝土浇灌前埋入
(C) 膨胀螺栓是后置连接件，只在不得已时作为辅助、补救措施并应通过试验决定其承载力
(D) 幕墙横梁与立柱的连接应采用螺栓连接，并要适应横梁温度变形的要求

答案：B

提示：《玻璃幕墙工程技术规范》(JGJ 102—2003) 第 6.3.12 条中规定，立柱与主体结构之间每个受力连接的连接螺栓不应少于 2 个，且连接螺栓直径不宜小于 10mm。

10-20 玻璃幕墙楼层间的防火构造设计中，下列规定哪一条是不适宜的？
(A) 无窗槛墙的玻璃幕墙，应在每层楼梯外沿设置耐火极限不低于 1.00h、高度不低于 0.60m 的不燃烧实体裙墙或防火玻璃裙墙
(B) 玻璃幕墙与各层楼板的缝隙，当采用岩棉封堵时，其厚度不应小于 100mm
(C) 楼层间水平防烟带的岩棉宜采用厚度不小于 1.5mm 的镀锌钢板承托
(D) 承托板与幕墙及主体结构间的缝隙宜填充防火胶

答案：A

提示：《玻璃幕墙工程技术规范》(JGJ 102—2003) 第 4.4.10 条中规定：无窗槛墙的玻璃幕墙，应在每层楼梯外沿设置耐火极限不低于 1.00h、高度不低于 0.80m 的不燃烧实体裙墙或防火玻璃裙墙。

10-21 一地处夏热冬冷地区宾馆西南向客房拟采用玻璃及铝板混合幕墙，从节能考虑应优先选择下列哪一种幕墙？
(A) 热反射中空玻璃幕墙　　　(B) 低辐射中空玻璃幕墙
(C) 开敞式外通风幕墙　　　　(D) 封闭式内通风幕墙

答案：A

提示：夏热冬冷地区的节能应考虑遮阳与保温并重的做法。《全国民用建筑工程设计技术规范》(规划·建筑·景观) 第 115 页中指出：有保温和遮阳要求的幕墙应采用镀膜中空玻璃，热反射中

空玻璃幕墙应该是首选。

10-22 铝合金明框玻璃幕墙铝型材的表面处理有：Ⅰ电泳涂漆、Ⅱ粉末喷涂、Ⅲ阳极氧化、Ⅳ氟碳漆喷涂四种，其耐久程度按由高到低的顺序排列应为下列哪一组？
（A）Ⅱ、Ⅳ、Ⅲ
（B）Ⅱ、Ⅳ、Ⅲ、Ⅰ
（C）Ⅳ、Ⅱ、Ⅰ、Ⅲ
（D）Ⅳ、Ⅱ、Ⅲ、Ⅰ
答案：C
提示：查找《北京市建筑设计技术细则》（建筑专业）及《铝合金门窗工程技术规范》（JGJ 214—2010）第3.1.3条等相关资料，铝合金明框玻璃幕墙铝型材的表面处理四种方式的排序为：氟碳漆喷涂、粉末喷涂、电泳涂漆和阳极氧化。

10-23 在全玻璃幕墙设计中，下列规定哪一条是错误的？
（A）下端支承全玻璃幕墙的玻璃厚度为12mm时，最大高度可达5m
（B）全玻璃幕墙的板面不得与其他刚性材料直接接触，板面与刚性材料面之间的空隙不应小于8mm，且应采用密封胶密封
（C）全玻璃幕墙的面板厚度不宜小于10mm
（D）全玻璃幕墙玻璃肋的截面厚度不应小于12mm，截面高度不应小于100mm
答案：A
提示：《玻璃幕墙工程技术规范》（JGJ 102—2003）第7.1.1条下端支承全玻璃幕墙的玻璃厚度为12mm时最大高度规定为4.0m。

10-24 点支承玻璃幕墙设计的下列规定中，哪一条是错误的？
（A）点支承玻璃幕墙的面板玻璃应采用钢化玻璃
（B）采用浮头式连接的幕墙玻璃厚度不应小于6mm
（C）采用沉头式连接的幕墙玻璃厚度不应小于8mm
（D）面板玻璃之间的空隙宽度不应小于8mm且应采用硅酮结构密封胶嵌缝
答案：D
提示：《玻璃幕墙工程技术规范》（JGJ 102—2003）第8.1.2条中规定：面板玻璃之间的空隙宽度不应小于10mm，且应采用硅酮建

筑密封胶嵌缝。

10-25 关于玻璃幕墙构造要求的表述，下列哪一项是错误的？
(A) 幕墙玻璃之间拼接胶缝宽度不宜小于5mm
(B) 幕墙玻璃表面周边与建筑内外装饰物之间的缝隙，不宜小于5mm
(C) 全玻璃幕墙的板面与装饰面，或结构面之间的空隙，不应小于8mm
(D) 构件式幕墙的立柱与横梁连接处可设置柔性垫片或预留1~2mm的间隙

答案：A

提示：《玻璃幕墙工程技术规范》（JGJ 102—2003）第8.1.2条中规定，幕墙玻璃之间拼接胶缝宽度不宜小于10mm。

10-26 关于玻璃幕墙开启门窗的安装，下列哪一条是正确的？
(A) 窗、门框固定螺丝的间距应≤500mm
(B) 窗、门框固定螺丝与端部距离应≤300mm
(C) 开启窗的开启角度宜≤30°
(D) 开启窗开启距离宜≤750mm

答案：C

提示：《玻璃幕墙工程技术规范》（JGJ 102—2003）第4.1.5条中规定：(C)项，开启窗的开启角度宜≤30°是正确的。(D)项，开启窗开启距离宜为≤300mm；其他相关资料表明：(A)项，窗、门框固定螺丝的间距应为≤600mm。(B)项，窗、门框固定螺丝的间距应为150~200mm；

10-27 关于玻璃幕墙的防火构造规定，下列哪一项是错误的？
(A) 玻璃幕墙与各层楼板、隔墙外沿的缝隙，当采用岩棉或矿棉封堵时，其厚度不应小于100mm
(B) 无窗槛墙的玻璃幕墙的楼板外沿实体裙墙高度，可计入钢筋混凝土楼板厚度或边梁高度
(C) 同一块幕墙玻璃单元不宜跨越两个防火分区
(D) 当建筑要求防火分区间设置通透隔断时，可采用防火玻璃

答案：B

提示：《玻璃幕墙工程技术规范》（JGJ 102—2003）第4.4.11条中规定，(B)项，无窗槛墙的楼板外沿设置的耐火极限不低于

1.0h、高度不低于0.8m的不燃烧实体裙墙，不可以计入钢筋混凝土楼板厚度或边梁高度。

10-28 下列玻璃幕墙采用的玻璃品种中，下列哪一项有错误？
（A）点支承玻璃幕墙面板玻璃应采用钢化玻璃
（B）采用玻璃肋支承的点支承玻璃幕墙，其玻璃肋应采用钢化夹层玻璃
（C）应采用反射比大于0.30的幕墙玻璃
（D）有防火要求的幕墙玻璃，应根据防火等级要求，采用单片防火玻璃

答案：C

提示：《玻璃幕墙工程技术规范》（JGJ 102—2003）第4.2.9条中规定：幕墙玻璃应采用反射比不大于0.30的幕墙玻璃。

10-29 点支承玻璃幕墙设计的规定中，下列哪一项是错误的？
（A）点支承玻璃幕墙的面板玻璃应采用钢化玻璃
（B）采用浮头式连接的幕墙玻璃厚度不应小于6mm
（C）采用沉头式连接的幕墙玻璃厚度不应小于8mm
（D）玻璃面板之间的空隙宽度不应小于8mm，并应采用硅酮结构密封胶嵌缝

答案：D

提示：《玻璃幕墙工程技术规范》（JGJ 102—2003）第8.1.3条中规定：玻璃面板之间的空隙宽度不应小于10mm，并应采用硅酮建筑密封胶嵌缝。

10-30 采用玻璃肋支承的点支承玻璃幕墙，其玻璃肋应采用下列哪一种玻璃？
（A）钢化夹层玻璃　　　　（B）钢化玻璃
（C）安全玻璃　　　　　　（D）有机玻璃

答案：A

提示：《玻璃幕墙工程技术规范》（JGJ 102—2003）第4.4.3条中规定，应选用钢化夹层玻璃。

10-31 下图为幕墙中空玻璃的构造，将其与240mm墙有关性能相比，以下哪

一条正确？（单位：mm）

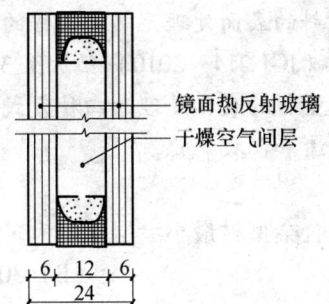

(A) 绝热性好，隔声性好 　　(B) 绝热性差，隔声性好
(C) 绝热性好，隔声性差 　　(D) 绝热性差，隔声性差
答案：A
提示：分析所得，幕墙中空玻璃属于围护结构和装修部分，必须满足绝热性能、隔声性能的要求。

10-32 为防腐蚀，幕墙金属材料与其他材料接触处一般应设置绝缘垫片或隔离材料，但与以下哪一种材料接触时可以不设置？
(A) 水泥砂浆 　　　　　　(B) 玻璃、胶条
(C) 混凝土构件 　　　　　(D) 铝合金以外的金属
答案：B
提示：分析所得，幕墙金属材料与玻璃、胶条等接触时不需设置绝缘垫片或隔离材料。

10-33 为便于玻璃幕墙的维护与清洁，高度达到或超过下列数值时宜设置清洗设备？
(A) 10m 　　　　　　　　(B) 20m
(C) 30m 　　　　　　　　(D) 40m
答案：D
提示：《玻璃幕墙工程技术规范》（JGJ 102—2003）第4.1.6条中规定，幕墙高度达到或超过40m时宜设置清洗设备。

10-34 用于玻璃幕墙的铝合金材料的表面处理方法，下列哪一条有误？
(A) 热浸镀锌 　　　　　　(B) 阳极氧化
(C) 粉末喷涂 　　　　　　(D) 氟碳喷涂
答案：A

提示：《玻璃幕墙工程技术规范》（JGJ 102—2003）第 3.1.2 条中，铝合金材料的表面处理无热浸镀锌的做法。《铝合金门窗工程技术规范》（JGJ 214—2010）第 3.1.3 条中规定：铝合金明框玻璃幕墙铝型材的表面处理的四种方式是：氟碳漆喷涂、粉末喷涂、电泳涂漆和阳极氧化。

10-35 粉末喷涂的铝合金型材最小涂层厚度为多少？
(A) 20μm　　　　　　　　(B) 30μm
(C) 40μm　　　　　　　　(D) 50μm
答案：C
提示：《玻璃幕墙工程技术规范》（JGJ 102—2003）第 3.2.2 条中规定，铝合金型材采用粉末喷涂的局部膜厚应为 $40 \leqslant t \leqslant 120$（单位：μm）。《铝合金门窗工程技术规范》（JGJ 214—2010）第 3.1.3 条中指出：铝合金明框玻璃幕墙铝型材的表面处理采用粉末喷涂时的最小厚度应大于 40μm。

10-36 关于全玻璃幕墙的构造要点，下列哪一条有错误？
(A) 其板面不得与其他刚性材料直接接触
(B) 板面与装修面或结构面之间的空隙不小于 8mm
(C) 面板玻璃厚度不小于 10mm，玻璃肋截面厚度不小于 12mm
(D) 采用胶缝传力的全玻璃幕墙必须用弹性密封胶嵌缝
答案：D
提示：《玻璃幕墙工程技术规范》（JGJ 102—2003）第 7.4.1 条中规定，采用胶缝传力的全玻璃幕墙必须采用硅酮结构密封胶。

10-37 玻璃幕墙开启扇的开启角度最大不宜大于下述哪一项数值？
(A) 30°　　　　　　　　　(B) 25°
(C) 20°　　　　　　　　　(D) 15°
答案：A
提示：《玻璃幕墙工程技术规范》（JGJ 102—2003）第 4.1.5 条中规定，玻璃幕墙开启扇的开启角度不宜大于 30°。

10-38 幕墙用中空玻璃的空气层具有保温、隔热、减噪等作用，下列有关空气层的构造做法说明，哪一项错误？

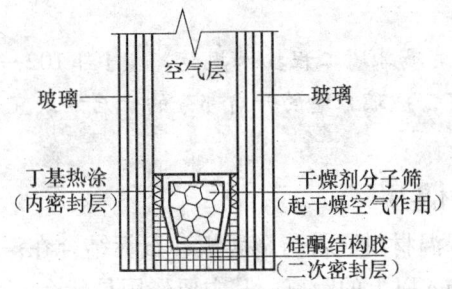

(A) 空气层宽度常在9~15mm之间
(B) 空气层要干燥、干净
(C) 空气层内若充以惰性气体效果更好
(D) 空气层应下堵上通，保持空气对流

答案：D

提示：《玻璃幕墙工程技术规范》（JGJ 102—2003）第3.4.3条中规定：空气层宽度常在9~15mm之间、空气层要干燥干净、空气层内若充以惰性气体效果更好等均是对的。没有（D）项空气层应下堵上通，保持空气对流的要求。

10-39 有关玻璃幕墙的设计要求，下列哪项是错误的？
(A) 幕墙的开启面积宜小于等于15%幕墙面积
(B) 幕墙的开启部分宜为中悬式结构
(C) 幕墙开启部分的密封材料宜采用氯丁橡胶或硅橡胶制品
(D) 幕墙的不同材料接触处，应设置绝缘垫片或采取其他防腐措施

答案：B

提示：《玻璃幕墙工程技术规范》（JGJ 102—2003）第4.4.3条和4.4.7条中规定：幕墙开启部分的密封材料宜采用氯丁橡胶或硅橡胶制品，幕墙的不同材料接触处应设置绝缘垫片或采取其他防腐措施均是正确的。幕墙的开启面积宜小于等于15%幕墙面积，是通常做法。幕墙的开启部分应为上悬式结构，（B）项是错误的。

10-40 有关玻璃幕墙设计的以下表述，哪一项不恰当？
(A) 高度≥40m时，应当设置清洗设备
(B) 玻璃幕墙与每层楼板、隔墙处的缝隙应采用不燃材料填充
(C) 开启扇的开启角度不宜大于30°，开启距离不宜大于300mm
(D) 开启部分的开启方式宜采用中悬式

答案：D

提示：《玻璃幕墙工程技术规范》（JGJ 102—2003）第4.1.5条中规定，玻璃幕墙的开启部分的开启方式宜采用上悬式。

（三）金属与石材幕墙

10-41 幕墙的保温材料通常与金属板、石板结合在一起但却与主体结构外表面有50mm以上的距离，其主要作用是什么？
（A）保温 （B）隔热
（C）隔声 （D）通气

答案：D

提示：《金属与石材幕墙工程技术规范》（JGJ 133—2001）第4.3.4条中规定：保温材料通常与金属板、石板结合在一起但却与主体结构外表面有50mm以上的距离，其主要作用是通气。

10-42 单层铝板幕墙经过下列哪一种方法进行表面处理后，表面均匀度、质感及耐久性均较好？
（A）阳极氧化 （B）氟碳漆喷涂
（C）粉末喷涂 （D）电泳涂漆复合膜

答案：B

提示：《金属与石材幕墙工程技术规范》（JGJ 133—2001）第3.3.9条中规定：经氟碳树脂喷涂处理后，表面均匀度、质感及耐久性均较好。

10-43 关于金属幕墙防火，下列表述中哪一条是正确的？
（A）幕墙应在每层楼板处设防火层，且应形成防火带
（B）防火层必须采用经防腐处理，且厚度不小于1.5mm的耐热铝板
（C）防火层墙内的填充材料可采用阻燃材料
（D）防火层的密封材料应采用中性硅酮耐候密封胶

答案：A

提示：《金属与石材幕墙应用技术规程》（JGJ 133—2001）第4.4.1条规定：（A）项，幕墙应在每层楼板处设防火层，且应形成防火带是正确的。（B）项，防火层必须采用经防腐处理，且厚度不小于1.5mm的耐热铝板，应该是耐热钢板；（C）项，防火层墙内的填充材料可采用阻燃材料，规范中无此项要求；（D）

项，防火层的密封材料应采用中性硅酮耐候密封胶应该是防火密封胶。

10-44 关于钢销式（干挂石材技术之一）石材幕墙的设计，下列表述中哪一条不符合规范的强制性条文？
（A）可在8度抗震设防地区使用
（B）高度不宜大于20m
（C）石板面积不宜大于$1m^2$，厚度不应小于25mm
（D）钢销和连接板应采用不锈钢
答案：A
提示：《金属与石材幕墙应用技术规程》（JGJ 133—2001）第5.5.2条中规定，钢销式做法不可以在8度抗震设防地区使用。

10-45 对耐久年限要求高的高层建筑铝合金幕墙应优先选用下列哪一种板材？
（A）普通型铝塑复合板　　　（B）防火型铝塑复合板
（C）铝合金单板　　　　　　（D）铝合金蜂窝板
答案：C
提示：分析所得，对耐久年限要求高的高层建筑铝合金幕墙应优先选用铝合金单板。

10-46 在海边地区，当采用铝合金幕墙选用的铝合金板材表面进行氟碳树脂处理时，要求其涂层厚度应大于下列何值？
（A）15μm　　　　　　　　（B）25μm
（C）30μm　　　　　　　　（D）40μm
答案：D
提示：《金属与石材幕墙工程技术规程》（JGJ 133—2001）第3.3.9条中规定：在海边地区当采用铝合金幕墙选用的铝合金板材表面进行氟碳树脂处理时，其涂层厚度应大于40μm。

10-47 用于幕墙中的石材，下列规定哪一条是错误的？
（A）石材宜选用火成岩，石材吸水率应小于0.8%
（B）石材中的含放射性物质应符合行业标准的规定
（C）石板的弯曲强度不应小于8.0MPa
（D）石板的厚度不应小于20mm
答案：D

提示：《金属与石材幕墙工程技术规程》（JGJ 133—2001）第5.5.1条中规定，石板的厚度不应小于25mm。

10-48 在钢销式石材幕墙设计中，下列规定哪一条是错误的？
(A) 钢销式石材幕墙只能在抗震设防7度以下地区使用
(B) 钢销式石材幕墙高度不宜大于20m，石板面积不宜大于1.00m²
(C) 钢销和连接板应采用不锈钢
(D) 连接板截面尺寸不宜小于40mm×4mm，钢销直径不应小于4mm

答案：D

提示：《金属与石材幕墙工程技术规程》（JGJ 133—2001）第5.5.2条中规定，连接板截面尺寸不宜小于40mm×4mm，第6.3.2条中规定，钢销直径宜为5mm或6mm。

10-49 铝板幕墙设计中，铝板与保温材料在下列构造中以何者为最佳？
(A) 保温材料紧贴铝板内侧与主体结构外表面留有50mm空气层
(B) 保温材料紧贴主体结构外侧与铝板内表面留有50mm空气层
(C) 保温材料置于主体结构与铝板之间两侧均不留空气层
(D) 保温材料置于主体结构与铝板之间两侧各留50mm空气层

答案：A

提示：《金属与石材幕墙工程技术规范》（JGJ 133—2001）第4.3.4条规定，保温材料紧贴铝板内侧与主体结构外表面留有50mm空气层为最佳。

10-50 铝塑复合板系由两层铝板中间夹保温材料（或防火材料）经热加工或冷加工而成，所采用铝板的厚度为以下何者？
(A) 0.3mm (B) 0.4mm
(C) 0.5mm (D) 0.6mm

答案：C

提示：《金属与石材幕墙工程技术规范》（JGJ 133—2001）第3.3.11条中规定，铝塑复合板上下两层铝合金板的厚度均应为0.5mm。

10-51 金属幕墙所用面板材料的要求中，下列哪一条不对？
(A) 金属幕墙的面板材料有单层铝板、铝塑复合板和蜂窝铝板
(B) 铝塑复合板的铝合金板与夹心层的剥离强度应大于7N/mm
(C) 单层铝板的最小选用厚度为4.0mm

(D) 蜂窝铝板的蜂窝可以采用铝蜂窝、牛皮纸蜂窝、玻璃钢蜂窝

答案：C

提示：《金属与石材幕墙工程技术规范》（JGJ 133—2001）第 3.3.10 条中规定，单层铝板的最小选用厚度为 2.5mm。

10-52 金属幕墙在楼层之间应设一道防火隔层，下列选出的经防腐处理的防火隔层材料中，哪一项是正确的？

(A) 厚度不小于 3mm 的铝板

(B) 厚度不小于 3mm 的铝塑复合板

(C) 厚度不小于 5mm 的蜂窝铝板

(D) 厚度不小于 1.5mm 的耐热钢板

答案：D

提示：《金属与石材幕墙技术规程》（JGJ 133—2001）第 4.4.1 条中规定，金属幕墙在楼层之间应设一道防火隔层，应采用厚度不小于 1.5mm 的耐热钢板。

10-53 有关金属幕墙的规定中，下列哪一条不正确？

(A) 幕墙的钢框架结构不必考虑温度变形

(B) 单元幕墙应设计有泄水孔

(C) 幕墙层间防火带必须采用厚度 1.5mm 的耐热钢板，不得采用铝板

(D) 幕墙结构应自上而下安装防雷装置，并与主结构防雷装置可靠连接

答案：A

提示：《金属与石材幕墙技术规程》（JGJ 133—2001）第 4.3.3 条中规定，幕墙的钢框架结构必须考虑温度变形，通常做法是设置温度变形缝。

10-54 用于石材幕墙的光面石材，最小板厚和单块板材最大面积应是下列哪一组？

(A) 20mm，1.2m^2　　　　　(B) 25mm，1.5m^2

(C) 20mm，1.6m^2　　　　　(D) 25mm，1.8m^2

答案：B

提示：《金属与石材幕墙工程技术规范》（JGJ 133—2001）第 5.5.1 条及第 3.4.2 条中规定，石板的最小厚度和最大面积分别为

25mm，1.5m²。

（四）无障碍设施和老年人建筑

10-55 关于不同位置供轮椅通行的坡道的最大坡度，以下哪一条表述是错误的？
（A）建筑物出入口室外的场地坡度不应大于1:50
（B）无台阶、只设坡道的建筑物出入口最大坡度为1:15
（C）室外通路不应大于1:20
（D）室内走道不应大于1:12
答案：B
提示：《城市道路与建筑物无障碍设计规范》（JGJ 50—2001）第7.2.4条中规定，无台阶、只设坡道的建筑物出入口最大坡度为≤1:20

10-56 老年人建筑的有关要求，下列哪一项与规范不符？
（A）公用外门的净宽度不得小于1.10m
（B）老年人住宅户门通行净宽不得小于0.90m
（C）老年人住宅内门（含厨房门、卫生间门、阳台门）通行净宽不得小于0.80m
（D）起居室、卧室、疗养室、病房等门扇应采用可观察的门
答案：B
提示：《老年人建筑设计规范》（JGJ 122—99）第4.9.2条及《北京市建筑设计技术细则》（建筑专业）均规定老年人住宅户门（含厨房门、卫生间门、阳台门）通行净宽不得小于0.80m。

10-57 下面关于无障碍设计的有关规定中，哪一项与规范不符？
（A）建筑入口设台阶时，应设轮椅坡道和扶手
（B）供轮椅通行的门净宽不应小于800mm
（C）供轮椅通行的走道和通道净宽不应小于1200mm
（D）7层和7层以上住宅建筑入口平台宽度不应小于1500mm
答案：D
提示：《住宅建筑规范》（GB 50368—2005）第5.3.3条中规定，7层和7层以上住宅建筑入口平台宽度不应小于2000mm。

10-58 残疾人专用的楼梯构造要求，下列哪一条有误？

(A) 应采用直跑梯段

(B) 应设有休息平台

(C) 提示盲道应设于踏步起点处

(D) 不应采用无踢面、凸缘为直角形的踏步

答案：C

提示：《城市道路和建筑物无障碍设计规范》（JGJ 50—2001）第4.2.3条中规定，提示盲道应设于踏步起点或终点250~500mm处。

10-59 无障碍卫生间厕所小隔间内（门向外开），供停放轮椅的最小尺寸是多少？

(A) 0.80m × 0.80m

(B) 1.20m × 0.80m

(C) 1.20m × 1.20m

(D) 1.40m × 1.80m

答案：D

提示：《城市道路和建筑物无障碍设计规范》（JGJ 50—2001）第7.8.1条中提到，供停放轮椅卫生间的最小尺寸新建时为1.40m × 1.80m，改建时为2.00m × 1.00m。

10-60 供拄杖者及视力残疾者使用的楼梯应符合有关规定，下列各项中哪一项有误？

(A) 楼梯段净宽不宜小于1.20m

(B) 不宜采用弧形楼梯

(C) 梯段两侧应在0.90m高度处设扶手

(D) 楼梯起点及终点处的扶手，应水平延伸0.50m以上

答案：D

提示：《城市道路和建筑物无障碍设计规范》（JGJ 50—2001）第7.6.1条中规定，扶手应水平延伸0.30m以上。

10-61 下列有关无障碍设施的规定中，哪一条不正确？

(A) 供残疾人通行的门不得采用旋转门，不宜采用弹簧门

(B) 门扇开启净宽不得小于0.80m

(C) 入口处擦鞋垫厚度和卫生间室内外地坪高度差不得大于40mm

(D) 供残疾人使用的门厅、过厅及走道等地面坡道宽度不应小

于0.90m

答案：C

提示：《城市道路和建筑物无障碍设计规范》（JGJ 50—2001）第7.1条没有入口处擦鞋垫厚度的要求，第7.8条卫生间没有室内外地坪高度差的要求，若设置也应为20mm。

10-62 在无障碍设计的客房中，轮椅回转直径应为下列哪一个数值？
(A) 1.00m　　　　　　　　　(B) 1.20m
(C) 1.50m　　　　　　　　　(D) 1.80m

答案：C

提示：《城市道路和建筑物无障碍设计规范》（JGJ 50—2001）第7.10.1条中提到，轮椅回转空间为1.50m。

10-63 下列有关建筑物无障碍设计的规定中，哪一项不正确？
(A) 供残疾人使用的门不得采用弹簧门，可采用旋转门
(B) 门扇开启净宽不得小于0.8m
(C) 主要供残疾人使用的走道宽度不得小于1.8m
(D) 供残疾人使用的公共建筑楼梯宽度不得小于1.5m

答案：A

提示：《城市道路和建筑物无障碍设计规范》（JGJ 50—2001）第7.4.1条中规定：供残疾人使用的门应采用自动门，也可以采用推拉门、折叠门或平开门，不得采用力度过大的弹簧门。可在旋转门的一侧另设残疾人使用的门。

10-64 建筑入口为无障碍入口时，入口室外的地面坡度不应大于下列哪一项数值？
(A) 1∶8　　　　　　　　　　(B) 1∶10
(C) 1∶12　　　　　　　　　 (D) 1∶50

答案：D

提示：《城市道路和建筑物无障碍设计规范》（JGJ 50—2001）第7.1.1条中规定：建筑入口为无障碍入口时，入口室外的地面坡度不应大于1∶50。

10-65 无障碍住宅在门厅和卧室设计要求中哪一项不符合规范要求？
(A) 门厅和卧室可以设置吊灯

（B）门厅和卧室中均不宜设置橱柜
（C）卧室应有直接采光和自然通风
（D）门厅应有良好的朝向

答案：B

提示：《城市道路和建筑物无障碍设计规范》（JGJ 50—2001）第7.12.3条中指出：无障碍住宅在门厅和卧室中可以设置橱柜。卧室橱柜的挂衣杆高度，应小于或等于1.40m、深度应小于或等于0.60m；起居室橱柜高度，应小于或等于1.20m、深度应小于或等于0.40m。

第二部分 疑难问题解答

一、基本规定

1. 民用建筑按工程规模如何进行分类？

（1）民用建筑工程应根据建筑面积、座席数、班数等进行划分，一般分为特大型、大型、中型、小型，下面是各规范相关规定的汇集（表1-1）。

表1-1 民用建筑按工程规模分类

建筑规模 \ 分类	特大型	大型	中型	小型
展览建筑（总展览面积S）	$S>100000m^2$	$30000m^2<S\leqslant100000m^2$	$10000m^2<S\leqslant30000m^2$	$S\leqslant10000m^2$
博物馆（建筑面积）	—	$>10000m^2$	$4000\sim10000m^2$	$<4000m^2$
剧场（座席数）	>1601 座	$1201\sim1600$ 座	$801\sim1200$ 座	$300\sim800$ 座
电影院（座席数）	>1601 座观众厅 不宜少于11个	$1201\sim1600$ 座观众厅 不宜少于8~10个	$701\sim1200$ 座观众厅 不宜少于5~7个	<700 座观众厅 不宜少于5个
体育场（座席数）	>60000 座	$40000\sim60000$ 座	$20000\sim40000$ 座	<20000 座
体育馆（座席数）	>10000 座	$6000\sim10000$ 座	$3000\sim6000$ 座	<3000 座
游泳馆（座席数）	>6000 座	$3000\sim6000$ 座	$1500\sim3000$ 座	<1500 座
幼儿园（班数）	—	$10\sim12$ 班	$6\sim9$ 班	5班以下
商场（建筑面积）		$>15000m^2$	$3000\sim15000m^2$	$<3000m^2$
专业商店（建筑面积）		$>5000m^2$	$1000\sim5000m^2$	$<1000m^2$
菜市场（建筑面积）		$>6000m^2$	$1200\sim6000m^2$	$<1200m^2$

注：本表依据各相关规范整理编制。

（2）普通住宅

《住宅设计规范》（GB 50096—1999）2003年版中对普通住宅分类的规定如表1-2所示。

表 1-2 普通住宅的分类

套型	居住空间数	使用面积（m²）
一类	2	34（不含阳台面积）
二类	3	45（不含阳台面积）
三类	3	56（不含阳台面积）
四类	4	68（不含阳台面积）

（3）办公建筑

《办公建筑设计规范》（JGJ 67—2006）中对办公建筑的分类见表 1-3。

表 1-3 办公建筑的分类

类别	示例	设计使用年限（年）	耐火等级
一类	特别重要的办公建筑	100 或 50	一级
二类	重要的办公建筑	50	不低于二级
三类	普通的办公建筑	25	不低于二级

（4）老年人居住建筑

《老年人居住建筑设计标准》（GB/T 50340—2003）中指出，老年人居住建筑的规模和面积标准见表 1-4。

表 1-4 老年人居住建筑的规模

规模	人数	人均用地指标
小型	50 人以下	80～100m²
中型	51～150 人	90～100m²
大型	151～200 人	95～105m²
特大型	200 人以上	100～110m²

（5）旅馆

《旅馆建筑设计规范》（JGJ 62—90）中指出：根据旅馆的使用功能，按建筑质量标准和设备、设施条件，将旅馆建筑由高至低划分为一、二、三、四、五、六级 6 个建筑等级。

（6）档案馆

《档案馆建筑设计规范》（JGJ 25—2010）中指出：档案馆分为特级、甲级、乙级三个等级。不同等级档案馆设计的耐火等级及适用范围见表 1-5。

表 1-5　档案馆等级与耐火等级要求及适用范围

等级	特级	甲级	乙级
适用范围	中央级档案馆	省、自治区、直辖市、单列市、副省级市档案馆	地（市）级及县（市）档案馆
耐火等级	一级	一级	不低于二级

（7）汽车库

《汽车库建筑设计规范》（JGJ 100—98）规定：汽车库建筑规模宜按汽车类型和容量进行分类，具体划分应以表 1-6 的规定为准。

表 1-6　汽车库建筑规模

规模	特大型	大型	中型	小型
停车数（辆）	>500	301~500	51~300	≤50

注：此分类适用于中、小型车辆坡道式汽车库及升降式汽车库，不适用于其他机械式汽车库。

（8）汽车库、修车库、停车场

《汽车库、修车库、停车场设计防火规范》（GB 50067—97）中规定：汽车库、修车库、停车场的防火分类共分为 4 类，具体划分应以表 1-7 为准。

表 1-7　汽车库、修车库、停车场的防火分类

类别＼名称＼数量	Ⅰ	Ⅱ	Ⅲ	Ⅳ
汽车库	>300 辆	151~300 辆	51~150 辆	≤50 辆
修车库	>15 车位	6~15 车位	3~5 车位	≤2 车位
停车场	>400 辆	251~400 辆	101~250 辆	≤100 辆

注：汽车库的屋面亦停放汽车时，其停车数量应计算在汽车库的总车辆数内。

（9）公共厕所

《城市公共厕所设计标准》（CJJ 14—2005）中规定：

1）城市公共厕所应分为独立式、附属式和活动式公共厕所三种类型。

2）独立式公共厕所按建筑类别应分为三类。

①商业区，重要公共设施，重要交通客运设施，公共绿地及其他环境要求高的区域应设置一类公共厕所。

②城市主、次干路及行人交通量较大的道路沿线应设置二类公共厕所。

③其他街道和区域应设置三类公共厕所。

3）附属式公共厕所按建筑类别应分为两类。一般均设置在公共服务类的

建筑物内。

①大型商场、饭店、展览馆、机场、火车站、影剧院、大型体育场馆、综合性商业大楼和省市级医院应设置一类公共厕所。

②一般商场（含超市）、专业性服务机关单位、体育场馆、餐饮店、招待所和区县级医院应设置二类公共厕所。

4）活动式公共厕所按其结构特点和服务对象分为组装厕所、单体厕所、汽车厕所、拖动厕所和无障碍厕所五种类别。该五类厕所在流动特性、运输方式和服务对象等方面各有特点，应根据城市特点进行配置。

5）根据女性上厕时间长、占用空间大的特点，厕所男蹲（坐、站）位与女蹲（坐）位的比例以 1:1～2:3 为宜。独立式公共厕所以 1:1 为宜，商业区以 2:3 为宜。

（10）饮食建筑

《饮食建筑设计规范》（JGJ 64—89）中指出：

1）饮食建筑分为三大类：

①营业性餐馆（简称餐馆）；

②营业性冷、热饮食店（简称饮食店）；

③非营业性的食堂（简称食堂）。

2）餐馆建筑通常分为三级。

①一级餐馆，为接待宴请和零餐的高级餐馆，餐厅座位布置宽畅、环境舒适，设施、设备完善；

②二级餐馆，为接待宴请和零餐的中级餐馆，餐厅座位布置比较舒适，设施、设备比较完善；

③三级餐馆，以零餐为主的一般餐馆。

3）饮食店建筑分为二级。

①一级饮食店，为有宽畅、舒适环境的高级饮食店，设施、设备标准较高；

②二级饮食店，为一般饮食店。

4）食堂建筑分为二级。

①一级食堂，餐厅座位布置比较舒适；

②二级食堂，餐厅座位布置满足基本要求。

（11）室内环境污染控制标准中的建筑分类

《民用建筑工程室内环境污染控制规范》（GB 50325—2010）中规定：民用建筑工程根据控制室内环境污染的不同要求，划分为以下两类：

1) Ⅰ类民用建筑工程：住宅、医院、老年人建筑、幼儿园、学校教室等民用建筑工程；

2) Ⅱ类民用建筑工程：办公楼、商店、旅馆、文化娱乐场所、书店、图书馆、展览馆、体育馆、公共交通等候室、餐厅、理发店等民用建筑工程。

(12) 建筑材料放射性核素限量的分类

《建筑材料放射性核素限量》（GB 6566—2010）中指出：依据装饰装修材料中天然放射性核素镭-226、钍-232、钾-40 的放射性比活度大小，将装饰装修材料划分为 A、B、C 三级，其应用于两类民用建筑，分类标准如下：

1) Ⅰ类民用建筑包括：住宅、老年公寓、托儿所、医院和学校、办公楼、宾馆等。

2) Ⅱ类民用建筑包括：商场、文化娱乐场所、书店、图书馆、展览馆、体育馆和公共交通等候室、餐厅、理发店等。

(13) 抗震设防对建筑的分类

《建筑工程抗震设防分类标准》（GB 50223—2008）中指出：依据地震对人员伤亡、财产破坏、社会影响及抗震在救灾中的作用，将建筑分为：

1) 甲类（特殊设防类）

2) 乙类（重点设防类）

3) 丙类（标准设防类）

4) 丁类（适度设防类）

具体要求可参见第 106 题。

(14) 公共建筑节能设计对建筑的分类

《公共建筑节能设计标准》（DB11/687—2009）中指出：按照建筑物面积及围护结构的能耗，将公共建筑分为：

1) 甲类：单栋建筑面积大于 20000m^2，且全面设置空气调节设施的建筑。

2) 乙类：单栋建筑面积 300～20000m^2，或建筑面积虽大于 20000m^2 但不全面设置空气调节设施的建筑；

3) 丙类：单栋建筑面积小于 300m^2 的建筑。

具体要求可参见第 46 题。

2. 民用建筑工程设计等级是如何分类的？

民用建筑工程设计等级的分类是依据单体建筑面积、立项投资、建筑高度、建筑层数、建筑重要性等诸多因素综合确定的。《建筑工程设计资质分类标准》〔1999〕9 号文件是这样规定的（表 2）：

表2 民用建筑工程设计等级分类

类型与特征	工程等级	特级	一级	二级	三级
一般公共建筑	单体建筑面积	≥8万m²	>2万m²，≤8万m²	>0.5万m²，≤2万m²	≤0.5万m²
	立项投资	>2亿元	>0.4亿元，≤2亿元	>0.1亿元，≤0.4亿元	≤0.1亿元
	建筑高度	>100m	>50m，≤100m	>24m，≤50m	≤24m（砌体结构应符合抗震规范要求）
住宅、宿舍	层数	—	20层以上	12层以上至20层	12层及以下（砌体结构应符合抗震规范要求）
住宅区、工厂生活区	总建筑面积	—	10万m²以上	10万m²及以下	—
地下工程	地下空间（总建筑面积）	5万m²以上	1万m²以上至5万m²	1万m²及以下	—
	附建式人防（防护等级）		四层及以上	五层及以下	
特殊公共建筑	超限高层建筑抗震要求	特殊超高的高层建筑	100m及以下的高层建筑	—	—
	技术复杂、有声、光、热、振动、视线等特殊要求	技术特别复杂	技术比较复杂		
	重要性	国家级经济、文化、历史、涉外等重点工程项目	省级经济、文化、历史、涉外等重点工程项目	—	—

3. 关于建筑高度的计算方法，各规范是如何规定的？

关于建筑高度的计算方法各规范的规定不完全统一，结构规范大多算至结构面（板顶），而建筑规范大多算至最高点，而防火规范则要求算至屋面面层。

建筑高度的计算方法：

（1）《民用建筑设计术语标准》（GB/T 50504—2009）中指出：建筑高度指的是建筑物室外地面到建筑物屋面、檐口或女儿墙的高度。

（注：檐口指屋面与墙身的交界处；挑檐板平屋面的挑出尺寸一般为500mm。）

（2）《建筑抗震设计规范》（GB 50011—2010）中指出：多层砌体房屋和底部框架砌体房屋的总高度是指室外地面到主要屋面板板顶或檐口的高度；半地下室从地下室室内地面算起，全地下室和嵌固条件好的半地下室应允许从室外地面算起；对带阁楼的坡屋面应算到山尖墙的 1/2 高度处。多层和高层钢筋混凝土房屋、多层和高层钢结构房屋的高度是指室外地面到主要屋面板板顶的高度（不包括局部凸出屋顶部分）。

（3）《建筑设计防火规范》（GB 50016—2006）中指出：坡屋面时，应为建筑物室外设计地面到其檐口的高度；平屋面（包括有女儿墙的平屋面）从建筑物室外设计地面到其屋面面层的高度。

（4）《民用建筑设计通则》（GB 50352—2005）中指出：平屋顶应按建筑物室外地面至其屋面面层或女儿墙顶点的高度计算；坡屋面应按建筑物室外地面至屋檐和屋脊的平均高度计算。

4. 凸出屋面的屋顶凸出物，哪些可以不计入建筑高度内？

符合下列规定的屋顶凸出物可以不计入建筑高度：

（1）局部凸出屋面的楼梯间、电梯机房、水箱间等辅助用房占屋顶平面面积不超过 1/4 者；

（2）凸出屋面的通风道、烟囱、装饰构件、花架、通信设施等；

（3）空调冷却塔等设备。

5. 关于高层建筑起点高度（层数）的计算，各规范是如何规定的？

高层建筑起点高度的计算，各规范的规定也不尽相同。

（1）《民用建筑设计通则》（GB 50352—2005）规定如下：

1）住宅建筑按层数进行分类：1~3 层为低层建筑；4~6 层为多层建筑；7~9 层为中高层建筑；10 层及 10 层以上为高层建筑。

2）除住宅建筑以外的其他民用建筑高度不大于 24m 的为单层或多层建筑；高度大于 24m、层数在 2 层及 2 层以上的为高层建筑；建筑高度大于 24m，但层数只有一层时，为单层建筑。

3）建筑高度大于 100m 的民用建筑为超高层建筑。

（2）《建筑设计防火规范》（GB 50016—2006）中规定：

1）9 层及 9 层以下的居住建筑（包括设置商业服务网点的居住建筑）为多层居住建筑；

2）建筑高度小于或等于 24m、层数在 2 层及 2 层以上的公共建筑为多层公共建筑；

3）建筑高度大于 24m、层数只有 1 层的公共建筑为单层公共建筑。

(3)《高层民用建筑设计防火规范》(GB 50045—95) 2005年版中规定:

1) 10层及10层以上的居住建筑(包括首层设置商业服务网点的住宅)为高层建筑。

2) 建筑高度超过24m的公共建筑为高层建筑。

(4)《高层建筑混凝土结构技术规程》(JGJ 3—2010) 中指出:

该规范的术语中指出10层及10层以上或房屋高度大于24m的建筑物为高层建筑。

6. 在多层砌体结构房屋的层数和总高度限值中,既有高度又有层数,应如何区分?

《建筑抗震设计规范》(GB 50011—2010) 的规定如表6-1所示。

表6-1 房屋的层数和总高度限值(m)

房屋类别		最小抗震墙厚度(mm)	烈度和设计基本地震加速度										
			6		7				8				9
			0.05g		0.10g		0.15g		0.20g		0.30g		0.40g
			高度	层数	高度	层数	高度	层数	高度	层数	高度	层数	高度	层数
多层砌体房屋	普通砖	240	21	7	21	7	21	7	18	6	15	5	12	4
	多孔砖	240	21	7	21	7	18	6	18	6	15	5	9	3
	多孔砖	190	21	7	18	6	15	5	15	5	12	4	—	—
	小砌块	190	21	7	21	7	18	6	18	6	15	5	9	3
底部框架-抗震墙砌体房屋	普通砖、多孔砖	240	22	7	22	7	19	6	16	5	—	—	—	—
	多孔砖	190	22	7	19	6	16	5	13	4	—	—	—	—
	小砌块	190	22	7	22	7	19	6	16	5	—	—	—	—

注: 1. 房屋的总高度指室外地面到主要屋面板板顶或檐口的高度,半地下室从地下室室内地面算起,全地下室和嵌固条件好的半地下室应允许从室外地面算起;对带阁楼的坡屋面应算到山尖墙的1/2高度处;

2. 室内外高差大于0.60m时,房屋总高度应允许比表中的数据适当增加,但增加量应少于1m;

3. 乙类的多层砌体房屋仍按本地区设防烈度查表,其层数应减少一层且总高度应降低3m;不应采用底部框架——抗震墙砌体房屋。

4. 本表小砌块砌体房屋不包括钢筋混凝土小型空心砌块砌体房屋;

5. 表中所列"g"指设计基本地震加速度。以北京地区为例:抗震设防烈度为8度,设计基本地震加速度值为0.20g的有东城、西城、朝阳、丰台、石景山、海淀、房山、通州、顺义、大兴、平谷和延庆;抗震设防烈度为7度,设计基本地震加速度值为0.15g的有昌平、门头沟、怀柔和密云;

6. 乙类房屋是重点设防类建筑,指地震时使用功能不能中断或需要尽快恢复的生命线相关建筑,以及地震时可能导致大量人员伤亡等重大灾害后果,需要提高设防标准的建筑,简称"乙类"。

以 240mm 烧结普通砖、8 度设防、设计基本地震加速度为 0.20g 为例，上表中所列 18m 的高度适用于公共建筑；6 层适用于居住建筑。

《建筑抗震设计规范》（GB 50011—2010）还规定：烧结普通砖、多孔砖和小砌块等多层砌体承重的房屋，其层高不应超过 3.6m；底部框架－抗震墙房屋的底部，层高不应超过 4.5m；当底层采用约束砌体抗震墙时，底部的层高不应超过 4.2m。

注：当使用功能确有需要时，采用约束砌体等加强措施的普通砖房屋，层高不应超过 3.9m。

抗震设防烈度与设计基本地震加速度的对应关系见表 6-2。

表 6-2　抗震设防烈度和设计基本地震加速度值的对应关系

抗震设防烈度	6	7	8	9
设计基本地震加速度值	0.05g	0.10 (0.15) g	0.20 (0.30) g	0.40g

7. 钢筋混凝土结构的抗震等级是如何划分的？

这种结构的竖向承重构件和水平承重构件均采用钢筋混凝土制作，施工时可以在现场浇筑或在加工厂预制、现场进行吊装。这种结构可以用于多层建筑和高层建筑中。《建筑抗震设计规范》（GB 50011—2010）中规定了现浇钢筋混凝土结构的允许建造高度及抗震等级，分别见表 7-1、表 7-2。

表 7-1　现浇钢筋混凝土房屋适用的最大高度（m）

结构类型	烈　度				
	6	7	8 (0.20g)	8 (0.30g)	9
框架	60	55	45	40	25
框架－抗震墙	130	120	100	80	50
抗震墙	140	120	100	80	60
部分框支抗震墙	120	100	80	50	不应采用
框架－核心筒	150	130	100	90	70
筒中筒	180	150	120	100	80
板柱－抗震墙	80	70	55	40	不应采用

注：1. 房屋高度指室外地面到主要屋面板板顶的高度（不包括局部凸出屋顶部分）；
2. 框架－核心筒结构指周边稀柱框架与核心筒组成的结构；
3. 部分框支抗震墙结构指首层或底部两层为框支层的结构，不包括仅个别框支墙的情况；
4. 表中框架结构，不包括异形柱结构；
5. 板柱－抗震墙结构指板柱、框架和抗震墙组成的抗侧力体系的结构；
6. 乙类建筑可按本地区抗震设防烈度确定其适用的最大高度；
7. 超过表内高度的房屋，应进行专门研究和论证，采取有效的加强措施。

表7-2 丙类建筑现浇钢筋混凝土房屋的抗震等级

结构类型		设防烈度						
		6		7		8		9
框架结构	高度（m）	≤24	>24	≤24	>24	≤24	>24	≤24
	框架	四	三	三	二	二	一	一
	大跨度框架	三		二		一		—
框架-抗震墙结构	高度（m）	≤60	>60	<24, 25~60, >60		<24, 25~60, >60		≤24, 25~50
	框架	四	三	四, 三, 二		三, 二, 一		二, 一
	抗震墙	三	三	三, 二		二, 一		一
抗震墙结构	高度（m）	≤80	>80	<24, 25~80, >80		<24, 25~80, >80		≤24, 25~60
	抗震墙	四	三	四, 三, 二		三, 二, 一		二, 一
部分框支抗震墙结构	高度（m）	≤80	>80	<24, 25~80, >80		<24, 25~80		—
	抗震墙 一般部位	四	三	四, 三, 二		三, 二		—
	抗震墙 加强部位	三	二	三, 二, 一		二, 一		—
	框支层框架	二		二		一		—
框架核心筒结构	框架	三		二		一		一
	核心筒	二		二		一		一
筒中筒结构	外筒	三		二		一		一
	内筒	三		二		一		一
板柱抗震墙结构	高度（m）	≤35	>35	≤35	>35	≤35	35	不应采用
	框架、板柱的柱	三	二	二	二	一	一	
	抗震墙	二	二	二	一	二	一	

注：1. 建筑场地为Ⅰ类时，除6度外应允许按表内降低一度所对应的抗震等级采取抗震构造措施，但相应的计算要求不应降低；
2. 接近或等于高度分界时，应允许结合房屋不规则程度及场地、地基条件确定抗震等级；
3. 大跨度框架指跨度不小于18m的框架；
4. 高度不超过60m的核心筒-外框结构，满足框架-抗震墙结构的有关要求时，应允许按框架-抗震墙结构确定其抗震等级；
5. 丙类建筑为一般性建筑。

现浇钢筋混凝土房屋的抗震等级与建筑物的设防类别、烈度、结构类型和房屋高度有关，丙类建筑的抗震等级见表7-2。

8. 建筑面积如何计算，应从哪里开始计算？

《民用建筑设计术语标准》（GB/T 50504—2009）中指出：建筑面积指建筑物（包括墙体）所形成的楼地面面积。建筑面积由公共交通面积、结构面积和使用面积三部分组成。

《建筑工程建筑面积计算规范》（GB/T 50353—2005）中详细规定了建筑面积计算细则，下面是重点内容的摘抄：

（1）单层建筑物的面积，应按其外墙勒脚以上结构外围水平面积计算，并应符合下列规定：

1）单层建筑物高度在2.20m及以上者应计算全面积；高度不足2.20m者应计算1/2面积。

2）利用坡屋顶内空间时，净高超过2.10m的部位应计算全面积；净高在1.20~2.10m之间的部位应计算1/2面积；净高不足1.20m的部位不应计算面积。

（2）多层建筑物首层应按其外墙勒脚以上结构外围水平面积计算；二层及二层以上楼层应按其外墙结构外围水平面积计算。层高在2.20m及以上者应计算全面积；层高不足2.20m者应计算1/2面积。

（3）地下室、半地下室（车间、商店、车站、车库、仓库等），包括相应的有永久性顶盖的出入口，应按其外墙上口（不包括采光井、外墙防潮层及其保护墙）外边线所围水平面积计算。层高在2.20m及以上者应计算全面积；层高不足2.20m者应计算1/2面积。

（4）建筑的门厅、大厅按一层计算建筑面积。门厅、大厅内部设有回廊时，应按其结构底板水平面积计算。层高在2.20m及以上者应计算全面积；层高不足2.20m者应计算1/2面积。

（5）建筑物顶部有围护结构的楼梯间、水箱间、电梯机房等，层高在2.20m及以上者应计算全面积；层高不足2.20m者应计算1/2面积。

（6）建筑物内的室内楼梯间、电梯井、观光电梯井、提物井、管道井、通风排烟竖井、垃圾道、附墙烟囱应按建筑的自然层计算。

（7）有永久性顶盖的室外楼梯，应按建筑物自然层的水平投影面积的1/2计算。

（8）建筑物的阳台均应按其水平投影面积的1/2计算。

（9）以幕墙作为围护结构的建筑物，应按幕墙外边线计算建筑面积。

（10）建筑物外墙外侧有保温隔热层的，应按保温隔热层的外边线计算建筑面积。

（11）建筑物内的变形缝，应按其自然层合并在建筑物面积内计算。

9. 建筑物中的哪些部分可以不计入建筑面积？

《建筑工程建筑面积计算规范》（GB/T 50353—2005）中规定：建筑物中

的以下部分可以不计入建筑面积，它们分别是：

（1）建筑物通道（骑楼、过街楼的底层）；

（2）建筑物内的设备管道夹层；

（3）建筑物内分隔的单层房间，舞台及后台悬挂幕布、布景的天桥、挑台等；

（4）屋顶水箱、花架、凉棚、露台、露天游泳池；

（5）建筑物内的操作平台、上料平台、安装箱和罐体的平台；

（6）勒脚、附墙柱、垛、台阶、墙面抹灰、装饰面、镶贴块料面层、装饰性幕墙、空调室外机搁板（箱）、飘窗、构件、配件、宽度在2.10m及以内的雨篷以及与建筑物内部不连通的装饰性阳台、挑廊；

（7）无永久性顶盖的架空走廊、室外楼梯和用于检修、消防等的室外钢梯、爬梯；

（8）自动扶梯、自动人行道；

（9）独立烟囱、烟道、地沟、油（水）罐、气柜、水塔、贮油（水）池、贮仓、栈桥、地下人防通道、地铁隧道。

10. 什么叫"商住楼"？它有什么特点？

《民用建筑设计术语标准》（GB/T 50504—2009）中指出：商住楼是下部商业用房与上部住宅组成的建筑。

《高层民用建筑设计防火规范》（GB 50045—95）2005年版中指出：商住楼是底部商业营业厅与住宅组成的高层建筑。

《建筑抗震设计规范》（GB 50011—2010）中指出：商住楼的结构形式是底部采用框架结构、上部采用抗震墙结构，简称"部分框支－抗震墙"结构。

"部分框支－抗震墙"结构的"框架"部分一般为2~3层，"抗震墙"部分以建筑总高度控制层数，多在20层左右。多层建筑在8度、$0.20g$时可以建造19m（相当于6层），高层建筑在8度时可以建造80m；但在设计基本地震加速度达到$0.30g$时，则不宜采用这种结构。

商住楼的底部大多用于商业用房，采用的是大开间做法；而上部用于居住用房，采用的是小开间做法。两者的结合是商住楼的关键。一般采取以下做法进行上下衔接：

（1）在结构方面应加大框架部分的梁、柱截面尺寸，用以承担上部荷载；

（2）在建筑方面由于上下部分功能的不同，常在框架与抗震墙的交接部位设置过渡层，以解决上下水管的转向问题。若设置过渡层有困难也可以采用加大框架部分最上层的层高来解决；

(3) 在防火方面应单独进行疏散，不能共用出入口、楼梯间和电梯间。

二、基础与地下室

11. 基础埋深如何计算？

基础埋深是从室外设计地坪至基础底皮的垂直距离。

无筋扩展基础的基础底皮指的是灰土、混凝土、三合土的底皮（即土层上皮）；

扩展基础（钢筋混凝土基础），应算至垫层上皮（垫层不计入埋深尺寸内）。《混凝土结构设计规范》（GB 50010—2010）中规定：钢筋混凝土基础宜设置混凝土垫层，基础中钢筋的混凝土保护层厚度应从垫层顶面算起，且不应小于40mm。垫层的作用主要是找平，为摆放钢筋提供方便。

12. 基础埋深与地上建筑高度是什么关系？

基础埋深与地上建筑高度的关系是：

(1) 多层建筑物的基础埋深约为地上建筑高度的1/10左右；

(2) 高层建筑在天然地基上的箱形、筏形基础的埋深不宜小于建筑高度的1/15。

(3) 高层建筑的桩箱基础（桩支承的箱形基础）、桩筏（桩支承的筏形基础）基础的埋深不宜小于建筑高度的1/18~1/20。

13. 无筋扩展基础中，砖和灰土为什么能组合在一起形成灰土砖基础？

(1) 无筋扩展基础是不加钢筋的基础，共有灰土基础、普通砖基础、毛石基础、三合土基础、混凝土基础、毛石混凝土基础六种类型，这些基础中的压力和拉力均由材料自身承担。为解决基础中压力的分布，必须在这些基础的底部采取扩展措施。不同基础的扩展角度（台阶宽高比）是不同的，混凝土是45°（台阶高宽比是1:1）、普通砖基础是33°（台阶高宽比是1:1.5）等。

(2) 砖和灰土能组合在一起形成灰土砖基础的主要原因是其扩展角度均为33°（台阶高宽比是1:1.5）。为节省砖的用量，在其底部用灰土来替代。灰土的厚度多用300mm（俗称两步灰土）、450mm（俗称三步灰土）两种。其中300mm用于4层及4层以下的砌体结构建筑中；450mm则用于5、6层的砌体结构建筑中。（见图13）

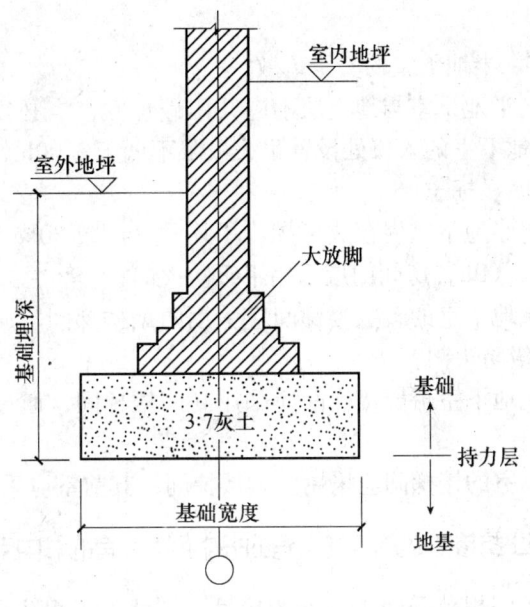

图 13 灰土砖基础构造图

14. 在地下室、半地下室的防火设计中,哪些问题是重点?

(1) 地下室、半地下室的界定

《民用建筑设计通则》(GB 50352—2005)中规定:

1) 地下室指的是地下室地平面低于室外地坪的高度超过该房间净高的 1/2 者;

2) 半地下室指的是地下室地平面低于室外地坪的高度超过该房间净高的 1/3,且不超过 1/2 者。

(2) 地下室、半地下室的防火要求

地下室、半地下室的防火等级:

1) 高层建筑地下室、半地下室的耐火等级应为一级;

2) 多层建筑地下室、半地下室的耐火等级应为一级;重要公共建筑的耐火等级不低于二级;

3) 地下汽车库的耐火等级应为一级。

(3) 地下室、半地下室的防火分区

1) 地下室、半地下室的防火分区面积为 $500m^2$。当设置自动灭火系统时,其面积可增加 1.0 倍,局部设置时,局部面积增加 1.0 倍;

2) 高层建筑的商场营业厅、展览厅等,当设有火灾自动报警系统时,且采用不燃烧材料或难燃烧材料进行装修时,地下部分防火分区的最大建筑面积为2000m²。

(4) 地下室、半地下室的安全疏散

1) 地下室、半地下室与地上层不应共用楼梯间，当必须共用时，应在首层与地下室、半地下室的入口处设置耐火极限不低于2.00h的隔墙和乙级防火门隔开，并应有明显标志；

2) 地下室、半地下室内存放可燃物平均重量超过30kg/m²的隔墙，其耐火极限不应低于2.00h，房间门应采用甲级防火门；

3) 高层建筑地下室的疏散楼梯间应采用防烟楼梯间。通向楼梯间及前室的门均应采用乙级防火门；

4) 多层建筑地下室疏散楼梯间应采用封闭楼梯间，通过楼梯间的门应采用乙级防火门；

5) 防空地下室的楼梯间应采用防烟楼梯间，其前室应采用甲级防火门。

15. 关于防水混凝土抗渗等级的表述，有的书中用S，有的书中用P，到底哪个对？

两个都对，不同规范采用了不同的代号。《地下工程防水技术规范》（GB 50108—2001）曾用的是S，修改后的《地下工程防水技术规范》（GB 50108—2008）则已改用P，如工程埋置深度<10m时，抗渗等级是P6；《混凝土质量控制标准》（GB 50164—92）和《人民防空地下室设计规范》（GB 50038—2005）中均用的是P。

防水混凝土抗渗等级中P6（S6）的单位是MPa（N/mm²）。

防水混凝土抗渗等级的大小是由埋置深度决定的。

16. 地下工程防水中防水混凝土施工缝的构造要点是什么？

《地下工程防水技术规范》（GB 50108—2008）中指出，防水混凝土施工缝的构造要点是：

(1) 一般规定：防水混凝土应连续浇筑，宜少留施工缝，当必须留施工缝时，应遵守下列规定。

1) 墙体水平施工缝不应留在剪力与弯矩最大处或板底与侧墙的交接部位，应留在高出底板表面不小于300mm的墙体上；拱（板）结合的水平施工缝宜留在拱（板）处接缝线下150～300mm处。墙体有预留孔洞时，施工缝应留在距孔洞边不小于300mm处；

2) 垂直施工缝应避开地下水和裂隙较多的地段，并宜与变形缝相结合。

(2) 施工缝的防水构造

地下工程防水中防水混凝土施工缝的构造有以下4种做法：

1) 采用中埋式止水带（图16-1）；

2）采用外贴式止水带（图16-2）；

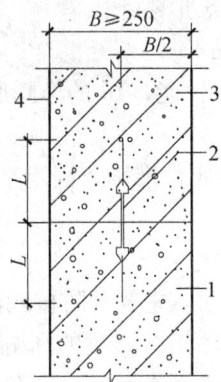

图16-1 中埋式止水带
钢板止水带 $L \geq 150$；橡胶止水带 $L \geq 200$；
钢边橡胶止水带 $L \geq 200$；
1—先浇混凝土；2—中埋止水带；
3—后浇混凝土；4—结构迎水面

图16-2 外贴式止水带
外贴止水带 $L \geq 150$；外涂防水涂料 $L \geq 200$；
外抹防水砂浆 $L = 120$；
1—先浇混凝土；2—外贴止水带；
3—后浇混凝土；4—结构迎水面

3）采用遇水膨胀止水条（图16-3）；
4）采用预埋式注浆管（图16-4）。

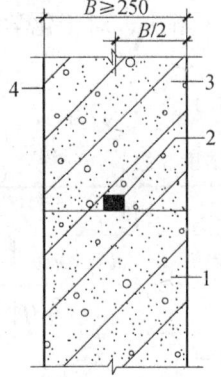

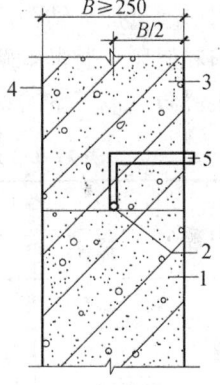

图16-3 遇水膨胀止水条
1—先浇混凝土；2—遇水膨胀止水条（胶）；
3—后浇混凝土；4—结构迎水面

图16-4 预埋式注浆管
1—先浇混凝土；2—预埋注浆管；
3—后浇混凝土；4—结构迎水面；5—注浆导管

（3）施工缝的施工要点

1）水平施工缝在浇筑混凝土前，应将表面浮浆和杂物清除，然后铺设净浆或涂刷混凝土界面处理剂、水泥基渗透结晶型防水涂料等材料，再铺30~50mm厚的1:1水泥砂浆，并及时浇筑混凝土。

2）垂直施工缝浇筑混凝土前，应将其表面清理干净，并涂刷混凝土界面处理剂或水泥基渗透结晶型防水涂料，并应及时浇筑混凝土。

3）遇水膨胀止水条（胶）应与接缝表面密贴。

4）选用的遇水膨胀止水条（胶）应具有膨胀性能，7d 的净膨胀率不宜大于最终膨胀率的 60%，最终膨胀率宜大于 220%。

5）采用中埋式止水带或预埋式注浆管时，应定位准确、固定牢靠。

17. 人民防空地下室是如何分级的？

人民防空地下室用于预防现代战争对人员的杀害。主要预防核武器、常规武器、化学武器、生物武器以及次生灾害和由上部建筑倒塌所产生的倒塌荷载。

人民防空地下室按其重要性分为甲类（以预防核武器为主）和乙类（以预防常规武器为主）。建造方式有复建式（建造在建筑物的下部）和异地修建式两种。

《人民防空地下室设计规范》（GB 50038—2005）中对防空地下室的抗力级别进行了如下规定：

甲类：共分为 5 个级别，即 4 级（核 4 级）、4B 级（核 4B 级）、5 级（核 5 级）、6 级（核 6 级）、6B 级（核 6B 级）；

乙类：共分为 2 个级别，即 5 级（常 5 级）、6 级（常 6 级）。

对于预防核武器产生的冲击波和倒塌荷载主要通过加大结构厚度来解决；对于核辐射应通过加大结构厚度及相应的密闭措施来解决；对于化学毒气应通过密闭措施和通风、滤毒来解决。

用于人民防空地下室的材料、强度等级见表 17-1。

表 17-1 人民防空地下室的材料与强度等级

构件类别	混凝土		砌体			
	现浇	预制	砖	料石	混凝土砌块	砂浆
基础	C25	—	—	—	—	—
梁、楼板	C25	C25	—	—	—	—
柱	C30	C30	—	—	—	—
内墙	C25	C25	MU10	MU30	MU15	MU5
外墙	C25	C25	MU15	MU30	MU15	MU7.5

注：1. 防空地下室结构不得采用硅酸盐砖和硅酸盐砌块；
2. 严寒地区、饱和土中砖的强度等级不应低于 MU20；
3. 装配填缝砂浆的强度等级不应低于 M10；
4. 防水混凝土基础底板的混凝土垫层，其强度等级不应低于 C25。

用于人民防空地下室的构件厚度见表17-2。

表17-2 人民防空地下室的构件厚度

构件类别	材料种类			
	钢筋混凝土	砖砌体	料石砌体	混凝土砌块
顶板、中间楼板	200	—	—	—
承重外墙	250	490（370）	300	250
承重内墙	200	370（240）	300	250
临空墙	250	—	—	—
防护密闭门门框墙	300	—	—	—
密闭门门框墙	300	—	—	—

注：1. 表中最小厚度不包括甲类防空地下室防早期核辐射对结构厚度的要求；
    2. 表中顶板、中间楼板最小厚度系指实心楼面，如为密肋板，其实心截面不宜小于100mm；如为现浇空心板，其板顶厚度不宜小于100mm，且其折合厚度均不应小于200mm；
    3. 砖砌体项括号内最小厚度适用于乙类防空地下室和核6级、核6B级甲类防空地下室；
    4. 砖砌体包括烧结普通砖、烧结多孔砖以及非黏土砖砌体。

18. 地下工程防水设计中会遇到哪些缝隙？应如何处理？

地下工程防水设计中会遇到的缝隙有伸缩缝和沉降缝。两种缝隙均应满足密封防水、适应变形、施工方便、容易检修等要求。

用于伸缩的变形缝宜不设或少设，可根据不同的工程类别及工程地质情况采用诱导缝、加强带、后浇带等替代措施。

诱导缝是通过减少钢筋对混凝土的约束等方法，在混凝土结构中设置的容易产生开裂部位的缝隙；加强带是在原留设伸缩缝或后浇带的部位，留出一定宽度，采用膨胀率大的混凝土与相邻混凝土同时浇筑的部位；后浇带是混凝土施工时预留出一定宽度暂时不浇，待结构封顶后再补浇的预留带。

沉降缝的具体做法是：最大沉降量为30mm，缝宽为20~30mm，缝中应设中埋式止水带，并用填缝材料将缝填实。附加防水层可以采用外贴防水层、遇水膨胀止水条、预埋钢板等做法。

19. "后浇带"有什么构造特点？

后浇带是替代地下工程中变形缝的措施之一，主要替代伸缩缝，除用于高层建筑的主体外，还经常用于高层建筑主体与裙房的连接部位。《地下工程防水技术规范》（GB 50108—2008）中指出后浇带的构造特点是：

（1）后浇带应设在受力和变形较小的部位，间距宜为30~60m，宽度宜为700~1000mm；

(2) 后浇带可以做成平直缝，结构主筋不宜在缝中断开，如必须断开，则主筋搭接长度应大于 45 倍主筋直径，并应按设计要求增加附加钢筋。

(3) 后浇带需超前止水时，后浇带部位混凝土应局部加厚，并增设外贴式或中埋式止水带。

(4) 后浇带的施工应符合下列规定：

1) 后浇带应在其两侧混凝土龄期达到 42d 后再施工，但高层建筑的后浇带应在结构顶板浇筑 14d 后进行；

2) 后浇带混凝土施工前，后浇带部位和外贴式止水带应予以保护，严防落入杂物和损伤外贴式止水带；

3) 后浇带应采用补偿收缩混凝土浇筑，其强度等级不应低于两侧混凝土；

4) 后浇带混凝土的养护时间不得少于 28d。

20. 地下工程防水中的防水方案应如何确定？

《地下工程防水技术规范》（GB 50108—2008）中指出，地下工程防水方案的选择应注意以下几点：

(1) 地下工程必须进行防水设计，防水设计应定级准确、方案可靠、施工简便、经久耐用、经济合理；

(2) 地下工程防水方案应根据工程规划、结构设计、材料选择、结构耐久性和施工工艺等确定；

(3) 地下工程的防水设计，应考虑地表水、地下水、毛细管水等的作用，以及由于人为因素引起的附近水文地质改变的影响确定。单建式的地下工程，应采用全封闭、部分封闭防排水设计；附建式的全地下或半地下工程的防水设防高度，应高出室外地坪高程 500mm 以上；

(4) 地下工程迎水面主体结构应采用防水混凝土，并根据防水等级的要求采用其他防水措施；

(5) 地下工程的变形缝（诱导缝）、施工缝、后浇带、穿墙管（盒）、预埋件、预留通道接头、桩头等细部构造，应加强防水措施；

(6) 地下工程的排水管沟、地漏、出入口、窗井、风井等，应采取防倒灌措施，寒冷及严寒地区的排水沟应采取防冻措施。

(7) 地下工程的防水设计应包括以下内容：

1) 防水等级和设防要求；

2) 防水混凝土的抗渗等级和其他技术指标、质量保证措施；

3) 其他防水层选用的材料及其技术指标、质量保证措施；

4) 工程细部构造的防水措施，选用的材料及其技术指标、质量保证措施；

5) 工程的防排水系统，地面挡水、截水系统及工程各种洞口的防倒灌措施。

上述中"地下工程迎水面主体结构应采用防水混凝土，并根据防水等级的要求采用其他防水措施"是地下工程防水的具体原则。

采用防水混凝土应选对抗渗等级并注意其设计要点及施工注意事项。

其他防水措施是指在防水混凝土结构的外侧（迎水面）铺贴1～2层防水卷材，并对防水卷材采取相应的保护措施。用于地下工程的防水卷材有高分子防水卷材（三元乙丙-丁基橡胶防水卷材、氯化聚乙烯-橡胶共混防水卷材）、高聚物改性沥青防水卷材（APP塑性卷材和SBS弹性卷材）。保护措施有砖墙保护、水泥砂浆保护和聚苯乙烯泡沫塑料板保护3种做法，"砖墙保护"做法是在卷材外侧砌筑120mm普通砖墙的做法；"水泥砂浆保护"是在卷材外侧抹20mm水泥砂浆的做法；"聚苯乙烯泡沫塑料板保护"（又称为软保护）是在卷材外侧粘贴50mm聚苯乙烯塑料板的做法。

（8）主要构造层次

1）地下室底板

由下而上的构造顺序为：

①夯实土层；

②垫层：一般采用C15混凝土，厚度一般为100mm；

③找平层：一般采用1:3水泥砂浆，厚度一般为20mm；

④防水层：一般铺设1～2层卷材防水；

⑤隔离层：一般根据防水材料或具体工程的不同要求而增设；

⑥保护层：一般选用20mm厚1:2.5水泥砂浆

⑦地下室结构底板：一般采用不小于250mm的现浇防水混凝土，最低抗渗等级P6；

⑧地面饰面层。

2）地下室侧墙

由内而外的构造顺序为：

①内墙饰面层；

②地下室外墙结构主体：一般采用不小于250mm的现浇防水混凝土，最低抗渗等级P6；

③找平层：一般采用1:3水泥砂浆，厚度一般为20mm；

④防水层：一般铺设1～2层卷材防水；

⑤隔离层：一般根据防水材料或具体工程的不同要求而增设；

⑥保护层：可以选用以下三种做法之一：

a. 120mm厚实心砌体（硬保护）；

b. 50mm厚聚苯乙烯泡沫塑料（软保护）；

c. 20mm厚1:2.5水泥砂浆。

⑦回填土层：底部宽度为500mm的2:8灰土或素黏土分层夯实。

3）单独建造的地下室顶板

由内而外的构造顺序为：

①顶板下部饰面层；

②结构主体：一般采用不小于250mm的现浇防水混凝土，最低抗渗等级P6；

③保温层：应采用密度小、压缩强度大、吸水率低的板状材料，不得采用散状绝热材料（有些气候区，当覆土具有相应厚度时，经热工计算核实后，保温层可不设）；

④找平层（或兼做找坡层）：一般采用1:3水泥砂浆，厚度一般为20mm；坡度为1%~2%；

⑤防水层：一般铺设2层卷材防水，并应有一层耐根穿刺防水材料。耐根穿刺防水层应铺设在普通防水层的上面（顶板上部做种植时，需根据设计增加过滤层，排、蓄水层）；

⑥隔离层：一般根据防水材料或具体工程的不同要求而增设；

⑦保护层：一般采用水泥砂浆，厚度一般为20mm；

⑧室外工程：做法包括覆土、各种场地和路面材料或种植草坪、花卉等。

图20是软保护的构造做法。

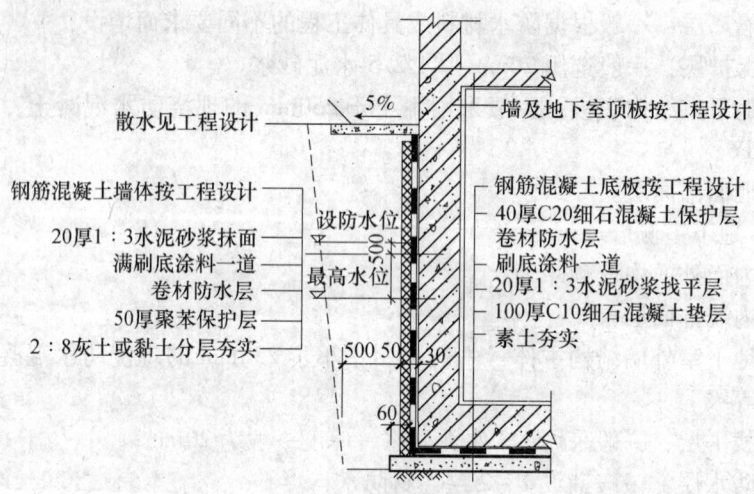

图20 软保护的构造做法

21. 什么叫"膨润土防水层"？它有什么特点？

《地下工程防水技术措施》（GB 50108—2008）中指出：地下工程主体结

构防水可以选择以下七种材料中的任何一种来解决。它们是：防水混凝土、水泥砂浆、防水卷材、防水涂料、塑料防水板、金属防水板及膨润土防水材料。

（1）膨润土的概念

膨润土的矿物学名称为蒙脱石，天然的膨润土按化学成分主要分为钠基和钙基两大类。膨润土具有遇水膨胀的特性，一般钙基膨润土膨胀时，其膨胀仅为自身体积的3倍左右，而钠基膨润土遇水时吸附自身重量5倍的水，体积膨胀到原来的15~17倍以上。将钠基膨润土锁在两层土工合成材料中间，叫膨润土防水毯（GCL）。合成材料起保护和加固的作用，使膨润土防水毯（GCL）具有一定的整体抗剪强度。

（2）膨润土的特点

1）密实性好：钠基膨润土在水压状态下形成高密度横隔膜，厚度约3mm时，它的透水性很小（仅为10^{-11}m/s），相当于100倍的300mm厚度黏土的密实度，具有很强的自保水性能。

2）防水性能持久：因为钠基膨润土系天然无机材料，即使经过很长时间或周围环境发生变化，也不会发生老化或腐蚀现象，其耐久性优于有机防水材料，因此防水性能持久。即使在寒冷气候条件下膨润土也不会脆断。

3）施工方便、工期短：和其他防水材料比较，膨润土的施工相对比较简单，不需要加热和粘贴，只需用膨润土粉末和钉子、垫圈等进行连接和固定。施工后不需要特别的检查，如果发现防水缺陷也容易维修。膨润土防水毯（GCL）是现有防水材料中施工工期最短的。

4）防水材料和结构材料的一体化：钠基膨润土遇水时，具有15~17倍的膨胀能力，即使混凝土结构物发生振动和沉降，膨润土防水毯（GCL）内的膨润土也能修补2mm以内混凝土表面的裂纹。

5）绿色环保：膨润土为天然无机材料，对人体无害无毒，对环境没有特别的影响，具有良好的环保性能。

（3）膨润土的产品特点

1）性能价格比高：膨润土用途非常广泛，膨润土防水毯（GCL）的幅度可达6米，大大提高了施工效率。

2）适用范围及应用条件：膨润土防水材料适用于市政（包括垃圾填埋）、水利、环保、人工湖及建筑地下工程防水和防渗漏工程。

3）施工方便：在传统的防水材料无法施工的负温度下（-20℃），膨润土仍可进行施工；在潮湿的基层（无明水）上也可进行施工。

4）缺点：膨润土及膨润土防水毯（GCL）在雨雪天气下不能施工；膨润

土不适合于强酸、强碱性溶液的防渗漏。

(4) 材料选择

1) 膨润土防水材料中的膨润土颗粒应选用钠基膨润土，不应选用钙基膨润土。

2) 膨润土防水毯非织布外表面宜附加一层高密度聚乙烯膜。

3) 膨润土防水毯的织布层和非织布层之间应连接紧密、牢固，膨润土颗粒应分布均匀。

4) 膨润土防水板的膨润土颗粒应分布均匀、粘贴牢固，基材应采用厚度为0.6~1.0mm的高密度聚乙烯片材。

(5) 设计的一般规定

1) 膨润土防水材料包括膨润土防水毯和膨润土防水板两大类。通过机械固定法铺设。

2) 膨润土防水材料防水层应用于pH值为4~10的地下环境，含盐量较高的地下环境应采用改性处理的膨润土。

3) 膨润土防水材料防水层应用于地下工程主体结构的迎水面，防水层两侧应具有一定的夹持力；

4) 铺设膨润土防水材料防水层的基层混凝土强度等级不得小于C15，水泥砂浆的强度等级不得低于M7.5。

5) 阴、阳角部位应做成直径不小于30mm的圆弧或30mm×30mm的坡角。

6) 变形缝、后浇带等接缝部位应设置宽度不小于500mm的加强层，加强层应设置在防水层与结构外表面之间。

7) 穿墙管件部位宜采用膨润土橡胶止水条、膨润土密封膏或膨润土进行加强处理。

(6) 施工的基本要求

1) 基层应坚实、清洁，不得有明水和积水，平整度应满足基本要求。

2) 膨润土防水材料应采用水泥钉和垫片固定。立面和斜面上固定间距宜为400~500mm，平面上应在搭接缝处固定。

3) 膨润土防水毯的织布面应与结构外表面或底板垫层混凝土密贴；膨润土防水板的膨润土面应与结构外表面或底板垫层密贴。

4) 膨润土防水材料应采用搭接法连接，搭接宽度应大于100mm。搭接部位的固定位置距搭接边缘25~30mm，搭接处应涂膨润土密封膏。平面搭接处可干撒膨润土颗粒，用量宜为0.3~0.5kg/m。

5）立面和斜面铺设膨润土防水材料时，应上层压着下层，卷材与基层、卷材与卷材之间应密贴，并应平整无褶皱。

6）膨润土防水材料与其他防水材料过渡时，过渡搭接宽度应大于400mm，搭接范围内应涂抹膨润土密封膏或铺撒膨润土粉。

三、主体结构

22."砖混结构"为何应更名为"砌体结构"？

"砖混结构"、"混合结构"均属于习惯叫法，指的是竖向构件分别采用的是烧结砖、蒸压砖、混凝土砖、混凝土砌块等小型材料用砂浆砌筑而成，水平构件则采用的是钢筋混凝土楼板、屋面板的构造做法，《砌体结构设计规范》GB 50003—2001将上述做法叫"砌体结构"。

《砌体结构设计规范》（GB 50003—2001）中指出：砌体结构是由块体和砂浆砌筑而成的墙、柱作为建筑物主要受力构件的结构，是砖砌体、砌块砌体和石砌体的统称。

23. 用于砌体结构的材料有哪些，它们的强度等级有几种？

《砌体结构设计规范》（GB 50003—2001）中指出，砌体结构的材料和它们的强度等级有以下几种：

（1）烧结普通砖、烧结多孔砖。

1）烧结普通砖由黏土、页岩、煤矸石或粉煤灰为主要原料，经过焙烧而成的实心或孔洞率不大于规定值且外形尺寸符合规定的砖。

2）烧结多孔砖以黏土、页岩、煤矸石和粉煤灰为主要原料，经焙烧而成，孔洞率不小于25%，孔的尺寸小而数量多，主要用于称重部位的砖。

这些砖若使用黏土，其掺加量不得超过总量的25%。传统的纯黏土实心砖、纯黏土多孔砖早已被淘汰。烧结普通砖、烧结多孔砖的强度等级为MU30、MU25、MU20、MU15和MU10。用于砌体结构的最低强度等级为MU10。

（2）蒸压灰砂砖、蒸压粉煤灰砖。

1）蒸压灰砂砖以石灰和砂为主要原料，经坯料制备、压制成型、蒸压养护而成的实心砖。

2）蒸压粉煤灰砖以石灰和砂为主要原料，掺加适量石膏和集料，经坯料制备、压制成型、高压蒸汽养护而成的实心砖。

蒸压灰砂砖、蒸压粉煤灰砖的强度等级有MU25、MU20、MU15和MU10。用于砌体结构的最低强度等级为MU10。

（3）砌块：有混凝土小型空心砌块和轻骨料混凝土小型空心砌块两种。砌块的强度等级有 MU20、MU15、MU10、MU7.5 和 MU5。用于砌体结构的最低强度等级为 MU7.5。

（4）石材：石材的强度等级有 MU100、MU80、MU60、MU50、MU40、MU30 和 MU20。用于砌体结构的最低强度等级为 MU30。

（5）砌筑砂浆：砌筑砂浆用于地上部位时，应采用混合砂浆；用于地下部位时，应采用水泥砂浆。砌筑砂浆的强度等级有 M15、M10、M7.5、M5 和 M2.5。用于砌体结构的最低强度等级为 M5。砌块用砂浆的代号为 Mb，，蒸压灰砂砖用的砂浆代号 Ms。

24. 加气混凝土砌块或加气混凝土板材可以做承重墙吗？

《建筑材料术语标准》（JGJ/T 17—2008）中指出：加气混凝土是以硅质材料和钙质材料为主要原材料，掺加发气剂，经加水搅拌，由化学反应形成空隙，经浇筑成型、预养切割、蒸汽养护等工艺制成的多孔材料。

《蒸压加气混凝土建筑应用技术规程》（JGJ/T 17—2008）中指出：

（1）蒸压加气混凝土是以硅、钙为原材料，以铝粉（膏）为发气剂，经过蒸压养护而制成的产品，主要有砌块和板材。

（2）蒸压加气混凝土砌块可用作承重和非承重墙体或保温隔热材料。

（3）蒸压加气混凝土配筋板材可做成屋面板、外墙板、隔墙板和楼板。

（4）加气混凝土砌块用于承重墙时强度等级不应低于 A5。

（5）蒸压加气混凝土砌块应采用专用砂浆砌筑，砂浆代号为 Ma。

（6）地震区加气混凝土砌块横墙承重房屋总层数和总高度见表 24-1。

表 24-1 加气混凝土砌块横墙承重房屋总层数和总高度

强度等级	抗震设防烈度		
	6	7	8
A5	5层（16m）	5层（16m）	4层（13m）
A7.5	6层（19m）	6层（19m）	5层（16m）

注：房屋承重砌块的最小厚度不宜小于 250mm。

（7）下列部位不得采用加气混凝土制品。

1）建筑物防潮层以下的外墙。

2）长期处于浸水和化学侵蚀环境。

3）承重制品表面温度经常处于 80℃ 以上的部位。

其他技术资料表明，蒸压加气混凝土砌块的密度级别与强度级别的关系见表 24-2。

表 24-2 蒸压加气混凝土砌块的密度级别与强度级别的关系

干体积密度级别		B03	B04	B05	B06	B07	B08
干体积密度（kg/m³）	优等品≤	300	400	500	600	700	800
	合格品≤	325	425	525	625	725	825
强度级别	优等品≥	A1.0	A2.0	A3.5	A5.0	A7.5	A10.0
	合格品≥			A2.5	A3.5	A5.0	A7.5

注：1. 用于非承重墙，宜以 B05 级、B06 级、A2.5 级、A3.5 级为主；
  2. 用于承重墙，宜以 A5.0 级为主；
  3. 作为砌体保温砌块材料使用时，宜采用低密度级别的产品，如 B03 级、B04 级。

25. 什么叫"预拌砂浆"？什么叫"干拌砂浆"？

（1）《预拌砂浆应用技术规程》（JGJ/T 223—2010）中的相关概念：

1）相关术语。

①预拌砂浆：专业生产厂生产的湿拌砂浆或干混砂浆。

②湿拌砂浆：水泥、细骨料、矿物掺合料、外加剂、添加剂和水，按一定比例，在搅拌站经计量、拌制后，运至使用地点，并在规定时间内使用的拌合物。

③干混砂浆：水泥、干燥骨料或粉料、添加剂以及根据性能确定的其他组分，按一定比例，在专业生产厂经计量、混合而成的混合物，在使用地点按规定比例加水或配套组分拌合使用。

2）预拌砂浆的种类。

预拌砂浆有水泥基砌筑砂浆、抹灰砂浆、地面砂浆、防水砂浆、界面砂浆和陶瓷砖粘结砂浆。

3）各种砂浆的基本要求。

①砌筑砂浆。

采用砌筑砂浆时，水平灰缝厚度宜为 10mm±2mm，并应对块材做如下处理：

  a. 砌筑烧结普通砖、烧结多孔砖、蒸压灰砂砖、蒸压粉煤灰砖砌体时，砖应提前浇水润湿，不应采用干砖或处于吸水饱和状态的砖。

  b. 砌筑普通混凝土小型空心砌块、混凝土多孔砖及混凝土空心砖砌体时，不宜对其浇水润湿；当天气干燥炎热时，宜在砌筑前对其喷水润湿。

  c. 砌筑轻骨料混凝土小型空心砌块时，应提前浇水湿润。砌筑时，砌体表面不应有明水。

d. 采用薄层（水平灰缝厚度不应大于5mm）砂浆施工法砌筑蒸压加气混凝土砌块砌体时，砌块不宜湿润。

②抹灰砂浆。

a. 外墙大面积抹灰时，应设置水平和垂直分格缝。水平分格缝的间距不宜大于6m，垂直分格缝宜按墙面面积设置，且不宜大于30m²。

b. 天气炎热时，应避免基层受日光直接照射。施工前，基层表面宜洒水润湿。

c. 不同材质基体交接处，应采取防止开裂的加强措施。当采用在抹灰前铺设加强网时，加强网与各基体的搭接宽度不应小于100mm。门窗口、墙阳角的加强护角应提前抹好。

d. 在混凝土、蒸压加气混凝土砌块、蒸压灰砂砖、蒸压粉煤灰砖等基体上抹灰时，应采用相配套的界面砂浆对基层进行处理。

e. 在混凝土小型空心砌块、混凝土多孔砖等基体上抹灰时，宜采用界面砂浆对基层进行处理。

f. 在烧结砖等吸水速度快的基体上抹灰时，应提前对基层浇水湿润。施工时，基层表面不应有明水。

g. 采用薄层砂浆施工法抹灰时，基层可不做界面处理。

h. 采用普通抹灰砂浆抹灰时，每遍涂抹厚度不宜大于10mm，厚度大于10mm时，应分层抹灰。采用薄层砂浆施工法抹灰时，宜一次成活，厚度不应大于5mm。

i. 当抹灰总厚度大于或等于35mm时，应采取加强措施。

j. 顶棚宜采用薄层抹灰砂浆找平，不应反复赶压。

③地面砂浆。

a. 地面砂浆的强度等级不应小于M15，面层砂浆的稠度宜为50mm±10mm。

b. 地面找平层和面层砂浆的厚度不应小于20mm。

c. 基层表面宜提前洒水湿润，施工时表面不得有明水。

d. 光滑基面宜采用相匹配的界面砂浆进行界面处理。

e. 踢脚线突出墙面厚度不应大于8mm。

f. 地面砂浆铺设时宜设置分格缝，分格缝间距不宜大于6m。

④防水砂浆。

a. 防水砂浆可采用抹压法、涂刮法施工，且宜分层涂抹。砂浆应压实、抹平。

b. 普通防水砂浆应采用多层抹压法施工，并应在前一层砂浆凝结后再涂抹后一层砂浆。砂浆总厚度宜为12~18mm。

c. 聚合物水泥防水砂浆的厚度，对墙面、室内防水层，厚度宜为3~6mm；对地下防水层，砂浆层单层厚度宜为6~8mm，双层厚度宜为10~12mm。

d. 屋面做砂浆防水层时，应设置分格缝，分格缝间距不宜大于6m，缝宽宜为20mm。

⑤界面砂浆。

a. 混凝土、蒸压加气混凝土、模塑聚苯板和挤塑聚苯板等表面应采用界面砂浆进行界面处理。

b. 界面砂浆可采用涂抹法、滚刷法及涂抹法进行施工。

c. 在混凝土、蒸压加气混凝土基层涂抹界面砂浆时，应涂抹均匀，厚度宜为2mm。

d. 在模塑聚苯板、挤塑聚苯板表面涂刷或喷涂界面砂浆时，应涂刷均匀，厚度宜为1~2mm。当预先在工厂滚刷或喷涂界面砂浆时，应待涂层固化后再进行下一道工序施工。

⑥陶瓷砖粘结砂浆。

a. 水泥基砂浆、混凝土等基层采用陶瓷砖饰面时，粘结砂浆的平均厚度不宜大于5mm。

b. 粘贴外墙饰面砖时应设置伸缩缝。伸缩缝应采用柔性材料嵌填。

c. 基层或基层的拉伸粘结强度不应小于0.4MPa。

d. 天气干燥、炎热时，施工前可向基层浇水湿润，但基层表面不得有明水。

(2)《干拌砂浆应用技术规程》(DBJ/T 01—73—2003)中的相关概念

1) 定义：由专业生产厂生产、把经干燥筛分处理的细集料与无机胶凝材料、矿物掺合料、其他外加剂，按一定比例混合成的一种粉状或颗粒状混合物。在施工现场按使用说明加水搅拌即成砂浆拌合物的叫干拌砂浆。干拌砂浆产品可以散状或袋装。

2) 干拌砂浆的分类。

①普通干拌砂浆：普通干拌砂浆有以下4种：DM—干拌砌筑砂浆；DPi—干拌内墙抹灰砂浆；DPe—干拌外墙抹灰砂浆；DS—干拌地面砂浆；DP—G粉刷石膏。

②特种干拌砂浆：特种干拌砂浆有以下3种：DTA—干拌瓷砖粘结砂浆；DEA—干拌聚苯板粘结砂浆；DBI—干拌外保温抹面砂浆；DB—界面剂。

3) 普通干拌砂浆强度等级与传统砂浆强度等级的对应关系

普通干拌砂浆强度等级与传统砂浆的强度等级的对应关系见表25。

表25 普通干拌砂浆强度等级与传统砂浆的对应关系

种类	强度等级	传统砂浆
砌筑砂浆（DM）	2.5	M2.5混合砂浆　M2.5水泥砂浆
	5.0	M5.0混合砂浆　M5.0水泥砂浆
	7.5	M7.5混合砂浆　M7.5水泥砂浆
	10.0	M10.0混合砂浆　M10.0水泥砂浆
	15.0	—
抹灰砂浆（DPi、DPe）	2.5	—
	5.0	1:1:6混合砂浆
	7.5	—
	10.0	1:1:4混合砂浆
地面砂浆（DS）	15.0	—
	20.0	1:2水泥砂浆
	25.0	—

26. 如何解决女儿墙的抗震构造问题？

女儿墙是墙身伸出屋面的一段矮墙，属于垂直悬臂构件，其高度与屋面是否上人有密切关系。当屋面为不上人时，其高度在800mm左右；当屋面为上人时，其高度一般为1200~1300mm。

女儿墙的抗震构造措施包括以下三个方面：

（1）保证基本厚度：女儿墙的厚度，对于混凝土小型空心砌块是200mm；对于烧结普通砖等块材是240mm，加气混凝土不应小于200mm。

（2）必须设置压顶：女儿墙的顶部应设置厚度不小于60mm的混凝土板，可以与墙面齐平或凸出墙面（一侧或两侧）60mm。压顶板内应配置钢筋网片，通常的配筋是纵向通长钢筋为3φ6，分布筋是φ6、间距为300mm。

（3）墙体内应加设构造柱：《砌体结构设计规范》（GB 50003—2001）中规定：女儿墙应设置构造柱，间距不应大于4m，构造柱应伸至女儿墙顶并与现浇钢筋混凝土压顶整浇在一起。构造柱的最小断面为200mm×200mm（或240mm×240mm），纵向通长钢筋为4φ10，箍筋是φ6、间距为250mm。

（4）《建筑抗震设计规范》（GB 50011—2010）中指出：砌体女儿墙在人流出入口和通道处应与主体结构锚固；非出入口无锚固女儿墙高度，6~8度时不宜超过500mm，9度时应有锚固。防震缝处女儿墙应留有足够的宽度，缝两侧的自由端应予以加强。

27. 什么叫"泰柏板"？应该如何使用"泰柏板"？

泰柏板是一种新型建筑材料，它选用强化钢丝焊接而成的三维笼为构架、阻燃EPS泡沫塑料芯材组成，是目前取代轻质墙体最理想的材料，是以阻燃聚苯乙烯泡沫塑料或岩棉板为板芯，两侧配以直径为2mm冷拔钢丝网片，钢丝网目50mm×50mm，腹丝斜插过芯板焊接而成。

泰柏板广泛应用于多层和高层工业与民用建筑的内隔墙、围护墙、保温复合外墙和双轻体系（轻型板材、轻型框架）的承重墙，亦可用于楼面、屋面、吊顶和新旧楼房加层、卫生间隔墙，并且可用于贴面装修等。

泰柏板具有较高节能、重量轻、强度高、防火、抗震、隔热、隔声、抗风化、耐腐蚀的优良性能，并有具有组合性强、易于搬运、适用面广、施工简便等特点。

图27为泰柏板隔墙构造图。

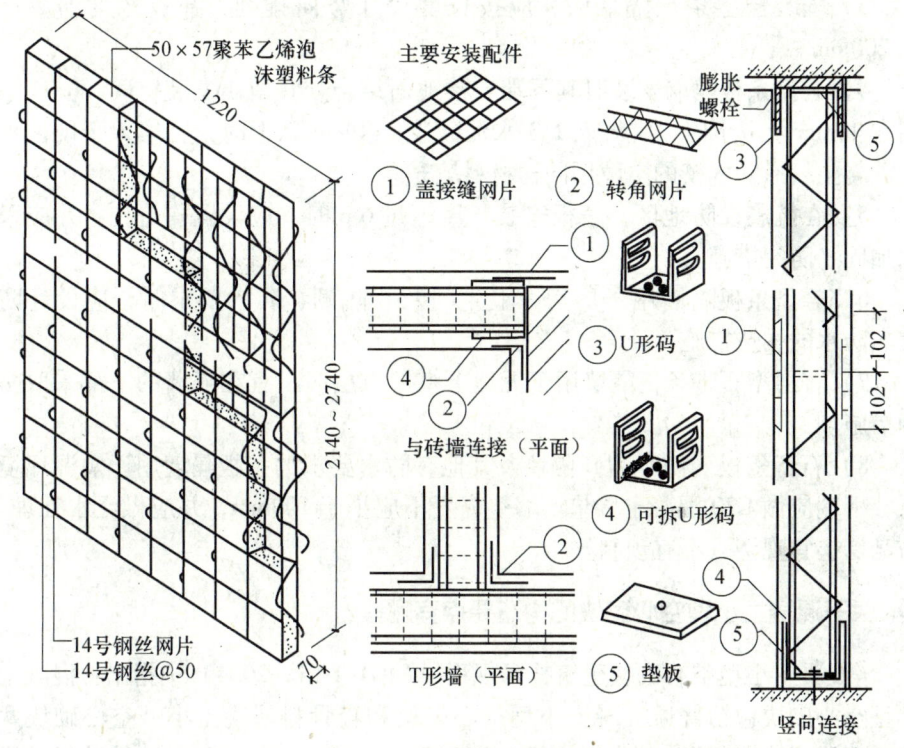

图27　泰柏板隔墙构造

28. 什么叫轻型条板隔墙？它有哪些规定？

《建筑轻型条板隔墙技术规程》（JGJ/T 157—2008）中规定：面密度不大于110kg/m²、长宽比不小于2.5、采用轻质材料或大孔洞轻型构造制作成的、用于非承重内隔墙的预制条板叫轻型条板隔墙。轻型条板隔墙包括空心条板、实心条板和复合夹芯条板三种。

(1) 轻型条板隔墙的规格。

轻型条板隔墙的标准尺寸：长度宜为2200~3500mm，宽度宜为100mm的倍数，厚度宜按10mm递增。

(2) 轻型条板隔墙的设计与构造。

1) 单层条板用作分户墙时，其厚度不应小于120mm；用作分室墙时，其厚度不应小于90mm；双层条板隔墙的单层厚度不宜小于60mm，间层宜为10~50mm，可作为空气层或填入吸声、保温等功能材料。

2) 轻型条板隔墙应满足以下隔声指标：分室墙35dB、分户墙45dB、隔声墙50dB。隔声墙宜选用空气隔声层或填充吸声材料。

3) 安装轻型条板隔墙时，应按长度尺寸竖向排列，补板宽度不应小于200mm。

4) 轻型条板隔墙安装时其下端与楼地面结合处宜留出安装空间。安装空间在40mm及以下时，宜填入1:3水泥砂浆；40mm以上时，宜填入干硬性细石混凝土。撤除木楔的空隙用同样材料填充。

5) 在抗震设防地区，条板安装长度超过6m时，应设置构造柱，并应采取加固、防裂措施。

6) 轻型条板隔墙用于厨房、卫生间及有防潮、防水要求时，应设计防潮、防水的构造措施。

7) 普通型石膏条板隔墙用于无地下室的首层时，宜在隔墙的下部采取防潮措施。

8) 石膏条板（防水型）隔墙及其他有防水要求的条板隔墙用于潮湿环境时，下端应做C20混凝土墙垫。墙垫高度不应小于100mm，并应做泛水处理。防潮墙垫宜现浇，不宜预制。

29. 关于混凝土小型空心砌块的构造要点有哪些？

《混凝土小型空心砌块建筑技术规程》（JGJ/T 14—2004）中指出：混凝土小型空心砌块包括普通混凝土小型空心砌块和轻骨料混凝土小型空心砌块两种，简称"小砌块"。基本规格尺寸为390mm×190mm×190mm。辅助规格尺寸为190mm×190mm×190mm和290mm×190mm×190mm两种。

(1) 材料强度等级

1) 混凝土小型空心砌块的强度等级：MU20、MU15、MU10、MU7.5、MU5。

2) 轻骨料混凝土小型空心砌块的强度等级：MU5、MU3.5。

3) 砌筑砂浆的强度等级：M15、M10、M7.5、M5。

4）灌孔混凝土的强度等级：Cb30、Cb25、Cb20。

（2）建筑设计

1）平面设计和竖向设计。

A. 平面及立面应做墙体排块设计，宜采用主规格砌块，减少辅助规格砌块。

B. 平面应简洁，体形不宜凹凸转折过多。小砌块住宅的体形系数不宜大于0.3。

C. 立面设计宜利用装饰砌块凸出小砌块建筑的特色。

2）防水设计。

A. 在多雨地区，单排孔小砌块墙体应做双面粉刷，勒脚应采用水泥砂浆粉刷。

B. 对伸出墙外的雨篷、开敞式阳台、室外空调机搁板、窗套、外楼梯根部及水平装饰线脚等处，均应采用有效的防水措施。

C. 室外散水坡顶面以上和室内地面以下，宜设置防潮层。

D. 卫生间等有防水要求的房间，四周墙下应灌实一皮砌块，或设置高度为200mm的现浇混凝土带。内墙粉刷应采用有效的防水措施。

E. 处于环境潮湿的小砌块墙体，墙面应采用水泥砂浆粉刷等有效防水措施。

F. 在夹心墙的外叶墙每层圈梁上的砌块竖缝底宜设置排水孔。

3）耐火极限。

小砌块属于非燃烧体，耐火极限90mm厚时为1h，190mm厚时为2h。对防火要求高的建筑或其局部，宜采用提高墙体耐火极限的混凝土或松散材料进行堵孔的方法解决。

4）隔声设计。

对190mm单排孔小砌块双面粉刷（各20mm厚）的空气声计权隔声量按43~47dB采用。对隔声要求较高的小砌块建筑，可采用下列措施提高其隔声性能：

A. 孔洞内填矿渣棉、膨胀珍珠岩、膨胀蛭石等松散材料。

B. 在小砌块墙体的一面或双面采用纸面石膏板或其他板材做带有空气隔层的复合墙体构造。

5）屋面设计。

A. 小砌块建筑采用钢筋混凝土平屋面时，应在屋面上设置保温隔热层。

B. 小砌块住宅建筑宜做成有檩体系坡屋面。当采用钢筋混凝土基层坡屋面时，坡屋面宜外挑出墙面，并应在屋面上设置保温隔热层。

C. 钢筋混凝土屋面板及上面的保温隔热防水层中的刚性面层、砂浆找平层等应设置分隔缝，并应与周边的女儿墙断开。

（3）节能设计

1）小砌块建筑的体形系数、窗墙面积比、窗的传热系数、遮阳指数和空气渗透性能均应符合本地区建筑节能标准的规定。

2）小砌块建筑的热工性能。

小砌块建筑的热工指标详见表29-1。

表29-1 小砌块建筑的热工指标

类型	厚度（mm）	孔隙率（%）	表观密度（kg/m³）	热阻（m²·K/W）
单排孔混凝土小砌块	90	30	1500	0.12
	190	44	1200	0.17
轻骨料混凝土小砌块	90	30	1000	0.35
	190	44	800	0.48

（4）抗震设计

1）一般规定。

a. 小砌块的强度等级应不低于MU7.5，砌筑砂浆的强度等级应不低于M7.5。

b. 普通小砌块在8度设防时，允许建造高度为18m，层数为6层；轻骨料小砌块在8度设防时，允许建造高度为12m，层数为4层。

c. 多层小砌块的最大体形高宽比为2.0。

d. 抗震横墙的最大间距，现浇或装配整体式楼盖（屋盖）为18m，装配式钢筋混凝土楼盖（屋盖）为11m。

e. 房屋的细部尺寸应以表29-2为准。

表29-2 房屋的细部尺寸

部位	6度	7度	8度
承重窗间墙最小宽度	1.0	1.0	1.2
非承重外墙尽端至门窗洞边的最小距离	1.0	1.0	1.0
外墙阳角至门窗洞边的最小距离	1.0	1.0	1.5
无锚固女儿墙（非出入口处）的最大高度	0.5	0.5	0.5

注：1. 局部尺寸不足时应采取局部加强措施；

2. 出入口的女儿墙应有锚固；

3. 多排柱内框架房屋的纵向窗间墙，不应小于1.5m。

2）抗震构造措施。

①构造柱。

构造柱是在小砌块房屋中设置的钢筋混凝土柱，并按先砌墙、后浇筑混凝土的顺序施工的柱。

A. 构造柱的设置要求。

构造柱的设置要求与砖房的要求基本相同。

B. 构造柱的构造要点。

a. 构造柱的最小断面可采用190mm×190mm，纵向配筋不宜少于4ϕ12，箍筋间距不宜大于200mm，且在柱的上下端宜适当加密；7度时6层以上、8度时5层以上，构造柱纵向钢筋宜采用4ϕ14，房屋四角的构造柱可适当加大截面和配筋。

b. 构造柱与砌块墙连接处应砌成马牙槎，其相邻的孔洞，6度时宜填实或采用加强拉接筋构造（沿高度每隔200mm设置2ϕ4焊接钢筋网片）代替马牙槎；2ϕ4焊接钢筋网片，每边伸入墙内不宜小于1m。

c. 与圈梁连接处的构造柱的纵筋应穿过圈梁，保证构造柱纵筋上下贯通。

d. 构造柱可不单独设置基础，但应伸入室外地面下500mm，或与埋深小于500mm的基础圈梁相连。

e. 必须先砌筑砌块墙体，再浇筑构造柱混凝土。

②芯柱。

芯柱是在小砌块的孔洞内浇筑混凝土的柱。不加钢筋的称为素混凝土芯柱，加钢筋的称为钢筋混凝土芯柱。

A. 芯柱的设置要求。

芯柱的设置要求详见表29-3。

表29-3 芯柱的设置要求

房屋层数			设置部位	设置数量
6层	7层	8层		
四、五	三、四	二、三	外墙转角；楼梯间四角；大房间内外墙交接处；隔15m或单元墙与外纵墙交接处	外墙转角，灌实3个孔；内外墙交接处，灌实4个孔
六	五	四	外墙转角；楼梯间四角；大房间内外墙交接处；山墙与内纵墙交接处；隔开间横墙（轴线）与外纵墙交接处	

续表

房屋层数			设置部位	设置数量
6层	7层	8层		
七	六	五	外墙转角；楼梯间四角；各内墙（轴线）与外纵墙交接处；8、9度时，内纵墙与横墙（轴线）交接处和洞口两侧	外墙转角，灌实5个孔；内外墙交接处，灌实4个孔，内墙交接处，灌实4～5个孔；洞口两侧各灌实1个孔
—	七	六	外墙转角；楼梯间四角；各内墙（轴线）与外纵墙交接处；8、9度时，内纵墙与横墙（轴线）交接处和洞口两侧横墙内芯柱间距不宜大于2m	外墙转角，灌实7个孔；内外墙交接处，灌实5个孔，内墙交接处，灌实4～5个孔；洞口两侧各灌实1个孔

B. 芯柱的构造要点。

a. 芯柱的竖向插筋应贯通墙身且与圈梁连接；插筋不应小于 $1\phi 12$，7度时6层级以上、8度时5层级以上，插筋不应小于 $1\phi 14$。

b. 芯柱混凝土应贯通楼板，当采用装配式钢筋混凝土楼盖时，应优先采用适当设置钢筋混凝土板带的方法，也可采用贯通措施。

c. 在房屋的第一、第二和顶层，6、7、8度时芯柱的最大净距分别不宜大于 2.0m、1.6m、1.2m。

d. 为提高墙体抗震受剪承载力方面设置的其他芯柱，宜在墙体内均匀布置，最大间距不应大于 2.4m。

e. 芯柱应伸入室外地面下 500mm，或与埋深小于 500mm 的基础圈梁相连。

C. 构造柱与芯柱同时设置。

同时设置构造柱与芯柱的小砌块房屋指的是当高度和层数接近房屋高度和层数的限值时，纵、横墙内尚应按下列要求设置芯柱或构造柱。

a. 横墙内芯柱或构造柱间距不宜大于层高的2倍，下部1/3楼层的芯柱或构造柱应适当减小。

b. 当外纵墙开间大于3.9m时，应另设加强措施。内纵墙的芯柱或构造柱间距不宜大于4.2m。

c. 为提高墙体抗震受剪承载力而设置的芯柱，应符合墙体芯柱的有关要求。

③圈梁。

小砌块房屋各楼层均应设置现浇钢筋混凝土圈梁，不得采用槽形小砌块做模，并应按表29-4的要求设置。圈梁宽度不应小于190mm，配筋不应少于4ϕ12，现浇或装配整体式钢筋混凝土楼、屋盖与墙体有可靠连接，可不设圈梁，但墙体周边应加强配筋并应与相应的构造柱可靠连接。

表29-4 小砌块房屋现浇钢筋混凝土圈梁设置要求

墙类	烈度	
	6、7	8
外墙和内纵墙	屋盖处及每层楼盖处	屋盖处及每层楼盖处
内横墙	屋盖处及每层楼该处；屋盖处所有横墙；楼盖处间距不应大于7m；构造柱对应部位	屋盖处及每层楼该处；各层所有横墙

④其他抗震构造措施。

a. 小砌块房屋墙体交接处或芯柱、构造柱与墙体连接处，应设置拉结钢筋网片，网片可采用直径4mm的钢筋点焊而成，每边伸入墙内不宜小于1m，且沿墙高应每隔400mm设置。

b. 坡屋顶房屋的屋架应与顶层圈梁可靠连接，檩条或屋面板应与墙及屋架可靠连接，房屋出入口处的檐口瓦应与屋面构件锚固；7度和8度时，顶层内纵墙顶宜增砌支承山墙的踏步式墙垛。

c. 预制阳台应与圈梁和楼板的现浇板带可靠连接。

d. 多层小砌块房屋的女儿墙高度超过0.5m时，应增设锚固于顶层圈梁的构造柱或芯柱；墙顶应设置压顶圈梁，其截面高度不应小于60mm，纵向钢筋不应少于2ϕ10。

e. 同一结构单元的基础或桩承台，宜采用同一类型的基础，底面宜埋置在同一标高上，否则应增设基础圈梁并应按1:2的台阶逐步放坡。

f. 横墙较少的多层小砌块住宅楼的总高度和层数接近或达到房屋层数和总高度的限值时，应采取下列加强措施。

- 房屋的最大开间尺寸不宜大于6.6m。
- 同一结构单元内横墙错位数量不宜超过横墙总数的1/3，且连续错位不宜多于两道；错位的墙体交接处均应增设构造柱，且楼、屋面板应采用现浇钢筋混凝土板。
- 横墙和内纵墙上洞口的宽度不宜大于1.5m；外纵墙上洞口的宽度不宜大于2.1m或开间尺寸的一半；且内外墙上洞口位置不应影响内外纵墙与横墙的整体连接。

- 所有纵横墙均应在楼、屋盖标高处设置加强的现浇钢筋混凝土圈梁，圈梁的截面高度不宜小于150mm，上下纵筋各不应少于3ϕ10。
- 所有纵横墙交接处及横墙的中部，均应设置构造柱，在横墙的柱距不宜大于层高，在纵墙内的柱距不宜大于4.2m，配筋宜符合表29-5的要求。

表29-5 构造柱的纵筋和箍筋设置要求

位置	纵向钢筋			箍筋		
	最大配筋率（%）	最小配筋率（%）	最小直径（mm）	加密区范围	加密区间距	最小直径（mm）
角柱	1.8	0.8	14	全高	100	6
边柱			14	上端700 下端500（mm）		
中柱	1.4	0.6	12			

- 同一结构单元的楼板和屋面板应设置在同一标高。
- 房屋底层和顶层，在窗台标高处宜设置沿纵墙通长的水平现浇钢筋混凝土带；其截面高度不应小于60mm，宽度不应小于190mm，纵向钢筋不应少于3ϕ10。
- 所有门窗洞口两侧，均应设置一个芯柱，配筋不应小于1ϕ12钢筋。

(5) 建筑构造要求。

1) 小砌块房屋所用的材料，除满足承载力计算要求外，还应符合下列要求。

①5层和5层以上民用房屋的底层墙体，应采用不低于MU7.5的砌块和M5砌筑砂浆。

②地面以下或防潮层以下的砌体、潮湿房屋的墙，所用材料的最低强度等级应符合表29-6的要求。

表29-6 地面以下或防潮层以下的砌体、潮湿房屋的墙，所用材料的最低强度等级

基土潮湿程度	混凝土砌块	水泥砂浆
稍潮湿的	MU7.5	M5
很潮湿的	MU7.5	M7.5
含水饱和的	MU10	M10

注：1. 砌块孔洞应采用强度等级不低于C20的混凝土灌实；
2. 对安全等级为一级或设计使用年限大于50年的房屋，表中材料强度等级应至少提高一级。

2）在墙体的下列部位，应采用 C20 混凝土灌实砌体的孔洞。

A. 底层室内地面以下或防潮层以下的砌体。

B. 无圈梁的檩条和钢筋混凝土楼板支承面下的一皮砌块。

C. 未设置混凝土垫块的屋架、梁等构件支撑处，灌实宽度不应小于 600mm，高度不应小于 600mm 的砌块。

D. 挑梁支承面下，其支承部位的内外墙交接处，纵横各灌实 3 个孔洞，灌实高度应不少于 3 皮砌块。

3）跨度大于 4.2m 的梁，其支承面下应设置混凝土和钢筋混凝土垫块。当墙中设有圈梁时，垫块宜与圈梁浇成整体。当大梁跨度大于 4.8m 且墙厚为 190mm 时，其支承处宜加设壁柱。

4）小砌块墙与后砌隔墙交接处，应沿墙高每 400mm 在水平灰缝内设置不少于 $2\phi4$、横向间距不大于 200mm 的焊接钢筋网片。

5）预制钢筋混凝土板在墙上或圈梁上支承强度不应小于 80mm；当支承长度不足时，应采取有效的锚固措施。

6）山墙的壁柱，宜砌至山墙顶部；檩条应与山墙锚固。

7）混凝土小砌块房屋纵横墙交接处，距墙中心线每边不小于 300mm 范围内的孔洞，应采用不低于 C20 混凝土灌实，灌实高度应为墙身全高。

8）小砌块房屋顶层墙体可根据情况采取下列措施。

①采用装配式有檩体系钢筋混凝土屋盖和瓦材屋盖。

②屋面应设置保温、隔热层。屋面保温（隔热）层、刚性屋面及砂浆找平层应设置分隔缝，分隔缝间距不宜大于 6m，并应与女儿墙隔开，其缝宽不应小于 30mm。

③在钢筋混凝土屋面板与墙体圈梁的接触面处设置水平滑动层，滑动层可采用 2 层沥青卷材夹滑石粉或橡胶片等；对长纵墙，可仅在其两端的 2～3 个开间内设置，对横墙可只在其两端各 $L/4$ 范围内设置（L 为横墙长度）。

④当房屋较长时，现浇钢筋混凝土屋盖宜在屋盖设置分隔缝，分隔缝间距不宜大于 20mm。

⑤当顶层屋面板下设置现浇钢筋混凝土圈梁并沿内外墙拉通时，圈梁高度不宜小于 190mm，纵向配筋不应少于 $4\phi12$，房屋两端圈梁下的墙体内宜适当设置水平筋。

⑥顶层圈梁末端下墙体灰缝设置 3 道焊接钢筋网片（纵向钢筋不宜少于 $2\phi4$，横向间距不宜大于 200mm），钢筋网片应自挑梁末端伸入两边墙体不小于 1m。

⑦顶层墙体门窗洞边过梁上砌体每皮水平灰缝内设置 $2\phi4$ 焊接钢筋网片，并应伸入过梁两端墙内不小于 600mm。

⑧女儿墙应设置钢筋混凝土芯柱或构造柱,构造柱间距不宜大于4m(或每开间设置),插筋芯柱间距不宜大于600mm,构造柱或芯柱插筋应伸至女儿墙顶,并与现浇钢筋混凝土压顶整浇在一起。

⑨加强顶层芯柱(或构造柱)与墙体的连接,拉结钢筋网片的竖向间距不宜大于400mm,伸入墙体长度不宜小于1000mm。

⑩当顶层房屋两端第一、二开间内纵墙长度大于3m时,在墙中应加设钢筋混凝土芯柱,并设置横向水平钢筋网片。顶层横墙在窗口高度中部宜加设3~4道钢筋网片。

房屋山墙可采取设置水平钢筋网片或在山墙中增设钢筋混凝土芯柱或构造柱圈梁。在山墙内增设现浇钢筋混凝土芯柱或构造柱时,其间距不宜大于3000mm。

9)为防止房屋底层墙体裂缝,可根据情况采取下列措施。

①增加基础和圈梁刚度。

②基础部分砌块墙体在砌块孔洞中用C20混凝土灌实。

③底层窗台的下部设置通长钢筋网片,竖向钢筋应不大于400mm。

④底层窗台采用现浇钢筋混凝土窗台板,窗台板伸入窗间墙内不小于600mm。

10)对出现在小砌块房屋顶层两端和底层第一、二开间门窗洞口处的裂缝,可采取下列措施。

①在门窗洞口两侧不少于一个孔洞中设置不小于1ϕ12钢筋,钢筋应与楼层圈梁或基础圈梁锚固,并采用不低于C20灌孔混凝土灌实。

②在门窗洞口两边的墙体水平灰缝中,设置长度不小于900mm、竖向间距为400mm的2ϕ4焊接钢筋网片。

③在顶层和底层设置通长钢筋混凝土窗台梁时,窗台梁的高度宜为砌块的模数,纵筋应不少于4ϕ10,箍筋宜为ϕ6@200,混凝土强度等级宜为C20。

11)砌块房屋的顶层可在窗台下或窗台角处墙体内设置竖向控制缝,缝的间距宜为8~12m。在墙体高度或厚度突然变化处也宜设置竖向控制缝,或采取其他可靠的防裂措施。竖向控制缝的构造和嵌缝材料应能满足墙体平面外传力和防护的要求。

(6)施工要求

1)小砌块墙内不得混砌黏土砖或其他墙体材料。镶砌时,应采用与小砌块材料强度同等级的预制混凝土块。

2)小砌块砌筑形式应每皮顺砌,上下皮小砌块应对孔,竖缝应相互错开1/2主规格小砌块长度。使用多排孔小砌块砌筑墙体时,应错缝搭砌,搭接长度不应小于主规格小砌块长度的1/4。否则,应在此水平灰缝中设4ϕ4钢筋点焊网片。网片两端与竖缝的距离不得小于400mm。竖向通缝不得超过两皮小砌块。

3）190mm厚度的小砌块内外墙和纵横墙必须同时砌筑并相互交错搭接。临时间断处应砌成斜槎，斜槎水平投影长度不应小于斜槎高度。严禁留直槎。

4）隔墙顶接触梁板的部位应采用实心小砌块斜砌楔紧；房屋顶层的内隔墙应离该处屋面板底15mm，缝内采用1:3石灰砂浆或弹性腻子嵌塞。

5）在砌筑中若砌筑的小砌块受撬动或碰撞时，应清除原砂浆，重新砌筑。

6）砌筑小砌块的砂浆应随铺随砌，墙体灰缝应横平竖直。水平灰缝宜采用坐浆法满铺小砌块全部壁肋或多排孔小砌块的封底面；竖向灰缝应采取满铺端面法，即将小砌块端面朝上铺满砂浆再上墙挤紧，然后加浆插捣密实。饱满度均不宜低于90%。水平灰缝厚度和竖向灰缝宽度宜为10mm，不得小于8mm，也不应大于15mm。

7）砌筑时，墙面必须用原浆做勾缝处理。缺灰处应补浆压实，并宜做成凹缝，凹进墙面2mm。

墙身构造节点见图29-1、图29-2。

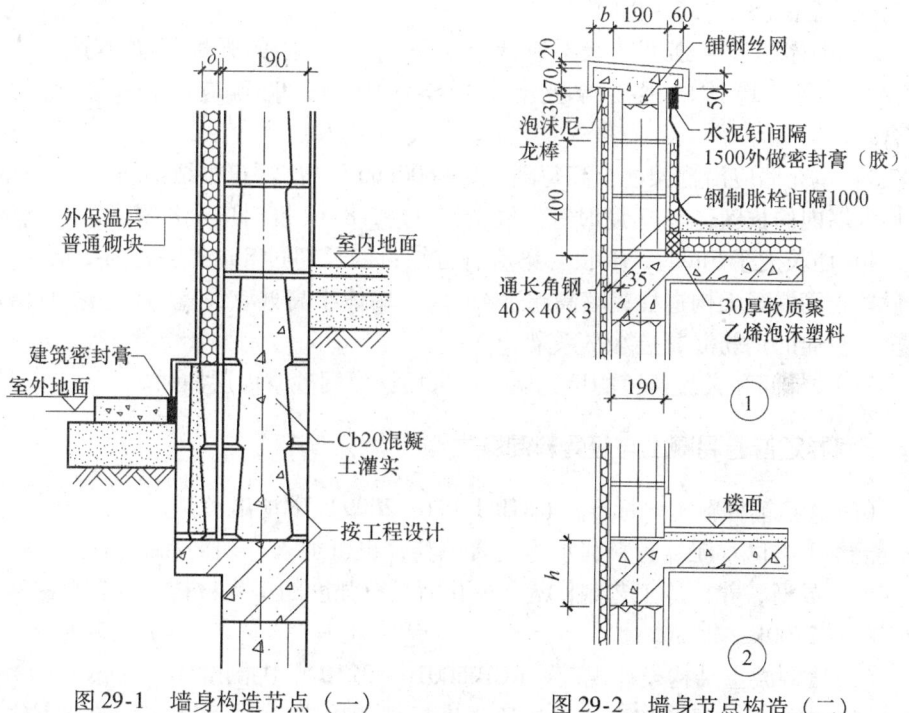

图29-1 墙身构造节点（一）   图29-2 墙身节点构造（二）

30. 砌体结构中后砌的非承重墙体与框架结构中填充墙的做法相同吗？

两种做法不完全一样，需注意细节构造的不同。

（1）后砌砖墙

《建筑抗震设计规范》（GB 50011—2010）中指出：多层砌体结构中后砌的非承重墙体应符合下列要求：

1）后砌的非承重隔墙应沿墙高每隔 500~600mm 配置 2φ6 拉结钢筋与承重墙或柱拉结，每边伸入墙内不应少于 500mm，8 度和 9 度时，长度大于 5m 的后砌隔墙，墙顶还应与楼板或梁拉结，独立墙肢端部及大门洞边宜设钢筋混凝土构造柱。

2）烟道、风道、垃圾道等不应削弱墙体，当墙体被削弱时，应对墙体采取加强措施；不宜采用无竖向配筋的附墙烟囱或出屋面的烟囱。

3）不应采用无锚固的钢筋混凝土预制挑檐。

（2）框架填充墙

《建筑抗震设计规范》（GB 50011—2010）中指出：钢筋混凝土结构中的砌体填充墙应符合下列要求：

1）填充墙在平面和竖向的布置，宜均匀对称，宜避免形成薄弱层或短柱（注：柱高小于柱宽的 4 倍时叫短柱）。

2）砌体的砂浆强度等级不应低于 M5；实心块体的强度等级不宜低于 MU2.5，空心块体的强度等级不宜低于 MU3.5；墙顶应与框架梁密切结合。

3）填充墙应沿框架柱全高每隔 500~600mm 设置 2φ6 拉结钢筋，拉结钢筋伸入墙内的长度，6、7 度时宜沿墙全长贯通，8、9 度时应全长贯通。

4）墙长大于 5m 时，墙顶与梁应有拉结；墙长超过 8m 或层高的 2 倍时，宜设置钢筋混凝土构造柱；墙高超过 4m 时，墙体半高处宜设置与柱连接且沿墙全长贯通的钢筋混凝土水平系梁。

5）楼梯间和人流通道的填充墙，应采用钢丝网砂浆面层加强。

31. 如何界定普通混凝土与轻骨料混凝土？

（1）《建筑材料术语标准》（JGJ/T 191—2009）中指出：

混凝土是以水泥、骨料和水为主要原料，也可加入外加剂和矿物掺合料，经拌合、成型、养护等工艺制作的，硬化后具有强度的工程材料，干表观密度为 $2000~2800kg/m^3$。

（2）《混凝土结构设计规范》（GB 50010—2010）中指出：

混凝土强度等级应按立方米抗压强度标准值确定，采用 150mm 的立方体试件、具有 95% 保证率的抗压强度值。

混凝土的代号为"C"，强度等级共 14 个，分别是 C15、C20、C25、C30、C35、C40、C45、C50、C55、C60、C65、C70、C75、C80。

素混凝土结构的强度等级不应低于C15；钢筋混凝土结构的混凝土强度等级不应低于C20，当采用400MPa级钢筋时混凝土强度等级不宜低于C25，当采用500MPa钢筋时混凝土强度等级不应低于C30。

承受重复荷载的钢筋混凝土构件，混凝土强度等级不应低于C25。

预应力混凝土结构的混凝土强度等级不宜低于C40，且不应低于C30。

(3)《轻骨料混凝土技术规程》（JGJ 51—2002）中指出：

轻骨料混凝土（曾用名：轻集料混凝土），由轻粗骨料、轻砂或普通砂、水泥和水等配置而成，干表观密度为600～1950kg/m³的混凝土。

轻骨料混凝土代号为"LC"，强度等级共有13个，分别是LC5.0、LC7.5、LC10、LC15、LC20、LC25、LC30、LC35、LC40、LC45、LC50、LC55、LC50。

轻骨料混凝土按用途分类共有3种，它们分别是：

①保温轻骨料混凝土：主要用于保温的围护结构或热工构筑物。

②结构保温轻骨料混凝土：主要用于既承重又保温的围护结构。

③结构轻骨料混凝土：主要用于承重构件或构筑物。

32. 什么叫"补偿收缩混凝土"？

《建筑材料术语标准》（JGJ/T 191—2009）中指出：

补偿收缩混凝土是采用膨胀剂或膨胀水泥配置，产生0.2～1.0MPa自应力的混凝土。

补偿收缩混凝土多用于变形缝或替代变形缝等构造部位，如地下工程中的后浇带等。

33. 如何界定"实心砖、多孔砖、空心砖、烧结普通砖、烧结多孔砖、烧结空心砖"？

《建筑材料术语标准》（JGJ/T 191—2009）中指出：

(1) 实心砖是无孔洞或孔洞率小于25%的砖。

(2) 多孔砖是孔洞率不小于25%，孔的尺寸小而数量多的砖。

(3) 空心砖是孔洞率不小于40%，孔的尺寸大而数量少的砖。

(4) 烧结普通砖是规格尺寸为240mm×115mm×53mm的实心砖。烧结普通砖是以黏土、页岩、煤矸石、粉煤灰等为主要原料，经制坯和焙烧制成的砖。

(5) 烧结多孔砖是以黏土、页岩、煤矸石、粉煤灰等为主要原料，经成型、干燥和焙烧制成，主要用于承重结构的砖。

(6) 烧结空心砖是以黏土、页岩、煤矸石、粉煤灰等为主要原料，经成型、干燥和焙烧制成，主要用于非承重结构的砖。

34. 如何界定"瓷质砖、炻质砖、陶质砖、通体砖"？

《建筑材料术语标准》（JGJ/T 191—2009）中指出：

陶瓷砖是采用黏土和其他无机非金属材料经成型、高温焙烧制成的板状装修材料。包括瓷质砖、炻质砖、陶质砖、通体砖等常见品种。

（1）瓷质砖是吸水率不超过 0.5% 的陶瓷砖。

（2）炻质砖是吸水率大于 0.5% 但不超过 10% 的陶瓷砖，炻质砖又分为炻瓷砖、细炻砖两种。

（3）陶质砖是吸水率大于 10% 的陶瓷砖。

（4）通体砖是材质相同、花色相同的无釉陶瓷砖。

35. 适用于外墙的建筑涂料有哪些？

《建筑材料术语标准》（JGJ/T 191—2009）中指出：

适用于外墙的建筑涂料有合成树脂乳液外墙涂料、溶剂型外墙涂料、外墙无机建筑涂料、金属效果涂料等。

（1）合成树脂乳液外墙涂料是以合成树脂乳液为主要成膜物质，与颜料、体质颜料及各种助剂配制而成的，施涂后能形成表面平整的薄质涂层的外墙涂料。

（2）溶剂型外墙涂料是以合成树脂为主要成膜物质，与颜料、体质颜料及各种助剂配制而成的，施涂后能形成表面平整的薄质涂层的外墙涂料。

（3）外墙无机建筑涂料是以碱金属硅酸盐或硅溶液为主要胶粘剂，与颜料、体质颜料及各种助剂配制而成的，施涂后能形成表面平整的薄质涂层的外墙涂料。

（4）金属效果涂料由成膜物质、透明性或低透明性彩色颜料、闪光铝粉及其他配套材料组成的表面具有金属效果的建筑涂料。

36. 适用于内墙和地面的建筑涂料有哪些？

《建筑材料术语标准》（JGJ/T 191—2009）中指出：

适用于内墙的建筑涂料有合成树脂乳液内墙涂料、纤维状内墙涂料、云彩涂料等。

（1）合成树脂乳液内墙涂料是以合成树脂乳液为主要成膜物质，与颜料、体质颜料及各种助剂配制而成的，施涂后能形成表面平整的薄质涂层的内墙用建筑涂料。

（2）纤维状内墙涂料由合成纤维、天然纤维和棉质材料等为主要成膜物质,以一定的乳液为胶料,另外加入增稠剂、阻燃剂、防霉剂等助剂配制而成的内墙装饰用建筑涂料。

(3) 云彩涂料是以合成树脂乳液为成膜物质,以珠光颜料为主要颜料,具有特殊流变特性和珍珠光泽的涂料。

《建筑地面工程施工质量验收规范》(GB 50209—2010)中规定:

(1) 用于地面的建筑涂料应采用丙烯酸、环氧、聚氨酯等树脂型涂料。

(2) 建筑地面的基层应符合下列规定:

1) 基层表面应平整、洁净。

2) 基层强度等级不应小于C20。

3) 基层含水率应与涂料的技术要求相一致。

(3) 涂料面层的厚度、颜色应符合设计要求,铺设时应分层施工。

37. 石膏砌块的优越性有哪些？使用石膏砌块应注意些什么问题？

石膏砌块是以建筑石膏为主要原料,经加水搅拌、浇筑成型和干燥而制成的块状轻质建筑石膏制品。在生产中还可以加入各种轻骨料、填充料、纤维增强材料、发泡剂等辅助材料。有时亦可用高强石膏代替建筑石膏。石膏砌块实质上是一种石膏复合材料。

石膏砌块的推荐规格为：长度600mm、高度500mm、厚度分别为60mm、70mm、80mm、100mm。

石膏砌块主要应用于框架结构和其他结构的非承重墙体,一般作内隔墙使用。

石膏砌块的优点主要有：

(1) 耐火性能高：用于结构材料时,与混凝土相比耐火性能高出5倍；用于装修材料时,属于A1级。

(2) 保温性能好：一般80mm厚的石膏砌块相当于240mm厚的普通砖的保温隔热能力。

(3) 隔声性能优越：一般100mm厚的石膏砌块的隔声能力可达36~38dB。

(4) 自重轻：平均重量仅为实心砖的1/3~1/4。

(5) 石膏砌块配合精密、表面平整。

(6) 干法施工：石膏砌块可钉、可锯、可刨、可修补,加工处理十分方便。

(7) 石膏砌块是一种绿色建材：石膏砌块在使用过程中,不会产生对人体有害的物质,是一种理想的绿色建材。

《石膏砌块砌体技术规程》(JGJ/T 201—2010)中强调了以下几点：

(1) 石膏砌块砌体不得应用于防潮层以下部位、长期处于浸水或化学侵蚀的环境。

(2) 石膏砌块砌体的底部应加设墙垫,其高度为不小于400mm,可以采用现浇混凝土、预制混凝土块、实心砖砌等方法制作。

(3) 厨房、卫生间砌体应采用防潮实心砌块。

(4) 石膏砌块砌体与梁或顶板应采用柔性连接(泡沫交联聚乙烯)或刚性连接(木楔挤实),与柱或墙之间应采用刚性连接(钢钉固定)。

(5) 洞口大于1.0m时,应采用钢筋混凝土过梁。

(6) 石膏砌块砌体与主体结构墙或柱连接时,应在每皮砌块中加设2φ6通长钢筋。

(7) 石膏砌块砌体与不同材料的接缝处及阴阳角部位,应采用耐碱玻纤网格布加强带进行处理。

38.《墙体材料应用统一技术规范》(GB 50574—2010)中对墙体材料的要求有哪些?

(1) 一般规定

1) 块体材料:包括有烧结砖(普通砖、多孔砖、空心砖);蒸压砖(普通砖、混凝土砖);混凝土小型空心砌块(普通型、轻骨料型);蒸压加气混凝土砌块等类型。强度等级代号分别为MU(块体材料)A(蒸压加气混凝土砌块)C(混凝土)Cb(混凝土小型空心砌块灌孔混凝土)。

2) 板状材料:包括预制隔墙板、骨架隔墙板。

3) 砌筑砂浆有普通砌筑砂浆,强度等级代号为M(烧结型块材砂浆)和专用砌筑砂浆,强度等级代号为Ma(蒸压加气混凝土砌块砂浆)Mb(混凝土小型空心砌块砂浆)Ms(蒸压砖砂浆)。

(2) 块体材料的最低强度等级

块体材料的最低强度等级见表38-1。

表38-1 块体材料的最低强度等级

	块体材料用途及类型	最低强度等级	备注
承重墙	烧结普通砖、烧结多孔砖	MU10	用于外墙和潮湿环境的内墙时,强度等级应提高一个等级
	蒸压普通砖、混凝土砖	MU15	
	普通混凝土、轻骨料混凝土小型空心砌块	MU7.5	以粉煤灰做掺合料时,粉煤灰的品质、掺加量应符合相关规范的规定
	蒸压加气混凝土砌块	A5.0	—

续表

块体材料用途及类型		最低强度等级	备注
自承重墙	轻骨料混凝土小型空心砌块	MU3.5	用于外墙和潮湿环境的内墙时,强度等级不应低于 MU5.0。全烧结陶粒保温砌块用于内墙,其强度等级不应低于 MU2.5,密度不应大于 800kg/m³
	蒸压加气混凝土砌块	A2.5	用于外墙时,强度等级不应低于 A3.5
	烧结空心砖和空心砌块、石膏砌块	MU3.5	用于外墙和潮湿环境的内墙时,强度等级不应低于 MU5.0

注:1. 防潮层以下应采用实心砖或预先将孔灌实的多孔砖(空心砌块);
2. 水平孔块体材料不得用于承重墙体。

(3) 砂浆、灌孔混凝土的最低强度等级

砂浆、灌孔混凝土的最低强度等级见表38-2。

表38-2 砂浆、灌孔混凝土的最低强度等级

砌体位置	砌筑砂浆种类	砌体材料种类	强度等级
防潮层以上	普通砌筑砂浆	普通砖	M5.0
		蒸压加气混凝土	Ma5.0
		混凝土砖、混凝土砌块	Mb5.0
		蒸压普通砖	Ms5.0
防潮层以下及潮湿环境	水泥砂浆、预拌砂浆或专用砌筑砂浆	普通砖	M10.0
		混凝土砖、混凝土砌块	Mb10.0
		蒸压普通砖	Ms10.0

注:1. 掺有引气剂的砌筑砂浆,其引气量不应大于 20%;
2. 水泥砂浆的最低水泥用量不应小于 200kg/m³;
3. 水泥砂浆密度不应小于 1900kg/m³;水泥混合砂浆密度不应小于 1800kg/m³。

(4) 保温材料

1) 浆体保温材料不宜单独用于严寒和寒冷地区除加气混凝土墙体以外的建筑内、外墙保温。

2) 不得采用掺有无机掺合料的模塑聚苯板、挤塑聚苯板。

3) 墙体内、外保温材料的干密度应符合表38-3的规定。

表38-3 墙体内、外保温材料的干密度

材料名称	干密度(kg/m³)	材料名称	干密度(kg/m³)	材料名称	干密度(kg/m³)
模塑聚苯板	18~22	无机保温浆料	250~350	蒸压加气混凝土砌块	500~600
挤塑聚苯板	25~32	玻璃棉板	32~48		

续表

材料名称	干密度（kg/m³）	材料名称	干密度（kg/m³）	材料名称	干密度（kg/m³）
聚苯颗粒浆料	180~250	岩棉及矿棉毡	60~100	陶粒混凝土小型空心砌块	600~800
聚氨酯硬泡沫板	35~45	岩棉及矿渣棉板	80~150		
泡沫玻璃保温板	150~180				

4）墙体内、外保温材料的抗压强度。

1）挤塑聚苯板的抗压强度不应低于0.20MPa。

2）胶粉模塑聚苯板颗粒保温浆料的抗压强度不应低于0.20MPa。

3）无机保温砂浆压缩强度不应低于0.40MPa。

4）当相对变形为10%时，模塑聚苯板和挤塑聚苯板的压缩强度分别不应小于0.10MPa和0.20MPa。

39.《墙体材料应用统一技术规范》（GB 50574—2010）中对保温墙体有哪些构造要求？

《墙体材料应用统一技术规范》（GB 50574—2010）中对墙体材料的要求有以下几点：

（1）外保温复合墙体

1）饰面层应选用防水透气性材料或做透气性构造处理。

2）浆体材料保温层设计厚度不得大于50mm。

3）外保温系统应根据不同气候分区的要求进行耐候性试验。

4）外墙体内表面温度不应低于室内空气露点温度。

（2）内保温复合墙体

1）保温材料应选用非污染、不燃、难燃且燃后不产生有害气体的材料。

2）外部墙体应选用蒸汽渗透阻较小的材料或设有排湿构造，外饰面涂料应具有防水透气性。

3）保温材料应做防护面层，当需要在墙上悬挂重物时，其挂件的预埋件应固定于基层墙体内。

4）不满足梁、柱等热桥部位内表面温度验算时，应对内表面温度低于室内空气露点温度的热桥部位采取保温措施。

（3）夹心复合保温墙体

1）应根据不同气候分区、材料供应及施工条件选择夹心墙的保温材料，并确定其构造和厚度。

2）夹心保温材料应为低吸水率材料。

3）外叶墙及饰面应具有防水透气性。

4）寒冷及严寒地区，保温层与外叶墙之间应设置空气间层，其间距宜为

20mm，且应在楼层处采取排湿构造措施。

5）多层及高层建筑的夹心墙，其外叶墙应由每层楼板托挑，外露托挑构件应采取外保温措施。

（4）单一材料保温墙体

1）墙体设计应满足结构功能的要求。

2）外墙饰面应采用防水透气性材料。

3）应对梁、柱等热桥部位进行保温处理。

40. 《植物纤维工业灰渣混凝土砌块建筑技术规程》（JGJ/T 228—2010）中有哪些新的规定？

（1）什么叫植物纤维工业灰渣混凝土砌块？

以水泥基材料为主要原料，以工业废渣为主要骨料，并加入植物纤维，经搅拌、振动、加压成型的砌块。按承重方式分为承重砌块和非承重砌块。

承重砌块是强度等级为 MU5.0 及以上的植物纤维工业灰渣混凝土的单排孔砌块，主规格尺寸为 390mm×190mm×190mm；非承重砌块是强度等级为 MU5.0 以下植物纤维工业灰渣混凝土砌块，有单排孔和双排孔之分，主规格有 390mm×190mm×190mm、390mm×140mm×190mm 和 390mm×90mm×190mm。

（2）砌块、砌筑砂浆、灌孔混凝土强度等级的划分及使用要求

1）承重砌块：MU10.0、MU7.5、MU5.0，用于抗震设防地区的砌块的强度等级不应低于 MU7.5。

2）非承重砌块：MU3.5。

3）砌筑砂浆：Mb10、Mb7.5、Mb5、Mb3.5、Mb2.5，用于抗震设防地区的砌筑砂浆的强度等级不应低于 Mb7.5。

4）灌孔混凝土：Cb20。

（3）允许建造层数和允许建造高度

允许建造层数和允许建造高度详见表 40-1。

表 40-1　允许建造层数和允许建造高度

建筑类别	抗震墙最小厚度（mm）	抗震设防烈度和设计基本地震加速度								
		6		7				8			
		0.05g		0.10g		0.15g		0.20g		0.30g	
		高度	层数	高度	层数	高度	层数	高度	层数	高度	层数
多层砌体建筑	190	15	5	15	5	12	4	12	4	9	3
底层框架-抗震墙砌体建筑	190	16	5	16	5	13	4	10	3	—	—

注：1. 室内外高差大于 0.6m 时，建筑总高度允许比表中数值适当增加，但增加量不应大于 1.0m；
2. 砌块砌体建筑的层高不应超过 3.6m；底层框架-抗震墙砌体建筑的底层层高不应超过 4.5m。

(4) 植物纤维工业灰渣混凝土砌块不得应用于哪些部位？

植物纤维工业灰渣混凝土砌块不得应用于下列部位：

1) 长期与土壤接触、浸水的部位。

2) 经常受干湿交替或经常受冻融循环的部位。

3) 受酸、碱化学物质侵蚀的部位。

4) 表面温度高于80℃以上的承重墙。

5) 承重砌块不得用于安全等级为一级或设计使用年限大于50年的砌体建筑。

6) 不得用于基础或地下室外墙。

7) 首层地面以下的地下室内墙，5层及5层以上砌体建筑的底层砌体和受较大振动或层高大于6m的墙、柱。

(5) 植物纤维工业灰渣混凝土砌块的防水设计

1) 砌块墙体内、外表面除粘贴面砖外，均应做抹灰。

2) 对伸出墙外的雨篷、开敞式阳台、室外空调机搁板、遮阳板、窗套等与外墙体交接处，外楼梯根部及外墙水平装饰线脚等处，均应采取防水措施。

3) 室外散水坡面以上和室内地面以下的砌体内，宜设置防潮层。

4) 卫生间等有防水要求的房间，四周墙下部应采用混凝土灌实一皮砌块，或设置高度为200mm的现浇混凝土带；内墙粉刷应采取防水措施。

5) 阳台栏板、女儿墙等砌体应加设钢筋混凝土构造柱及压顶，并应采取防裂、防水、防渗漏措施。

6) 顶层墙体宜做钢筋混凝土挑檐或天沟，并应做好泛水和滴水。

7) 砌块外墙抹灰层宜采取抗裂、防水措施。

(6) 植物纤维工业灰渣混凝土砌块墙体的耐火极限和燃烧性能

对防火要求较高的的砌块建筑或其局部，宜采用提高墙体耐火极限的混凝土或松散材料灌实孔洞或采取其他防火措施。

砌块墙体的耐火极限和燃烧性能见表40-2。

表40-2 砌块墙体的耐火极限和燃烧性能

砌块墙体类型	耐火极限 (h)	燃烧性能
190mm 厚承重砌块墙体	2	非燃烧体
90mm 厚砌块墙体	1	非燃烧体

(7) 植物纤维工业灰渣混凝土砌块墙体的隔声要求

对有隔声要求的砌块砌体，可采取以下措施：

1) 孔洞内填矿渣棉、膨胀珍珠岩、膨胀蛭石等松散材料。

2) 在砌块墙体的一面或双面采用纸面石膏板或其他板材做带有空气隔层

的复合墙体构造。

(8) 植物纤维工业灰渣混凝土砌块砌体的热阻值 (R_b) 砌块砌体的热阻值 (R_b) 见表40-3。

表40-3　砌块砌体的热阻值 (R_b)

砌块规格	厚度 (mm)	表观密度 (kg/m³)	R_b (m²·K/W)
单排孔砌块	190	1200	0.27
单排孔砌块	190	1000	0.30
双排孔砌块	240	800	0.50
双排孔砌块	190	700	0.50

(9) 植物纤维工业灰渣混凝土砌块的构造要求

1) 伸缩缝：伸缩缝间距见表40-4。

表40-4　伸缩缝间距

屋盖和楼盖类别		伸缩缝最大间距 (m)
整体式或装配整体式钢筋混凝土结构	有保温层或隔热层的屋盖、楼盖	40
	无保温层或隔热层的屋盖	32
装配式无檩体系钢筋混凝土结构	有保温层或隔热层的屋盖、楼盖	48
	无保温层或隔热层的屋盖	40
装配式有檩体系钢筋混凝土结构	有保温层或隔热层的屋盖	60
	无保温层或隔热层的屋盖	48
瓦材屋盖、木屋盖或楼盖、轻钢屋盖		75

2) 防开裂措施：防开裂措施的构造有屋面设置保温、隔热层。保温、隔热层若采用刚性面层及砂浆找平层应设置分格缝，分格缝间距应不大于6m，并与女儿墙隔开，其缝宽应不小于30mm。

3) 控制缝：砌块建筑宜在窗台下或窗台角处墙体内设置竖向控制缝，缝的间距宜为 8～12m。

4) 门窗洞口：砌块墙体门窗洞边200mm内的砌体宜采用不低于C15的细石混凝土灌实，也可以加设与墙同厚、宽100mm的不低于C15的细石混凝土抱框（其中放置 2ϕ12 的纵筋、箍筋为ϕ6@250），与墙体的拉结筋应采用 ϕ4@400焊接网片，伸入墙内不应少于600mm。窗台下200mm高度内砌块应采用不低于C15的细石混凝土灌实或加设钢筋混凝土窗台板。

5) 墙面加固：当砌体墙面有吊挂设备时，可在墙面挂钢丝网或耐碱玻纤网格布增强，并应将孔洞回填堵实。

41.《混凝土结构设计规范》(GB 50010—2010)中有哪些新的规定?

《混凝土结构设计规范》(GB 50010—2010)中指出:涉及常用的基本知识与构造方面有以下几点规定:

1. 材料方面

(1) 混凝土

混凝土强度等级是以 150mm 的立方体、养护时间为 28d、保证率为 95% 的抗压强度标准值。

混凝土结构的强度等级有 C15、C20、C25、C30、C35、C40、C45、C50、C55、C60、C65、C70、C75、C80 共 14 种,单位为 N/mm^2(标注时一般不注单位,只注代号)。

素混凝土结构的强度等级不应低于 C15;钢筋混凝土结构的强度等级不应低于 C20;采用强度等级 400MPa 级以上钢筋时,混凝土强度等级不应低于 C25。

预应力混凝土结构的强度等级不宜低于 C40,且不应低于 C30。

承受重复荷载的钢筋混凝土构件,混凝土强度等级不应低于 C30。

(2) 钢筋

1) 钢筋种类和级别。

①纵向受力普通钢筋宜采用 HRB400、HRB500、HRBF400、HRBF500 钢筋,也可采用 HPB300、HRB335、HRBF335、RRB400 钢筋。

②梁、柱纵向受力普通钢筋应采用 HRB400、HRB500、HRBF400、HRBF500 钢筋。

③箍筋宜采用 HRB400、HRBF400、HPB300、HRB500、HRBF500 钢筋,也可采用 HPB335、HRB335 钢筋。

④预应力钢筋宜采用预应力钢丝、钢绞线和预应力螺纹钢筋。

2) 钢筋直径:钢筋的直径以 mm 为单位。通常有 6、8、10、12、14、16、18、20、22、25、28、32、36、40、50 共 15 种。

3) 钢筋保护层:钢筋混凝土构件的钢筋不能外露,以防锈蚀。钢筋外表的混凝土面层叫保护层。钢筋保护层厚度与混凝土结构的环境类别有关,表 41-1 为混凝土结构环境类别的有关规定。表 41-2 为混凝土中纵向受力钢筋的保护层最小厚度。

表 41-1 混凝土结构的环境类别

环境类别	条 件
一	室内干燥环境;无侵蚀性静水浸没环境
二 a	室内潮湿环境;非严寒和非寒冷地区的露天环境;非严寒和非寒冷地区与无侵蚀的水或土壤直接接触的环境;严寒和寒冷地区的冰冻线以下与无侵蚀性的水和土壤直接接触的环境

续表

环境类别	条件
二 b	干湿交替环境；水位频繁变动环境；严寒和寒冷地区的露天环境；严寒和寒冷地区的冰冻线以上与无侵蚀性的水和土壤直接接触的环境
三 a	严寒和寒冷地区冬季水位变动区环境；受除冰盐影响环境；海风环境
三 b	盐渍土环境；受除冰盐作用环境；海岸环境
四	海水环境
五	受人为或自然的侵蚀性物质影响的环境

表41-2 受力钢筋的保护层最小厚度（mm）

环境类别	板、墙、壳	梁、柱、杆
一	15	20
二 a	20	25
二 b	25	35
三 a	30	40
三 b	40	50

注：1. 混凝土强度等级不大于C25时，表中保护层厚度数值应增加5mm；
2. 钢筋混凝土基础宜设置混凝土垫层，基础中的混凝土保护层应从垫层顶面算起，且不应小于40mm。

2. 构件方面

（1）混凝土板

混凝土板一般按下面的原则进行确定：

1）两对边支承的板应按单向板计算。

2）四边支承的板应按下列规定计算：

①当长边与短边之比不大于2.0时，应按双向板计算。

②当长边与短边之比大于2.0时，但小于3.0时，宜按双向板计算。

③当长边与短边之比不小于3.0时，宜按沿短边方向受力的单向板计算，并应沿长边方向布置构造钢筋。

3）现浇混凝土板的尺寸宜符合下列规定：

①板的跨厚比：钢筋混凝土单向板不大于30；双向板不大于40；无梁支承的有柱帽板不大于35；无梁支承的无柱帽板不大于40；预应力板可适当增加；当板的荷载、跨度较大时宜适当减小。

②现浇钢筋混凝土板的最小厚度应以表41-3为准。

表41-3　现浇钢筋混凝土板的最小厚度（mm）

板的类别		最小厚度
单向板	屋面板	60
	民用建筑楼板	60
	工业建筑楼板	70
	行车道下的楼板	80
双向板		80
密肋板	面板	50
	肋高	250
悬臂板（根部）	悬臂长度不大于500mm	60
	悬臂长度1200mm	100
无梁楼板		150
现浇空心楼板		200

（2）其他构件

其他构件的截面尺寸应以相关规范的规定为准，如钢筋混凝土梁、柱应以《建筑抗震设计规范》（GB 50011—2010）为准，钢筋混凝土基础应以《高层建筑混凝土结构技术规程》（JGJ 3—2010）为准等。

四、保温与节能

42. 关于气候分区，有的规范划分为五区，有的规范划分为七区，应如何理解？

《民用建筑热工设计规范》（GB 50176—93）将建筑热工设计分区分为严寒地区、寒冷地区、夏热冬冷地区、夏热冬暖地区、温和地区，并规定了具体划分指标。

《民用建筑设计通则》（GB 50352—2005）将建筑气候分区划分为七区，即Ⅰ区（严寒地区）Ⅱ区（寒冷地区）Ⅲ区（夏热冬冷地区）Ⅳ区（夏热冬暖地区）Ⅴ区（温和地区）Ⅵ区（严寒和寒冷的部分地区）Ⅶ区（严寒和寒冷的部分地区），并提出了气候的主要指标。

比较两本规范，前五区的具体指标是完全一致的。

（1）严寒地区：最冷月（1月）平均气温≤-10℃，7月平均气温≤25℃，建筑物的具体要求是必须满足冬季保温、防寒、防冻等要求。

（2）寒冷地区：最冷月（1月）平均气温≤-10℃~0℃，7月平均气温为25℃~28℃，建筑物的具体要求是必须满足冬季保温、防寒、防冻等要求，夏季部分地区应兼顾防热。

（3）夏热冬冷地区：最冷月（1月）平均气温≤0℃~10℃，7月平均气温25℃~30℃，建筑物的具体要求是必须满足夏季防热、遮阳、通风降温要求，冬季应兼顾防寒。

（4）夏热冬暖地区：最冷月（1月）平均气温＞10℃，7月平均气温25℃~29℃，建筑物的具体要求是必须满足夏季防热、遮阳、通风、防雨要求。

（5）温和地区：最冷月（1月）平均气温0℃~13℃，7月平均气温18℃~25℃，建筑物应满足防雨和通风要求。

《民用建筑设计通则》中规定的Ⅵ区和Ⅶ区均包括了严寒地区和寒冷地区的部分地区，其中：

（1）Ⅵ区：最冷月（1月）平均气温为0℃~-22℃，7月平均气温＜18℃，热工性能应符合严寒和寒冷地区的相关要求，还应防冻土、防雷电、防风沙等危害。

（2）Ⅶ区：最冷月（1月）平均气温-5℃~-20℃，7月平均气温≥18℃，热工性能应符合严寒和寒冷地区的相关要求，还应防冻土、积雪、风沙等危害。

43. 夏热冬冷地区指的是哪些地区？设计中应满足哪些要求？

《夏热冬冷地区居住建筑节能设计标准》（JGJ 134—2010）中指出：夏热冬冷地区指的是长江中下游及其周边地区。大体包括陇海线以南、秦岭以北、四川盆地以东地区。代表性城市有：南京、武汉、蚌埠、合肥、上海、杭州、宁波、长沙、重庆、成都、贵阳等。

夏热冬冷地区的建筑设计要求是：

（1）建筑群的规划布置、建筑物的平面布置与立面设计应有利于自然通风。

（2）建筑物宜朝向南北或接近南北。

（3）建筑物的体形系数应符合表43-1的规定，如果体形系数不满足该表规定时，则必须进行建筑围护结构热工性能的综合判断。

表43-1　居住建筑的体形系数限值

建筑层数	≤3层	4~11层	≥12层
建筑的体形系数	0.55	0.40	0.35

（4）围护结构各部分的传热系数和热惰性指标应符合表43-2的规定。当

设计建筑的围护结构的屋面、外墙、架空或外挑楼板、外窗不符合该表规定时,必须进行建筑围护结构热工性能的综合判断。

表43-2 围护结构各部分的传热系数（K）和热惰性指标（D）的限值

围护结构部位		传热系数$K[W/(m^2 \cdot K)]$	
		热惰性指标$D \leqslant 2.5$	热惰性指标$D > 2.5$
体形系数≤0.40	屋面	0.8	1.0
	外墙	1.0	1.5
	底面接触室外空气的架空或外挑楼板	1.5	
	分户墙、楼板、楼梯间隔墙、外走廊隔墙	2.0	
	户门	3.0（通往封闭空间）2.0（通往非封闭空间或户外）	
	外窗（含阳台门的透明部分）	按符合表43-3和表43-4的规定	
体形系数>0.40	屋面	0.5	0.6
	外墙	0.8	1.0
	底面接触室外空气的架空或外挑楼板	1.0	
	分户墙、楼板、楼梯间隔墙、外走廊隔墙	2.0	
	户门	3.0（通往封闭空间）2.0（通往非封闭空间或户外）	
	外窗（含阳台门的透明部分）	按符合表43-1和符合本表的规定	

（5）不同朝向外窗（包括阳台门的透明部分）的窗墙面积比不应超过表43-3的规定。不同朝向、不同窗墙面积比的外窗传热系数不应大于表43-4规定的限值。综合遮阳系数应符合表43-4的规定。当外窗为凸窗时,窗的传热系数应低于表43-4规定的限值10%；计算窗墙面积比时,凸窗的面积按洞口面积计算。当设计建筑的窗墙面积比或传热系数、遮阳系数不符合表43-3和表43-4的规定时,必须进行建筑围护结构热工性能的综合判断。

表43-3 不同朝向窗墙面积比的限值

朝向	窗墙面积比
北	0.40
东、西	0.35
南	0.45
每套房间允许一个房间（不分朝向）	0.60

表43-4 不同朝向、不同窗墙面积比的外窗传热系数和综合遮阳系数

建筑	窗墙面积比	传热系数 K W/($m^2 \cdot K$)	外窗综合遮阳系数 SC_w （东、西向/南向）
体形系数≤0.40	窗墙面积比≤0.20	4.7	---/---
	0.20＜窗墙面积比≤0.30	4.0	---/---
	0.30＜窗墙面积比≤0.40	3.2	夏季≤0.40/夏季≤0.45
	0.40＜窗墙面积比≤0.45	2.8	夏季≤0.35/夏季≤0.40
	0.45＜窗墙面积比≤0.60	2.5	东、西、南向设置外遮阳 夏季≤0.25/冬季≥0.60
体形系数＞0.40	窗墙面积比≤0.20	4.0	---/---
	0.20＜窗墙面积比≤0.30	3.2	---/---
	0.30＜窗墙面积比≤0.40	2.8	夏季≤0.40/夏季≤0.45
	0.40＜窗墙面积比≤0.45	2.5	夏季≤0.35/夏季≤0.40
	0.45＜窗墙面积比≤0.60	2.3	东、西、南向设置外遮阳 夏季≤0.25/冬季≥0.60

注：1. 表中的"东、西"代表从东或西偏北30°（含30°）至偏南60°（含60°）的范围；"南"代表从南偏东30°至偏西30°的范围。
  2. 楼梯间、外走廊的窗不按本表规定执行。

（6）东偏北30°至东偏南60°，西偏北30°至西偏南60°范围的外窗应设置挡板式遮阳或可以遮住窗户正面的活动外遮阳，南向的外窗宜设置水平遮阳或可以遮住窗户正面的活动外遮阳。各朝向的窗户，当设置了可以遮住正面的活动外遮阳（如卷帘、百叶窗等）时，应认定满足表43-4对外窗遮阳的要求。

（7）外窗可开启面积（含阳台门面积）不应小于外窗所在房间地面面积的5%，多层住宅外窗宜采用平开窗。

（8）建筑物1~6层的外窗及敞开式阳台门的气密性等级，不应低于现行国家标准《建筑外窗气密、水密、抗风压性能分级及其检测方法》（GB/T 7106—2008）规定的4级；7层及7层以上的外窗及阳台门的气密性等级，不应低于该标准规定的6级。

（9）当外窗采用凸窗时，应符合下列规定：

1）窗的传热系数限值应比表43-4的相应数值小10%。

2）计算窗墙面积比时，凸窗的面积按窗洞口面积计算。

3）对凸窗不透明的上顶板、下底板和侧板，应进行保温处理，且板的传热系数不应低于外墙的传热系数的限值要求。

（10）围护结构的外表面宜采用浅色饰面材料。平屋顶宜采用绿化、涂刷隔热涂料等隔热措施。

（11）采用分体式空气调节器（含风管机、多联机）时，室外机的安装位置应符合下列规定：

1）应稳定牢固，不应存在安全隐患。

2）室外机的换热器应通风良好，排出空气与吸入空气之间应避免气流短路。

3）应便于室外机的维护。

4）应尽量减小对周围环境的热影响和噪声影响。

44. 夏热冬暖地区指的是哪些地区？设计中应满足哪些要求？

《夏热冬暖地区居住建筑节能设计标准》（JGJ 75—2003）中指出：夏热冬暖地区指的是我国南部，包括海南全境、广东大部、广西大部、福建南部、云南局部以及香港、澳门和台湾地区。代表性城市有厦门、广州、深圳、南宁、柳州、福州、海口等。

夏热冬暖地区的建筑设计要求是：

（1）居住区的总体规划和居住建筑的平面、立面设计应有利于自然通风。

（2）居住建筑的朝向宜采用南北向或接近南北向。

（3）北区内（北区如柳州地区、南区如南宁地区），单元式、通廊式住宅的体形系数不宜超过0.35，塔式住宅的体形系数不宜超过0.40。

（4）居住建筑的天窗面积不应大于屋顶总面积的4%，传热系数不应大于4.0W/(m^2·K)，本身的遮阳系数不应大于0.5。

（5）居住建筑的外窗，尤其是东、西朝向的外窗宜采用活动或固定的建筑外遮阳设施。

（6）居住建筑外窗（包括阳台门）的可开启面积不应小于外窗所在房间地面面积的8%或外窗面积的45%。

（7）居住建筑的屋顶和外窗宜采用下列节能措施：

1）浅色饰面（如浅色粉刷、涂层和面砖等）。

2）屋顶内设置贴铝箔的封闭空气间层。

3）用含水多孔材料作屋面层。

4）屋面蓄水。

5）屋面遮阳。

6）屋面有土或无土种植。

7）东、西外墙采用花格构件或爬藤植物遮阳。

45. 严寒和寒冷地区居住建筑如何达到节能？

《公共建筑节能设计标准》（GB 50189—2005）中指出：严寒地区又分为

A区、B区。A区的代表城市有：牡丹江、齐齐哈尔、哈尔滨、海拉尔、佳木斯、满洲里等；B区的代表城市有：长春、乌鲁木齐、通辽、呼和浩特、银川、西宁、大同、张家口、丹东、沈阳等。寒冷地区的代表城市有：兰州、太原、北京、天津、石家庄、西安、拉萨、济南、青岛、大连、唐山、洛阳等。

《严寒和寒冷地区居住建筑节能设计标准》（JGJ 26—2010）中规定，严寒和寒冷地区居住建筑达到节能，在建筑构造方面主要有如下几点。

（1）依据不同的采暖度日数（HDD18）和空调度日数（CDD26）范围，将严寒地区和寒冷地区进一步划分成为表45-1所示的五个气候子区。

表45-1 居住建筑节能设计气候子区

气候子区		分区依据
严寒地区（Ⅰ区）	严寒（A）区（冬季异常寒冷、夏季凉爽）	6000≤HDD18
	严寒（B）区（冬季非常寒冷、夏季凉爽）	5000≤HDD18<6000
	严寒（C）区（冬季很寒冷、夏季凉爽）	3800≤HDD18<5000
寒冷地区（Ⅱ区）	寒冷（A）区（冬季寒冷、夏季凉爽）	2000≤HDD18<3800，CDD26≤90
	寒冷（B）区（冬季寒冷、夏季热）	2000≤HDD18<3800，CDD26>90

注：北京地区属于寒冷B区（HDD为2699、CDD为94）

（2）建筑群的总体布置，单体建筑的平、立面设计和门窗的设置应考虑冬季利用日照并避开冬季主导风向。

（3）建筑物宜朝向南北或接近朝向南北。建筑物不宜设有三面外墙的房间，一个房间不宜在不同方向的墙面上设置两个或更多的窗。

（4）严寒和寒冷地区居住建筑的体形系数不应大于表45-2规定的限值，当体形系数大于该表规定的限值时，则必须进行围护结构热工性能的权衡判断。

表45-2 居住建筑的体形系数限值

地区	建筑层数			
	≤3层	4~8层	9~13层	≥14层
严寒地区	0.50	0.30	0.28	0.25
寒冷地区	0.52	0.33	0.30	0.26

（5）严寒和寒冷地区建筑物的窗墙面积比不应大于表45-3的规定，当窗墙面积比大于表45-3规定的限值时，则必须进行围护结构热工性能的权衡判

断。在权衡判断时，各朝向窗墙面积比最大也只能比表45-3中的对应值大0.1。

表45-3 严寒和寒冷地区居住建筑的窗墙面积比限值

朝向	窗墙面积比	
	严寒地区	寒冷地区
北	0.25	0.30
东、西	0.30	0.35
南	0.45	0.50

注：1. 敞开式阳台的阳台门上部透明部分计入窗户面积，下部不透明部分不计入窗户面积。
　　2. 表中的窗墙面积比按按开间计算。表中的"北"代表从北偏东小于60°至北偏西小于60°的范围；"东、西"代表从东或西偏北小于等于30°至偏南小于60°的范围；"南"代表从南偏东小于等于30°至偏西小于等于30°的范围。

（6）楼梯间及外走廊与室外连接的开口处应设置窗或门，且该窗或门应能密闭。严寒（A区）和严寒（B区）的楼梯间宜采暖，设置采暖的楼梯间的外墙和外窗应采取保温措施。

（7）寒冷（B）区建筑的南向外窗（包括阳台的透明部分）宜设置水平遮阳或活动遮阳。东、西向的外窗宜设置活动遮阳。

（8）居住建筑不宜设置凸窗。严寒地区除南向外不应设置凸窗。寒冷地区北向的卧室、起居室不得设置凸窗。

当设置凸窗时，凸窗凸出（从外墙面至凸窗外表面）不应大于400mm。凸窗的传热系数限值应比普通窗降低15%，且其不透明的顶部、底部、侧面的传热系数应小于或等于外墙的传热系数。当计算窗墙面积比时，凸窗的窗面积和凸窗所占的墙面积应按窗洞口面积计算。

（9）外窗及敞开式阳台门应具有良好的密闭性能。严寒地区外窗及敞开式阳台门的气密性等级不应低于国家标准《建筑外门窗气密、水密、抗风压性能分级及检测方法》（GB/T 7106—2008）中规定的6级。寒冷地区1~6层的外窗及敞开式阳台门的气密性等级不应低于国家标准《建筑外门窗气密、水密、抗风压性能分级及检测方法》（GB/T 7106—2008）中规定的4级，7层及7层以上不应低于6级。

（10）封闭式阳台的保温应符合下列规定：
1) 阳台和直接连通的房间之间应设置隔墙和门、窗。
2) 当阳台和直接连通的房间之间不设置隔墙和门、窗时，应将阳台作为所连通房间的一部分。阳台与室外空气接触的墙板、顶板、地板的传热系数必须符合围护结构热工性能的相关要求，阳台的窗墙面积比也应符合围护结构热工性能的相关要求。

3）当阳台和直接连通的房间之间设置隔墙和门、窗，且所设隔墙、门、窗的传热系数不大于相关限值，窗墙面积比不超过规定的限值时，可不对阳台外表面作特殊热工要求。

4）当阳台和直接连通的房间之间设置隔墙和门、窗，且所设隔墙、门、窗的传热系数大于相关规定时，阳台与室外空气接触的墙板、顶板、地板的传热系数不应大于规定数值的120%，严寒地区阳台窗的传热系数不应大于$2.5W/(m^2 \cdot K)$，寒冷地区阳台窗的传热系数不应大于$3.1W/(m^2 \cdot K)$，阳台外表面的窗墙面积比不应大于60%。阳台和直接连通房间隔墙的窗墙面积比不应超过规定的限值，当阳台的开间小于直接连通房间的开间宽度时，可按房间的开间计算隔墙的窗墙面积比。

（11）外窗（门）框与墙体之间的缝隙，应采用高效保温材料填堵，不应采用普通水泥砂浆补缝。

（12）外窗（门）洞口室外部分的侧墙面应做保温处理，并应保证窗（门）洞口室内部分的侧墙面的内表面温度不低于室内空气设计温度、湿度条件下的露点温度，减少附加热损失。

（13）外墙与屋面的热桥部位均应进行保温处理，以保证热桥部位的内表面温度在室内空气设计温度、湿度条件下不低于露点温度。

（14）地下室外墙应根据地下室的不同用途，采取合理的保温措施。

46. 建筑节能设计应考虑哪几个方面的问题？

建筑节能是我国的基本国策，建筑设计必须认真执行有关设计规范的规定，由于具体内容很多，这里综合归纳如下：

（1）建筑节能设计原则

1）建筑群的规划布置、建筑物的平面设计，应有利于冬季日照、避风及夏季和其他季节自然通风。

2）建筑物主体朝向宜采用南北向或接近南北向。主要房间宜避开北向及西北向。

3）朝向冬季主导风向（北向或西北向）的主要入口处应设门斗或热风幕、旋转门等防风措施，其他朝向可适当考虑。

（2）居住建筑节能设计要求

《居住建筑节能设计标准》（DBJ 11—602—2006）中规定的设计要点有以下几点：

1）建筑物体形系数：7层及7层以上住宅不宜超过0.3；4~6层住宅不宜超过0.35；1~3层住宅不宜超过0.45。

2）采暖居住建筑的楼梯间和外廊应设门窗封闭。楼梯间无条件采暖时，楼梯间隔墙的传热系数应不大于 $1.5W/(m^2 \cdot K)$。

3）各部分围护结构的传热系数限值见表46-1。

表46-1　住宅各部分围护结构的传热系数限值 $[W/(m^2 \cdot K)]$

住宅类型	屋顶	外墙		外窗、阳台门玻璃	阳台门下部门芯板	接触室外空气地面	不采暖空间上部楼板
		外保温	内保温的主体断面				
5层及以上住宅	0.60	0.60	0.30	2.80	1.70	0.50	0.55
4层及以下住宅	0.45	0.45	不采用				

4）外窗面积不宜过大，在满足功能要求的条件下，不同朝向的窗墙面积比不宜超过表46-2规定。

表46-2　居住建筑不同朝向的窗墙面积比

朝向	窗墙面积比
北、西北、西、东北、东、西南	0.30
东南	0.35
南	0.50

5）围护结构细部设计

①外墙应首选外保温构造。外墙出挑构件及附墙构件，如阳台、雨罩、靠外墙阳台栏板、空调室外机搁板、附壁柱、凸窗、装饰线和靠外墙阳台分户墙板等均应采用隔断热桥和保温措施；窗口外侧四周墙面应进行保温处理。

②外墙不得已采用内保温构造时，应充分考虑结构"热桥"的影响，"热桥"部位应采取可靠保温或"断桥"措施及可靠的防冷凝受潮措施。

（3）公共建筑节能设计要求

《公共建筑节能设计标准》（GB 50189—2005）中规定的设计要点有以下几点：

1）建筑分类

A. 甲类建筑：单栋建筑面积大于 $20000m^2$ 的全空调建筑。

B. 乙类建筑：其他建筑。

2）体形系数：甲、乙类建筑物的体形系数均不宜超过0.40。

3）窗墙面积比。

A. 西、北朝向的窗（包括透明幕墙）墙面积比不应大于0.70，且建筑物总窗墙比不应大于0.70。

B. 单一朝向的窗（包括透明幕墙）墙面积比小于 0.40，玻璃（或其他透明材料）的可见光透射比不应小于 0.4。

4) 围护结构的传热系数 $[W/(m^2 \cdot K)]$

A. 屋面：甲类建筑应考虑透明部分占屋面的比值，数值在 0.51~0.60 之间；乙类建筑应考虑体形系数，数值在 0.40~0.55 之间。

B. 外墙（包括非透明外墙）：甲类建筑为≤0.80，乙类建筑在 0.45~0.60 之间。

C. 底面接触室外空气的架空外挑楼板：甲类建筑为≤0.50，乙类建筑在 0.45~0.50 之间。

D. 非采暖空调房间与采暖空调房间的隔墙或楼板：甲类建筑和乙类建筑均为≤1.50。

E. 单一朝向外窗（包括透明外墙）：甲类建筑在 1.60~3.50 之间，乙类建筑在 1.80~3.50 之间。

《公共建筑节能设计标准》（DB 11/687—2009）中规定的设计要点有以下几点：

1) 建筑总平面的规划布置和平面设计，应有利于冬季日照和避风、夏季减少获得热量和充分利用自然通风。

2) 建筑的主体朝向宜南北向或接近南北向，主要朝向宜避开冬季最多频率风向（北向、西北北向）和夏季最大日照朝向（西向）。

3) 按照建筑物面积以及围护结构能耗占全年建筑总能耗的比例特征，划分为以下三大类型：

A. 单幢建筑面积大于 20000m^2，且全面设置空气调节设施的建筑，为甲类建筑。

B. 单幢建筑面积 300~20000m^2，或单幢建筑面积虽大于 20000m^2、但不全面设置空气调节设施的建筑，为乙类建筑。

C. 单幢建筑面积小于 300m^2 的建筑，为丙类建筑。

4) 建筑物的体形系数，不宜大于 0.4。

5) 公共建筑的窗墙面积比，应符合下列规定：

A. 甲类、乙类建筑每个朝向的窗（包括透明幕墙）墙面积比，不应大于 0.70，如不符合则应进行权衡判断，判定围护结构的总体热工性能。

B. 丙类建筑总窗（包括透明幕墙）墙面积比，不得大于 0.70。

注：建筑物总窗墙面积比系指各朝向外窗（包括透明幕墙）总面积之和，与各朝向墙面（包括窗和透明玻璃）总面积之和的比值。

C. 当单一朝向的窗墙面积比小于 0.40 时，玻璃（或其他透明材料）的可见光透射比不应小于 0.4。

6）屋顶透明部分的面积比例，应符合下列规定：

A. 甲类建筑不应大于屋顶总面积的30%；乙类建筑不应大于屋顶总面积的20%；若不符合上述规定则应进行权衡判断，判定围护结构的总体热工性能。

B. 甲类建筑不应大于屋顶总面积的20%。

7）单一朝向外窗的实际可开启面积，不应小于同朝向外墙总面积的5%，单一朝向的透明幕墙实际可开启面积不应小于同朝向幕墙总面积的5%。（注：外窗实际可开启面积按下述方法计算：①平开窗：当窗开启最大时，窗的侧向垂直投影面积；②上、下悬窗：当窗开启最大时，窗的水平投影面积）

8）人员出入频繁的外门，应符合下列节能要求：

A. 朝向为北、东、西的外门设门斗或其他减少冷风进入的措施。

B. 高层建筑的平面布置，宜采取防止产生烟囱效应的措施。

9）建筑总平面布置和建筑内部的平面设计，应合理确定冷热源和风机机房的位置，尽可能缩短冷、热水系统和风系统的疏散距离。

47. 居住建筑的墙体保温是如何解决的？

无论是高层居住建筑还是多层居住建筑，考虑节能，墙体保温大多采用外保温做法。《外墙外保温工程技术规程》（JGJ 144—2004）中指出，外墙外保温的基层应为砖墙或钢筋混凝土墙，保温层应为EPS板（膨胀型聚苯乙烯泡沫塑料板）胶粉EPS颗粒保温浆料和EPS钢筋网架板。使用寿命为不少于25年。施工期间及完工后的24h内，基层及环境温度不应低于5℃。夏季应避免阳光暴晒。在5级以上大风天气和雨天不得施工。

外墙外保温的具体做法有以下5种：

（1）EPS板薄抹灰系统

做法要点：由EPS板保温层、薄抹灰层和饰面涂层构成。建筑物高度在20m以上时或受负风压作用较大的部位，EPS板宜使用锚栓固定。EPS板宽度不宜大于1200mm，高度不宜大于600mm。粘结EPS板时，涂胶粘剂面积不得小于EPS板面积的40%。薄抹灰层的厚度为3~6mm。（见图47-1）

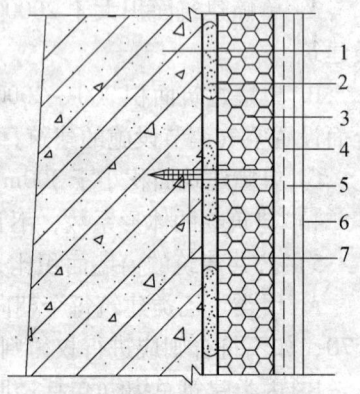

图47-1 EPS板薄抹灰系统
1—基层；2—胶粘剂；3—EPS板；
4—玻纤网；5—薄抹面层；
6—饰面涂层；7—锚栓

(2) 胶粉 EPS 颗粒保温浆料系统

做法要点：由界面层、胶粉 EPS 保温浆料保温层、抗裂砂浆薄抹面层（满铺玻纤网）和饰面层构成。保温浆料的设计厚度不宜超过 100mm。保温浆料宜分遍抹灰，每遍间隔时间应在 24h 以上，每遍厚度不宜超过 20mm。（见图 47-2）

(3) EPS 板无网现浇混凝土系统

做法要点：以现浇混凝土外墙作为基层、EPS 板为保温层、EPS 板表面抹抗裂砂浆（满铺玻纤网）锚栓作辅助固定。EPS 板宽度宜为 1200mm，高度宜为建筑物全高。锚栓每平方米宜设 2～3 个。混凝土一次浇筑高度不宜大于 1m。（见图 47-3）

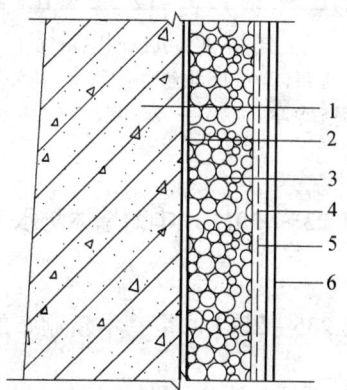

图 47-2　保温浆料系统
1—基层；2—界面砂浆；3—胶粉 EPS 颗粒保温浆料；
4—抗裂砂浆薄抹面层；5—玻纤网；6—饰面层

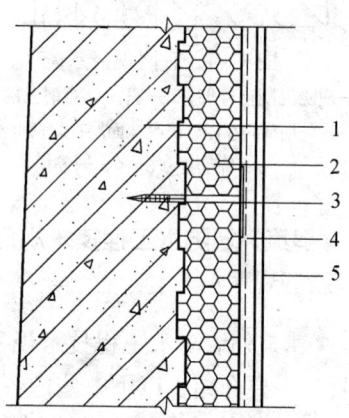

图 47-3　无网现浇系统
1—现浇混凝土外墙；2—EPS 板；3—锚栓；
4—抗裂砂浆薄抹面层；5—饰面层

(4) EPS 钢丝网现浇混凝土系统

做法要点：以现浇混凝土作为基层、EPS 单面钢丝网架板置于外墙外模板内侧，并安装 $\phi6$ 钢筋作为辅助固定件，混凝土浇筑后表面抹掺外加剂的水泥砂浆形成厚抹面层，外表作饰面层。$\phi6$ 钢筋每平方米宜设 4 根，锚固深度不得小于 100mm；混凝土一次浇筑高度不宜大于 1m。（见图 47-4）

(5) 机械固定 EPS 钢丝网架板系统

做法要点：由机械固定装置、腹丝非穿透型 EPS 钢丝网架板、掺外加剂的水泥砂浆厚抹面层和饰面层构成。机械固定做法不适用于加气混凝土和轻骨料混凝土基层。机械固定装置每平方米不应少于 7 个。用于砌体外墙时，宜采用预埋钢筋网片固定 EPS 钢丝网架板。机械固定系统的所有金属件应做防锈处理。（见图 47-5）

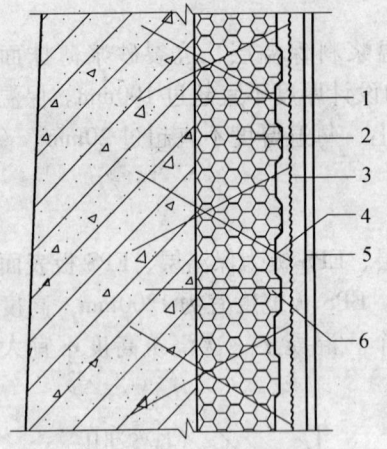
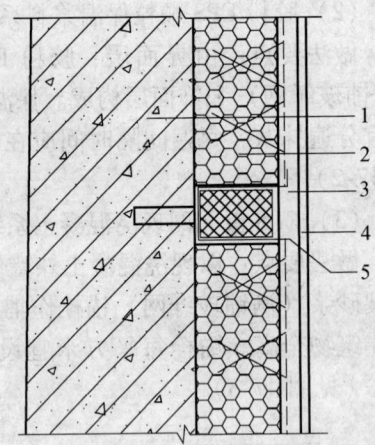

图 47-4 有网现浇系统
1—现浇混凝土外墙；2—EPS 单面钢丝网架板；
3—掺外加剂的水泥砂浆厚抹面层；4—钢丝网架；
5—饰面层；6—φ6 钢筋

图 47-5 机械固定系统
1—基层；2—EPS 钢丝网架板；3—掺外加剂的
水泥砂浆厚抹面层；4—饰面层；5—机械固定装置

48.《建筑外墙防水工程技术规范》（JGJ/T 235—2011）中对墙体防水有哪些新的规定？

《建筑外墙防水工程技术规程》（JGJ/T 235—2011）是一本新颁布的技术规程，主要介绍了以下一些内容：

（1）建筑外墙防水应达到的基本要求

建筑外墙防水应具有阻止雨水、雪水侵入墙体的基本功能，并应具有抗冻融、耐高低温、承受风荷载等性能。

（2）建筑外墙防水的设置原则

1）整体防水。

在正常使用和合理维护的前提下，下列情况之一的建筑外墙，宜进行墙面整体防水。

①年降雨量大于或等于 800mm 地区的高层建筑。

②年降雨量大于或等于 600mm 且基本风压大于或等于 0.50kN/m² 地区的外墙。

③年降雨量大于或等于 400mm 且基本风压大于或等于 0.40kN/m² 地区有外保温的外墙。

④年降雨量大于或等于 500mm 且基本风压大于或等于 0.35kN/m² 地区有外保温的外墙。

⑤年降雨量大于或等于 600mm 且基本风压大于或等于 0.30kN/m² 地区有

外保温的外墙。

2）节点防水。

除上述5种情况以外，年降雨量大于或等于400mm地区的其他建筑外墙应采用节点构造防水措施。

（3）全国省会城市和直辖市的基本风压和降雨量数值（表48-1）

表48-1 全国直辖市和省会城市的基本风压（kN/m²）和降雨量（mm）数值

省市名	城市名	基本风压	年降雨量	省市名	城市名	基本风压	年降雨量
北京	北京市	0.45	571.90	福建	福州市	0.70	1339.60
天津	天津市	0.50	544.30	陕西	西安市	0.35	553.30
上海	上海市	0.55	1184.40	甘肃	兰州市	0.30	311.70
重庆	重庆市	0.40	1118.50	宁夏	银川市	0.65	186.30
河北	石家庄市	0.35	517.00	青海	西宁市	0.35	373.60
山西	太原市	0.40	431.20	新疆	乌鲁木齐市	0.60	286.30
内蒙古	呼和浩特市	0.55	397.90	河南	郑州市	0.45	632.40
辽宁	沈阳市	0.55	690.30	广东	广州市	0.50	1736.70
吉林	长春市	0.65	570.40	广西	南宁市	0.35	1309.70
黑龙江	哈尔滨市	0.55	524.30	海南	海口市	0.75	1651.90
山东	济南市	0.45	672.70	四川	成都市	0.30	870.10
江苏	南京市	0.40	1062.40	贵州	贵阳市	0.30	1117.70
浙江	杭州市	0.45	1454.60	云南	昆明市	0.30	1011.30
安徽	合肥市	0.35	995.30	西藏	拉萨市	0.30	426.40
江西	南昌市	0.45	1624.20	台湾	台北市	0.70	2363.70
湖北	武汉市	0.35	1269.00	香港	香港	0.90	2224.70
湖南	长沙市	0.35	1331.30	澳门	澳门	0.85	1998.70

注：基本风压（kN/m²）按50年计算。

（4）建筑外墙节点构造防水设计的内容

1）建筑外墙节点构造防水设计应包括门窗洞口、雨篷、阳台、变形缝、伸出外墙管道、女儿墙压顶、外墙预埋件、预制构件等交接部位的防水设防。

2）建筑外墙的防水层应设置在迎水面。

3）不同材料的交接处应采用每边不少于150mm的耐碱玻纤网格布或热镀锌电焊网做抗裂增强处理。

（5）整体防水层的设计

1）无外保温外墙。

①采用涂料饰面时，防水层应设在找平层与涂料饰面层之间，防水层宜采

用聚合物水泥防水砂浆或普通防水砂浆。

②采用块材饰面时,防水层应设在找平层与块材粘结层之间,防水层宜采用聚合物水泥防水砂浆或普通防水砂浆。

③采用幕墙饰面时,防水层应设在找平层与幕墙饰面层之间,防水层宜采用聚合物水泥防水砂浆、普通防水砂浆、聚合物水泥防水涂料、聚合物乳液防水涂料或聚氨酯防水涂料。

2)外保温外墙。

①采用涂料或块材饰面时,防水层宜设在保温层与墙体基层之间,防水层可采用聚合物水泥防水砂浆或普通防水砂浆。

②采用幕墙饰面时,设在找平层上的防水层宜采用聚合物水泥防水砂浆、普通防水砂浆、聚合物水泥防水涂料、聚合物乳液防水涂料或聚氨酯防水涂料;当外墙保温层选用矿物棉保温材料时,防水层宜采用防水透气膜。

3)砂浆防水层中可增设耐碱玻纤网格布或热镀锌电焊网增强,并宜用锚栓固定于结构墙体中。

4)防水层最小厚度应符合表48-2的规定。

表48-2 防水层最小厚度(mm)

墙体基层种类	饰面层种类	聚合物水泥防水砂浆		普通防水砂浆	防水涂料
		干粉类	乳液类		
现浇混凝土	涂料	3	5	8	1.0
	面砖				—
	幕墙				1.0
砌体	涂料	5	8	10	1.2
	面砖				—
	干挂幕墙				1.2

5)砂浆防水层宜留分格缝,分格缝宜设置在墙体结构不同材料交界处。水平分格缝宜与窗口上沿或下沿平齐;垂直分格缝间距不宜大于6m,且宜与门、窗框两边线对齐。分格缝宽宜为8~10mm,缝内应采用密封材料做密封处理。

6)外墙防水层应与地下墙体防水层搭接。

(6)节点构造的防水设计

1)门窗框与墙体间的缝隙宜采用聚合物水泥砂浆或发泡聚氨酯填充;外墙防水层应沿伸至门窗框,防水层与门窗框间应预留凹槽,并应嵌填密封材料;门窗上楣的外口应做滴水线;外窗台应设置不小于5%的外排水坡度。

2）雨篷应设置不小于1%的外排水坡度，外口下沿应做滴水线；雨篷与外墙交接处的防水层应连续；雨篷防水层应沿外口下翻至滴水线。

3）阳台应向水落口设置不小于1%的排水坡度，水落口周边应留槽嵌填密封材料。阳台外口下沿应做滴水线。

4）变形缝部位应增设合成高分子防水卷材附加层，卷材两端应满粘于墙体，满粘的宽度不应小于150mm，并应钉压固定；卷材收头应用密封材料密封。

5）穿过外墙的管道宜采用套管，套管应内高外低，坡度不应小于5%，套管周边应做防水密封处理。

6）女儿墙压顶宜采用现浇钢筋混凝土或金属压顶，压顶应向内找坡，坡度不应小于2%。当采用混凝土压顶时，外墙防水层应沿伸至压顶内侧的滴水线部位；当采用金属压顶时，外墙防水层应做到压顶的顶部，金属压顶应采用专用金属配件固定。

7）外墙预埋件四周应用密封材料封闭严密，密封材料与防水层应连续。

五、屋面

49. 各种屋面的防水等级是如何对应的？

《屋面工程技术规范》（GB 50345—2004）中指出屋面共分为五大类型。属于平屋顶范畴的有卷材防水屋面、涂膜防水屋面、刚性防水屋面和保温隔热屋面；属于坡屋顶范畴的有瓦屋面（包括平瓦屋面、玻纤胎沥青瓦屋面、金属板屋面）。

保温隔热屋面又分为保温屋面（加做保温层的屋面）和隔热屋面（架空隔热屋面、蓄水隔热屋面、种植隔热屋面）。

屋面防水等级分为4级，其具体划分见表49。

表49 屋面防水等级的具体划分

项目	屋面防水等级			
	Ⅰ级	Ⅱ级	Ⅲ级	Ⅳ级
建筑物类别	特别重要或对防水有特殊要求的建筑	重要的建筑和高层建筑	一般性建筑	非永久性建筑
防水层合理使用年限	25年	15年	10年	5年
设防要求	三道或三道以上防水设防	二道防水设防	一道防水设防	一道防水设防
防水层选用材料	优先选用合成高分子防水卷材	优先选用高聚物改性沥青防水卷材	可以使用"三毡四油"	可以使用"二毡三油"

上述的各种屋面其防水等级是这样的：
(1) 卷材防水屋面：适用于Ⅰ级～Ⅳ级。
(2) 涂膜防水屋面：适用于Ⅲ级～Ⅳ级。
(3) 刚性防水屋面：适用于Ⅲ级。
(4) 架空隔热屋面：依架空板下部的防水层决定。
(5) 蓄水隔热屋面：适用于Ⅲ级～Ⅳ级。
(6) 种植隔热屋面：适用于Ⅱ级。
(7) 平瓦屋面适用于Ⅱ级～Ⅳ级；
(8) 玻纤胎沥青瓦适用于Ⅱ级、Ⅲ级；
(9) 金属板屋面适用于Ⅰ级～Ⅲ级。

50. 在平屋面做法中有一种种植屋面，通过屋顶植物阻止热传导达到隔热目的，这种屋面的特点是什么？

隔热屋面共有三种做法，即架空屋面、蓄水屋面和种植屋面。关于种植屋面的特点在《种植屋面工程技术规范》（JGJ 155—2007）中提到了以下几点：

(1) 种植屋面防水层的合理使用年限不应少于 15 年（防水等级为Ⅱ级），防水层应选用二道或二道以上防水层设防，最上道的防水层必须选用耐根穿刺的防水材料。两层防水层应能够兼容。

(2) 种植平屋面的构造层次（由上而下）：植被层—种植土—过滤层—排（蓄）水层—耐根穿刺防水层—普通防水层—找坡层（找平层）—保温（隔热）层—结构层。

(3) 种植坡屋面的构造层次（由上而下）：植被层—种植土—过滤层—排（蓄）水层—耐根穿刺防水层—普通防水层—保温（隔热）层—结构层。

(4) 种植土的厚度不宜小于 500mm。

(5) 屋面坡度大于 50% 时，不宜做种植屋面。

(6) 种植屋面有覆土种植和容器种植两种，倒置式屋面不应做满覆土种植。

(7) 种植屋面的结构层宜采用现浇钢筋混凝土制作。

(8) 绿化面积占屋面总面积 80% 的叫简单式种植屋面。绿化面积占屋面总面积 60% 的叫花园式种植屋面。

(9) 种植屋面防水工程竣工后，平屋面应进行 48h 蓄水检验，坡屋面应进行持续 3h 淋水检验。

(10) 种植土可选用田园土、改良土或无机复合种植土；种植植物有小乔木、大乔木、小灌木、地被植物等。

51. 种植屋面的第一道防水层必须选用耐根穿刺的防水材料，什么样的防水材料是耐根穿刺的防水材料？它有什么特点？

耐根穿刺的防水材料有以下几种：

（1）采用加大厚度的普通防水卷材，如 SBS 改性沥青耐根穿刺防水卷材、APP 改性沥青耐根穿刺防水卷材、聚乙烯胎高聚物改性沥青防水卷材等，最小厚度均为 4mm。

（2）采用金属材料做防水卷材，如铅锡锑合金防水卷材，最小厚度为 0.5mm。

（3）改变一般防水卷材的胎质。一般防水卷材的胎体有聚酯毡胎体、麻布胎体、聚乙烯膜胎体、玻纤毡胎体，而耐根穿刺的防水卷材的胎体改变为金属胎，常见的有复合铜胎基、铜胎基等，最小厚度均为 4mm。

（4）改变高分子防水卷材的胎质。如聚氯乙烯防水卷材（内增强型）高密度聚乙烯土工膜、铝胎聚乙烯复合防水卷材等，最小厚度均为 1.2mm。

52. "油毡"的叫法还存在吗？

防水材料一般分为防水卷材和防水涂料两种，沥青防水卷材俗称"油毡"。

《屋面工程技术规范》（GB 50345—2004）提到的防水卷材和防水涂料有：

（1）合成高分子防水卷材：以合成橡胶、合成树脂或两者共混为基料，加入适量的助剂和填料，经混炼压延或挤出等工序加工而成的防水卷材。如三元乙丙丁基橡胶防水卷材、聚氯乙烯防水卷材、氯化聚乙烯防水卷材等。

（2）高聚物改性沥青防水卷材：以高分子聚合物改性石油沥青为涂盖层，聚酯毡、玻纤毡或聚酯玻纤复合为胎基，细砂、矿物粉料或塑料膜为隔离材料制成的防水卷材。如 SBS 弹性卷材、APP 塑性卷材等。

（3）沥青防水卷材：以原纸、织物、纤维毡、塑料膜等材料为胎基，浸涂石油沥青、矿物粉料或塑料膜为隔离材料制成的防水卷材。如石油沥青防水卷材等。煤沥青防水卷材和煤焦油沥青防水卷材早已被淘汰。

（4）合成高分子防水涂料：以合成橡胶或合成树脂为主要成膜物质，配制成单组分或多组分防水涂料。

（5）高聚物改性沥青防水涂料：以石油沥青为基料，用高分子聚合物进行改性，配制成的水乳型或溶剂型防水涂料。

（6）聚合物水泥防水涂料：以丙烯酸酯等聚合物乳液和水泥为主要原料，加入其他外加剂制成的双组分水性建筑防水涂料。

在《屋面工程技术规范》（GB 50345—2004）中屋面防水等级及设防要求里出现的"三毡四油"和"二毡三油"只是一种习惯叫法。其中的"毡"指的是石油沥青防水卷材；"油"指的是热沥青胶（玛琋脂）。这种做法属于热作业，施工时容易污染环境和造成人员伤害，在我国大中城市早已禁用。

各地广泛使用的"油毡瓦"，在北京地区标准图 08BJ1—1 中已更名为"玻纤胎沥青瓦"。

53. 玻纤胎沥青瓦有什么构造特点？

《屋面工程技术规范》（GB 50345—2004）中指出：玻纤胎沥青瓦使用于防水等级为Ⅱ、Ⅲ等级的屋面防水，与平瓦一样，玻纤胎沥青瓦屋面属于有基层的坡屋面。玻纤胎沥青瓦屋面的基层一般采用钢筋混凝土板或木基层。

（1）玻纤胎沥青瓦的特点

1）玻纤胎沥青瓦一般为4mm厚，长1000mm，宽333mm，用钉子固定的沥青瓦片；

2）这种瓦适用于屋面坡度≥1/3的屋面，如用于屋面坡度 1/5～1/3 时，玻纤胎沥青瓦的下面应增设有效的防水层；屋面坡度<1/5时，不宜采用玻纤胎沥青瓦。

（2）玻纤胎沥青瓦的构造做法

下面是《工程做法》08BJ1—1 中关于玻纤胎沥青瓦的构造层次，代号为坡屋6：

1）玻纤胎沥青瓦用$\phi 3$的专用钢钉固定。

2）6mm 厚 1:3 水泥砂浆找平。

3）65mm 厚挤塑聚苯（XPS）板用外保温粘结砂浆粘结。

4）0.7mm 厚 GFZ 聚乙烯丙纶复合防水卷材，用专用胶粘剂粘贴或刷水泥基渗透结晶型防水涂料。

5）钢筋混凝土屋面板。（见图53）

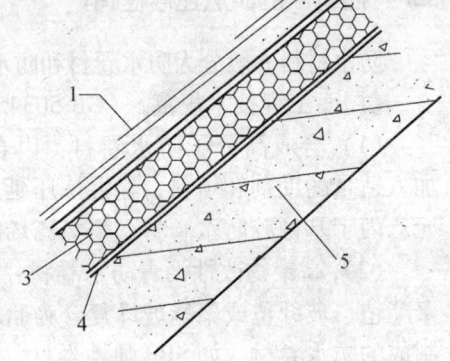

图 53　玻纤胎沥青瓦构造
1—玻纤胎沥青瓦；2—水泥砂浆；
3—聚苯板；4—防水涂料；
5—钢筋混凝土板

54. 什么叫倒置式屋面？为什么推荐这种做法？

倒置式屋面是平屋面的一种做法，其特点是将屋面中的保温层放在防水层的上面。这样做的优点是有利于节约能源、增强保温效果、延长防水层的使用寿命，与外墙外保温一起形成保温层对建筑的全面包围，保温效果优越于正置式做法。

（1）《倒置式屋面工程技术规程》（JGJ 230—2010）的规定

1）倒置式屋面的防水等级应为Ⅱ级，防水层的合理使用年限不得少于20年。

2）倒置式屋面的保温层使用年限不宜低于防水层使用年限。

3）倒置式屋面的找坡层：

①宜采用结构找坡，坡度不宜小于3%。

②当采用材料找坡时，找坡层最薄处的厚度不得小于30mm。

4）倒置式屋面的找平层：

①防水层下应设找平层。

②找平层可采用水泥砂浆或细石混凝土，厚度应为15~40mm。

③找平层应设分格缝，缝宽宜为10~20mm，纵横缝的间距不宜大于6m；缝中应用密封材料嵌填。

5）倒置式屋面的防水层应选用耐腐蚀、耐腐烂、适应基层变形能力的防水材料。

6）倒置式屋面的保温层可以选用挤塑聚苯板、硬泡聚氨酯板、硬泡聚氨酯防水保温复合板、喷涂硬泡聚氨酯及泡沫玻璃保温板等，最小厚度不应小于25mm。

7）倒置式屋面的保护层：

①可以选用卵石、混凝土板块、地砖、瓦材、水泥砂浆、金属板材、人造草皮、种植植物等材料。

②保护层的质量应保证当地30年一遇最大风力时保温板不会被刮起和保温层在积水状态下不会浮起。

③当采用板状材料、卵石做保护层时，在保温层与保护层之间应设置隔离层。

④当采用卵石保护层时，其粒径宜为40~80mm。

⑤当采用板状材料做上人屋面保护层时，板状材料应采用水泥砂浆坐浆平铺，板缝应采用砂浆勾缝处理；当屋面为非功能性上人时，板状材料可以干铺，厚度不应小于30mm。

⑥保护层应设分格缝，面积为水泥砂浆为1m^2、板状材料为100m^2、细石混凝土为36m^2。

8）倒置式屋面的构造顺序为（由下而上）：结构层—找坡层—找平层—防水层—保温层—保护层。

（2）北京地区的推荐做法

倒置式屋面对保温层的要求较高，保温材料必须是憎水的，北京地区推荐使用挤塑聚苯（XPS）板。其次，对保护层的要求也非常特殊，要求保护层的材料既要保护保温层，又要解决上人或不上人的不同要求。上人的保护层有防滑地砖、细石混凝土、木格板等；不上人的保护层有人造草皮、涂料、卵石、架空纤维水泥板等。

下面是华北地区标准图《工程做法》08BJ1—1 的三个做法实例,供读者参考。

1)钢筋混凝土板平放,不上人,倒置式,代号平屋 7。
①保护层:40mm 厚卵石铺平,卵石粒径 20~30mm,不得使用粒径小于 6mm 的石砂。
②隔离层:干铺一层无纺聚酯纤维布。
③保温层:60mm 厚挤塑聚苯(XPS)板。
④防水层:柔性防水层。
⑤找平层:20mm 厚找平干拌砂浆(DS)或 20mm 厚 1:3 水泥砂浆。
⑥找坡层:最薄 40mm 厚加气碎块找 2% 坡,厚度 >120mm 时,先铺干加气混凝土碎块振压拍实,再覆 50mm 厚加气混凝土碎块。
⑦承重层:钢筋混凝土屋面板平放。

2)钢筋混凝土板斜放,上人,倒置式,代号平屋 12。
①面层:40mm 厚 C20 细石混凝土随打随抹平压光 3m×3m 分缝,缝宽 10mm,缝中填聚苯板,缝上部填密封膏。
②隔离层:0.4mm 厚聚氯乙烯塑料薄膜。
③保温层:65mm 厚挤塑聚苯(XPS)板。
④防水层:柔性防水层。
⑤找平层:20mm 厚找平干拌砂浆(DS)或 20mm 厚 1:3 水泥砂浆。
⑥承重层:钢筋混凝土屋面板斜放。

3)钢筋混凝土板平放,上人,倒置式,代号平屋 1。
①面层:5mm 厚干拌瓷砖粘结砂浆(DTA)粘贴 6~10mm 防滑地砖。
②结合层:20mm 厚干拌地面砂浆(DS),内配 0.9mm 镀锌铁丝网,网孔 20mm×20mm。
③架空层:干拌地面砂浆(DS),铺贴 200mm 高 500mm×500mm 预制纤维水泥架空板凳,板凳拉开 160mm 缺口。
④找平层:20mm 厚干拌地面砂浆(DS)。
⑤保温层:60mm 厚挤塑聚苯板(XPS)。
⑥防水层:柔性防水层。
⑦找平层:20mm 厚干拌地面砂浆(DS)。
⑧找坡层:最薄 40mm 厚加气碎块找 2% 坡,厚度 >120mm 时,先铺干加气混凝土碎块振压拍实,再覆 50mm 厚加气混凝土碎块。
⑨承重层:钢筋混凝土屋面板平放。

55. 古建和民居中的"坡屋顶"与现在的"瓦屋面"在构造上有什么不同?

"坡屋顶"一般包括屋面基层和屋面面层两大部分;"瓦屋面"特指采用

各种瓦材建造的坡屋面（一般不包括屋面基层）。

（1）古建和民居中的"坡屋顶"有传统做法和现代做法之分，其特点与构造顺序是：

1）传统做法：其构造顺序（由下而上）是：屋架（大多为木屋架）—檩条（大多为木檩条）—椽条（大多为木椽条）—箔（采用席箔、苇箔、荆巴箔）—泥背（采用掺灰泥）—瓦（多为黏土类瓦）。屋面形式有合瓦屋面、筒瓦屋面、棋盘心等。

2）现代做法：其构造顺序（由下而上）是：屋架（大多为木屋架、钢木组合屋架）—檩条（大多为木檩条、钢檩条）—屋面板（又称望板，大多采用木板）—干铺沥青卷材（石油沥青卷材）—压卷材木条（顺水条）—挂瓦条（木条）—瓦（大多为水泥瓦或黏土瓦）。

（2）现在的"瓦屋面"与传统"坡屋顶"的最大区别有以下几点：

1）屋面承重结构方式的改变：传统"坡屋顶"采用屋架承重，而"瓦屋面"大多采用钢筋混凝土仿屋架形式的空间结构。

2）瓦材的改变，无论从类型、外观形式和尺度上都与"坡屋顶"的瓦材有很大改变。现代瓦材除保留小青瓦、琉璃瓦等传统瓦材外，新型瓦屋面的瓦材有：彩色水泥瓦、玻纤胎沥青瓦、彩色压型钢板波形瓦、压型钢板、玻璃纤维增强聚酯波形瓦等。

3）传统做法中没有保温层，而是通过"闷顶"（屋架中的空间部分）来解决，现代做法中则采用了保温材料，如挤塑聚苯板等来解决保温问题。

4）"瓦屋面"的构造做法举例。

①彩色水泥瓦《工程做法》08BJ1—1中代号为坡屋1。

A. 彩色水泥瓦。

B. 30mm×25mm木挂瓦条与顺水条钉接。

C. 30mm×20mm木顺水条，用预埋的12号镀锌钢丝绑扎，中距500mm。

D. 65mm厚挤塑聚苯板用外保温粘结砂浆粘结。

E. 0.7mm厚GFZ聚乙烯丙纶复合防水卷材，用专用胶粘剂粘贴或刷水泥基防水涂料；

F. 钢筋混凝土屋面板，预埋12号镀锌钢丝（绑扎顺水条用），中距900mm×500mm。（见图55-1）

②小青瓦《工程做法》08BJ1—1中代号为坡屋9。

A. 小青瓦用20mm厚1:1:4水泥石灰砂浆加水泥重3%的麻刀（或耐碱玻璃短纤维）卧铺。

B. 20mm厚1:3水泥砂浆，上刷1.5mm厚聚合物水泥基防水涂料。

C. 满铺1mm厚钢板网，菱形孔15mm×40mm，搭接处用18号镀锌钢丝

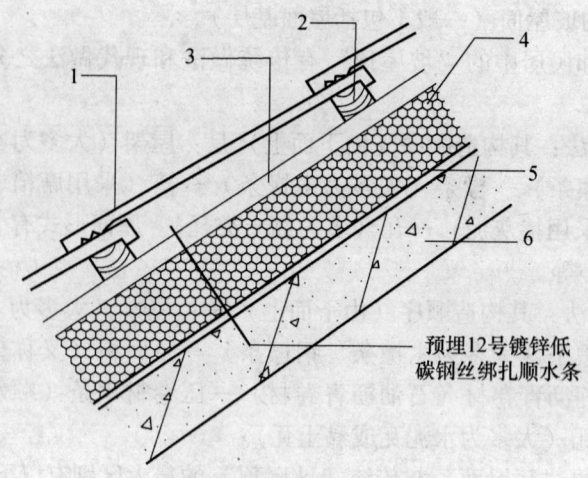

图 55-1 彩色水泥瓦构造

1—彩色水泥瓦；2—顺水条；3—挂瓦条；4—聚苯板；5—防水涂料；6—钢筋混凝土板

绑扎，并与预埋件 ϕ10 钢筋头绑牢，钢板网埋入 20mm 厚的砂浆层中。

D. 60mm 厚挤塑聚苯板用外保温粘结砂浆粘结。

E. 钢筋混凝土屋面板预埋 ϕ10 钢筋头，露出屋面 80mm，双向中距 900~1000mm。

F. 钢筋混凝土屋面板（见图 55-2）。

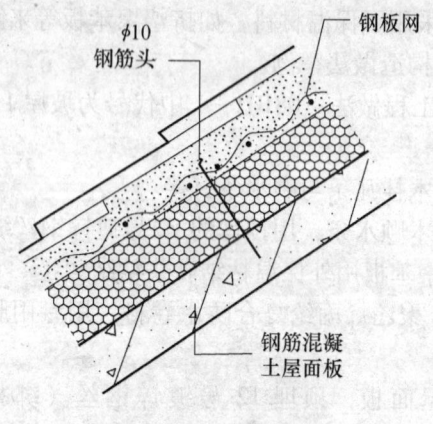

图 55-2 小青瓦构造

56. 什么叫"排汽屋面"？它有什么特点？

《屋面工程技术规范》（GB 50345—2004）中指出屋面保温层或找平层干燥有困难时，宜采用排汽屋面。是否采用排汽屋面由施工单位根据气候情况决定。排汽屋面的具体做法如下：

（1）找平层设置的分隔缝可兼作排汽道；铺贴卷材时宜采用空铺法、点粘法、条粘法。

（2）排汽道应纵横贯通，并与大气连通的排汽道相通；排汽道可设在檐口下或屋面排汽道交叉处。

（3）排汽道宜纵横设置，间距为6m。屋面面积每 $36m^2$ 宜设置一个排汽孔，排汽孔应做防水处理。

（4）在保温层下也可铺设带支点的塑料板，通过空腔层排水、排气。排汽道采用钢管时，其直径不应小于40mm。

排汽屋面的具体做法见图56-1、图56-2。

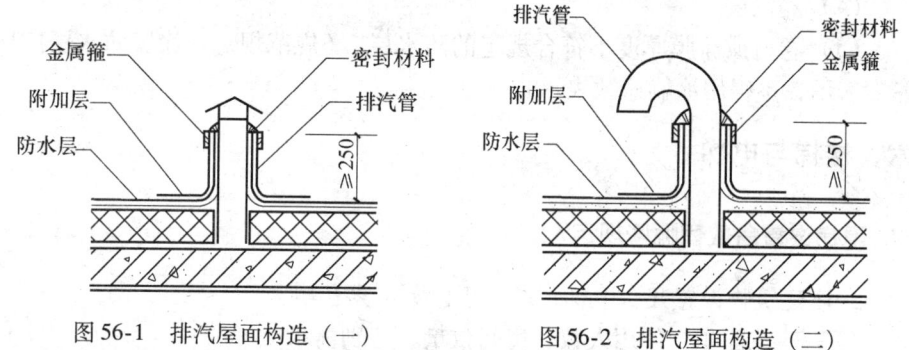

图56-1 排汽屋面构造（一）　　图56-2 排汽屋面构造（二）

57. 平屋面中隔汽层的设置原则是什么？

平屋面中隔汽层的作用是避免采暖季节室内湿度过大时在保温层中出现"结露"现象，其位置应在正置式屋面保温层的下面（注：倒置式屋面不设隔汽层）。

《屋面工程技术规范》（GB 50345—2004）中指出屋面做法中隔汽层的构造要点是：在纬度40°以北地区且室内空气湿度大于75%，或其他地区室内空气湿度常年大于80%时，应设置隔汽层。

若采用吸湿性保温材料做保温层，应选用气密性、水密性好的防水卷材或防水涂料做隔汽层。

隔汽层应沿墙面向上铺设，并与屋面防水层相连接，形成全封闭的整体。

58. 屋面防水采用多道防水材料时，其构造顺序有无要求？

《屋面工程技术规范》（GB 50345—2004）中规定：多种防水材料复合使用时其顺序是有要求的。

（1）合成高分子卷材或合成高分子涂膜的上部，不得采用热熔型卷材或涂料。

（2）卷材与涂膜复合使用时，涂膜宜放在下部。

（3）卷材、涂膜与刚性材料复合使用时，刚性材料应设置在柔性材料的上部。

（4）反应型涂料和热熔型改性沥青涂料，可作为铺贴材性相容的卷材胶粘剂并进行复合防水。

下列情况不得作为屋面的一道防水设防：

（1）混凝土结构层。

（2）现喷硬质聚氨酯等泡沫塑料保温层。

（3）装饰瓦以及不搭接瓦的屋面。

（4）隔汽层。

（5）卷材或涂膜厚度不符合规定的防水层。（规范规定：涂膜防水层应以厚度表示，不得用涂刷遍数表示）

六、楼梯与电梯

59. 电梯设置台数有哪些规定？

一座建筑物设置几台电梯，取决于以下因素：

（1）建筑面积、使用人数、房间数量、特别需求

有关资料表明：电梯的台数对不同建筑的要求也不尽相同。住宅按户数考虑，每60~90户设一台；旅馆按客房数考虑，每100~120间客房设一台；写字楼（办公楼）按建筑面积考虑，每2500~5000m^2设一台；医院住院部按病床数考虑，每150张病床设一台。

（2）建筑高度与层数

《民用建筑设计通则》（GB 50352—2005）中指出：

1）以电梯为主要垂直交通的高层公共建筑和12层及12层以上的高层住宅，每栋楼设置电梯的台数不应少于2台。

2）7层和7层以上住宅或住户入口层楼面距室外设计地面的高度超过16m的住宅必须设置电梯。

3）由其他技术资料得知：4层和4层以上的医疗建筑和老年人建筑；图书馆、档案馆、宿舍最高楼层距入口层地面超过20m；3层及3层以下的一、二级旅馆；4层及4层以上的三级旅馆；6层及6层以上的四级旅馆；7层和7层以上的五、六级旅馆必须设置电梯。

《办公建筑设计规范》（JGJ 67—2006）中指出：5层及5层以上的办公楼应设置电梯。

《宿舍建筑设计规范》（JGJ 36—2005）中指出：7层和7层以上宿舍或居室最高入口层楼面距室外设计地面的高度大于21m时，应设置电梯。

（3）电梯的平时使用要求和特殊需求

《民用建筑设计通则》（GB 50352—2005）中指出：

1）电梯不得计作安全出口。

2）建筑物每个服务区单侧排列的电梯不宜超过4台，双侧排列的电梯不宜超过2×4台，电梯不应在转角处"贴邻"布置。

3）电梯候梯厅的深度不得小于1.50m。

4）电梯井道和机房不宜与有安静要求的用房"贴邻"布置，否则应采取隔振、隔声措施。

5）机房应为专用的房间，其围护结构应保温隔热，室内应有良好通风、防尘措施，宜有自然采光，不得将机房顶板做水箱底板及在机房内直接穿越水管或蒸汽管。

其他相应技术资料也指出：

1）通向机房的通道，应考虑设备的更换条件，楼梯和门的宽度均不宜小于1.20m，楼梯的坡度应小于45°。去电梯机房可以通过楼梯或屋面到达。

2）相邻两层站的高度，当层门入口高度为2m时，应不小于2.45m；层门入口高度为2.10m时，应不小于2.55m。

3）地坑深度超过0.90m时，需设置固定的金属梯，且不应占用电梯运行空间。

4）同一井道安装有多台电梯时，不同电梯之间应设置护栏，高度应高于地坑地面2.50m。

60. 电梯的细部构造应注意哪些问题？

综合相关技术资料，电梯的细部构造应注意以下几点：

（1）电梯井道、底坑和顶板应坚固，选用具有足够强度和不产生粉尘的材料，采用耐火极限不应低于1.00h的不燃烧体。井道厚度，钢筋混凝土墙不应小于200mm，或承重砌体墙时不应小于240mm，或根据结构计算确定。当井道采用砌体墙时，应设框架柱和水平圈梁与框架梁，以满足固定轿厢和配重导轨之用。水平圈梁宜设在各层预留门洞上方，高度不宜小于350mm，垂直中距宜为2.5m左右。框架梁高不宜小于500mm。

（2）电梯井道壁应垂直，且井道净空尺寸允许正偏差，其允许偏差值为：

1）当井道高度小于或等于30m时，为0～+25mm。

2）当井道高度大于30m、小于60m时，为0～+35mm。

3）当井道高度大于60m、小于90m时，为0～+50mm。

4) 当井道高度大于 90m 时, 应符合电梯生产厂土建布置图要求。

如果电梯对重装置有安全钳时, 则根据需要, 井道的宽度和深度尺寸允许适当增加。

(3) 电梯井道不宜设置在能够到达的空间上部。如确有人能到达的空间存在, 底坑地面最小应按支承 5000Pa 荷载设计, 或将对重缓冲器安装在一直延伸到坚固地面上的实心柱墩上或由厂家附加对重安全钳。上述做法应得到电梯供货厂的书面文件确认其安全。

(4) 电梯井道除层门开口、通风孔、排烟口、安装门、检修门和检修人孔外, 不得有其他与电梯无关的开口。

(5) 电梯井道泄气孔。

1) 单台梯井道, 中速梯 (2.50~5.00m/s) 在井道顶端宜按最小井道面积的 1/100 留泄气孔。

2) 高速梯 (≥5.00m/s) 应在井道上下端各留不小于 $1m^2$ 的泄气孔。

3) 双台及以上合用井道的泄气孔, 低速和中速梯原则上不留, 高速梯可比单井道的小或依据电梯生产厂的要求设置。

4) 井道泄气孔应依据电梯生产厂的要求设置。

(6) 当相邻两层门地坎间距离超过 11m 时, 其间应设安全门, 其高度不得小于 1.8m, 宽度不得小于 0.35m。安全门和检修门应具有和层门一样的机械强度和耐久性能, 且均不得向井道里开启, 门本身应是无孔的。

(7) 高速直流乘客电梯的井道上部应做隔声层, 隔声层应做 800mm × 800mm 的进出口。

(8) 多台并列成排电梯井道内部尺寸应符合下列规定:

1) 共用井道总宽度 = 单梯井道宽度之和 + 单梯井道之间的分界宽度之和。每个分界宽度最小按 100~200mm 计。当两轿厢相对一面设有安全门时, 位于该两台电梯之间的井道壁不应为实体墙, 应设钢或钢筋混凝土梁, 分界宽度大于等于 1000mm。

2) 共用井道各组成部分深度与这些电梯单独安装时井道的深度相同。

3) 底坑深度按群梯中速度最快的电梯确定。

4) 顶层高度按群梯中速度最快的电梯确定。

5) 多台电梯中, 电梯厅门间的墙宜为填充墙, 不宜为钢筋混凝土抗震墙。

(9) 多台并列成排电梯共用机房内部尺寸应符合下列规定:

1) 多台电梯共用机房的最小宽度, 应等于共用井道的总宽度加上最大的 1 台电梯单独安装时所侧向延伸长度之和。

2) 多台电梯共用机房的最大深度, 应等于电梯单独安装所需最深井道加上 2100mm。

3）多台电梯共用机房最小高度，应等于其中最高机房的高度。
(10) 机房的剖面位置和工作环境：
1) 机房的剖面位置。
①乘客电梯、住宅电梯、病床电梯、载货电梯的机房位于顶站上部。
②杂物电梯的机房位于顶站上部或位于本层。
③液压电梯的机房位于底层或地下。
2) 机房的工作环境。
①机房应为专用的房间，围护结构应保温隔热，室内应通风良好、防尘，宜有自然采光。环境温度应保持在5℃～40℃之间，相对湿度不大于85%。
②介质中无爆炸危险，无足以腐蚀金属和破坏绝缘的气体及导电尘埃。
③供电电压波动在±7%范围以内。
(11) 通向机房的通道、楼梯和门的宽度不应小于1200mm，门的高度不应小于2000mm。楼梯的坡度小于或等于45°。上电梯机房应通过楼梯到达，也可经过一段屋顶到达，但不应经过垂直爬梯。机房门的位置还应考虑电梯更新时机组吊装与进出方便。
(12) 机房地面应平整、坚固、防滑和不起尘。机房地面允许有不同高度，当高差大于0.5m时，应设防护栏杆和钢梯。
(13) 机房顶板上部不宜设置水箱，如不得不设置时，不得利用机房顶板作为水箱底板，且水箱间地面应有可靠的防水措施。也不应在机房内直接穿越水管和蒸汽管。
(14) 机房可向井道两个相邻侧面延伸，液压电梯机房宜靠近井道。
(15) 机房顶部应设起吊钢梁或吊钩，其中心位置宜与电梯井纵横轴的交点对中。吊钩承受的荷载对于额定载重量3000kg以下的电梯不应小于2000kg；对于额定载重量大于3000kg电梯，应不少于3000kg，或根据生产厂的要求确定。
(16) 设置曳引机承重梁和有关预埋铁件，必须埋入承重墙内或直接传力至承重梁的支墩上。承重梁的支撑长度应超过墙中心20mm且不应少于75mm。
(17) 相邻两层站间的距离，当层门入口高度为2000mm时，应不小于2450mm；层门入口高度为2100mm时，应不小于2550mm。
(18) 层门尺寸指门套装修后的净尺寸，土建层门的洞口尺寸应大于层门尺寸，留出装修的余量，一般宽度为层门两边各加100mm，高度为层门加70～100mm。
(19) 电梯井道底坑地面应光滑平整、不渗水、不漏水。消防电梯井道应设排水装置，集水坑设在电梯井道外。

（20）底坑深度超过900mm时，需根据要求设置固定金属梯或金属爬梯。金属梯或金属爬梯不得凸入电梯运行空间，且不应影响电梯运行部件的运行。当生产厂自带该梯时，设计不必考虑。

（21）底坑深度超过2500mm时，应设带锁的检修门，检修门高度大于1400mm，宽度大于600mm，检修门不得向井道内开启。

（22）同一井道安装有多台电梯时，相邻电梯井道之间可为钢筋混凝土隔墙或钢梁（每层设置），用以安装导轨支架，墙厚200mm，梁的宽度为100mm。在井道下部不同的电梯运行部件之间应设置护栏，高度为底坑底面以上2.5m。

（23）电梯详图中应按电梯生产厂要求，在井道和机房详图中表示导轨预埋件、厅门牛腿、厅门门套、机房工字钢梁（或混凝土梁）和顶部检修吊钩的位置、规格，层数指示灯及按钮留洞位置。为电梯检修，必须满足吊钩底的净空高度要求，当不能满足时，可通过增加层高或吊钩梁为反梁解决。

（24）自动扶梯和自动人行道起止平行墙面深度除满足设备安装尺寸外，应根据梯长和使用场所的人流留有足够的等候及缓冲面积；当畅通区宽度至少等于扶手带中心线之间距离时，扶手带转向端距前面障碍物应大于等于2.5m；当该区宽度增至扶手带中心距2倍以上时，其纵深尺寸允许减至2.0m。

61. 消防电梯的设置有哪些规定？

《高层民用建筑设计防火规范》（GB 50045—95）2005年版中指出：

(1) 下列高层建筑应设消防电梯
1) 一类公共建筑。
2) 塔式住宅。
3) 12层及12层以上的单元式住宅和通廊式住宅。
4) 建筑高度超过32m的其他二类公共建筑。

(2) 消防电梯的数量
1) 当每层建筑面积不大于1500m^2时，应设1台。
2) 当每层建筑面积大于1500m^2，但不大于4500m^2时应设2台。
3) 当每层建筑面积大于4500m^2时，应设3台。
4) 消防电梯可与客梯或工作电梯兼用，但应符合消防电梯的要求。

(3) 消防电梯设置的有关规定
1) 消防电梯宜分设在不同的防火分区内。
2) 消防电梯间应设前室，其面积：居住建筑不应小于4.50m^2；公共建筑不应小于6.00m^2。当与消防楼梯间合用前室时，其面积：居住建筑不应小于

$6.00m^2$；公共建筑不应小于$10.00m^2$。

3）消防电梯间前室宜靠外墙设置，在首层应设直通室外的出口或经过长度不超过30m的通道通向室外。

4）消防电梯间前室的门，应采用乙级防火门或具有停滞功能的防火卷帘。

5）消防电梯间的载重量不应小于800kg。

6）消防电梯井、机房与相邻其他电梯井、机房之间，应采用耐火极限不低于2.00h的隔墙隔开，当在隔墙上开门时，应采用甲级防火门。

7）消防电梯的行驶速度，应按从首层到顶层的运行时间不超过60s计算确定。

8）消防电梯轿厢内装修应采用不燃烧材料。

9）动力控制电缆、电线应采取防水措施。

10）消防电梯轿厢内应设专用电话，并应在首层设供消防队员专用的操作按钮。

11）消防电梯间前室门口宜设挡水措施。

62. 自动扶梯的细部构造应注意哪些问题？

综合相关技术资料，自动扶梯的细部构造应注意以下几点：

（1）自动扶梯和自动人行道与平行墙面间，扶手与楼板开口边缘及相邻平行梯的扶手带的水平距离不应小于0.5m。当既有建筑不能满足上述距离时，特别是在楼板交叉处及各交叉设置的自动扶梯或自动人行道之间，应采取措施防止障碍物引起人员伤害，可在外盖板上方设置一个无锐利边缘的垂直防碰挡板，其高度不应小于0.3m。例如一个无孔三角板。

（2）自动扶梯的梯级或自动人行道的踏板或胶带上空，垂直净高度不应小于2.3m。

（3）倾斜式自动人行道距楼板开洞处净高应大于等于2.0m。出口处扶手带转向端距前面障碍物水平距离大于等于2.5m。

（4）自动扶梯扶手带外缘与墙壁或其他障碍物之间的水平距离不得小于80mm。相互邻近平行或交错设置的自动扶梯，扶手带的外缘间的距离不得小于120mm。

（5）自动人行道地沟排水应符合下列规定：

1）室内自动人行道按有无集水可能而设置。

2）室外自动扶梯无论全露天或在雨篷下，其地沟均需全长设置下水排放系统。

（6）自动扶梯或自动人行道在露天运行时，宜加顶棚和围护。

63. 高层建筑的对外安全出口有哪些具体规定？

《高层民用建筑设计防火规范》（GB 50095—95）2005 年版中指出：
（1）高层建筑每个防火分区的安全出口不应少于两个。
（2）符合下列条件之一的高层建筑可设一个安全出口。

1）18 层和 18 层以下，每层不超过 8 户，建筑面积不超过 650m²，且设有一座防烟楼梯间和消防电梯的塔式住宅。

2）18 层和 18 层以下每个单元设有一座通向屋顶的疏散楼梯，单元之间的楼梯通过屋顶连接，单元与单元之间设有防火墙，户门为甲级防火门，窗间墙宽度、窗槛墙高度大于 1.20m 且为不燃烧体墙的单元式住宅。

3）超过 18 层，每个单元设有 1 座通向屋顶的疏散楼梯，18 层以上部分每层相邻单元楼梯通过阳台或凹廊连通（屋顶可以不连通），18 层和 18 层以下部分单元与单元之间设有防火墙，且户门为甲级防火门，窗间墙宽度、窗槛墙高度大于 1.20m 且为不燃烧体墙的单元式住宅。

4）除地下室外，相邻两个防火分区之间的防火墙上有甲级防火门连通时，且相邻两个防火分区的建筑面积之和不超过表 63 规定的公共建筑。

表 63　两个防火分区建筑面积之和

建筑类别	两个防火分区建筑面积之和（m²）
一类建筑	1400
二类建筑	2100

64. 什么叫剪刀楼梯？应用时应注意什么问题？

剪刀楼梯指的是在一个开间和一个进深内，设置两个不同方向的单跑楼梯，中间用不燃烧体墙分开，从任何一侧均可到达上层（或下层）的楼梯。

《高层民用建筑防火设计规范》（GB 50045—95）2005 年版指出：
（1）塔式高层住宅，两座疏散楼梯宜独立设置。
（2）当设置两座疏散楼梯确有困难时，可设置剪刀楼梯。剪刀楼梯应符合下列规定：

1）剪刀楼梯间应为防烟楼梯间。

2）剪刀楼梯的梯段之间，应采用耐火极限不低于 1.00h 的不燃烧体墙分隔。

3）剪刀楼梯间应分别设置前室，当确有困难时，部分开向前室的户门均应为乙级防火门。

65. 楼梯间的防火要求有哪些?

（1）地下室、半地下室的楼梯，应设有楼梯间。

（2）首层和地下室、半地下室共用楼梯间时，在首层的出入口位置应设有耐火极限不低于2.00h的隔墙和乙级防火门。

（3）高层建筑中通向屋面的楼梯不宜少于2部。楼梯入口不应穿越其他房间。通向屋面的门应朝屋面方向开启。

（4）单元式高层住宅的楼梯均应通向屋面。

（5）商店建筑的营业厅，当高度在24m及以下时，可采用设有防火门的封闭楼梯间；当高度在24m以上时，应采用防烟楼梯间。

（6）上部为住宅、下部为商业用房的商住楼，商业和住宅部分的楼梯、出入口应分别设置。

66. 室外楼梯可以作为疏散楼梯吗?

《建筑设计防火规范》（GB 50016—2006）中规定，符合下列要求的室外楼梯可以作为疏散楼梯使用，但应满足以下条件：

（1）栏杆扶手高度不应小于1.10m，楼梯的净宽度不应小于0.90m。

（2）倾斜角度不应大于45°。

（3）楼梯段和平台均应采用不燃材料制作，平台的耐火极限不应低于1.00h，楼梯段的耐火极限不应低于0.25h。

（4）通向室外楼梯的门宜采用乙级防火门，并应向室外开启。

（5）除疏散门外，楼梯周围2.00m内的墙面上不应设置门窗洞口，疏散门不应正对楼梯段。

值得注意的是：平台的耐火极限不应低于1.00h，一般应选用钢筋混凝土制作；而楼梯段的耐火极限不应低于0.25h，则为采用钢材制作楼梯段和楼梯梁提供了机会。若选用钢材楼梯段和楼梯梁时应做好防火涂料或防火漆的处理。

67. 建筑设计中如何确定楼梯的平面形式?

综合《建筑设计防火规范》（GB 50016—2006）、《高层民用建筑设计防火规范》（GB 50045—95）2005年版、《人民防空工程设计防火规范》（GB 50098—2009）、《汽车库、修车库、停车场设计防火规范》（GB 50067—97）等相关建筑设计规范的规定。

（1）敞开楼梯间。

1）居住建筑。

①2层通廊式居住建筑。

②3~9层户门采用乙级防火门的通廊式居住建筑。

③2~6层，且任一层建筑面积≤500m² 的塔式、单元式居住建筑。

④2~6层，且任一层建筑面积>500m²，且当户门采用乙级防火门的塔式、单元式的居住建筑。

⑤7~9层户门采用乙级防火门的塔式、单元式的居住建筑。

⑥10~11层户门采用乙级防火门的单元式住宅。

2）多层公共建筑。

除医院、疗养院、养老院、福利院的病房楼、疗养楼；旅馆和层数超过2层的商场、图书馆、会议展览建筑、歌舞娱乐放映游艺场所及设有类似使用功能的建筑之外的5层及5层以下的公共建筑。

（2）封闭楼梯间

1）居住建筑。

①3~11层通廊式居住建筑（3~9层户门未采用乙级防火门的）。

②2~6层，且任一层建筑面积>500m² 的塔式、单元式的居住建筑。

③7~9层的塔式、单元式住宅。

④10~18层的单元式住宅楼。

⑤2~9层住宅中的电梯井与疏散楼梯相邻布置（户门未采用乙级防火门的）。

⑥7~9层通廊式宿舍。

⑦12~18层单元式宿舍。

2）公共建筑。

①建筑高度小于或等于24m 的公共建筑以及建筑高度大于24m 的单层公共建筑。

A. 多层医院、疗养院、养老院、福利院的病房楼、疗养楼。

B. 多层旅馆。

C. 层数超过2层的商场、图书馆、会议展览建筑、歌舞娱乐放映游艺场所及设有类似使用功能的建筑。

D. 超过5层的教学楼、办公楼等其他公共建筑。

E. 2层及2层以上的档案馆的档案库，图书馆的书库、资料库，博物馆的藏品库。

②建筑高度超过24m 的公共建筑。

A. 建筑高度小于或等于32m 二类高层公共建筑。

B. 高层建筑的裙房。

③其他建筑。

A. 地下商店和设置歌舞娱乐放映游艺场所的地下建筑（室），当其地下层数为 1~2 层或地下室内地面与室外出入口地坪高差小于等于 10m。

　　B. 汽车库、修车库（包括地下车库）。

　　④敞开外廊的多层公共建筑，与敞开外廊相通的楼梯间可以不采用封闭楼梯间。

　　（3）防烟楼梯间

　　1）居住建筑。

　　①10 层及 10 层以上的塔式住宅。

　　②12 层及 12 层以上的通廊式住宅、通廊式宿舍。

　　③19 层及 19 层以上的单元式住宅、单元式宿舍。

　　2）公共建筑。

　　①一类高层建筑。

　　②建筑高度超过 32m 的二类高层公共建筑。

　　③多层和高层建筑中应设封闭楼梯间但不具备直接天然采光和自然通风的楼梯间。

　　（4）其他建筑

　　1）地下商店和设置歌舞娱乐、放映、游艺场所的地下建筑（室），当地下层数为 3 层及 3 层以上或地下室内地面与室外出入口地坪高差大于 10m。

　　2）人防工程的电影院、礼堂，建筑面积大于 $500m^2$ 的医院、旅馆，建筑面积大于 $1000m^2$ 的商场、餐厅、展览厅、公共娱乐场所、小型体育场所，当其底层室内地坪与室外出入口地面高差大于 10m 时。

　　3）建筑高度超过 32m 的高层汽车库。

七、门窗

68. 什么叫窗墙面积比？居住建筑各朝向的窗墙面积比是如何规定的？

　　窗墙面积比又称为"开洞率"，是窗洞口面积与所在洞口墙面积之比。墙面积是房间开间尺寸与层高尺寸的乘积。限制窗墙面积比的用意在于：既满足节能要求又保证采光率得以实现。《民用建筑设计术语标准》（GB/T50504—2009）中对窗墙面积比的解释是"窗户洞口面积与房间立面单元面积的比值"。

　　《民用建筑热工设计规范》（GB 50176—93）中规定：北向窗墙面积比不应大于 0.20；东、西向窗墙面积比不应大于 0.25（单层窗）或 0.30（双层窗）；南向窗墙面积比不应大于 0.35。

　　北京市地方标准《居住建筑节能设计标准》（DBJ11—602—2006）中规定的不同朝向窗墙面积比的规定值详见表 68-1。

表 68-1　不同朝向窗墙面积比的限值

朝向	建筑类型	窗墙面积比规定值
北（偏东≤45°到偏西＞60°）	—	0.30
东（偏北＜45°到偏南≤45°）	南北向板式建筑	0.15
西（偏北＜30°到偏南≤60°）	东西向板式建筑、塔式建筑	0.30
南（偏东＜45°到偏西＜30°）	—	0.50

北京市地方标准《公共建筑节能设计标准》（DBJ01—621—2005）中规定：公共建筑的外窗应符合下列规定：

（1）单幢建筑面积大于20000m^2、且全面设置空气调节系统的建筑（甲类建筑）东、西、北朝向的窗（包括透明幕墙）墙面积比不应大于0.70，且建筑物总窗墙面积比不应大于0.70。

（2）其他的建筑（乙类建筑）每个朝向的窗（包括透明幕墙）墙面积比不应大于0.70。

（3）当单一朝向的窗墙面积比小于0.40时，玻璃（或其他透明材料）的可见光透射比不应小于0.40。

《严寒和寒冷地区居住建筑节能设计标准》（JGJ 26—2010）中规定窗墙面积比数值见表68-2。

表 68-2　严寒和寒冷地区居住建筑的窗墙面积比限值

朝向	窗墙面积比	
	严寒地区	寒冷地区
北	0.25	0.30
东、西	0.30	0.35
南	0.45	0.50

注：1. 敞开式阳台的阳台门上部透明部分计入窗户面积，下部不透明部分不计入窗户面积；
　　2. 表中的窗墙面积比按开间计算。表中的"北"代表从北偏东小于60°至北偏西小于60°的范围；"东、西"代表从东或西偏北小于等于30°至偏南小于60°的范围；"南"代表从南偏东小于等于30°至偏西小于等于30°的范围。

《夏热冬冷地区居住建筑节能设计标准》（JGJ 134—2010）中规定的窗墙面积比数值见表68-3。

表 68-3　不同朝向窗墙面积比的限值

朝向	窗墙面积比
北	0.40
东、西	0.35
南	0.45
每套房间允许一个房间（不分朝向）	0.60

《公共建筑节能设计标准》（GB 50189—2005）中指出：建筑每个朝向的窗（包括透明幕墙）墙面积比均不应大于0.70，当窗（包括透明幕墙）墙面积比小于0.40时，玻璃（或其他透明材料）的可见光透射比不应小于0.4。

69. 门窗的五大性能指标是什么？

门窗应满足的五大性能指标指的是建筑外门窗的气密性能、水密性能、抗风压性能、保温性能和建筑门窗空气声隔声性能。《建筑外门窗气密、水密、抗风压性能分级及检测方法》（GB/T 7106—2008）、《建筑外门窗保温性能分级及检测方法》（GB/T 8484—2008）及《建筑门窗空气声隔声性能分级及检测方法》（GB/T 8485—2008）规定的指标分级如下：

（1）建筑外门窗气密性能指标：代号 $q1$（单位缝长），单位 $m^3/h \cdot m$；$q2$（单位面积），单位 $m^3/h^2 \cdot m$ 共分为8级，具体数值详表69-1。

表69-1 气密性能指标分级表

分级	1	2	3	4
单位缝长分级指标值 $q1$	$4.0 \geq q1 > 3.5$	$3.5 \geq q1 > 3.0$	$3.0 \geq q1 > 2.5$	$2.5 \geq q1 > 2.0$
分级	5	6	7	8
单位缝长分级指标值 $q1$	$2.0 \geq q1 > 1.5$	$1.5 \geq q1 > 1.0$	$1.0 \geq q1 > 0.5$	$q1 \leq 0.5$
分级	1	2	3	4
单位面积分级指标值 $q2$	$12.0 \geq q2 > 10.5$	$10.5 \geq q2 > 9.0$	$9.0 \geq q2 > 7.5$	$7.5 \geq q2 > 6.0$
分级	5	6	7	8
单位面积分级指标值 $q2$	$6.0 \geq q2 > 4.5$	$4.5 \geq q2 > 3.0$	$3.0 \geq q2 > 1.5$	$q2 \leq 1.5$

注：北京地区建筑外门窗的空气渗透性能 $q1 = 10Pa$ 时 $q1$ 应达到 ≤ 1.5，$q2$ 应达到 ≤ 4.5 相当于6级。

（2）建筑外门窗水密性能指标：代号 ΔP，单位 Pa，共分为6级，具体数值详表69-2。

表69-2 水密性能指标分级表

等级	1	2	3	4	5	6
ΔP	≥100 <150	≥150 <250	≥250 <350	≥350 <500	≥500 <700	$\Delta P \geq 700$

注：北京地区的建筑外门窗水密 ΔP 应 ≥250Pa，相当于3级。

（3）建筑外门窗抗风压性能指标：代号 $P3$，单位 kPa，共分为9级，具体数值详表69-3。

表69-3 抗风压性能分级表

分级	1	2	3	4	5
分级指标值	$1.0 \leqslant P3 < 1.5$	$1.5 \leqslant P3 < 2.0$	$2.0 \leqslant P3 < 2.5$	$2.5 \leqslant P3 < 3.0$	$3.0 \leqslant P3 < 3.5$
分级	6	7	8	9	—
分级指标值	$3.5 \leqslant P3 < 4.0$	$4.0 \leqslant P3 < 4.5$	$4.5 \leqslant P3 < 5.0$	$\geqslant 5.0$	—

注：1. 北京地区的中高层及高层建筑外门窗抗风压性能 $P3$ 应 $\geqslant 3.0$ kPa，相当于5级。
　　2. 北京地区的低层及多层建筑外门窗抗风压性能 $P3$ 应 $\geqslant 2.5$ kPa，相当于4级。

（4）建筑外门窗保温性能指标：代号 K，单位 $W/(m^2 \cdot K)$ 共分为10级，具体数值详表69-4。

表69-4 保温性能指标分级表

分级	1	2	3	4	5
分级指标值	$K \geqslant 5.0$	$5.0 > K \geqslant 4.0$	$4.0 > K \geqslant 3.5$	$3.5 > K \geqslant 3.0$	$3.0 > K \geqslant 2.5$
分级	6	7	8	9	10
分级指标值	$2.5 > K \geqslant 2.0$	$2.0 > K \geqslant 1.6$	$1.6 > K \geqslant 1.3$	$1.3 > K \geqslant 1.1$	$K < 1.1$

注：北京地区建筑门窗的保温性能 K 应 $\geqslant 2.80 W/(m^2 \cdot K)$，相当于5级。

（5）建筑门窗空气声隔声性能指标：代号 $R_w + Ctr$，单位 dB，共分为6级，具体数值详表69-5。

表69-5 空气声隔声性能指标分级表

分级	外门、外窗的分级指标值	内门、内窗的分级指标值
1	$20 \leqslant R_w + Ctr < 25$	$20 \leqslant R_w + Ctr < 25$
2	$25 \leqslant R_w + Ctr < 30$	$25 \leqslant R_w + Ctr < 30$
3	$30 \leqslant R_w + Ctr < 35$	$30 \leqslant R_w + Ctr < 35$
4	$35 \leqslant R_w + Ctr < 40$	$35 \leqslant R_w + Ctr < 40$
5	$40 \leqslant R_w + Ctr < 45$	$40 \leqslant R_w + Ctr < 45$
6	$R_w + Ctr \geqslant 45$	$R_w + Ctr \geqslant 45$

注：北京地区的门窗隔声性能 dB 应 $\geqslant 25$ dB，相当于2级。

70. 防火门的应用与选择，应注意哪些问题？

《建筑设计防火规范》（GB 50016—2006）、《高层民用建筑设计防火规范》（GB 50045—95）2005年版中规定了防火门的应用与选择的有关问题：

（1）总体要求

1）防火门应为向疏散方向开启的平开门，并在关闭后应能从任何一侧手动开启（不得使用双向合页）。

2）防火门应有自闭功能，常开的防火门应能在火灾时自动关闭，防火门内外两侧应能手动开启，变形缝附近防火门开启后门扇不应跨越变形缝，门应安装在层数较多的一侧。

3）位于走道和楼梯间等处的防火门，应设不小于200cm²的透明防火玻璃小窗。

(2) 甲级防火门

甲级防火门的耐火极限为1.20h。

1)《高层民用建筑设计防火规范》(GB 50045—95) 2005年版中规定：

①锅炉房、变压器室与其他部位之间应设甲级防火门。

②锅炉房内设置储油间时应采用防火墙，当必须在防火墙上开门时应设甲级防火门。

③柴油发电机房布置在高层建筑和裙房内时应设甲级防火门；裙房内布置储油间，其防火门应能自动关闭。

④高层建筑的防火墙上应设能自行关闭的甲级防火门。

⑤地下室内存放可燃物平均重量超过30kg/m²，房间门应选用甲级防火门。

⑥单元式住宅18层和18层以下……户门应为甲级防火门；超过18层应通过阳台或凹廊连通……户门应为甲级防火门。

⑦高层建筑内设置的自动灭火系统的设备室、通风、空调机房应设甲级防火门。

2)《建筑设计防火规范》(GB 50016—2006) 中规定：

①房间与中庭相通的开口部位应设能自行关闭的甲级防火门。

②与中庭相通的过厅、通道等处应设甲级防火门或防火卷帘。

③大于2万m²的地下商店的防火隔间、避难走道、防烟楼梯间等处应设能自动关闭的常开式甲级防火门。

④锅炉房、变压器室的隔墙上开设门窗时，应选用甲级防火门。

⑤锅炉房内设置储油间，当在防火墙上开门时，应选用甲级防火门。

⑥柴油发电机的隔墙上开门时，应选用甲级防火门；当必须在储油间的防火墙上开门时，应选用甲级防火门。

⑦防火墙上开设的门窗洞口应选用甲级防火门窗。

⑧疏散走道的防火分区处应选用甲级防火门。

3)《电影院建筑设计规范》(JGJ 58—2008) 中规定：

观众厅疏散门的数量应由计算确定，且不应少于2个。门的净宽度应符合国家标准《建筑设计防火规范》(GB 50016—2006) 及《高层民用建筑设计防火规范》(GB 50045—95) 2005年版的规定，且不应小于0.90m。应采用甲级防火门，并应向疏散方向开启。

(3) 乙级防火门

乙级防火门的耐火极限为0.90h。

1)《高层民用建筑设计防火规范》(GB 50045—95) 2005年版中规定：
①高层建筑内的歌舞厅的墙上开门时，应选用乙级防火门。
②高层居住建筑开向前室的户门，应选用乙级防火门。
③防烟楼梯间前室和楼梯间的门应选用乙级防火门并应向疏散方向开启。
④封闭楼梯间的门应选用乙级防火门，并应向疏散方向开启。
⑤扩大的封闭楼梯间与走道连接处应选用乙级防火门。
⑥11层及11层以下的单元式住宅可不设封闭楼梯间，但户门应为乙级防火门。
⑦地下室、半地下室在首层入口处应设乙级防火门。
⑧消防电梯前室的门应选用乙级防火门。

2)《建筑设计防火规范》(GB 50016—2006) 中规定：
①歌舞厅等场所，必须布置在袋形走道的两侧或尽端时，最远房间的疏散门至最近安全出口的距离不应大于9m，当必须布置在1~3层以外的其他楼层时，其面积不应大于200m² 且应设乙级防火门。
②通廊式居住建筑，当户门设置乙级防火门时，可不设封闭楼梯间。
③住宅中的电梯井与疏散楼梯间相邻布置时，当户门设置乙级防火门时，可不设封闭楼梯间。
④地下室、半地下室在首层入口处应设乙级防火门。
⑤其他形式的居住建筑，层数超过6层和面积超过500m²，当户门采用乙级防火门时，可不设封闭楼梯间。
⑥下列建筑或部位的隔墙上开设门窗洞口：舞台与观众厅之间；剧院后台的辅助用房；一、二级耐火等级建筑的门厅；除住宅外，其他建筑的厨房均应选用乙级防火门。
⑦消防控制室、消防水泵房的隔墙上开设门窗应选用乙级防火门。
⑧封闭楼梯间、扩大的封闭楼梯间、人员密集的公共建筑通向楼梯间的门应采用乙级防火门。
⑨防烟楼梯间的相关部位、地下室的隔墙、半地下室的隔墙上开门时，消防电梯的前室、消防电梯隔墙上开门时应采用乙级防火门。
⑩通向室外楼梯的门宜选用乙级防火门。

（4）丙级防火门
丙级防火门耐火极限为0.60h。
1)《高层民用建筑设计防火规范》(GB 50045—95) 2005年版中规定：
电缆井、管道井、排烟道、排气道、垃圾道等竖向管道井的检查门，门下部设置不小于100mm的门槛。
2)《建筑设计防火规范》(GB 50016—2006) 中规定：

电缆井、管道井、排烟道、排气道、垃圾道等竖向管道井的检查门，门下部设置不小于100mm的门槛。

71. 防火门的专用标准规定了哪些内容？

《防火门》（GB 12955—2008）中对防火门的规定与《建筑设计防火规范》（GB 50016—2006）的规定有明显不同，主要内容有以下几点：

（1）防火门的材料

防火门的材料有以下几种：

1）木质防火门：用难燃木材或难燃木材制品制作门框、门扇骨架和门扇面板，门扇内若填充材料应填充对人体无毒无害的防火隔热材料，并配以防火五金配件所组成的具有一定耐火性能的门。

2）钢质防火门：用钢质材料制作门框、门扇骨架和门扇面板，门扇内若填充材料应填充对人体无毒无害的防火隔热材料，并配以防火五金配件所组成的具有一定耐火性能的门。

3）钢木质防火门：用钢质和难燃木质材料制作门框、门扇骨架和门扇面板，门扇内若填充材料应填充对人体无毒无害的防火隔热材料，并配以防火五金配件所组成的具有一定耐火性能的门。

4）其他材质防火门：采用除钢质、难燃木材或难燃木材制品之外的无机不燃材料或部分钢质、难燃木材、难燃木材制品制作门框、门扇骨架和门扇面板，门扇内若填充材料应填充对人体无毒无害的防火隔热材料，并配以防火五金配件所组成的具有一定耐火性能的门。

（2）防火门的开启方式

主要采用平开式，而且应向疏散方向开启。

（3）防火门的综合功能

1）隔热防火门（A类）：在规定的时间内，能同时满足耐火完整性和隔热性要求的防火门。

2）部分隔热防火门（B类）：在规定大于或等于0.50h时间内，能同时满足耐火完整性和隔热性要求，在大于0.50h后所规定的时间内，能满足耐火完整性要求的防火门。

3）非隔热防火门（C类）：在规定的时间内，能满足耐火完整性要求的防火门。

（4）防火门按耐火性能的分类

防火门按耐火性能的分类见表71。

表71　防火门按耐火性能的分类

名称	耐火性能		代号
隔热防火门（A类）	耐火隔热性≥0.50h 耐火完整性≥0.50h		A0.50（丙级）
	耐火隔热性≥1.00h 耐火完整性≥1.00h		A1.00（乙级）
	耐火隔热性≥1.50h 耐火完整性≥1.50h		A1.50（甲级）
	耐火隔热性≥2.00h 耐火完整性≥2.00h		A2.00
	耐火隔热性≥3.00h 耐火完整性≥3.00h		A3.00
部分隔热防火门（B类）	耐火隔热性≥0.50h	耐火完整性≥1.00h	B1.00
		耐火完整性≥1.50h	B1.50
		耐火完整性≥2.00h	B2.00
		耐火完整性≥3.00h	B3.00
非隔热防火门（C类）	耐火完整性≥1.00h		C1.00
	耐火完整性≥1.50h		C1.50
	耐火完整性≥2.00h		C2.00
	耐火完整性≥3.00h		C3.00

（5）其他

1）防火门安装的门锁应是防火锁。

2）防火门上镶嵌的玻璃应是防火玻璃，并应分别满足A类、B类和C类防火门的要求。

3）防火门上应安装防火闭门器。

72. 防火卷帘可以替代防火门使用吗？

在设置防火墙确有困难的场所，可采用防火卷帘作为防火分区的分隔，但应符合下列要求：

（1）《高层民用建筑设计防火规范》（GB 50045—95）2005年版中的规定

1）当符合《门和卷帘耐火试验方法》（GB 7633—87）时，采用包括背火面温升作耐火极限判定条件的防火卷帘时，其耐火极限应不低于3.00h，可不加设自动喷水灭火系统保护；当符合《门和卷帘耐火试验方法》（GB 7633—87）时，采用不包括背火面温升（辐射热）作耐火极限判定条件的防火卷帘时，其卷帘两侧应设独立的闭式自动喷水系统保护，应符合《自动喷水灭火系统设计规范》（GB 50084—2001 的要求），系统喷水延续时间不应小于3.00h。

2）设在疏散走道上的防火卷帘应在卷帘的两侧设置启闭装置，并应具有自动、手动和机械控制的功能。

(2)《建筑设计防火规范》（GB 50016—2006）中的规定

1）防火卷帘的耐火极限不应低于3.00h。

2）防火卷帘应具有防烟功能，与楼板、梁和墙、柱之间的空隙应采用防火材料封堵。

73. 防火窗的使用应注意什么问题？

《建筑设计防火规范》（GB 50016—2006）和《高层民用建筑设计防火规范》（GB 50045—95）2005年版中规定：

(1) 防火窗采用钢材制作，分为甲级（耐火极限1.20h）和乙级（耐火极限0.90h）两种。

(2) 防火窗主要应用于高层建筑的防火墙上，要求采用能自行关闭的甲级防火窗。

(3) 靠近防火墙两侧的门窗水平距离小于2m时，应采用乙级防火窗。

(4) 除住宅外，其他建筑的厨房均应选用乙级防火窗。

(5) 一、二级耐火等级建筑的门厅隔墙上开设窗口时应采用乙级防火窗。

74. 关于防火窗的专用标准规定了哪些内容？

《防火窗》（GB 16809—2008）中对防火窗的规定与《建筑设计防火规范》（GB 50016—2006）的规定有明显不同，主要内容有以下几点：

(1) 防火窗的分类

1）固定式防火窗：无可开启窗扇的防火窗。

2）活动式防火窗：有可开启窗扇、且装配有窗扇启闭控制装置的防火窗。

3）隔热防火窗（A类）：在规定时间内，能同时满足耐火完整性和隔热性要求的防火窗。

4）非隔热防火窗（C类）：在规定时间内，能满足耐火完整性要求的防火窗。

(2) 防火窗产品名称

防火窗的产品名称见表74-1

表74-1 防火窗的产品名称

产品名称	含义	代号
钢质防火窗	窗框和窗扇框架采用钢材制造的防火窗	GFC
木质防火窗	窗框和窗扇框架采用木材制造的防火窗	MFC
钢木复合防火窗	窗框采用钢材、窗扇框架采用木材制造或窗框采用木材、窗扇框架采用钢材制造的防火窗	GMFC

(3) 防火窗的使用功能

防火窗的使用功能见表74-2。

表74-2 防火窗的使用功能

使用功能分类	代号
固定式防火窗	D
活动式防火窗	H

(4) 防火窗的耐火性能

防火窗的耐火性能见表74-3。

表74-3 防火窗的耐火性能

防火性能分类	耐火等级代号	耐火性能
隔热防火窗（A类）	A0.50（丙级）	耐火隔热性≥0.50h 且耐火完整性≥0.50h
	A1.00（乙级）	耐火隔热性≥1.00h 且耐火完整性≥1.00h
	A1.50（甲级）	耐火隔热性≥1.50h 且耐火完整性≥1.50h
	A2.00	耐火隔热性≥2.00h 且耐火完整性≥2.00h
	A3.00	耐火隔热性≥3.00h 且耐火完整性≥3.00h
非隔热防火窗（B类）	C0.50	耐火完整性≥0.50h
	C1.00	耐火完整性≥1.00h
	C1.50	耐火完整性≥1.50h
	C2.00	耐火完整性≥2.00h
	C3.00	耐火完整性≥3.00h

(5) 其他

1) 防火窗安装的五金件应满足功能要求并便于更换。

2) 防火窗上镶嵌的玻璃应是防火玻璃，复合防火玻璃的厚度最小为

5mm，单片防火玻璃的厚度最小为 5mm。

3）防火窗的气密等级不应低于 3 级。

75. 各种材质的门窗在选用时应注意些什么？

（1）木门窗

1）一般建筑不宜采用木材外门窗。

2）木门扇的宽度不宜大于 1.00m，如宽度大于 1.00m、高度大于 2.50m 时，应加大断面；门洞口宽度大于 1.20m 时，应分成双扇或大小扇。

3）镶板门的门芯板宜采用双层纤维板或胶合板。室外拼板门宜采用企口实心木板。

4）镶板门适用于内门或外门；胶合板门适用于内门；玻璃门适用于入口处的大门或大房间的内门；拼板门适用于外门。

（2）铝合金门窗

铝合金门窗具有轻质、高强、密闭性好、使用中变形小、美观等优点。表面可采用阳极氧化、静电粉末喷涂、氟碳喷涂等工艺进行处理。北京地区建筑应采用断桥等构造措施。铝合金门窗适用于各种类型和档次的建筑。

（3）塑料门窗

塑料门窗隔热、隔声、节能、密闭性好、价格合理，广泛应用于居住建筑。此外，塑料门窗还适用于中低档次的民用建筑。

（4）各种门窗的安装缝隙

门窗洞口与框口之间应预留安装缝隙。在宽度方面采用涂料装修时，每侧应预留 20mm；采用面砖装修时，每侧应预留 25mm。在高度方面分别留出 15mm 和 20mm。贴挂石材时，每侧应预留 50mm 的缝隙。

（5）外窗（阳台门）的物理性能要求

外窗的物理性能包括气密性、水密性、抗风压、隔声和保温等方面。北京地区住宅外窗的空气渗透量应小于 4 级（单位缝长指标值 $1.50m^3/m·h \geq q_1 > 0.50m^3/m·h$，单位面积指标值 $4.50m^3/m·h \leq q_2 > 1.50m^3/m·h$）；雨水渗透性能应不低于 3 级（$250 \leq \Delta P < 350$）的水平；抗风压性能多层应不低于 4 级（$2.50kPa \leq P_3 < 3.00kPa$），中高层和高层应不低于 5 级（$3.00kPa \leq P_3 < 3.50kPa$）；传热系数应不大于 7 级【$3.00W/(m^2·k) > K \leq 2,50W/(m^2·k)$】；一般情况下，隔声性能应在 2 级水平（$25dB \leq Rw < 30dB$）。

（6）各种建筑工程采用玻璃做建筑材料的下列部位必须使用安全玻璃（夹层玻璃、钢化玻璃、防火玻璃以及由上述玻璃制作的中空玻璃）：

1）7 层和 7 层以上建筑物外窗。

2）面积大于 $1.50m^2$ 的窗玻璃或玻璃底边距最终装修面小于 500mm 的落

地窗。

    3）公共建筑的出入口。

    4）室内隔断。

    5）倾斜装配窗、各类天棚（含天窗、采光顶）、吊顶。

76.《铝合金门窗工程技术规范》（JGJ 214—2010）中对铝合金门窗有哪些新的规定？

（1）铝合金门窗主型材的壁厚应满足厚度的基本规定：

1）门用主型材：最小实测壁厚不应小于2.0mm。

2）窗用主型材：最小实测壁厚不应小于1.4mm。

（2）铝合金型材的表面处理有以下几种方法：

1）阳极氧化型材：阳极氧化膜膜厚应符合 AA15 级要求，氧化膜平均膜厚不应小于15μm，局部膜厚不应小于12μm。

2）电泳涂漆型材：阳极氧化复合膜，表面漆膜采用透明漆膜，应符合 B 级要求，复合膜局部膜厚不应小于16μm；表面漆膜采用有色漆应符合 S 级要求，复合膜局部膜厚不应小于21μm。

3）粉末喷涂型材：装饰面上涂层最小局部厚度应大于40μm。

4）氟碳漆喷涂型材：二涂层氟碳漆膜，装饰面平均漆膜厚度不应小于30μm；三涂层氟碳漆膜，装饰面平均漆膜厚度不应小于40μm。

（3）铝合金门窗工程的玻璃可根据功能要求选用浮法玻璃、着色玻璃、镀膜玻璃、中空玻璃、真空玻璃、钢化玻璃、夹层玻璃、夹丝玻璃等。

1）中空玻璃的基本要求：

①中空玻璃的单片厚度相差不宜大于3mm。

②中空玻璃应使用加入干燥剂的金属间隔框，亦可使用塑性密封胶制成的含有干燥剂和波浪形铝带胶条。

③中空玻璃产地与使用海拔高度相差超过800m时，宜加装金属毛细管，毛细管应在安装地调整压差后密封。

2）低辐射镀膜玻璃的基本要求：

①真空磁控溅射法（离线法）生产的 Low-E 玻璃，应合成中空玻璃使用；中空玻璃合片时，应去除玻璃边部与密封胶粘结部位的镀膜，Low-E 镀膜应位于中空气体层内。

②热喷涂法（在线法）生产的 Low-E 玻璃可单片使用，Low-E 膜层宜面向室内。

3）夹层玻璃的基本要求：夹层玻璃的单片玻璃厚度相差不宜大于 3mm。

（4）其他

1）铝合金门窗框与洞口间采用泡沫填充剂做填充时，宜采用聚氨酯泡沫填缝胶。固化后的聚氨酯泡沫胶缝表面应做密封处理。

2）铝合金门窗用纱门、纱窗，宜使用径向不低于 18 目的窗纱。

（5）有保温节能要求的铝合金门窗应采用以下措施降低门窗传热系数：

1）采用有断桥结构的隔热铝合金型材。

2）采用中空玻璃、低辐射镀膜玻璃、真空玻璃。

3）提高铝合金门窗的气密性能。

4）采用双重门窗设计。

5）门窗框与洞口墙体之间的安装缝隙进行保温处理。

（6）铝合金门窗的隔声性能

1）建筑外门窗空气声的计权隔声量（$R_w + C_{tr}$）应符合下列规定：

①临街的外窗、阳台门和住宅建筑外窗及阳台门不应低于 30dB。

②其他门窗不应低于 25dB。

2）隔声构造。

①采用中空玻璃或夹层玻璃。

②玻璃镶嵌缝隙及框扇开启缝隙，应采用耐久性好的弹性密封材料密封。

③采用双重门窗。

④门窗框与洞口墙体之间的安装缝隙进行密封处理。

（7）铝合金门窗的安全规定：

1）人员流动较大的公共场所，易于受到人员和物体碰撞的铝合金门窗应采用安全玻璃。

2）建筑中的下列部位的铝合金门窗应采用安全玻璃：

①7 层及 7 层以上建筑物外门窗。

②面积大于 $1.5m^2$ 的窗玻璃或玻璃底边距最终装修面小于 500mm 的落地窗。

③倾斜安装的铝合金窗。

3）推拉窗用于外墙时，应设置防止窗扇向室外脱落的装置。

77. 窗的选用和布置应注意什么问题？

（1）窗的选用

1）7 层和 7 层以上的建筑不应采用平开窗，建议采用推拉窗、内侧平开窗或外翻窗。

2）开向公共走道的外开窗扇，其高度不应低于2.00m。

3）住宅底层外窗和屋顶的窗，其窗台高度低于2.00m的应采取防护措施。

4）有空调的建筑外窗，应设可开启窗扇，其数量为5%。

5）可开启的高侧窗或天窗应设手动或电动机械开窗机。

6）老年人建筑中，窗扇宜镶用无色透明玻璃。开启窗口应设防蚊蝇纱窗。

7）中小学校二层以上的教学楼向外开启的窗，应考虑擦玻璃方便与安全措施。

8）办公建筑的底层及半地下室外窗应采取安全防护措施。

(2) 窗的布置

1）楼梯间外窗应结合各层休息板布置。

2）楼梯间外窗如做内开扇时，开启后不得在人的高度内凸出墙面。

3）需防止太阳光直射的窗及厕浴等需隐蔽的窗，宜采用翻窗，并用半透明玻璃。

(3) 窗台

1）窗台的高度不应低于0.80m（住宅为0.90m）。

2）低于规定高度的窗台叫低窗台。低窗台应采用护栏或固定窗作为防护措施。固定窗应采用厚度大于6.38mm的夹层玻璃。

3）低窗台防护措施的高度应不低于0.80m（住宅为0.90m）。

4）窗台的防护高度应遵守下列规定：

①窗台高度低于0.45m时，护栏或固定扇的高度从窗台计起。

②窗台高度高于0.45m时，护栏或固定扇的高度可从地面计起；但护栏下部不得设置水平栏杆或高度小于0.45m、宽度大于0.22m的可踏部位。

③当室内外高差不大于0.60m时，首层的低窗台可不加防护措施。

5）凸窗（飘窗）的低窗台应注意以下问题：

①凡凸窗范围内设有宽窗台可供人坐或放置花盆用时，护栏和固定窗的护栏高度一律从窗台面计起。

②当凸窗范围内无宽窗台，且护栏紧贴凸窗内墙面设置时，按低窗台规定执行。

③外窗台表面应低于内窗台表面。

78. 门的选用、基本尺度和布置应注意什么问题？

(1) 门的选用

1）一般公共建筑经常出入的西向和北向的外门，应设置双道门、旋转门或门斗，否则应加热风幕。外面一道门应采用外开门，里面一道门宜采用双面弹簧门或电动推拉门。

2）所有的门若无隔声要求或其他特殊要求，不得设门槛。

3）房间湿度大的门不宜选用纤维板或胶合板。

4）手动开启的大门扇应有制动装置；推拉门应有防脱轨措施。

5）双面弹簧门应在可视高度部分装透明玻璃。

6）开向疏散走道及主楼梯间的门扇开足时，不应影响走道及休息平台的疏散宽度。

7）《宿舍建筑设计规范》（JGJ 36—2005）中指出：宿舍居室及辅助用房的门洞宽度不应小于0.90m，阳台门和居室内附设的卫生间，其门洞宽度不应小于0.70m，设亮子的门洞高度不应小于2.40m，不设亮子的门洞高度不应小于2.00m。

8）《住宅设计规范》（GB 50096—1999）2003年版指出：住宅户门应向内开启，并宜在构造上采取防卫措施（如设置防盗、防火、隔声的综合门），住宅各部分门洞口的最小尺寸为：

①单元门：洞口宽度为1.20m，洞口高度为2.00m。

②户门：洞口宽度为1.00m，洞口高度为2.00m。

③起居室门：洞口宽度为0.90m，洞口高度为2.00m。

④卧室门：洞口宽度为0.90m，洞口高度为2.00m。

⑤厨房门：洞口宽度为0.80m，洞口高度为2.00m。

⑥卫生间门：洞口宽度为0.70m，洞口高度为2.00m。

⑦阳台门：洞口宽度为0.70m，洞口高度为2.00m。

9）《托儿所、幼儿园建筑设计规范》（JGJ 39—87）中指出：托幼建筑的门应符合下列规定：

①门斗及双层门中心距离不应小于1.60m。

②幼儿经常出入的门在距地面0.60~1.20m高度内，不应装易碎玻璃。

③幼儿经常出入的门在距地面0.70m处，宜加设幼儿专用扶手。

④幼儿经常出入的门双面应平滑、无棱角。

⑤幼儿经常出入的门不应设置门槛和弹簧门。

⑥幼儿经常出入的外门宜设纱门。

10）《中小学校建筑设计规范》（GBJ 99—86）中指出：中小学校教学用房门应符合下列规定：

①教室、实验室靠后墙的门宜设观察孔。

②教室安全出口的宽度不应小于1.00m；合班教室门洞口宽度不应小于1.50m。

③教学用房及其附属用房不宜设置门槛。

11)《办公建筑设计规范》(JGJ 67—2006)中指出：办公用房门洞口宽度不应小于 1.00m，洞口高度不应低于 2.00m。

12)《旅馆建筑设计规范》(JGJ 62—90)中指出：旅馆客房入口门洞宽度不应小于 0.90m，高度不应低于 2.10m，客房内卫生间门洞口宽度不应小于 0.75m，高度不应低于 2.10m。

13)《商店建筑设计规范》(JGJ 48—88)中指出：商店营业厅出入口、安全门的净宽度不应小于 1.40m，并不应设置门槛。

14)《老年人建筑设计规范》(JGJ 122—99)中指出：老年人建筑公用外门净宽度不应小于 1.10m，老年人住宅户门和内门（含厨房门、卫生间门、阳台门）通行净宽不应小于 0.80m，起居室、卧室、疗养室、病房等门扇应采用可观察的门。

15)《剧场建筑设计规范》(JGJ 57—2000)中指出：观众厅出口门、疏散外门及后台疏散门均应设双扇门，净宽不应小于 1.40m，并影响疏散方向开启。严禁用推拉门、卷帘门、转门、折叠门、铁栅门。紧靠门的部位不应设门槛。

16)《电影院建筑设计规范》(JGJ 58—2008)中指出：观众厅疏散门不应设置门槛，在紧靠门口 1.40m 范围内不应设置踏步。疏散门应为自动推闩式外开门，严禁用推拉门、卷帘门、转门、折叠门。观众厅疏散门应由计算确定，且不应少于 2 个。宽度应符合防火疏散要求，并不应小于 0.90m。应采用甲级防火门，并应向疏散方向开启。

17)《城市道路和建筑物无障碍设计规范》(JGJ 50—2001)中规定，供残疾人使用的门必须符合下列要求：

①应采用自动门，也可采用推拉门、折叠门或平开门，不应采用力度过大的弹簧门。

②在旋转门的一侧应另设残疾人使用的门。

③轮椅通行门的净宽度为：自动门 1.00m，推拉门、折叠门 0.80m，平开门 0.80m，小力度弹簧门 0.80m。

④乘轮椅者开启后的推拉门和平开门，在门把手一侧的墙面，应留有不小于 0.5m 的墙面宽度。

⑤乘轮椅者开启的门扇，应安装视线观察玻璃、横执把手和关门把手，在门扇的下方应安装高度为 0.35m 的护门板。

⑥门扇在一只手操纵下应易于开启，门槛高度及门内外高差不应大于 0.15m，并应以斜面过渡。

(2) 门的布置

1) 两个相邻并经常开启的门，应有防止互相碰撞措施。

2) 向外开启的平开外门，应有防止风吹碰撞的措施。

3）经常出入的外门和玻璃幕墙下的外门应设雨篷，楼梯间外门雨篷下如设吸顶灯应注意不要被门扉碰碎。高层建筑、公共建筑底层入口均设挑檐或雨篷、门斗，以防上层落物伤人。

4）变形缝处不得利用门框盖缝，门扇开启时不得跨缝，以免变形时卡住。

(3) 门的开启

1）房间门应向内开。

2）一般建筑物外门应内外开或外开。

3）观众厅的疏散门必须向外开，并不得设置门槛。

4）防火门应单向开启，且应向疏散方向开启。

79. 什么叫"副框"？它有什么好处？

门窗与墙体的连接有两种方法：一种是无"副框"连接，另一种是有"副框"连接。

"副框"指的是窗框与墙体连接时的附加金属件，又称固定片。金属门窗如铝合金门窗、涂色镀锌钢板门窗等均通过"副框"与墙体连接。

有"副框"连接的优点是可以调整门窗洞口的垂直度偏差，避免门窗框锈蚀等，但预留缝隙尺寸稍大于其他门窗，无副框时预留 15mm，有副框时预留 25mm。

"副框"的数量随门的高度而变化，"副框"距上、下端为 150mm，"副框"之间的距离为 600mm。但至少为每侧 2 个。

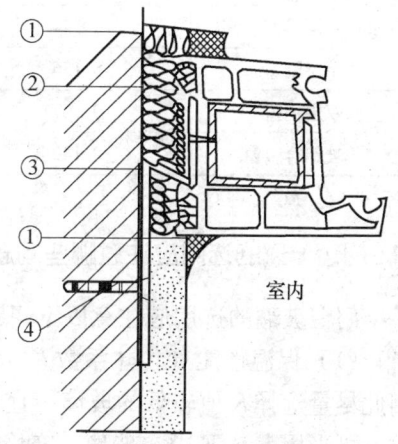

图 79 有"副框"连接的构造
1—嵌缝膏；2—弹性填充料；
3—固定片；4—塑料膨胀螺钉

有"副框"连接构造见图 79。

80. 什么叫"断桥铝合金窗"？它有什么特点？

断桥铝合金窗，又称为铝塑复合窗。铝塑复合窗的原理是利用塑料型材（隔热性高于铝型材 1250 倍）将室内外两层铝合金既隔开又紧密连接成一个整体，构成一种新的隔热型的铝型材。用这种型材做门窗，其隔热性与塑料窗一样可以达到国标级，彻底解决了铝合金传导散热快、不符合节能要求的致命问题。同时采取一些新的结构配合形式，彻底解决了铝合金推拉窗密封不严的老大难问题。该产品两面为铝材，中间用塑料型材腔体做断热材料。这种创新结构设计，兼顾了塑料和铝合金两种材料的优势，同时满足了装饰效果和门窗强度以及耐老化性能的多种要求。

超级断桥铝塑型材可实现门窗的三道密封结构，合理分离水汽腔，成功实现汽水等压平衡，显著提高门窗的水密性和气密性。这种窗的气密性比任何单一铝窗、塑料窗都好，能保证风沙大的地区室内窗台和地板无灰尘，同时可以保证在高速公路两侧50m内的居民不受噪声干扰，其性能接近平开窗。

断桥铝合金窗的热阻值远高于其他类型门窗，节能效果十分明显。北京地区各向窗（阳台门）的传热系数 $K_0 \leq 2.80W/(m^2 \cdot K)$，相当于总热阻值 R_0 为 $0.357(m^2 \cdot K)/W$。各种类型窗的总热阻值 R_0 详见表80。

表80　窗子的热阻值 R_0 $[(m^2 \cdot K)/W]$

窗的类型	总热阻 R_0	窗的类型	总热阻 R_0
单层木窗	0.172	中空玻璃铝合金窗	0.315
双层木窗	0.344	单玻塑钢窗	0.285
单层钢窗	0.156	中空玻璃塑钢窗	0.400
双层钢窗	0.307	商店橱窗	0.215
单玻铝合金窗	0.149	断桥铝合金窗	0.560

81. 门窗玻璃的选用应注意哪些问题？

门窗玻璃的选用应注意以下问题：

(1) 保温性能（传热系数 K）：K 值越低，玻璃阻隔热量传递的性能越好，因此尽量选择 K 值较低的玻璃。宜采用中空玻璃，当需要进一步提高保温性能时，可采用 Low-E 中空玻璃、充惰性气体的 Low-E 中空玻璃、两层或多层中空玻璃等。

(2) 隔热性能（遮阳系数 SC）与透光率：不同地区的建筑应根据当地气候特点选择不同 SC 的玻璃。既要考虑夏季遮阳，还要考虑冬季利用阳光及室内采光的舒适度，因此根据工程的具体情况要选择较合理平衡点。北方严寒及寒冷地区一般选择 $SC > 0.6$ 的玻璃，南方炎热地区一般选择 $SC < 0.3$ 的玻璃，其他地区宜选择 $SC = 0.3 \sim 0.6$ 之间的玻璃，透光率选择40%~50%较适宜。

82. 防火玻璃如何进行分类？

(1) 防火玻璃分为复合防火玻璃（FFB）和单片防火玻璃（DFB）。

1) 复合防火玻璃：由两层或两层以上玻璃复合而成或由一层玻璃和有机材料复合而成，并满足相应耐火等级要求的特种玻璃。

2）单片防火玻璃：由单片玻璃构成并满足相应耐火等级要求的特种玻璃。

（2）防火玻璃按耐火性能分为A、B、C三类：

1）A类：同时满足耐火完整性、耐火隔热性要求的防火玻璃。

2）B类：同时满足耐火完整性、热辐射强度要求的防火玻璃。

3）C类：满足耐火完整性要求的防火玻璃。

（3）以上三类防火玻璃按耐火等级可分为Ⅰ级（耐火极限1.5h）Ⅱ级（耐火极限1.0h）Ⅲ级（耐火极限0.75h）Ⅳ级（耐火极限0.50h）。

（4）标记：如FFB-15-A、DFB-12-C等。

83. 安全玻璃的品种与应用如何？特殊玻璃包括哪些品种？

（1）安全玻璃的种类：

安全玻璃主要指的是以下三种玻璃：钢化玻璃、单片防火玻璃、夹层玻璃。有时采用上述玻璃制作的中空玻璃也列入安全玻璃的范畴。

1）钢化玻璃

钢化玻璃是将浮法玻璃加热到软化温度之后进行均匀的快速冷却，从而使玻璃表面获得压应力的玻璃。在冷却的过程中，钢化玻璃外部因迅速冷却而固化，而内部冷却较慢，当内部继续冷却收缩时使玻璃表面产生压应力，内部产生拉应力，从而提高了玻璃强度和耐热稳定性。

特点：强度高、安全、耐热冲击。

2）防火玻璃（单片防火玻璃）

防火玻璃，其在防火时的作用主要是控制火势的蔓延或隔烟，是一种措施型的防火材料，其防火效果以耐火性能进行评价。

防火玻璃的分类：

防火玻璃是一种在规定的耐火试验中能够保持其完整性和隔热性的特种玻璃，按耐火性能等级分为三类：

A类。同时满足耐火完整性、耐火隔热性要求的防火玻璃。包括复合型防火玻璃和灌注型防火玻璃两种。此类玻璃具有透光、防火（隔烟、隔火、遮挡热辐射）隔声、抗冲击性能，适用于建筑装饰钢木防火门、窗、上亮、隔断墙、采光顶、挡烟垂壁、透视地板及其他需要既透明又防火的建筑组件中。

B类。船用防火玻璃，包括舷窗防火玻璃和矩形窗防火玻璃，外表面玻璃板是钢化安全玻璃，内表面玻璃板材料类型可任意选择。

C类。只满足耐火完整性要求的单片防火玻璃。此类玻璃具有透光、防火、隔烟、强度高等特点。适用于无隔热要求的防火玻璃隔断墙、防火窗、室外幕墙等。

3) 夹层玻璃

夹层玻璃是在玻璃之间夹上坚韧的聚乙烯醇缩丁醛（PVB）中间膜，经高温高压加工制成的复合玻璃。PVB玻璃夹层膜的厚度一般为0.38mm和0.76mm两种，对无机玻璃具有良好的粘结性，具有透明、耐热、耐寒、耐湿、机械强度高等特性。PVB膜的韧性非常好，在夹层玻璃受到外力猛烈撞击破碎时，可以吸收大量的冲击能，并使之迅速衰减。即使破碎，碎片也会粘在膜上。

①产品规格：厚度5～60mm，最大尺寸为2000mm×6000mm。

②适用范围：建筑物门窗、幕墙、天棚、架空地面、家具、橱窗、柜台、水族馆、大面积的玻璃墙体。

4) 各种建筑工程采用玻璃做建筑材料的下列部位必须使用安全玻璃。

①7层和7层以上建筑物外窗。

②面积大于$1.50m^2$的窗玻璃或玻璃底边距最终装修面小于500mm的落地窗。

③公共建筑的出入口。

④室内隔断。

⑤倾斜装配窗、各类天棚（含天窗、采光顶）吊顶。

⑥玻璃幕墙。

(2) 特殊玻璃的应用

下面的一些特殊玻璃也常在建筑中常用。

1) Low-E低辐射镀膜玻璃

低辐射镀膜玻璃（又称Low-E玻璃），是在玻璃表面镀上多层金属或其他化合物组成的膜系列产品。该产品对可见光有较高的透射率，对红外线（尤其是中远红外线）有很高的反射率，因此具有良好的隔热性能。

产品分为：高透型、遮阳型、双银，可异地加工，可钢化的Low-E玻璃。厚度3～19mm，标准尺寸2440mm×3660mm。

2) 热反射镀膜玻璃（阳光控制膜玻璃）

热反射镀膜玻璃，又称阳光控制膜玻璃，是在优质浮法玻璃表面用真空磁控溅射的方法镀上特定的膜层，从而改变浮法玻璃的光学性能，并可以按需要的比例控制太阳直接辐射的反射、透过和吸收，并产生需要的反射颜色。

产品规格：厚度3～19mm，标准尺寸：2440mm×3660mm、2440mm×3300mm、2134mm×3300mm。最大尺寸2540mm×4500mm，最小尺寸300mm×800mm。

3) 热弯玻璃、热弯钢化玻璃

热弯玻璃、热弯钢化玻璃是将玻璃通过预处理加工（切磨成所需尺寸）再加热到软化温度，然后靠自重或外界作用力将其弯曲成型并经自然冷却后制成所需的弧形玻璃。热弯玻璃或热弯钢化玻璃是在玻璃弯曲成型后，再由专用设备快速风冷而成。

4）中空玻璃

中空玻璃是由两片或多片玻璃用内部充满分子筛吸附剂的铝框间隔出一定宽度的空间，中间充满空气或惰性气体，边部再用高强度密封胶粘合而成的玻璃组件。

产品规格：厚度 12～44mm，间隔铝框宽度 6mm、9mm、10mm、12～20mm，最大面积可达 $16m^2$。

《中空玻璃》（GB/T11944—2002）中规定不同玻璃的厚度、间隔厚度和最大面积可见表83。

表83　中空玻璃的相关数据

玻璃厚度（mm）	间隔厚度（mm）	最大面积（m^2）
3	6	2.40
	9～12	2.40
4	6	2.86
	9～10	3.17
	12～20	3.17
5	6	4.00
	9～10	4.80
	12～20	5.10
6	6	5.88
	9～10	8.54
	12～20	9.00
10	6	8.54
	9～10	15.00
	12～20	15.90
12	12～20	15.90

5）防弹玻璃

防弹玻璃是由两片以上玻璃（无机或有机玻璃）中间层用PVB胶片在一定温度、一定压力下胶合而成，在武器射程范围内能阻止子弹穿透，具有防弹、防爆、防盗的功能，又不失普通夹层玻璃的各项特殊功能。

适用范围：金融系统、银行、文物馆、珠宝行、豪华别墅等；元首、贵宾、富豪用防弹车，银行专用运钞车。

6）XIR膜夹层玻璃（太阳能热反射环保夹层玻璃）

XIR膜是一种特殊的功能膜，它能够在确保70%可见光的前提下，将太阳能的透射率降至40%以下，从而有效地隔绝热量的高科技"智能型"薄膜。

将此膜夹在两层 PVB 胶片中间制成夹层玻璃后，能非常有效地阻隔太阳光谱的红外线的射入，从而起到节能环保的作用。

产品规格：厚度 5~60mm，最大尺寸为 2000mm×6000mm。

7）半钢化玻璃

半钢化玻璃又称热增强玻璃，是将玻璃加热到接近软化温度后进行均匀的急冷制成，在冷却过程中，由于冷却风压较小，冷却温度慢于钢化玻璃的冷却速度，因此在中间层与表面的温差较小，从而产生的应力值较少。

特点：强度高、安全（没有自爆现象）耐热冲击。

产品规格：厚度 2.8~25mm，最大尺寸为 2400mm×7500mm，最小尺寸为 100mm×160mm。

8）彩釉玻璃

彩釉钢化玻璃是将无机釉料（又称油墨）印刷到玻璃表面，然后经烘干、钢化处理，将釉料永久烧结于玻璃表面而得到一种耐磨、耐酸碱的装饰性材料。单面印刷时，印刷面应朝内。

9）压花玻璃

压花玻璃生产线由熔窑、压延机、退火窑、冷端机组以及切割、磨边、钻孔、钢花炉等主线设备和原料、油站、空压站、燃油锅炉房、循环水系统、化验室等附属配套工程组成。压花玻璃的花纹宜向室外。

八、建筑装修

84.《建筑材料放射性核素限量》（GB 6566—2010）中对石材的级别和应用作了哪些规定？

《建筑材料放射性核素限量》（GB 6566—2010）中对石材的级别和应用作了以下规定：

（1）建筑类别

Ⅰ类民用建筑：包括住宅、老年公寓、托儿所、医院和学校、办公楼、宾馆等。

Ⅱ类民用建筑：包括商场、文化娱乐场所、书店、图书馆、展览馆、体育馆和公共交通等候室、餐厅、理发店等。

（2）建筑主体材料

建筑主体材料中天然放射性核素镭-226、钍-232、钾-40 的放射量比活度应同时满足 $I_{Ra} \leq 1.0$ 和 $I_r \leq 1.0$。

对空心率大于 25% 的建筑主体材料，其天然放射性核素镭-226、钍-232、钾-40 的放射量比活度应同时满足 $I_{Ra}\leqslant1.0$ 和 $I_r\leqslant1.3$。

（3）建筑装修材料

A 级：装饰装修材料中天然放射性核素镭-226、钍-232、钾-40 的放射量比活度同时满足 $I_{Ra}\leqslant1.0$ 和 $I_r\leqslant1.3$ 要求的为 A 类装修材料，A 类装修材料的适用范围不受限制。

B 级：不满足 A 类装饰装修材料要求但同时满足 $I_{Ra}\leqslant1.3$ 和 $I_r\leqslant1.9$ 要求的为 B 类装修材料。B 类装修材料不可用于Ⅰ类民用建筑的内饰面，但可以用于Ⅱ类民用建筑物、工业建筑内饰面及其他一切建筑的外饰面。

C 级：不满足 A、B 装修材料要求但满足 $I_r\leqslant2.8$ 要求的为 C 类装修材料。C 类装饰装修材料只可用于建筑物的外饰面及室外其他用途。

85.《民用建筑工程室内环境污染控制规范》（GB 50325—2010）中对污染环境的控制内容有哪些？

（1）《民用建筑工程室内环境污染控制规范》（GB 50325—2010）中规定的控制污染物主要有氡（简称 Rn-222）、甲醛、氨、苯和总挥发性有机化合物（简称 TVOC）。

（2）《民用建筑工程室内环境污染控制规范》（GB 50325—2010）中把民用建筑工程根据控制室内环境污染的不同要求，划分为以下两类：

1）Ⅰ类民用建筑工程：住宅、医院、老年人建筑、幼儿园、学校教室等民用建筑工程。

2）Ⅱ类民用建筑工程：办公楼、商店、旅馆、文化娱乐场所、书店、图书馆、展览馆、体育馆、公共交通等候室、餐厅、理发店等民用建筑工程。

（3）《民用建筑工程室内环境污染控制规范》（GB 50325—2010）中规定必须从建筑材料和工程设计两大方面进行控制。

1）建筑材料

①无机非金属建筑材料和装修材料

A. 民用建筑工程所使用的砂、石、砖、砌块、水泥、混凝土、混凝土预制构件等无机非金属材料建筑主体材料放射性指标限量应符合表 85-1 的规定。

表 85-1　无机非金属建筑材料放射性指标限量

测定项目	限　　量
内照射指数（I_{Ra}）	≤1.0
外照射指数（I_r）	≤1.0

B. 民用建筑工程所使用的无机非金属装修材料，包括石材、建筑卫生陶瓷、石膏板、吊顶材料、无机瓷质砖粘结材料等，进行分类时，其放射性限量

应符合表 85-2 的规定。

表 85-2 无机非金属装修材料放射性指标限量

测定项目	限量	
	A	B
内照射指数（I_{Ra}）	≤1.0	≤1.3
外照射指数（I_r）	≤1.3	≤1.9

C. 民用建筑工程所使用的加气混凝土和空心率（空洞率）大于25%的空心砖、空心砌块等建筑主体材料，其放射性限量应符合表85-3 的规定。

表 85-3 加气混凝土和空心率（空洞率）大于25%的建筑主体材料放射性限量

测定项目	限量
表面氡析出率 [Bq/(m²·s)]	≤0.015
内照射指数（I_{Ra}）	≤1.0
外照射指数（I_r）	≤1.3

D. 建筑材料和装修材料放射性指标的测试方法应符合国家标准《建筑材料放射性核素限量》（GB 6566—2010）的规定。

②人造木板及饰面人造木板

A. 民用建筑工程室内用人造木板及饰面人造木板，必须测定游离甲醛含量或游离甲醛释放量。

B. 人造木板及饰面人造木板，应根据游离甲醛含量或游离甲醛释放量限量划分为 E_1 类和 E_2 类。

C. 当采用环境测试舱法测定游离甲醛释放量，并依此对人造木板进行分类时，其限量应符合表85-4 的规定。

表 85-4 环境测试舱法测定游离甲醛释放量限量

类别	限量（mg/m³）
E_1	≤0.12

③涂料

A. 民用建筑工程室内用水性涂料和水性腻子，应测定游离甲醛的含量，其限量应符合表85-5 的规定。

表 85-5 室内用水性涂料和水性腻子游离甲醛限量

测定项目	限量	
	水性涂料	水性腻子
游离甲醛（mg/kg）	≤100	

B. 民用建筑工程室内用溶剂型涂料和木器用溶剂型腻子，应按其规定的最大稀释比例混合后，测定VOC（挥发性有机化合物）和苯、甲苯+二甲苯+乙苯，其限量应符合表85-6的规定。

表85-6 室内用溶剂型涂料和木器用溶剂型腻子中VOC、苯、甲苯+二甲苯+乙苯的限量

涂料类别	VOC（g/L）	苯（%）	甲苯+二甲苯+乙苯（%）
醇酸类涂料	≤500	≤0.3	≤5
硝基类涂料	≤720	≤0.3	≤30
聚氨酯类涂料	≤670	≤0.3	≤30
酚醛防锈漆	≤270	≤0.3	—
其他溶剂型涂料	≤600	≤0.3	≤30
木器用溶剂型腻子	≤550	≤0.3	≤30

C. 聚氨酯漆测定固化剂中游离甲苯二异氰酸酯（TDI、HDI）的含量后，应按其规定的最小稀释比例计算出聚氨酯漆中游离甲苯二异氰酸酯（TDI、HDI）的含量，且不应大于4g/kg。测定方法应符合国家标准的相关规定。

④胶粘剂

A. 民用建筑工程室内用水性胶粘剂，应测定其挥发性有机化合物（VOC）和游离甲醛的含量，其限量应符合表85-7的规定。

表85-7 室内用水性胶粘剂中挥发性有机化合物（VOC）和游离甲醛限量

测定项目	限量			
	聚乙酸乙烯酯胶粘剂	橡胶类胶粘剂	聚氨酯类胶粘剂	其他胶粘剂
挥发性有机化合物（VOC）（g/L）	≤110	≤250	≤100	≤350
游离甲醛（g/kg）	≤1.00	≤1.00	—	≤1.00

B. 民用建筑工程室内用溶剂型胶粘剂，应测定其挥发性有机化合物（VOC），苯、甲苯+二甲苯的含量，其限量应符合表85-8的规定。

表85-8 室内用溶剂型胶粘剂中挥发性有机化合物（VOC）、苯、甲苯+二甲苯限量

项目	限量			
	氯丁橡胶胶粘剂	SBS胶粘剂	聚氨酯类胶粘剂	其他胶粘剂
苯（g/kg）	≤5.0			
甲苯+二甲苯（g/kg）	≤200	≤150	≤150	≤150
挥发性有机化合物（g/L）	≤700	≤650	≤700	≤700

C. 聚氨酯胶粘剂应测定游离甲苯二异氰酸酯（TDI）的含量，并不应大于4g/kg。

⑤水性处理剂

民用建筑工程室内用水性阻燃剂（包括防水涂料）、防水剂、防腐剂等水性处理剂，应测定游离甲醛的含量，其限量应符合表85-9的规定。

表85-9 室内用水性处理剂游离甲醛限量

测定项目	限量
游离甲醛（mg/kg）	≤100

⑥其他材料

A. 民用建筑工程中所使用的能释放氨的阻燃剂、混凝土外加剂，氨的释放量不应大于0.1%。

B. 能释放甲醛的混凝土外加剂，其甲醛含量不应大于500mg/kg。

C. 民用建筑工程室内装修时，所使用的粘合木结构材料，游离甲醛释放量不应大于0.12mg/m³。

D. 民用建筑工程室内装修时，所使用的壁布、帷幕等游离甲醛释放量不应大于0.12mg/m³。

E. 民用建筑工程室内用壁纸中，甲醛含量不应大于120mg/kg。

F. 民用建筑工程室内用聚氯乙烯卷材地板中挥发物含量，应符合表85-10的有关规定。

表85-10 聚氯乙烯卷材地板中挥发物含量

名　　称		限量（g/m²）
发泡类卷材地板	玻璃纤维基材	≤75
	其他基材	≤35
非发泡类卷材地板	玻璃纤维基材	≤40
	其他基材	≤10

G. 民用建筑工程室内用地毯、地毯衬垫中总挥发性有机化合物和游离甲醛的释放量应符合表85-11的有关规定。

表85-11 地毯、地毯衬垫中有害物质释放限量

名　　称	有害物质项目	限量 [mg/(m²·h)]	
		A级	B级
地毯	总挥发性有机化合物	≤0.500	≤0.600
	游离甲醛	≤0.050	≤0.050

续表

名称	有害物质项目	限量 [mg/(m²·h)]	
		A 级	B 级
地毯衬垫	总挥发性有机化合物	≤1.000	≤1.200
	游离甲醛	≤0.050	≤0.050

2）工程勘察设计

①一般规定

A. 新建、扩建的民用建筑工程设计前，应进行建筑工程所在城市区域土壤中氡浓度或土壤表面氡析出率调查，并提出相应的调查报告。未进行过区域土壤中氡浓度或土壤表面氡析出率测定的，应进行建筑场地土壤中氡浓度或土壤氡析出率测定，并提供相应的检测报告。

B. 民用建筑工程设计必须根据建筑物的类型和用途，控制装修材料的使用量。

C. 采用自然通风的民用工程，自然间的通风开口有效面积不应小于该房间地板面积的1/20。夏热冬冷地区、寒冷地区、严寒地区等Ⅰ类民用建筑工程需要长时间关闭门窗使用时，房间应采取通风换气措施。

②工程地点土壤中氡浓度调查及防氡

A. 新建、扩建的民用建筑工程的工程地质勘察资料，应包括工程所在城市区域氡浓度或土壤表面氡析出率测定历史资料及土壤氡浓度或土壤表面氡析出率平均值数据。

B. 已进行过土壤中氡浓度或土壤表面氡析出率测定的民用建筑工程，当土壤氡浓度测定结果平均值不大于10000Bq/m³或土壤表面氡析出率测定结果平均值不大于0.02Bq/(m²·s)，且工程场地所在地点不存在地质断裂构造时，可不再进行土壤氡浓度测定，其他情况均应进行工程场地氡浓度或土壤表面氡析出率测定。

C. 当民用建筑工程场地土壤氡浓度不大于20000Bq/m³且小于30000Bq/m³，或土壤表面氡析出率大于或等于0.05Bq/(m²·s) 时，可不采取防氡工程措施。

D. 当民用建筑工程地点土壤中氡浓度测定结果大于20000Bq/m³且小于30000Bq/m³，或土壤表面氡析出率大于或等于0.05Bq/(m²·s)且小于0.1Bq/(m²·s)时，应采取建筑物底层地面抗开裂措施。

E. 当民用建筑工程地点土壤中氡浓度测定结果大于30000Bq/m³且小于50000Bq/m³，或土壤表面氡析出率大于或等于0.1Bq/(m²·s)且小于0.3Bq/(m²·s)时，除采取建筑物抗开裂措施外，还应按一级防水等级要求，对基础进行处理。

F. 当民用建筑工程地点土壤中氡浓度测定结果大于或等于 50000Bq/m³ 或土壤表面氡析出率平均值大于或等于 0.3Bq/(m²·s) 时，应采取建筑物综合防氡措施。

G. Ⅰ类民用建筑工程地点土壤中氡浓度大于或等于 50000Bq/m³ 或土壤表面氡析出率平均值大于或等于 0.3Bq/(m²·s) 时，应进行工程场地土壤中的镭-266、钍-232、钾-40 的比活度测定。当内照射指数（I_{Ra}）大于 1.0 或外照射指数（I_r）大于 1.3 时，工程地点土壤不得作为工程回填土使用。

③材料选择

A. 民用建筑工程室内不得使用国家禁止使用、限制使用的建筑材料。

B. Ⅰ类民用建筑工程室内装修采用的无机非金属装修材料必须为 A 类。

C. Ⅱ类民用建筑工程宜采用 A 类无机非金属装修材料；当 A 类和 B 类无机非金属装修材料混合使用时，应经过计算，确定每种材料的使用量。

D. Ⅰ类民用建筑工程的室内装修，采用的人造木板及饰面人造木板必须达到 E_1 级及要求。

E. Ⅱ类民用建筑工程的室内装修，采用的人造木板及饰面人造木板时宜达到 E_1 级要求；当采用 E_2 类人造木板时，直接暴露于空气的部位应进行表面涂覆密封处理。

F. 民用建筑工程的室内装修，所采用的涂料、胶粘剂、水性处理剂，其苯、甲苯和二甲苯异氰酸酯（TDI）、挥发性有机化合物（VOC）的含量，应符合规范的规定。

G. 民用建筑工程室内装修时，不应采用聚乙烯醇水玻璃内墙涂料、聚乙烯醇缩甲醛内墙涂料和树脂以硝化纤维素为主、溶剂以二甲苯为主的水包油型（O/W）多彩内墙涂料。

H. 民用建筑工程室内装修时，不应采用聚乙烯醇缩甲醛（建筑胶）胶粘剂。

I. 民用建筑工程中所使用的木地板及其他木质材料，严禁使用沥青、煤焦油类防腐、防潮材料。

J. Ⅰ类民用建筑工程室内装修粘贴塑料地板时，不应采用溶剂型胶粘剂。

K. Ⅱ类民用建筑工程中地下室及不与室外直接自然通风的房间贴塑料地板时，不宜采用溶剂型胶粘剂。

L. 民用建筑工程中，不应在室内采用脲醛树脂泡沫塑料作为保温、隔热和吸声材料。

④验收标准

民用建筑工程验收时,必须进行室内环境污染物浓度检测。检测结果应符合表85-12的规定。

表85-12 民用建筑工程室内环境污染物浓度限量

污染物	Ⅰ类民用建筑工程	Ⅱ类民用建筑工程
氡（Bq/m³）	≤200	≤400
甲醛（mg/m³）	≤0.08	≤0.10
苯（mg/m³）	≤0.09	≤0.09
氨（mg/m³）	≤0.20	≤0.20
TVOC（mg/m³）	≤0.50	≤0.60

注：1. 表中污染物浓度测量值，除氡外均指室内测量值扣除同步测定的室外上风向空气测量值（本底值）后的测量值。

2. 表中污染物浓度测量值的极限值判定，采用全数值比较法。

86. 建筑结构材料与建筑装修材料的燃烧性能划分一致吗？

建筑结构材料燃烧性能分为三种：不燃烧材料、难燃烧材料和燃烧材料。

（1）不燃烧材料：指在空气中受到火烧或高温作用时，不起火、不燃烧、不炭化的材料，如砖、石、金属材料和其他无机材料。

（2）难燃烧材料：指在空气中受到火烧或高温作用时，难起火、难燃烧、难炭化的材料，当火源移走后，燃烧或微燃立即停止的材料。如刨花板和经过防火处理的有机材料。

（3）燃烧材料：指在空气中受到火烧或高温作用时，立即起火燃烧且火源移走后仍能继续燃烧或微燃的材料，如木材、纸张等材料。

建筑结构材料燃烧性能分为四种：A级材料、B1级材料、B2级材料和B3级材料。

（1）A级材料：不燃烧性装修材料，如各类石材、黏土制品、金属材料等。

（2）B1级材料：难燃烧性装修材料，如纸面石膏板、难燃胶合板、矿棉板、氯丁橡胶等。

（3）B2级材料：可燃烧性装修材料，如各类天然木材、胶合板、氯纶地毯、壁纸等。

（4）B3级材料：易燃烧性装修材料，如纸张、棉花等。

87. 民用建筑室内装修的燃烧性能等级是如何规定的？

《建筑内部装修设计防火规范》（GB 50222—95）2001年版中规定：

（1）当顶棚和墙面表面采用多孔或泡沫状塑料时，其厚度不应大于15mm，面积不得超过该房间顶棚或墙面面积的10%。

（2）除地下建筑外，无窗房间的内部装修材料的燃烧性能等级，除A级外，应在规定的基础上提高一级。

（3）图书馆、资料室、档案室和存放文物的房间，其顶棚、墙面应采用A级装修材料，墙面应采用不低于B1级的装修材料。

（4）大中型电子计算机房、中央控制室、电话总机房等放置特殊贵重设备的房间，其顶棚和墙面应采用A级装修材料，地面及其他装修应不低于B1级装修材料。

（5）消防水泵房、排烟机房、固定灭火系统钢瓶间、配电室、变压器室、通风和空调机房等，其内部均应采用A级装修材料。

（6）无自然采光楼梯间、封闭楼梯间、防烟楼梯间的顶棚、墙面和地面应采用A级装修材料。

（7）建筑物内设有上下层相连通的中庭、走马廊、开敞楼梯、自动扶梯时，其连通部位的顶棚、墙面应采用A级装修材料，其他部位应采用不低于B1级的装修材料。

（8）防烟分区的挡烟垂壁，其装修材料应采用A级装修材料。

（9）建筑内部的变形缝（包括沉降缝、伸缩缝、防震缝等）两侧的基层应采用A级装修材料，表面装修应采用不低于B1级的装修材料。

（10）建筑内部的配电箱不应直接安装在B1级的装修材料上。

（11）照明灯具的高温部位，当靠近非A级装修材料时，应采用隔热、散热等防火保护措施。灯饰所用材料的燃烧性能等级不应低于B1级。

（12）公共建筑内部不宜设置采用B3级装饰材料制成的壁柱、雕塑、模型、标本，当需要设置时，不应靠近火源或热源。

（13）地上建筑的水平疏散走道和安全出口的门厅，其顶棚装饰材料应采用A级装修材料，其他部位应采用不低于B1级装修材料。

（14）建筑内部消火栓的门不应被装饰物遮掩，消火栓门四周的装修材料颜色应与消火栓门的颜色有明显区别。

（15）建筑内部装修不应遮挡消防设施和疏散指示标志及出口，并且不应妨碍消防设施和疏散走道的正常使用。

（16）建筑内部的厨房，其顶棚、墙面、地面均应采用A级装修材料。

（17）经常使用明火器具的餐厅、科研实验室，装修材料的燃烧性能等级，除 A 级外，应在规定的基础上提高一级。

有关单层、多层、高层民用建筑及地下民用建筑的燃烧性能等级可查阅《建筑内部装修设计防火规范》(GB 50222—95) 2001 年版。

88. 建筑装修材料可以提高燃烧性能等级使用的有哪些做法？

下列做法可以按提高燃烧性能等级来应用：

（1）安装在轻钢龙骨上的纸面石膏板，可作为 A 级装修材料使用。

（2）当胶合板表面涂覆一级饰面型防火涂料时，可作为 B1 级装修材料使用。

（3）表观密度（单位重量）小于 $300g/m^3$ 的纸质壁纸、布质壁纸，当直接粘贴在 A 级基材上时，可作为 B1 级装修材料使用。

（4）施涂于 A 级基材上的无机装饰涂料，可作为 A 级装修材料使用。

（5）施涂于 A 级基材上，湿涂覆比小于 $1.5kg/m^2$ 的有机装饰涂料，可作为 B1 级装修材料使用。

89. 特殊房间的地面做法选择中有哪些值得注意的地方？

（1）当采用玻璃楼面时，应选择安全玻璃，并根据结构荷载承载要求选择玻璃厚度，一般应避免采用透光率高的玻璃。

（2）存放食品、饮料或药品等房间，其存放物有可能与楼地面面层直接接触时，严禁采用有毒的塑料、涂料或水玻璃等做面层材料。

（3）对于图书馆的非书资料库、计算机房、档案馆的拷贝复印室、交通工具停放和维修区、易燃物品库等用房，楼地面不应采用容易产生火花静电的材料。

（4）语言教室应做防尘地面。

（5）学校教室楼地面应选择光反射系数为 0.20～0.30 的饰面材料。

（6）有空气洁净度要求的建筑室内楼地面面层应避免眩光，面层材料的光反射系数宜为 0.15～0.35。

（7）汽车库楼地面应选用强度高、具有耐磨防滑性能的非燃烧材料，并应设不小于 1% 的排水坡度。当汽车库面积较大、设置坡度导致做法过厚时，可局部设置坡度。

（8）加油、加气站场内和道路不得采用沥青路面，宜采用可行驶重型汽车的水泥路面或不产生静电火花的路面。

（9）冷库楼地面应采用隔热材料，其抗压强度不应小于 0.25MPa。

（10）室外地面面层应避免选用釉面或磨光面等反射率较高和光滑的材料，以减少光污染和热岛效应及雨雪天气滑跌。

（11）室外地面宜选择具有渗水透气性能的饰面材料及垫层材料。

90. 防止混凝土开裂的措施有哪些？

混凝土开裂在屋面上容易造成漏水，在地面上会造成地面不平整而影响使用。

防止混凝土开裂的措施主要是加设钢筋网。

《屋面工程技术规范》（GB 50345—2004）中指出：刚性防水屋面中的细石混凝土的厚度不应小于40mm，并应配置直径为 4~6mm、间距为 100~200mm 的双向钢筋网片；钢筋网片在分隔缝处应断开，其保护层厚度不应小于 10mm。

《建筑地面设计规范》（GB 50037—96）中指出：当生产和使用要求不允许混凝土类面层开裂时，宜在混凝土顶面下 20mm 处配置直径为4mm、间距为 150~200mm 的钢筋网片。

91. 楼地面的特殊构造有哪些？

楼地面的特殊构造应注意以下一些细节：

（1）楼地面填充层内敷设有管道时，应根据管道大小及交叉时所需的尺寸决定厚度。

（2）有较高清洁要求及下部为高湿度房间的楼地面，宜设置防潮层。

（3）有空气洁净度要求的楼地面应设防潮层。

（4）当采用石材楼地面时，石材应进行防碱背涂处理。

（5）档案馆建筑、图书馆的书库及非书资料库，当采用填实地面时，应有防潮措施。当采用架空地面时，架空高度不宜小于 0.45m，并宜有通风措施。架空层的下部宜采用不小于1%坡度的防水地面，并高于室外地面0.15m。架空层上部的地面宜采用隔潮措施。

（6）观众厅纵向走道坡度大于 1:10 时坡道面层应做防滑处理。

（7）采暖房间楼地面，可不采用保温措施，但遇到架空或悬挑部分直接接触室外的采暖房间的楼地面或接触非采暖房间的楼地面时，应采取局部保温措施。

（8）大面积的水泥楼地面、现浇水磨石楼地面的面层宜分格，每格面积不宜超过 $25m^2$。分格位置应与垫层伸缩缝位置重合。

（9）有特殊要求的水泥地面，宜采用在混凝土面层上部干撒水泥面压实赶光的做法。

（10）关于地面伸缩缝和变形缝：

1）伸缩缝和变形缝不应从需进行防水处理的房间中穿过。

2）伸缩缝和变形缝应进行防火、隔声处理。接触室外空气及上下与不采暖房间相邻的楼地面伸缩缝应进行保温隔热处理。

3）伸缩缝和变形缝不应穿过电子计算机主机房。

4）防空工程防护单元内不应设置伸缩缝和变形缝。

5）空气洁净度为100级、1000级、10000级的建筑室内楼地面不宜设置伸缩缝和变形缝。

（11）有给水设备或有浸水可能的楼地面，应采用防水和排水措施。

1）有防水要求的建筑楼地面，必须设置防水隔离层。楼层结构必须采用现浇钢筋混凝土或整块预制混凝土板。

2）楼地面面层、地面垫层、楼地面填充层和楼地面结合层均应采用不透水材料及防水构造做法。

3）防水层在立墙部位应至少高出楼面100mm，淋浴间等用房应适当提高并不应低于1800mm。

4）有排水要求的房间楼地面，坡度应排向地漏，坡度为0.5%~1.5%之间。表面粗糙的面层，坡度应控制在1.0%~2.0%之间。当排泄坡度较长时，宜设排水沟，沟内坡度不宜小于0.5%。

5）医院的手术室不应设置地漏，否则应有防污染措施。

6）有排水的房间楼地面标高应低于走道或其他房间，高差为10~20mm。

（12）配电室等用房楼地面标高宜稍高于走道或其他房间，一般高差在20~30mm，亦可采用挡水门槛。

（13）档案库库区的楼地面应比库区外高20mm。当采用水消防时，应设排水口。

92. 地板玻璃地面的构造要点有哪些？

地板玻璃指的是应用于舞厅、展览厅的供人行走和活动的地面玻璃。《建筑玻璃应用技术规程》（JGJ 113—2009）中规定：

（1）地板玻璃宜采用隐框支承或点支承，点支承地板玻璃宜采用沉头式或背栓式连接件。

（2）地板玻璃必须采用夹层玻璃，点支承的地板玻璃必须采用钢化夹层玻璃。

（3）楼梯踏步板玻璃表面，应进行防滑处理。

（4）地板夹层玻璃的单片玻璃相差不宜小于3mm，且夹层胶片厚度不应小于0.76mm。

（5）框支承地板玻璃单片厚度不宜小于8mm，点支承地板玻璃单片厚度不宜小于10mm。

（6）地板玻璃之间的空隙不应小于6mm，宜采用硅酮建筑密封胶密封。

（7）地板玻璃及其连接应能够适应主体结构的变形。

（8）地板玻璃板面挠度最大值应小于其跨度的1/200。

93. 石材、地面砖楼地面的施工要点有哪些？

（1）材料特点

1）石材：饰面石材的材质分为花岗岩（火成岩）、大理石（沉积岩）、砂岩。按其坚硬程度和释放有害物质的多少，应用的部位也不尽相同。花岗岩（火成岩）可用于室内和室外的任何部位；大理石（沉积岩）只可用于室内，不宜用于室外；砂岩只能用于室内。

《建筑材料放射性核素限量》（GB 6566—2001）中指出：天然石材含有放射性物质，应根据其放射性物质比活度的高低分级选用，比活度低的不会对人体造成伤害。比活度指的是单位质量（固体）或体积（液体气体）的活度。活度是单位时间内放射性元素衰变的次数。天然石材放射性物质比活度分级见表93：

表93 天然石材放射性物质比活度分级

级别	比活度	使用范围
A	低	可广泛使用
B	较高	可用于空间大、通风良好的场所，不宜在住宅中使用
C	高	适用于室外地面

2）饰面砖：饰面砖的种类很多，按其物理性质可以分为以下几种

A. 全陶质瓷砖：吸水率小于10%。

B. 陶胎釉面砖：吸水率3%~10%。

C. 全瓷质面砖（通体砖）：吸水率小于1%。

用于室内的釉面砖，吸水率不受限制，用于室外的釉面砖吸水率应尽量减小。北京地区外墙面不得采用全陶质瓷砖。

（2）施工要点

《住宅装饰装修工程施工规范》（GB 50327—2001）中指出：

1）石材、地面砖铺贴前应浸水湿润，天然石材铺贴前应进行对色、拼花并进行试拼、编号。

2）铺贴前应根据设计要求确定结合层砂浆厚度、拉十字线控制其厚度和石材、地面砖表面平整度。

3）结合层砂浆宜采用体积比为1:3的干硬性水泥砂浆，厚度宜高出实铺

厚度2~3mm，铺贴前应在水泥砂浆上刷一道水灰比为1:2的素水泥浆或干铺水泥1~2mm后洒水。

4）石材、地面砖铺贴时应保持水平就位，用橡皮锤轻击使其与砂浆粘接紧密，用时调整其表面平整度。

5）铺贴后应及时清理表面，24h后应用1:1水泥浆灌缝，或选择与地面颜色一致的颜料与白水泥拌合均匀后灌缝。

6）预制板块之间的缝隙在《建筑地面工程施工质量验收规范》（GB 50209—2010）中的规定是：混凝土板块面层缝宽不宜大于6mm，水磨石板块、人造石板块间的缝宽不宜大于2mm。预制板块铺完24h后，应用水泥砂浆灌缝至2/3高度，再用同色水泥浆擦（勾）缝。

94. 竹材、实木地板铺贴时的施工要点有哪些？

（1）材料特点

1）实木地板：实木地板是天然木材经烘干、加工后形成的地面装饰材料。它呈现出的天然原木纹理和色彩图案，给人以自然、柔和、富有亲和力的质感，同时由于它冬暖夏凉、触感好的特性使其成为卧室、客厅、书房等地面装修的理想材料。

实木地板分AA级、A级、B级三个等级，AA级质量最高。由于实木地板的使用相对比较娇气，安装也较复杂，尤其是受潮、暴晒后易变形，因此选择实木地板要格外注重木材的品质和安装工艺。

2）竹木复合地板：竹木复合地板是竹材与木材复合的再生产物。它的面板和底板，采用的是上好的竹材，芯材多为杉木、樟木等木材。其生产制作要依靠精良的机器设备和先进的科学技术以及规范的生产工艺流程，经过一系列的防腐、防蚀、防潮、高压、高温以及胶合、旋磨等近40道工序，才能制作成为一种新型的复合地板。

竹木复合地板外观自然清新、纹理细腻流畅、防潮防湿防蚀以及韧性强、有弹性；同时，其表面坚硬程度可以与木制地板中的常见材种（如樱桃木、榉木等）媲美。另一方面，由于该地板芯材采用了木材作原料，故其稳定性极佳，结实耐用，脚感好，格调协调，隔声性能好，而且冬暖夏凉，尤其适用于居家环境以及体育娱乐场所等室内装修。从健康角度而言，竹木复合地板尤其适合城市中的老龄化人群以及婴幼儿，而且对喜好运动的人群也有保护缓冲的作用。

（2）施工要点

《住宅装饰装修工程施工规范》（GB 50327—2001）中指出：

1）基层平整度：误差不得大于5mm。

2）铺装前应对基层进行防潮处理，防潮层宜涂刷防水涂料或铺贴塑料薄膜。

3）铺装前应对地板进行选配，宜将纹理、颜色接近的地板集中使用于一个房间或部位。

4）木龙骨应与基层连接牢固，固定点间距不得大于600mm。

5）毛地板应与龙骨成30°或45°铺钉，板缝应为2~3mm，相邻板的接缝应错开。

6）在龙骨上直接铺钉地板时，主次龙骨间距应根据地板的长度模数计算确定，底板接缝应在龙骨的中线上。

7）地板钉子的长度宜为地板厚度的2.5倍，钉帽应砸扁。固定时应以凹榫边30°倾斜插入。硬木地板应先钻孔，孔径应略小于地板钉子的直径。

8）毛地板及地板与墙之间应留有8~10mm的缝隙。

9）地板磨光应先刨后磨，磨削应顺木纹方向，磨削总量应控制在0.3~0.8mm范围内。

10）单层直铺地板的基层必须平整、无油污。铺贴前应在基层刷一层薄而匀的底胶以提高粘结力。铺贴时，基层和地板背面均应刷胶，待不黏手后再进行铺贴。拼板时应用榔头垫木板敲打紧密，板缝不得大于0.30mm。溢出的胶液应及时清理干净。

11）《建筑地面工程施工质量验收规范》（GB 50209—2010）中规定：

①竹、木地板铺设在水泥面层类基层上，其基层表面应坚硬、洁净、不起砂，表面含水率不应大于8%。

②铺设竹、木地板面层时，木格栅应垫实钉牢，与柱、墙之间留出200mm的缝隙，表面应平直，其间距不宜大于300mm。

③当面层下铺设垫层地板时，垫层地板的髓心应向上，板间缝隙不应大于3mm，与柱、墙之间应留出8~12mm的空隙，表面应刨平。

④竹、木地板面层铺设时，相邻板材接头位置应错开不小于300mm的距离；与柱、墙之间应留出8~12mm的空隙。

95. 强化木地板铺贴时的施工要点有哪些？

（1）强化木地板的概念

强化木地板为俗称，学名为浸渍纸层压木质地板。它是以一层或多层专用纸浸渍热固性氨基树脂，铺装在刨花板、中密度纤维板、高密度纤维板等人造板基材表层，背面加平衡层，正面加耐磨层，经热压而成的地板。

（2）强化木地板的特点

强化木地板的特点有：耐磨、款式丰富、抗冲击、抗变形、耐污染、阻燃、防潮、环保、不褪色、安装简便、易打理、可用于地采暖等。

（3）强化木地板的施工要点

《住宅装饰装修工程施工规范》（GB 50327—2001）中指出：

1）防潮垫层应满铺平整，接缝处不得叠压。

2）安装第一排时应凹槽靠墙，地板与墙之间应留有8～10mm的缝隙。

3）房间长度或宽度超过8m时，应在适当位置设置伸缩缝。

《建筑地面工程施工质量验收规范》（GB 50209—2010）中规定：

1）浸渍纸层压木质地板（强化木地板）面层应采用条材或块材，以空铺或粘贴方式在基层上铺设。

2）浸渍纸层压木质地板（强化木地板）可采用有垫层地板和无垫层地板的方式铺设。

3）浸渍纸层压木质地板（强化木地板）面层铺设时，相邻板材接头位置应错开不小于300mm的距离；衬垫层、垫层底板及面层与墙、柱之间均应留出不小于10mm的空隙。

4）浸渍纸层压木质地板（强化木地板）面层采用无龙骨的空铺法铺设时，宜在面层与垫层之间设置衬垫层，衬垫层应在面层与柱、墙之间的空隙内加设金属弹簧卡或木楔，其间距宜为200～300mm。

96. 地毯铺装时应注意哪些问题？

（1）材料特点

以棉、麻、毛、丝、草等天然纤维或化学合成纤维类原料，经手工或机械工艺进行编结、栽绒或纺织而成的地面铺敷物。

（2）应用

它是世界范围内具有悠久历史传统的工艺美术品类之一。覆盖于住宅、宾馆、体育馆、展览厅、车辆、船舶、飞机等的地面，有减少噪声、隔热和装饰效果。

（3）地毯铺装时应注意的问题

《住宅装饰装修工程施工规范》（GB 50327—2001）中指出：

1）地毯对花拼接应按毯面绒毛和织纹走向的同一方向拼接。

2）当使用张紧器伸展地毯时，用力方向应成V字形，应由地毯中心向四周展开。

3）当使用倒刺板固定地毯时，应沿房间四周将倒刺板与基层固定牢固。

4）地毯铺装方向，应是绒毛走向的背光方向。

5）满铺地毯应用扁铲将毯边塞入卡条和墙壁间的间隙中或塞入踢脚板下面。

6）裁剪楼梯地毯时，长度应留有一定余量，以便在使用时可挪动经常磨损的位置。

《建筑地面工程施工质量验收规范》（GB 50209—2010）中规定：

1）地毯面层应采用地毯块材或卷材，以空铺法或实铺法铺设。

2）铺设地毯的地面面层（或基层）应坚实、平整、干燥、无凹坑、麻面、起砂、裂缝，并不得有油污、钉头及其他凸出物。

3）地毯衬垫应满铺平整，地毯拼缝处不得漏底衬。

4）空铺地毯。

①块材地毯宜先拼成整块，块与块之间应紧密服帖。

②卷材地毯宜先长向缝合。

③地毯面层的周边应压入踢脚线下。

5）实铺地毯

①地毯面层采用的金属卡条（倒刺板）、金属压条、专用双面胶带、胶黏剂等应符合设计要求。

②铺设时，地毯的表面层宜张拉适度，四周应采用卡条固定；门口处宜用金属压条或双面胶带等固定；地毯周边应塞入卡条和踢脚线下。

③地毯周边采用胶黏剂或双面胶带粘结时，应与基层粘贴牢固。

6）楼梯地毯面层铺设时，梯段顶级（头）地毯应固定于平台上，其宽度应不小于标准楼梯、台阶踏步尺寸；阴角处应固定牢固；梯段末级（头）地毯与水平段地毯的连接处应顺畅、牢固。

97. 关于卫生间楼地面的构造要点有哪些？

卫生间楼地面的关键问题是防止漏水，为此应采取以下构造措施：

（1）楼地面面层应采用防水、防滑类面层。

（2）楼地面面层标高应低于走道或其他房间地面标高 0.020m。

（3）应设 1% 的排水坡度并坡向地漏。

（4）楼地面应设置以防水涂料为主的防水隔离层，涂刷厚度至少应为 2mm。

（5）楼面结构应采用现浇钢筋混凝土板或整块预制混凝土板，混凝土强度不应低于 C20。

（6）楼板除门洞外，应做混凝土翻边，其高度不应小于 120mm。《建筑地面工程施工质量验收规范》（GB 50209—2010）中规定为 200mm。

此外，防水隔离层完成后，还应做 24h 的闭水试验，以检验防水成果。

98. 建筑门口一般均不加设"门槛"，有无特例？

楼房建筑中内门和外门一般均不加设门槛，但遇到下列情况时要求加做门槛。

（1）用于竖向井道的丙级防火门，其底部应保证不小于 0.10m 的门槛。

（2）配电室等用房楼地面标高宜稍高于走道或其他房间，一般高差在 20~30mm，亦可采用挡水门槛的构造做法。

（3）人民防空地下室的防护密闭门、密闭门均为"外挂门"（门扇大于门框），为保证门扇正常关闭，应加设门槛。

99. 台阶和坡道应如何解决"防冻胀"问题？

《建筑地面设计规范》（GB 50037—96）中指出：季节性冰冻地区非采暖房间的地面以及散水、明沟、踏步、台阶和坡道等，当土壤标准冻结深度大于 600mm，且在冰冻深度范围内为冻胀土或强冻胀土时，宜采用碎石、矿渣地面或预制混凝土面层。当必须采用混凝土垫层时，应在垫层下加设防冻胀层。

防冻胀层应选用中粗砂、砂卵石、炉渣或炉渣石灰土等非冻胀材料，其厚度按表 99 采用。

表 99　防冻胀层厚度

土壤冻结深度 (mm)	防冻胀层厚度（mm）	
	土壤为冻胀土	土壤为强冻胀土
600~800	100	150
1200	200	300
1800	350	450
2200	500	600

采用炉渣石灰土做防冻胀层时，其重量配合比宜为 7:2:1（炉渣:素土:熟化石灰），压实系数不宜小于 0.85，且冻前龄期应大于 30d。

100. 什么叫"空气洁净度"要求较高的地面？"空气洁净度"如何分级？

《建筑地面设计规范》（GB 50037—96）中指出：

（1）有空气洁净度要求的建筑地面，其面层应平整、耐磨、不起尘，并应除尘、清洗。其底层地面应设防潮层。面层应采用不燃、难燃或燃烧时不产生有毒气体的材料，并宜有弹性与较低的导热系数。面层材料的光反射系数宜为 0.15~0.35。必要时尚应不宜积聚静电。

空气洁净度为 100 级、1000 级、10000 级的地段，地面不宜设置变形缝。

（2）空气洁净度为 100 级垂直单向流的建筑地面，应采用格栅式通风地板，其材料可选择钢板焊接后电镀或涂塑、铸铝等。通风地板下宜采用现浇水磨石、涂刷树脂类涂料的水泥砂浆或瓷砖等面层。

（3）空气洁净度为 100 级水平单向流、1000 级和 10000 级的地段宜采用导静电塑料贴面面层、聚氨酯等自流平面层。导静电塑料贴面面层宜用成卷或较大块材铺贴，并应用配套的导静电胶粘合。

（4）空气洁净度为 10000 级和 100000 级的地段，可采用现浇水磨石面层，亦可在水泥类面层上涂刷聚氨酯涂料、环氧涂料等树脂类涂料。现浇水磨石面层宜用铜条或铝合金条分格，当金属嵌条对某些生产工艺有害时，可采用玻璃条分格。

空气洁净度是指洁净环境中空气含悬浮粒子量的多少的程度。通常空气中含尘浓度低则空气洁净度高，含尘浓度高则空气洁净度低。按空气中悬浮粒子浓度表划分洁净室及相关受环境中空气洁净度等级，就是以每立方米空气中最大允许粒子数来确定其空气洁净度等级。

我国空气洁净度的标准是《洁净厂房设计规范》（GB 50073—2001），标准中规定的空气洁净度等级等同采用国际标准 ISO 1446.1 中的有关规定。洁净室及洁净区空气悬浮粒子洁净度等级见表 100。

表 100　洁净室及洁净区空气悬浮粒子洁净度等级

等级	每 m^3 空气中 ≥0.5μm 尘粒数	每 m^3 空气中 ≥5μm 尘粒数
100 级	≤35×100（3.5）	—
1000 级	≤35×1000（35）	≤250（0.25）
10000 级	≤35×10000（350）	≤2500（2.5）
100000 级	≤35×100000（3500）	≤25000（25）

101. 什么叫"自流平"地面？它有什么特点？

《自流平地面工程技术规程》（JGJ/T 175—2009）中提到：在基层上采用具有自行流平性能或稍加辅助性摊铺即能流动找平的地面用材料、经搅拌后摊铺所形成的地面称为自流平地面。

（1）自流平地面的类型

1）水泥基自流平砂浆地面：由基层、自流平界面剂、水泥基自流平砂浆构成的地面。

2）石膏基自流平砂浆地面：由基层、自流平界面剂、石膏基自流平砂浆构成的地面。

3）环氧树脂自流平地面：由基层、底涂、自流平环氧树脂地面涂层材料构成的地面。

4）聚氨酯自流平地面：由基层、底涂、自流平聚氨酯地面涂层材料构成的地面。

5）水泥基自流平砂浆-环氧树脂或聚氨酯薄涂地面：由基层、自流平界面剂、水泥基自流平砂浆、底涂、环氧树脂或聚氨酯薄涂构成的地面。

（2）自流平地面的一般规定

1）水泥基自流平砂浆可用于地面找平层，也可用于地面面层。当用于地面找平层时，其厚度不得小于2.0mm，当用于地面面层时，其厚度不得小于5.0mm。

2）石膏基自流平砂浆不得直接作为地面面层使用。当采用水泥基自流平砂浆作为地面面层时，石膏基自流平砂浆可用于找平层，其厚度不得小于2.0mm。

3）环氧树脂和聚氨酯自流平地面面层厚度不得小于0.8mm。

4）当采用水泥基自流平砂浆作为环氧树脂和聚氨酯地面的找平层时，水泥基自流平砂浆的强度等级不得低于C20。当采用环氧树脂和聚氨酯作为地面面层时，不得采用石膏基自流平砂浆作为找平层。

5）基层有坡度设计时，水泥基或石膏基自流平砂浆可用于坡度小于或等于1.5%的地面；对于坡度大于1.5%但不超过5%的地面，基层应采用环氧底涂撒砂处理，并应调整自流平砂浆流动度；坡度大于5%的基层不得使用自流平砂浆。

6）面层分隔缝的设置应与基层的伸缩缝保持一致。

（3）自流平地面的应用

随着现代工业技术和生产的发展，对于清洁生产的要求越来越高，要求车间地坪耐磨、耐腐蚀、洁净、室内空气含尘量尽量低，已全面提上日程。如：食品、烟草、电子、精密仪器仪表、医药、医疗手术室、汽车、机场用品等生产制作场所均要求为洁净车间。这些车间的地坪，一般均采用自流平地面。1996年我国制定的医疗行业标准（GMP）中，一个很重要的硬件就是洁净地坪的制作与自流平地面的使用。

（4）自流平地面的优点

1）涂料自流平性能好，施工简便。

2）自流平涂膜坚韧、耐磨、耐药性好，无毒、不助燃。

3）表面平整光洁、装饰性好，可以满足100级洁净度的要求。

《建筑地面工程施工质量验收规范》（GB 50209—2010）中规定：

1）自流平面层可采用水泥基、石膏基、合成树脂基等拌合物铺设。

2）自流平面层与墙、柱等连接处的构造做法应符合设计要求，铺设时应分层施工。

3）自流平面层的基层含水率、构造做法、厚度、颜色、防水、防油渗、防尘等均应符合设计要求。

102. 有关石材幕墙（装饰石材）的应用有哪些规定？

（1）应采用花岗石，可选用大理石、石灰石、石英砂岩等。

（2）石材面板的性能应满足建筑物所在地的地理、气候、环境和幕墙功能的要求。

（3）石材的放射性应符合《建筑材料放射性核素限量》（GB/T 6566—2010）中A级、B级、C级的要求。

（4）石材面板的厚度：天然花岗石弯曲强度标准值不小于8.0MPa，吸水率≤0.6%，厚度不小于25mm；天然大理石弯曲强度标准值不小于7.0MPa，吸水率≤0.5%，厚度不小于35mm；其他石材不小于35mm。

（5）当天然石材的弯曲强度的标准值≤0.8或≥4.0时，单块面积不宜大于1.0m^2；其他石材单块面积不宜大于1.5m^2。

（6）在严寒和寒冷地区，幕墙用石材面板的抗冻系数不应小于0.8。

（7）石材表面宜进行防护处理。对于处在大气污染较严重或处在酸雨环境下的石材面板，应根据污染物的种类和污染程度及石材的矿物化学物质、物理性质选用适当的防护产品对石材进行保护。

103. 建筑玻璃防人体冲击应采用哪些措施？

《建筑玻璃应用技术规程》（JGJ 113—2009）中指出：

（1）活动门玻璃、固定门玻璃和落地窗玻璃均需选用安全玻璃：

1）有框时，玻璃厚度应符合表103-1的规定

表103-1 安全玻璃的最大使用面积

玻璃种类	公称厚度（mm）	最大使用面积（m^2）
钢化玻璃	4	2.0
	5	3.0
	6	4.0
	8	6.0
	10	8.0
	12	9.0
夹层玻璃	6.38 6.76 7.52	3.0
	8.38 8.76 9.52	5.0
	10.38 10.76 11.52	7.0
	12.38 12.76 13.52	8.0

2）无框时，应使用不小于 12mm 的钢化玻璃。

（2）人群集中的公共场所和运动场所中装配的室内隔断玻璃

1）有框时，应按表 103-1 的规定执行，且应采用不小于 5mm 的钢化玻璃或不小于 6.38mm 的夹层玻璃。

2）无框时，应按表 103-1 的规定执行，且应采用不小于 10mm 的钢化玻璃。

（3）浴室用玻璃

1）淋浴隔断、浴缸隔断应按表 103-1 的规定执行。

2）浴室内无框玻璃应按表 103-1 的规定执行，且应采用不小于 5mm 的钢化玻璃。

（4）室内栏板用玻璃

1）不承受水平荷载的栏板玻璃，应按表 103-1 的规定执行，且应采用不小于 5mm 的钢化玻璃或不小于 6.38mm 的夹层玻璃。

2）承受水平荷载的栏板玻璃，应按表 103-1 的规定执行，且应采用不小于 12mm 的钢化玻璃或不小于 16.76mm 的夹层玻璃。当栏板玻璃最低点离一侧楼地面在 3m 或 3m 以上、5m 或 5m 以下时，应使用 16.76mm 的钢化夹层玻璃。当栏板玻璃最低点离一侧楼地面大于 5m 时，不得使用承受水平荷载的栏板玻璃。

（5）屋面玻璃

1）两边支承的屋面玻璃，应支承在玻璃的长边。

2）屋面玻璃必须使用安全玻璃。当屋面玻璃最高点离地面的高度大于 3m 时，必须使用夹层玻璃。用于屋面的夹层玻璃，其胶片厚度不应小于 0.76mm。

3）上人屋面玻璃应按地板玻璃进行设计。

4）不上人屋面的活荷载应符合下列规定：

①与水平夹角小于 30°的屋面玻璃，在玻璃板中心点直径为 150mm 的区域内，应能承受垂直于玻璃为 1.1kN 的活荷载标准值。

②与水平夹角等于或大于 30°的屋面玻璃，在玻璃板中心点直径为 150mm 的区域内，应能承受垂直于玻璃为 0.5kN 的活荷载标准值。

（6）当屋面玻璃采用中空玻璃时，集中荷载应只作用在中空玻璃的上片玻璃。《中空玻璃》（GB/T 11944—2002）规定中空玻璃中玻璃厚度、间隔厚度与最大面积的关系见表 103-2。

表 103-2 玻璃厚度、间隔厚度与最大面积的关系

玻璃厚度（mm）	间隔厚度（mm）	最大面积（m²）
3	6	2.40
	9~12	2.40
4	6	2.86
	9~10	3.17
	12~20	3.17
5	6	4.00
	9~10	4.80
	12~20	5.10
6	6	5.88
	9~10	8.54
	12~20	9.00
10	6	8.54
	9~10	15.00
	12~20	15.90
12	12~20	15.90

104. 民用建筑外保温材料及外墙装饰如何达到防火要求？

依据公安部、住房和城乡建设部联合发布的"《民用建筑外保温系统及外墙装饰防火暂行规定》的通知"〔（公通字2009-46号）〕及《建筑设计防火规范》（2010年修改稿的征求意见稿）的要求。民用建筑外墙保温系统和材料选型、外墙装饰材料，应符合下列有关规定。

（1）民用建筑外保温材料的燃烧性能宜为A级，且不应低于B2级。采用外墙外保温系统的建筑，其基层墙体的耐火极限应符合现行防火规范的有关规定。

（2）非幕墙式住宅建筑墙体的外保温系统应符合下列规定：

1）高度大于或等于100m的建筑，其保温材料的燃烧性能应为A级。

2）高度大于或等于60m、但小于100m的建筑，其保温材料的燃烧性能不应低于B2级。当采用B2级保温材料时，每层应设置水平防火隔离带。

3）高度大于或等于 24m、但小于 60m 的建筑，其保温材料的燃烧性能不应低于 B2 级。当采用 B2 级保温材料时，每两层应设置水平防火隔离带。

4）高度小于 24m 的建筑，其保温材料的燃烧性能不应低于 B2 级。其中，当采用 B2 级保温材料时，每三层应设置水平防火隔离带。

（3）用于临时性居住建筑的金属夹芯复合板材，其芯材应采用不燃或难燃保温材料。

（4）除住宅建筑外，非幕墙式其他民用建筑应符合下列规定：

1）高度大于或等于 50m 的建筑，其保温材料的燃烧性能应为 A 级。

2）高度大于或等于 24m、但小于 50m 的建筑，其保温材料的燃烧性能应为 A 级或 B1 级。其中，当采用 B1 级保温材料时，每两层应设置水平防火隔离带。

3）高度小于 24m 的建筑，其保温材料的燃烧性能不应低于 B2 级。其中，当采用 B2 级保温材料时，每层应设置水平防火隔离带。

（5）建筑外墙外保温系统应采用不燃或难燃材料做防护层。防护层应将保温材料完全覆盖。首层的防护层厚度不应小于 6mm，其他层不应小于 3mm。

（6）幕墙式建筑的外保温系统应符合下列规定：

1）建筑高度大于或等于 24m 的建筑，保温材料的燃烧性能应为 A 级。

2）建筑高度小于 24m 时，保温材料的燃烧性能应为 A 级或 B1 级。其中，当采用 B1 级保温材料时，每层应设置水平防火隔离带。

3）保温材料应采用不燃材料做防护层。防护层应将保温材料完全覆盖。防护层厚度不应小于 3mm。

4）采用金属、石材等非透明幕墙结构的建筑，应设置基层墙体，其耐火极限应符合现行防火规范关于外墙耐火极限的有关规定；玻璃幕墙窗间墙、窗槛墙、裙墙的耐火极限和防火构造应符合现行防火规范关于建筑幕墙的有关规定。

5）基层墙体内部空腔及建筑幕墙及裙墙之间的空间，应在每层楼板处采用防火封堵材料封堵。

（7）建筑外墙的保温层按本规定需要设置防火隔离带时，应沿楼板位置设置宽度不小于 300mm 的 A 级保温材料。防火隔离带与墙面应进行全面积粘贴。

（8）建筑外墙的装饰层，除采用涂料外，应采用不燃材料。当建筑外墙采用可燃保温材料时，不宜采用着火后易脱落的瓷砖等材料。

（9）屋顶的外保温系统除应符合下列规定外，屋顶防水层或可燃保温层应采用不燃材料进行覆盖：

1）对于屋顶基层采用耐火极限不小于 1.00h 的不燃烧体的建筑，其屋顶的保温材料不应低于 B2 级。

2）其他情况，保温材料的燃烧性能不应低于 B1 级。

3）屋顶与外墙交接处、屋顶开口部位四周的保温层，应采用宽度不小于 500mm 的 A 级保温材料设置水平防火隔离带。

九、抗震要求

105.《建筑工程抗震设防分类标准》（GB 50223—2008）中设防类别是如何界定的？

《建筑工程抗震设防分类标准》（GB 50223—2008）中指出：建筑工程的设防类别分为 4 类，划分依据是遭遇地震破坏后，可能造成人员伤亡、直接或间接经济损失、社会影响的程度及其在抗震救灾中的作用等因素，对各类建筑所做的设防类别划分。

（1）特殊设防类：指使用上有特殊设施，涉及国家公共安全的重大建筑工程和地震时可能发生严重次生灾害等特别重大灾害后果，需要进行特殊设防的建筑，简称"甲类"。

（2）重点设防类：指地震时使用功能不能中断或需要尽快恢复的生命线建筑，以及地震时可能导致大量人员伤亡等重大灾害后果，需要提高设防标准的建筑，简称"乙类"。

（3）标准设防类：指大量的除（1）、（2）、（4）款以外按标准要求进行设防的建筑，简称"丙类"。

（4）适度设防类：指使用上人员稀少且震损不致产生次生灾害，允许在一定条件下适度降低要求的建筑，简称"丁类"。

106.《建筑工程抗震设防分类标准》（GB 50223—2008）中需要提高设防标准的建筑有哪些？

《建筑工程抗震设防分类标准》（GB 50223—2008）中指出：建筑工程的设防标准是衡量设防要求高低的尺度，由抗震设防烈度和设计地震参数及抗震设防类别而确定的。抗震设防类别亦分为 4 类，它们分别是：

（1）标准设防类：应按本地区抗震设防烈度确定其抗震措施和地震作用，达到在遭遇高于当地抗震设防烈度的预估罕遇地震影响时不致倒塌或发生危及生命安全的严重破坏的抗震设防目标，如居住建筑等。

（2）重点设防类：应按高于本地区抗震设防烈度一度的要求加强其抗震措施；但抗震设防烈度为 9 度时应按比 9 度更高的要求采取抗震措施；地基基础的抗震措施，应符合有关措施。同时，应按本地区抗震设防烈度确定其地震作用。如幼儿园、中小学教学用房、宿舍、食堂、电影院、剧场、礼堂、报告厅、博物馆、档案馆、大型展览馆、会展中心等均属于需重点设防的建筑。

（3）特殊设防类：应按高于本地区抗震设防烈度一度的要求加强其抗震措施；但抗震设防烈度为9度时应按比9度更高的要求采取抗震措施；同时，应按批准的地震安全性评价的结果且高于本地区抗震设防烈度的要求确定其地震作用。如国家和区域的电力调度中心、国家级卫星地球站上行站等均属于特殊设防类。

（4）适度设防类：允许比本地区抗震设防烈度的要求适当降低其抗震措施，但抗震设防为6度时不应降低。一般情况下，仍应按本地区抗震设防烈度确定地震作用。如仓库类等人员活动少、无次生灾害的建筑。

107. 砌体结构如何布局才能满足《建筑抗震设计规范》（GB 50011—2010）的要求？

《建筑抗震设计规范》（GB 50011—2010）规定多层砌体房屋的结构体系，应符合下列要求：

（1）限制房屋总高度和建造层数

砌体结构房屋总高度和建造层数与抗震设防烈度和设计基本地震加速度有关，具体数值应以本书表6-1为准。

（2）限制建筑体形高宽比

限制建筑体形高宽比的目的在于减少过大的侧移，保证建筑的稳定。砌体结构房屋总高度与总宽度的最大限值，应符合表107-1的有关规定。

表107-1 房屋最大高宽比

烈 度	6	7	8	9
最大高宽比	2.5	2.5	2.0	1.5

注：1. 单面走廊房屋的总宽度不包括走廊宽度；
   2. 建筑平面接近正方形时，其高宽比宜适当减小。

从表107-1中可以看出，若在8度设防区建造高度为18m的砌体结构房屋，其宽度应等于9m或大于9m。

（3）多层砌体房屋的结构体系，应符合下列要求：

1）应优先采用横墙承重或纵横墙共同承重的结构体系，不应采用砌体墙和混凝土混合承重的结构体系。

2）纵横向砌体抗震墙的布置应符合下列要求：

①宜均匀对称，沿平面内宜对齐，沿竖向应上下连续；且纵横墙体的数量不宜相差过大。

②平面轮廓凹凸尺寸,不应超过典型尺寸的50%;当超过典型尺寸的25%时,房屋转角处应采取加强措施。

③楼板局部大洞口的尺寸不宜超过楼板宽度的30%,且不应在墙体两侧同时开洞。

④房屋错层的楼板高差超过500mm时,应按两层计算;错层部位的墙体应采取加强措施。

⑤同一轴线的窗间墙宽度宜均匀,墙面洞口的面积,6、7度时不宜大于墙体面积的55%,8、9度时不宜大于50%。

⑥在房屋宽度方向的中部应设置内纵墙,其累计长度不宜小于房屋总长度的60%(高宽比大于4的墙段不计入)。

3)房屋有下列情况之一时宜设置防震缝,缝的两侧均应设置墙体,砌体结构的缝宽应根据烈度和房屋高度确定,可采用70~100mm:

①房屋立面高差在6m以上。

②房屋有错层,且楼板高差大于层高的1/4。

③各部分的结构刚度、质量截然不同。

4)楼梯间不宜设置在房屋的尽端或转角处。

5)不应在房屋转角处设置转角窗。

6)横墙较少、跨度较大的房屋,宜采用现浇钢筋混凝土楼、屋盖。

(4)限制抗震横墙的最大间距

砌体结构抗震横墙的最大间距不应超过表107-2的规定。

表107-2 房屋抗震横墙的最大间距(m)

房屋类别		烈 度			
		6	7	8	9
多层砌体	现浇或装配整体式钢筋混凝土楼、屋盖	15	15	11	7
	装配式钢筋混凝土楼、屋盖	11	11	9	4
	木屋盖	9	9	4	—
底部框架-抗震墙	上部各层	同多层砌体房屋			
	底层或底部两层	18	15	11	

注:1. 多层砌体房屋的顶层,除木屋盖外的最大横墙间距应允许适当放宽,但应采取相应加强措施;

2. 多孔砖抗震横墙厚度为190mm时,最大横墙间距应比表中数值减少3m。

(5)多层砌体房屋中砌体墙段的局部尺寸限值

多层砌体房屋中砌体墙段的局部尺寸限值应符合表107-3的有关规定。

表 107-3　房屋的局部尺寸限值（m）

部位	6度	7度	8度	9度
承重窗间墙最小宽度	1.0	1.0	1.2	1.5
承重外墙尽端至门窗洞边的最小距离	1.0	1.0	1.2	1.5
非承重外墙尽端至门窗洞边的最小距离	1.0	1.0	1.0	1.0
内墙阳角至门窗洞边的最小距离	1.0	1.0	1.5	2.0
无锚固女儿墙（非出入口处）的最大高度	0.5	0.5	0.5	0.0

注：1. 局部尺寸不足时，应采取局部加强措施弥补，且最小宽度不得小于1/4层高和表列数值的80%；

2. 出入口处的女儿墙应有锚固。

(6) 其他结构要求

1）楼盖和屋盖

①现浇钢筋混凝土楼板或屋面板伸进纵、横墙内的长度，均不应小于120mm。

②装配式钢筋混凝土楼板或屋面板，当圈梁未设在板的同一标高时，板端伸进外墙的长度不应小于120mm，伸进内墙的长度不应小于100mm或采用硬架支模连接，在梁上不应小于80mm或采用硬架支模连接。

③当板的跨度大于4.8m并与外墙平行时，靠外墙的预制板侧边应与墙或圈梁拉结。

④房屋端部大房间的楼盖，6度时房屋的屋盖和7~9度时房屋的楼、屋盖，当圈梁设在板底时，钢筋混凝土预制板应互相拉结，并应与梁、墙或圈梁拉结。

2）楼梯间

①顶层楼梯间横墙和外墙应沿墙高每隔500mm设2ϕ6通长钢筋和ϕ4分布短钢筋平面内点焊组成的拉结网片或ϕ4点焊网片；7~9度时其他各层楼梯间墙体应在休息平台或楼层半高处设置60mm厚、纵向钢筋不应少于2ϕ10钢筋混凝土带或配筋砖带，配筋砖带不少于3皮，每皮的配筋不少于2ϕ6，砂浆强度等级不应低于M7.5，且不低于同层墙体的砂浆强度等级。

②楼梯间及门厅内墙阳角的大梁支承长度不应小于500mm，并应与圈梁连接。

③装配式楼梯段应与平台板的梁可靠连接，8、9度时不应采取装配式楼梯段；不应采用墙中悬挑式或踏步竖肋插入墙体的楼梯，不应采用无筋砖砌栏板。

④突出屋顶的楼、电梯间，构造柱应伸向顶部，并与顶部圈梁连接，所有墙体应沿墙高每隔500mm设2ϕ6通长钢筋和ϕ4分布短筋平面内点焊组成的拉结网片或ϕ4点焊网片。

3）其他

①门窗洞口处不应采用无筋砖过梁；过梁的支承长度：6~8度时不应小于240mm，9度时不应小于360mm。

②预制阳台，6、7度时应与圈梁和楼板的现浇板带可靠连接，8、9度时

不应采用预制阳台。

③后砌的非承重砌体隔墙、烟道、风道、垃圾道均应有可靠拉结。

④同一结构单元的基础（或桩承台），宜采用同一类型的基础，底面宜埋置在同一标高上，否则应增设基础圈梁并应按1∶2的台阶逐步放坡。

⑤坡屋顶房屋的屋架应与顶层圈梁可靠连接，檩条或屋面板应与墙、屋架可靠连接，房屋出入口处的檐口瓦应与屋面构件锚固。采用硬山搁檩时，顶层内纵墙顶宜增砌支承山墙的踏步式墙垛，并设置构造柱。

⑥6、7度时长度大于7.2m的大房间，以及8、9度时外墙转角及内外墙交接处，应沿墙高每隔500mm配置2φ6通长钢筋和φ4分布短筋平面内点焊组成的拉结网片或φ4点焊网片。

108.《建筑抗震设计规范》（GB 50011—2010）中对"构造柱"是如何规定的？

构造柱是砌体结构的主要抗震措施之一，其作用是与圈梁一起形成封闭骨架，以提高砌体结构的抗震能力。构造柱必须采用现浇钢筋混凝土柱。《建筑抗震设计规范》（GB 50011—2010）中对"构造柱"的规定为：

（1）构造柱的设置原则

1）构造柱的设置部位，应以表108为准。

表108　多层砖砌体房屋构造柱设置要求

房屋层数				设置部位	
6度	7度	8度	9度		
四、五	三、四	二、三		楼、电梯间四角；楼梯斜梯段上下端对应的墙体处；外墙四角和对应转角；错层部位横墙与外纵墙交接处；大房间内外墙交接处；较大洞口两侧	隔12m或单元横墙与外纵墙交接处；楼梯间对应的另一侧内横墙与外纵墙交接处
六	五	四	二		隔开间横墙（轴线）与外墙交接处；山墙与内纵墙交接处
七	≥六	≥五	≥三		内墙（轴线）与外墙交接处；内墙的局部较小墙垛处；内纵墙与横墙（轴线）交接处

注：较大洞口，内墙指大于2.1m的洞口；外墙在内外墙交接处已设置构造柱时允许适当放宽，但洞侧墙体应加强。

2）外廊式和单面走廊式的多层房屋，应根据房屋增加一层的层数，按表108-1的要求设置构造柱，且单面走廊两侧的纵墙均应按外墙处理。

3）横墙较少的房屋，应根据房屋增加一层的层数，按表108-1的要求设置构造柱；当横墙较少的房屋为外廊式或单面走廊时，应按（2）款要求设置构造柱；但6度不超过四层、7度不超过三层和8度不超过二层时应按增加二层的层数对待。

4）各层横墙很少的房屋，应按增加二层的层数设置构造柱。

5）采用蒸养灰砂砖和蒸养粉煤灰砖砌体的房屋，当砌体的抗剪强度仅达到烧结普通砖的70%时，应按增加一层的层数按1）~4）款要求设置构造柱；但6度不超过四层、7度不超过三层和8度不超过二层时，应按增加二层的层数对待。

（2）构造柱的构造要求

1）构造柱最小截面可采用180mm×240mm（墙厚190mm时为180mm×190mm），纵向钢筋宜采用4ϕ12，箍筋间距不宜大于250mm，且在上下端应适当加密；6、7度时超过六层、8度时超过五层和9度时，构造柱纵向钢筋宜采用4ϕ14，箍筋间距不宜大于200mm；房屋四角的构造柱应适当加大截面及配筋。

2）构造柱与墙体连接处应砌成马牙槎，沿墙高每隔500mm设2ϕ6水平钢筋和ϕ4分布短筋平面内点焊组成的拉结网片或ϕ4点焊钢筋网片，每边深入墙内不宜小于1m。6、7度底部1/3楼层，8度时底部1/2楼层，9度时全部楼层，相邻构造柱的墙体应沿墙高每隔500mm设置2ϕ6通长水平钢筋和ϕ4分布短筋组成的拉结网片，并锚入构造柱内。

3）构造柱与圈梁连接处，构造柱的纵筋应在圈梁纵筋内侧穿过，保证构造柱纵筋上下贯通。

4）构造柱可不单独设置基础，但应深入室外地面下500mm或与埋深小于500mm的基础圈梁相连。

5）房屋高度和层数接近房屋的层数和总高度限值（本书表6-1）时，纵、横墙内构造柱间距还应符合下列要求：

①横墙内的构造柱间距不宜大于层高的两倍；下部1/3楼层的构造柱间距应适当减小。

②当外纵墙开间大于3.9m时，应另设加强措施，内纵墙的构造柱间距不宜大于4.2m。

（3）构造柱的施工要求

1）构造柱施工时，应先放构造柱的钢筋骨架、再砌砖墙、最后浇筑混凝土，这样做的好处是结合牢固、节省模板。

2）构造柱两侧的墙体应做到"五进五出"，即每300mm高伸出60mm，每300mm高再收回60mm。墙厚为360mm时，外侧形成120mm厚的保护墙。

3）每层楼板的上下部和地梁上部、顶板下部的各500mm处为构造柱的箍筋加密区，加密区的箍筋间距为100mm。

有关构造柱的做法见图108-1、图108-2。

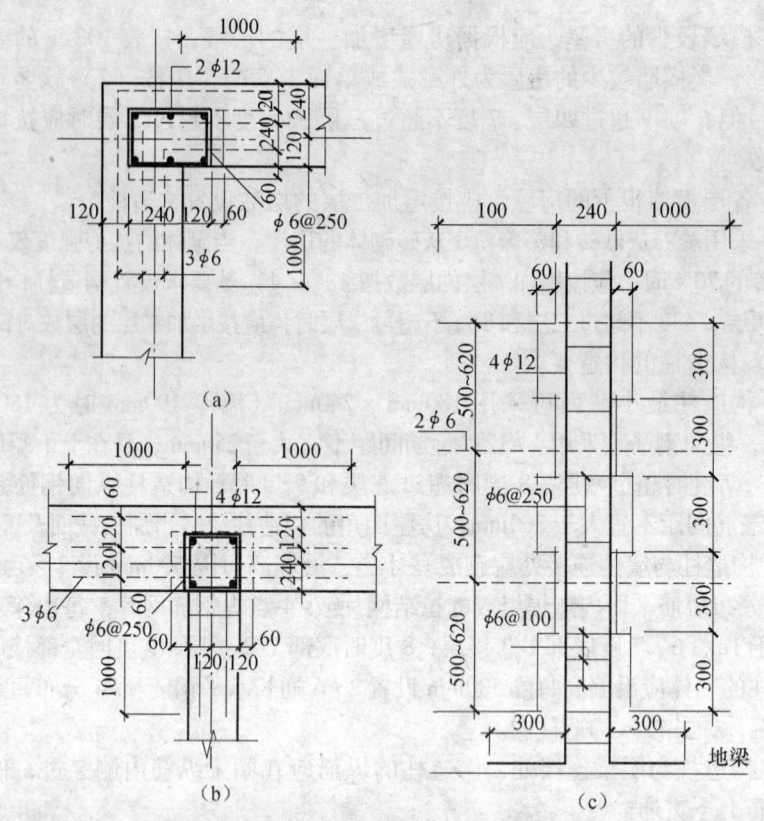

图 108-1 钢筋混凝土构造柱（一）

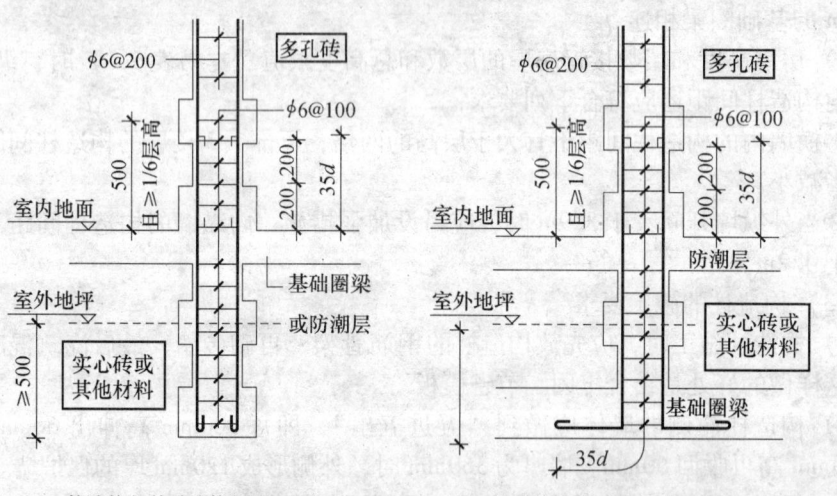

构造柱与基础连接剖面（一）
（构造柱伸入室外地坪以下500）

构造柱与基础连接剖面（二）
（构造柱伸入室外地坪以下500以内的基础圈梁中）

图 108-2 钢筋混凝土构造柱（二）

109.《建筑抗震设计规范》（GB 50011—2010）中对"圈梁"是如何规定的？

圈梁是砌体结构的主要抗震措施之一，其作用有以下三点：一是增强楼层平面（预制混凝土板）的整体刚度；二是防止地基的不均匀下沉；三是与构造柱一起形成骨架，提高砌体结构的抗震能力。圈梁应采用钢筋混凝土现场浇筑。《建筑抗震设计规范》（GB 50011—2010）中对"圈梁"的规定为：

（1）圈梁的设置原则

1）装配式钢筋混凝土楼、屋盖或木屋盖的砖房，横墙承重时应按表109的要求设置圈梁，纵墙承重时，抗震横墙上的圈梁间距应比表109内的要求适当加密。

表109　多层砖砌体房屋现浇钢筋混凝土圈梁的设置要求

墙体类别		烈　度		
		6、7	8	9
圈梁设置	外墙和内纵墙	屋盖处及每层楼盖处	屋盖处及每层楼盖处	屋盖处及每层楼盖处
	内横墙	同上；屋盖处间距不应大于4.5m；楼盖处间距不应大于7.2m；构造柱对应部位	同上；各层所有横墙，且间距不应大于4.5m；构造柱对应部位	同上；各层所有横墙
配筋	最小纵筋	4ϕ10	4ϕ12	4ϕ14
	ϕ6箍筋，最大间距（mm）	250	200	150

2）现浇或装配整体式钢筋混凝土楼、屋盖与墙体有可靠连接的房屋，应允许不设圈梁，但楼板沿抗震墙体周边应加设配筋并应与相应的构造柱钢筋可靠连接。

（2）圈梁的构造要求

1）圈梁应闭合，遇有洞口，圈梁应上下搭接。圈梁宜与预制板设置在同一标高处或紧靠板底。

2）圈梁在表109内只有轴线（无横墙）时，应利用梁或板缝中配筋替代圈梁。

3）圈梁的截面高度不应小于120mm，基础圈梁的截面高度不应小于180mm、配筋不应少于4ϕ12。

4）圈梁的截面宽度不应小于240mm。

十、各种幕墙

110. 框支承玻璃幕墙、全玻璃墙、点支承玻璃幕墙在应用上有什么不同？

玻璃幕墙有三种类型：框支承玻璃幕墙、全玻璃墙和点支承玻璃幕墙，它们的应用部位有较大区别。这三种幕墙本身既是围护结构也是装饰部分。

（1）框支承玻璃幕墙：这种幕墙由竖框、横框和玻璃面板组成。适用于多层建筑和建筑高度不超过100m的高层建筑的外立面。

（2）全玻璃墙：全玻璃墙由玻璃肋、玻璃面板组成。适用于首层大厅或大堂。

（3）点支承玻璃幕墙：这种幕墙由支承结构、支承装置和玻璃面板组成。由于这种幕墙的通透性好，最适用于建筑的大厅、餐厅等视野开阔的部位。亦可用于门上部的雨篷、室外通道侧墙和顶板、花架顶板等部位。但由于技术原因，点支承玻璃幕墙开窗较为困难。

111. 玻璃幕墙各组成部分在选用材料时应注意什么问题？

（1）玻璃选用要点

1）总体要求

①应采用安全玻璃，如钢化玻璃、夹层玻璃、夹丝玻璃等。并应符合相关规范的要求。

②钢化玻璃宜经过二次均质处理。

③玻璃应进行机械磨边和倒角处理，倒棱宽度不宜小于1mm。

④中空玻璃产地与使用地或与运输途径地的海拔高度相差超过1000m时，宜加装毛细管或呼吸管平衡内外气压差。

⑤玻璃的公称厚度应经过强度和刚度验算后确定，单片玻璃、中空玻璃的任一片玻璃厚度不宜小于6mm。

2）个性要求

①夹层玻璃的要求：

A. 夹层玻璃宜为干法合成，夹层玻璃的两片玻璃相差不宜大于3mm。

B. 夹层玻璃的胶片宜采用聚乙烯醇缩丁醛（PVB）胶片，胶片厚度不应小于0.76mm。有特殊要求时，也可以采用（SGP）胶片，面积不宜大于$2.50m^2$。

C. 暴露在空气中的夹层玻璃边缘应进行密封处理。

②中空玻璃的要求：

A. 中空玻璃的间隔铝框可采用连续折弯型。中空玻璃的气体层不应小于 12mm。

B. 玻璃宜采用双道密封结构，明框玻璃幕墙可采用丁基密封胶和聚硫密封胶；隐框、半隐框玻璃幕墙应采用丁基密封胶和硅酮结构密封胶。

③防火玻璃的要求：

A. 应根据建筑防火等级要求，采用相应的防火玻璃。

B. 防火玻璃按结构分为：复合防火玻璃（FFB）和单片防火玻璃（DFB）。单片防火玻璃的厚度一般为 5mm、6mm、8mm、10mm、12mm、15mm、19mm。

C. 防火玻璃按耐火性能分为：隔热型防火玻璃（A 类），即同时满足防火完整性、耐火隔热性要求的防火玻璃；非隔热型防火玻璃（B 类），即仅满足防火完整性要求的防火玻璃；防火玻璃按耐火极限分为 5 个等级：0.50h、1.00h、1.50h、2.00h、3.00h。

④全玻璃幕墙的玻璃肋应采用钢化夹层玻璃，如两片夹层、三片夹层玻璃等，具体厚度应根据不同的应用条件，如板面大小、荷载、玻璃种类等具体计算。最小截面厚度为 12mm、最小截面高度为 100mm。

（2）钢材选用要点

1）钢材表面应具有抗腐蚀能力，并采取避免双金属的接触腐蚀。

2）支承结构应选用碳素钢和低碳合金高强度钢、耐候钢。

3）钢索压管接头应采用经固溶处理的奥氏体不锈钢。

4）碳素结构钢和低合金高强度钢应采取有效的防腐处理：

①采用热浸镀锌防腐蚀处理时，镀锌厚度应符合规范要求。

②采用防腐涂料时，涂层应完全覆盖钢材表面和无端部衬板的闭口型材结构钢。

③采用氟碳漆喷涂或聚氨酯喷涂时，涂抹的厚度不应小于 35μm，在空气污染严重及海滨地区，涂膜厚度不应小于 45μm。

5）主要受力构件和连接件不宜采用壁厚小于 4mm 的钢板、壁厚小于 3mm 的钢管、尺寸小于 1.45mm×4mm 和 1.56mm×36mm×4mm 的角钢以及壁厚小于 2mm 的冷成型薄壁型钢。

（3）铝合金型材

1）型材尺寸允许偏差应满足高精级或超高精级要求。

2）立柱截面主要受力部位的厚度，应符合下列要求：

①铝型材截面开口部位的厚度不应小于 3.0mm，闭口部位的厚度不应小于 2.5mm；型材孔壁与螺钉之间直接采用螺纹受力连接时，其局部厚度尚不应小于螺钉的公称直径。

②对偏心受压立柱，其截面宽厚比应符合《玻璃幕墙工程技术规范》（JGJ 102—2003）中的规定。

3）铝合金型材保护膜厚应符合下列规定：

①阳极氧化（膜厚级别 AA15）镀膜最小平均厚度不应小于 15μm，最小局部膜厚不应小于 15μm。

②粉末喷涂涂层局部不应小于 40μm，且不应大小于 120μm。

③电泳喷涂（膜厚级别 B）阳极氧化膜平均膜厚应不小于 10μm，局部膜厚应不小于 8μm；漆膜局部膜厚应不小于 7μm；复合膜局部厚度不应小于 16μm。

④氟碳喷涂涂层平均厚度不应小于 40μm，局部厚度不应小于 34μm。

4）铝合金隔热型材的隔热条应符合规范要求。

①总体要求

A. 采用的密封材料必须在有效期内使用。

B. 采用橡胶材料应符合相关规定，宜采用三元乙丙橡胶、氯丁橡胶或丁基橡胶、硅橡胶。

②个别要求

A. 隐框和半隐框玻璃幕墙，其玻璃与铝型材的粘结必须采用中性硅酮结构密封胶；全玻璃墙和点支承幕墙采用镀膜玻璃时，不应采用酸性硅酮结构密封胶粘结。

B. 玻璃幕墙用硅酮结构密封胶的宽度、厚度尺寸应通过计算确定，结构胶厚度不宜小于 6mm 且不宜大于 12mm，其宽度不宜小于 7mm 且不大于厚度的 2 倍。位移能力应符合设计位移量的要求，不宜小于 20 级。

C. 结构密封胶、硅酮密封胶同幕墙基材、玻璃和附件应具有良好的相容性和粘结性。

D. 石材幕墙金属挂件与石材间宜选用干挂石材用环氧胶粘剂，不得使用不饱和聚酯类胶粘剂。

112. 什么叫"双层幕墙"？它的构造要点有哪些？

（1）"双层幕墙"由外层幕墙和内层幕墙两部分组成。"双层幕墙"按空气循环方式分为：内循环、外循环（整体式、廊道式、通道式、箱体式）和开放式双层幕墙。各种方式的工作原理、特点、技术要求可参考国标图集《双层幕墙》（07J103—8）。

（2）外层幕墙通常采用点支承玻璃幕墙、明框玻璃幕墙或隐框玻璃幕墙。内层幕墙通常采用明框玻璃幕墙、隐框玻璃幕墙或铝合金门窗。双层幕墙有利于建筑围护结构的隔声、保温、隔热，但应根据建筑的防火要求选择双层幕墙的形式。

1）内循环双层幕墙：外层幕墙封闭，内层幕墙与室内有进气、出气口连接，使双层幕墙通道内空气与室内空气进行循环。外层幕墙应采取防止外层幕墙内侧结露的措施，如采用隔热型材、中空玻璃或Low-E中空玻璃；内层可采用单片玻璃。根据防火设计要求进行水平或垂直方向的防火分隔，可以满足防火规范要求。

2）外循环双层幕墙：内层幕墙封闭，外层幕墙与室外有进气、出气口连接，使双层幕墙通道内的室内外空气进行循环。内层幕墙应采用隔热型材、中空玻璃或Low-E中空玻璃；外层可采用非断热型材、单片玻璃，但应考虑外层幕墙内侧结露的问题。

3）开放式双层幕墙：内层幕墙仅具装饰性能，与室外永远连通，不封闭。防火、保温、隔声等性能均由内层幕墙承担。常用于既有建筑改造。

(3) 双层幕墙抗风压性能内外层分别确定。内外层均有足够的抗风压性能，应符合设计要求。内层采用门窗体系时应按《铝合金门窗》（GB 8478—2008）的规定执行。

(4) 幕墙热通道宽度尺寸设置，应能够形成有效的空气流动和宜于安置遮阳装置。一般只作通风用时，其宽度为100~300mm。有检修、清洗要求时，其宽度为500~900mm；当作休息、观景、散步时其宽度应不小于600mm，并应有隔栅，必要时可根据建筑要求和幕墙专业计算确定。

(5) 进出风口应在外立面错开布置。外循环双层幕墙进风口和出风口宜设置防虫网和空气过滤装置，宜设置电动或手动的调控装置控制幕墙热通道的通风量，能有效开启和关闭。

(6) 双层幕墙的总反射比应不大于0.2。

(7) 双层幕墙悬挑较多时与主体结构的连接部件应进行承载力和刚度校核，幕墙结构体系应承受附加检修荷载。

(8) 双层幕墙的内层及热通道内的构配件应易于清洁和维护。

113. 玻璃幕墙的竖向构件与结构应采用什么方法连接？

玻璃幕墙是非承重外墙，属于"悬挂式"构造。框支撑玻璃幕墙由框和玻璃两部分组成。其中竖框与主体结构楼板连接，连接方法应采用铰接（螺栓连接）。采用铰接的原因是水平荷载（风荷载、地震荷载）可以通过螺栓对变形进行微调，减少对结构主体产生外力集中和产生摩擦噪声，避免影响正常使用和造成破坏。

《玻璃幕墙工程技术规范》（JGJ 102—2003）中指出：立柱与主体结构之间每个受力连接部位的连接螺栓不应少于2个，且连接螺栓直径不宜小于10mm。

114. 石材幕墙有几种构造做法？

石材幕墙属于有基层墙体的幕墙，意即石材幕墙应固定于原有基层墙体上。《金属与石材幕墙工程技术规范》（JGJ 133—2001）中指出：

(1) 幕墙石材应选用火成岩（花岗石属于火成岩），吸水率应小于0.8%。

(2) 花岗岩石材的弯曲强度不应小于0.8MPa。

(3) 用于石材幕墙的石板，厚度不应小于25mm。

(4) 石材幕墙的构造有钢销式、通槽式、短槽式。其中钢销式石材幕墙可以用在非抗震设计或6、7度抗震设计的幕墙中应用，幕墙高度不应大于20m，石板面积不应大于$1.0m^2$，钢销和连接板应采用不锈钢。钢销直径宜为5mm或6mm，连接板截面尺寸不宜小于40mm×4mm。

(5) 通槽式和短槽式连接均采用支撑板连接，支撑板采用不锈钢时厚度不宜小于3.0mm；采用铝合金时厚度不宜小于4.0mm。

115. 金属幕墙主要采用几种材料？其做法特点是什么？

金属幕墙属于有基层墙体的幕墙，意即金属幕墙应固定于原有基层墙体上。《金属与石材幕墙工程技术规范》（JGJ 133—2001）中指出：

(1) 金属幕墙采用的不锈钢宜采用奥氏体不锈钢材。

(2) 钢结构幕墙高度超过40m时，钢构件宜采用高耐候结构钢，并应在其表面涂刷防腐涂料。

(3) 钢构件采用冷弯薄壁型钢时，其壁厚不应小于3.5mm。

(4) 面材主要选用铝合金材料，具体做法有铝合金单板（单层铝板）、铝塑复合板、铝合金蜂窝板（蜂窝铝板）。铝合金的表面应通过阳极氧化镀膜、镀锌、静电粉末喷涂、氟碳树脂喷涂等方法进行表面处理。

(5) 采用氟碳树脂喷涂进行表面处理时，氟碳树脂含量不应低于75%。海边及严重酸雨地区，可采用三道或四道氟碳树脂涂层，其厚度应大于40μm；其他地区，可采用二道氟碳树脂涂层，其厚度应大于25μm。

(6) 铝合金单板的厚度不应小于2.5mm；铝塑复合板的上、下两层铝合金板的厚度均为0.5mm，中间填以3~6mm的聚乙烯材料，总厚度不应小于4mm。蜂窝铝板的正面应采用1mm的铝合金板、背面采用0.5~0.8mm的铝合金板，中间采用蜂窝铝板，总厚度为10mm、12mm、15mm、20mm、25mm。

116. 金属幕墙的铝合金构件表面处理有几种方式？

金属幕墙的铝合金构件表面处理方式有以下4种：

(1) 阳极氧化镀膜：一般铝合金型材常用的表面处理方法。处理后的型材表面硬度高、耐磨性好、金属感强,但颜色种类不多。

(2) 镀锌处理:对金属表面进行镀锌处理可以提高其耐磨性能,近几年镀锌工艺更加先进,镀铝锌、镀铝锌硅等工艺处理使金属的耐候性能又提高了一倍,达到 30~50 年。但它的颜色很单一,只适用于特殊的需要。

(3) 静电粉末喷涂:用于对铝板和钢板的表面进行处理,可喷涂任何颜色,包括金属色。但其耐候性较差,近来已较少使用。

(4) 氟碳树脂喷涂:氟碳树脂的成分为聚四氯乙烯(PVF4),到目前为止它被认为是既具备很好的耐候性能,又以颜色多样而适应建筑幕墙需要的表面处理方式。氟碳漆的适用性还在于它可以用于非金属表面的处理,并可以现场操作,甚至可以在金属构件的防火涂料上涂刷,满足对钢结构的装饰和保护要求。

十一、采光顶

117. 采光顶设计应注意哪些问题?

(1) 采光顶分格宜与整体结构相协调,玻璃面板的尺寸大小选择应有利于提高玻璃等板材的出材率。

(2) 当屋面玻璃最高点离地面的高度大于 3m 时,必须使用夹层玻璃,其胶片厚度不应小于 0.76mm。因集中荷载应只作用在中空玻璃的上片玻璃,采用中空玻璃时,应由夹胶玻璃或钢化玻璃组成,且夹胶玻璃应朝向内侧。

(3) 采光顶的外层材料应能耐水、抗冰雹冲击,并按《建筑玻璃应用技术规程》的规定,考虑上人荷载。其面层材料应不致破碎坠落伤人。常用的采光顶材料有夹层玻璃、钢化玻璃、夹丝玻璃和由以上几种玻璃组成的中空玻璃;还可以采用其他的透光材料,如聚碳酸酯(PC)等。

(4) 当采用玻璃支承结构时,玻璃支承结构宜采用钢化或半钢化夹层玻璃。

(5) 中庭采光顶应按建筑设计防火规范的有关规定,考虑自然或机械排烟措施,且应实现与消防系统联动。

(6) 采光顶的面板不应跨越主体结构的温度缝、变形缝,与主体结构变形缝相对应的构造缝设计应能够适应肢体结构的变形要求。构造缝可采用柔性连接装置或设计宜修复的构造。

(7) 注胶式板缝应能够适应建筑由于荷载、地震作用、温度变化产生的变形。板缝宽度不宜小于 10mm。当建筑设计有要求时,可采用凹入式胶缝。胶缝材料宜采用硅酮建筑密封胶,也可以采用聚氨酯类密封胶。

(8) 粘结密封材料之间或粘结密封材料与其他材料相互接触时,应选用相互不产生有害物理、化学反应的腐蚀措施。

(9) 除不锈钢外,采光顶与不同种类金属材料直接接触处,应设置绝缘垫片或采取其他有效的防腐措施。

（10）面板、檩条的结构设计使用年限不应小于25年。主要支承结构的结构使用年限应与主体结构的设计使用年限相同；在采光顶设计使用年限不超过10年时，可采用聚碳酸酯板作为面板材料。

118. 玻璃采光顶构造应注意的有关问题

《建筑玻璃采光顶》（JG/T 231—2007）中规定的有关问题综述如下：

（1）玻璃

1）应采用安全玻璃，符合相关规范的要求。

2）钢化玻璃宜经过二次均质处理。

3）玻璃应进行机械磨边和倒角处理，倒棱宽度不宜小于1mm。

4）中空玻璃产地与使用地或与运输途径地的海拔高度相差超过1000m时，宜加装毛细管或呼吸管以平衡内外气压差。

5）玻璃宜采用夹层玻璃和夹层中空玻璃。玻璃原片可根据设计要求选用，且单片玻璃厚度不宜小于6mm，夹层玻璃的单片厚度不应小于5mm。

6）中空玻璃的夹层应设置在室内一侧。

7）夹层玻璃的要求：

①夹层玻璃宜为干法合成，夹层玻璃的两片玻璃相差不宜大于3mm。

②夹层玻璃的胶片宜采用聚乙烯醇缩丁醛（PVB）胶片，胶片厚度不应小于0.76mm。

③暴露在空气中的夹层玻璃边缘应进行密封处理。

8）不宜采用单片低辐射玻璃。

9）中空玻璃的气体层不应小于12mm。

10）夹层中空玻璃宜采用双道密封结构，隐框玻璃的二道密封应采用硅酮结构密封胶。

11）其他参考玻璃幕墙要求

（2）钢材

1）采光顶宜采用奥氏体不锈钢材，且铬镍总量不低于25%，含镍不少于8%。

2）玻璃采光顶使用的钢索应采用钢绞线，且钢索的公称直径不宜小于12mm。

3）采光顶内用钢结构支撑时，钢结构表面应做防火处理。

4）其他参照幕墙要求。

（3）铝型材

铝合金型材采用阳极氧化、电泳涂漆、粉末喷涂、氟碳喷涂进行表面处理时，应符合《铝合金建筑型材》（GB 5237.1—2008）规定的质量要求。表面处理的膜厚、级别、种类应符合《建筑玻璃采光顶》（JG/T 231—2007）的有关规定。

（4）密封材料

1）采用的密封材料必须在有效期内使用。

2）采用橡胶材料应符合相关规定，宜采用三元乙丙橡胶、氯丁橡胶或丁基橡胶、硅橡胶。

3）采光顶中用于玻璃与金属构架、玻璃与玻璃、玻璃与玻璃肋之间的结构弹性连接采用中性硅酮结构密封胶。

4）中性硅酮结构密封胶的位移能力应充分满足工程接缝的变形要求，采光顶工程所使用的材料一般具有较大的线膨胀系数，应优先选用大伸长、高位移能力的硅酮耐候密封胶，其模量和级别应参照目前国际先进的标准或规范来选择。如美国 ASTM C2920 标准中的 50 级别。

十二、其他

119. 框架结构能采用预制做法吗？

框架结构采用预制柱、梁、板的做法曾经出现过，但由于其构造复杂，施工困难，抗震能力差等不利因素早已被停止使用。但柱、梁现浇，板预制的做法还是存在的。采用这种做法时应注意以下两点：

（1）《建筑抗震设计规范》（GB 50011—2010）最大高度应降低。如：8 度（$0.20g$）设防地区，柱、梁、板全现浇钢筋混凝土做法的最大高度为 40m；8 度（$0.30g$）设防地区，柱、梁、板全现浇钢筋混凝土做法的最大高度为 35m；，但采用柱、梁现浇，板预制时的最大高度应降低。

（2）《建筑抗震设计规范》（GB 50011—2010）中规定应在预制板的上部做 50mm 的钢筋混凝土整浇层，内配钢筋网。其目的在于提高预制板的整体性。

120. 框架建筑中的墙体应选用什么材料？

由于框架结构的承重构件是柱、梁、板组成的骨架，墙体只起围护（外墙）和分隔（内墙）作用，不考虑墙体承重因素是框架结构墙体的最大特点。因此，框架结构的墙体应以自重轻、保温性能强、隔声效果好的材料为主，以减轻墙体荷载，提高抗震能力。

《建筑抗震设计规范》（GB 50011—2010）中规定：混凝土结构和钢结构中的非承重墙应优先选用轻质墙体材料。

当前，墙体材料的类型很多，归纳起来有新型墙体材料和轻质墙体材料两大类。

（1）新型墙体材料：新型墙体材料是指不以消耗耕地、破坏生态和污染环境为代价，适应建筑部品工业化、施工机械化、减少施工现场湿作业、改善建筑功能等现代建筑业发展要求的材料，新型墙体材料有以下两种：

1）非黏土砖：包括孔洞率大于25%非黏土多孔砖和空心砖、混凝土空心砖、空心砌块和页岩砖。

2）建筑砌块：包括普通混凝土小型空心砌块、轻骨料混凝土小型空心砌块、蒸压加气混凝土砌块、石膏砌块。

（2）轻质墙体材料：轻质墙体材料指的是用轻集料配制成的、表观密度不大于1900kg/m³的轻骨料混凝土类材料。轻骨料混凝土按轻骨料的种类分为三种：

1）天然轻骨料混凝土：如浮石混凝土、火山灰渣混凝土和多孔凝灰岩混凝土等。表观密度为900~1400kg/m³。

2）人造轻骨料混凝土：如黏土陶粒混凝土、页岩陶粒混凝土以及膨胀珍珠岩混凝土和用有机轻骨料制成的混凝土等。表观密度为500~600kg/m³。

3）工业废料轻骨料混凝土：如煤渣混凝土、粉煤灰陶粒混凝土和膨胀矿渣珠混凝土等。表观密度为700~800kg/m³。

框架结构的外围护墙和内隔墙应以轻骨料混凝土类材料为主，常用的有陶粒混凝土空心砌块（表观密度为600kg/m³）、粉煤灰轻渣空心砌块（表观密度为800kg/m³）等，严格禁止使用烧结普通砖和非黏土砖类材料。对于蒸压加气混凝土砌块类材料，虽然其表观密度只有550kg/m³，但由于表面不够粗糙，对砂浆粘结性能较差，应谨慎选用。

框架结构的墙体应通过拉筋、构造柱、配筋带等与结构做妥善拉接。

121. 框架结构与砌体结构在构造方面有哪些明显区别？

框架结构与砌体结构在构造方面有以下明显区别：

（1）承重方式的不同。框架结构是梁、板、柱组成的骨架承重，墙体不承重，只起围护和分隔作用；砌体结构是墙体（隔墙除外）和楼板承重。

（2）利用框架梁代替门窗过梁。尤其是外窗，一般情况下均不单独加设过梁，而是将窗紧贴框架梁来解决。

（3）预制板上加做混凝土整浇层。若框架采用现浇钢筋混凝土柱、梁和预制钢筋混凝土板时，《建筑抗震设计规范》（GB 50011—2010）中规定：为加强预制楼板的整体性，则应在预制板的上部另加厚度不小于50mm的现浇混凝土面层，内放直径为6mm、双向间距为200mm的钢筋网片。

（4）框架结构楼梯休息板的支承问题与砌体结构明显不同。砌体结构多用墙体直接支承休息板，而框架结构是先做骨架、后砌填充墙，因而多用门式支架、H型支架来承托休息板。采用门式支架或H型支架时应避免"短柱"

现象的发生（短柱即柱子高度小于柱子截面高度的4倍）。

（5）梁的截面形式与柱子和墙的位置有明显关系。由于墙体是非承重墙，位置可以根据需要改变，因而梁的截面形式也会随之改变。

（6）墙体不做基础。框架结构的上部墙体由框架梁承托，底部墙体（建筑物首层墙体）由基础梁承托。因而只有框架柱需要做基础，框架柱基础大多采用钢筋混凝土独立式基础。

（7）窗台处应做水平系梁。由于框架结构的墙体大多采用轻质材料制作，为固定窗框兼做窗台使用，一般在窗台高度的地方做厚度不小于80mm、宽度与墙厚相同的钢筋混凝土水平系梁。梁内应放置3根直径为10mm的通长钢筋，分布筋为6mm、间距为300mm。

（8）防潮层上下材料的变化。以防潮层为界，上部墙体应采用轻质材料制作或选用空心墙体，下部墙体则必须采用实心墙体。

122. 建筑物的无障碍设计有哪些规定？

《民用建筑设计通则》（GB 50352—2005）中指出，下列部位应设置无障碍设施：

（1）居住区道路、公共绿地和公共服务设施应设置无障碍设施，并与城市道路无障碍设施相连接。

（2）设置电梯的民用建筑（居住建筑指7层和7层以上中高层）的公共交通部位应设置无障碍设施。

（3）残疾人、老年人专用的建筑物应设置无障碍设施。

《北京市建筑设计技术细则》（建筑专业）中指出：

（1）公共建筑关于建筑物无障碍设计的内容有：

1）建筑基地的各种人行通路、停车车位（含地下设有电梯的停车车位）。

2）建筑入口（含入口平台）。

3）门厅、大堂、过厅、走道、走廊（含地面）。

4）楼梯、设有电梯的电梯厅及电梯轿厢、自动扶梯（含升降平台）。

5）有关部位的门与扶手。

6）室内外公共与专用厕所、公共与专用浴室。

7）无障碍客房与各类无障碍席位。

8）接待客房、共用客房、服务用房、各类教学用房。

9）服务台、公共用房、服务用房、各类教学用房。

10）室内外无障碍标志、盲道、盲文牌及语音器等。

（2）居住建筑关于建筑物无障碍设计的内容有：

1）建筑基地人行通路、停车车位（含地下设有电梯的停车车位）。

2) 建筑入口（含入口平台）。

3) 门厅、走道、走廊。

4) 楼梯、设有电梯的电梯厅及电梯轿厢。

5) 共用客房、服务用房。

6) 有关部位的门与扶手。

7) 设有行走困难者的住房（含起居室、卧室、卫生间、厨房、阳台）。

8) 公共厕所、公共浴室、盥洗室等。

(3) 居住区无障碍设计的内容有：

1) 居住区道路（居住区路、小区路、组团路）的人行通道、人行横道、盲道。

2) 公共绿地（居住区公园、小区公园、组团绿地）的入口、人行通路。

3) 儿童活动场与老年人活动、休息设施的入口、人行通路。

4) 公共服务设施（与公共建筑无障碍设施相同）。

5) 设有行走困难者的住房。

123. 设置变形缝时应注意哪些问题？

建筑中的变形缝有三种，即伸缩缝、沉降缝和防震缝。在抗震设防地区的上述缝隙一律按照防震缝的要求处理。

(1) 伸缩缝的设置原则是以建筑的长度为依据，设置在因温度和收缩变形可能引起应力集中、砌体产生裂缝可能性最大的地方。伸缩缝的特点是只在 ± 0.000 以上的部位断开，基础不断开。缝宽一般为 20~30mm。《砌体结构设计规范》（GB 50003—2001）中规定的砌体房屋伸缩缝的最大间距详见表 123-1；《混凝土结构设计规范》（GB 50010—2010）中规定的钢筋混凝土结构伸缩缝的最大间距详见表 123-2。

表 123-1 砌体房屋伸缩缝的最大间距（m）

屋盖或楼盖类别		间距
整体式或装配整体式钢筋混凝土结构	有保温层或隔热层的屋盖、楼盖	50
	无保温层或隔热层的屋盖	40
装配式无檩体系钢筋混凝土结构	有保温层或隔热层的屋盖、楼盖	60
	无保温层或隔热层的屋盖	50
装配式有檩体系钢筋混凝土结构	有保温层或隔热层的屋盖	75
	无保温层或隔热层的屋盖	60
瓦材屋盖、木屋盖或楼盖、轻钢楼盖		100

表123-2　钢筋混凝土结构伸缩缝的最大间距（m）

结构类别		室内或土中	露天
排架结构	装配式	100	70
框架结构	装配式	75	50
	现浇式	55	35
剪力墙结构	装配式	65	40
	现浇式	45	30
挡土墙、地下室墙壁等类结构	装配式	40	30
	现浇式	30	20

（2）沉降缝的设置原则是依据《建筑地基基础设计规范》（GB 50007—2002）的规定进行的。其中包括：建筑平面的转折部位；高度差异或荷载差异处；长高比过大的砌体承重结构或钢筋混凝土框架结构的适当部位；地基土的压缩性有显著差异处；建筑结构或基础类型不同处；分期建造房屋的交界处。沉降缝的构造特点是基础及上部结构全部断开。沉降缝的宽度见表123-3。

表123-3　房屋沉降缝的宽度

房屋层数	沉降缝宽度（mm）
2～3层	50～80
4～5层	80～120
5层以上	不小于120

（3）防震缝的设置原则是依据《建筑抗震设计规范》（GB 50011—2010）的规定进行的。防震缝的两侧均应设置墙体，砌体结构房屋有下列情况之一时宜设置防震缝，防震缝的宽度应根据烈度和房屋高度确定，可采用70～100mm。

1）房屋立面高差在6m以上。
2）房屋有错层，且楼板高差大于层高的1/4。
3）各部分的结构刚度、质量截然不同。

其他类型结构防震缝宽度的确定方法：

（1）框架结构房屋的防震缝两侧应为双柱、双墙，缝的宽度为当高度不超过15m时不应小于100mm；高度超过15m时，随高度变化调整缝宽，以15m高为基数，取100mm；6度、7度、8度和9度分别高度每增加5m、4m、3m和2m，缝宽宜增加20mm。

（2）框架-抗震墙结构的防震缝应设置双柱、双墙，宽度不应小于（1）款规定数值的70%，且不宜小于100mm。

（3）抗震墙结构的防震缝两侧应为双墙，宽度不应小于（1）款规定数值的50%，且不宜小于100mm。

（4）防震缝两侧结构类型不同时，宜按需要较宽防震缝的结构类型和较低房屋高度确定缝宽。

地面、楼地面的变形缝不应设在下列房间或部位：

各种变形缝（伸缩缝、沉降缝、防震缝）可以通过墙体、地面、楼面、屋面、基础，不可将门窗、楼梯阻断。

变形缝在以下的房间或构造是不可以穿过的。

（1）伸缩缝和其他变形缝不应从需进行防水处理的房间中穿过。

（2）伸缩缝和其他变形缝应进行防火和隔声处理。接触室外空气及上下与不采暖房间相邻的楼地面伸缩缝应进行保温隔热处理。

（3）伸缩缝和其他变形缝不应穿过电子计算机主机房。

（4）防空工程防护单元内不应设置伸缩缝和其他变形缝。

（5）空气洁净度为100级、1000级、10000级的建筑室内楼地面不宜设置伸缩缝和其他变形缝。

（6）玻璃幕墙的一个单元块不应跨越变形缝。

（7）变形缝不得穿过设备的底面。

124. 建筑遮阳设计应注意哪些问题？

综合《严寒和寒冷地区居住建筑节能设计标准》（JGJ 26—2010）、《夏热冬冷地区居住建筑节能设计标准》（JGJ 134—2010）、《夏热冬暖地区居住建筑节能设计标准》（JGJ 75—2003）、《公共建筑节能设计标准》（GB 50089—2005）和《建筑遮阳工程技术规范》（JGJ 237—2011）中关于建筑遮阳的规定综述如下：

（1）遮阳类型：内遮阳、外遮阳、双层幕墙或中空玻璃中间的遮阳。

（2）遮阳的布置方式：水平遮阳、垂直遮阳、综合遮阳、挡板遮阳等。

（3）遮阳方式：遮阳方式有固定遮阳和活动遮阳两种做法。遮阳板、遮阳百叶、遮阳帘布、遮阳篷等是常见的几种做法。

（4）遮阳材料的选择：

1）应考虑遮阳材料的表面状态，包括涂料或饰面层材料对太阳能的辐射和吸收能力。

2）遮阳板材料应尽量选择对外来辐射的吸收能力小，本身辐射能力也尽量小的材料。

3）光亮的外表面可提高对光线的反射强度，暗颜色的表面可降低眩目程度，Low-E涂层可降低二次热负荷。

（5）外遮阳方式的特点

外遮阳方式的特点见表124-1。

表 124-1　外遮阳方式特点

基本形式	特点	设置
水平式	水平式遮阳能有效遮挡太阳高度角较大，从窗口前上方投射下来的直射阳光。设计时应考虑遮阳板挑出长度或百叶旋转角度、高度、间距等，以减少对寒冷季节直射阳光的遮挡	宜布置在北回归线以北地区南向、接近南向的窗口和北回归线以南地区的南向、北向窗口
垂直式	垂直式遮阳能有效遮挡太阳高度角小，从窗侧面斜射过来的直射阳光。当垂直式遮阳布置于东、西向窗口时，板面应向南适当倾斜	宜布置在北向、东北向、西北向附近的窗口
综合式	综合式遮阳能有效遮挡中等太阳高度角从窗前侧向斜射下来的直射阳光，遮阳效果比较均匀	宜布置在从东南向到西南向范围内的窗口
挡板式	挡板式遮阳能有效遮挡高度角较小，从窗口正前方射来的直射阳光。挡板式遮阳使用时应减小对视线、通风的干扰	宜布置在东、西向及其附近方向的窗口
自遮阳玻璃	通过镀膜、染色、印花或贴膜的方式可以降低玻璃的遮阳系数，从而降低进入室内的太阳辐射量	有关参数的选择与建筑物所在地区、外门窗朝向、使用方式、周边环境等多种因素相关

（6）外遮阳设计的有关规定

外遮阳设计的有关规定见表 124-2。

表 124-2　外遮阳设计的有关规定

建筑性质	气候区	设置部位	外遮阳形式	备注
居住建筑	寒冷（B）区	南向外窗（包括阳台的透明部分）	宜设置水平遮阳或活动遮阳	当设置了展开或关闭后可以全部遮蔽窗户的活动式外遮阳时，应认定满足标准对东外窗的遮阳系数的要求
		东、西向的外窗	宜设置活动遮阳	
	夏热冬冷地区	东偏北 30°至东偏南 60°、西偏北 30°至西偏南 60°范围内的外窗	应设置挡板式遮阳或可以遮住窗户正面的活动外遮阳	各朝向的窗户，当设置了可以完全遮住正面的活动外遮阳时，应认定满足标准。对南向的外窗宜设置水平遮阳或活动遮阳的要求
		南向的外窗	应设置水平遮阳或可以遮住窗户正面的活动外遮阳	
	夏热冬暖地区	外窗，尤其是东西向的外窗	宜采用活动遮阳设施或固定的建筑外遮阳设施	—
公共建筑	夏热冬冷、夏热冬暖地区及寒冷地区中制冷负荷大的建筑外窗		宜设置外部遮阳	—

(7)《建筑遮阳工程技术规范》(JGJ 237—2011)中关于建筑遮阳的规定综述如下：遮阳设计应进行夏季和冬季的阳光阴影分析，以确定遮阳装置的类型。建筑外遮阳的类型可按下列原则选用：

1) 南向、北向宜采用水平式遮阳或综合式遮阳。
2) 东西向宜采用垂直式遮阳或挡板式遮阳。
3) 东南向、西南向宜采用综合式遮阳。

125.《民用建筑隔声设计规范》(GB 50118—2010) 有哪些内容值得注意？

《民用建筑隔声设计规范》(GB 50118—2010) 是新修定的规范，与原规范相比变化较大，值得注意的内容有以下一些：

(1) 总平面防噪设计

总平面防噪设计包括以下几点：

1) 在城市规划中，从功能区的划分、交通道路网的分布、绿化与隔离带的设置、有利地形和建筑物屏蔽的利用，均应符合防噪设计要求。住宅、学校、医院等建筑，应远离机场、铁路线、编组站、车站、港口、码头等存在显著噪声影响的设施。

2) 新建住宅小区临交通干线、铁路线时，宜将对噪声不敏感的建筑物作为建筑声屏障，排列在小区外围。交通干线、铁路线旁边，噪声敏感建筑物的声环境达不到现行国家标准《声环境质量标准》(GB 3096—2008) 的规定时，可在噪声源与噪声敏感建筑物之间采取设置声屏障等隔声措施。交通干线不应贯穿小区。

3) 产生噪声的建筑服务设备等噪声源的设置位置、防噪设计，应符合下列规定：

①锅炉房、水泵房、变压器室、制冷机房宜单独设置在噪声敏感建筑之外。住宅、学校、医院、旅馆、办公等建筑所在区域内有噪声源的建筑附属设施，其设置位置应避免对噪声敏感建筑物产生噪声干扰，必要时应做防噪处理。区内不得设置未经有效处理的强噪声源。

②确需在噪声敏感建筑物内设置锅炉房、水泵房、变压器室、制冷机房时，若条件许可，宜将噪声源设在地下，但不宜毗邻主体建筑或设在主体建筑下。并应采取有效的隔振、隔声措施。

③冷却塔、热泵机组宜设置在对噪声敏感建筑物的噪声干扰较小的位置。当冷却塔、热泵机组的噪声超过现行国家标准《声环境质量标准》(GB 3096—2008) 的规定时，应对冷却塔、热泵机组采取有效的降低或隔离噪声措施。冷却塔、热泵机组设置在楼顶或裙房顶上时，还应采取有效的隔振措施。

4) 在进行建筑设计前，应对环境及建筑物内外的噪声源进行详细的调查与测定，并对建筑物的防噪间距、朝向选择及平面布置等应进行综合考虑。仍不能达到室内安静要求时，应采取建筑构造上的防噪措施。

5）安静要求较高的民用建筑，宜设置于本区域主要噪声源夏季主导风向的上风侧。

（2）相关术语

1）A 声级：用 A 计权网络测得的声压级。

2）单值评价量：按照国家标准《建筑隔声评价标准》（GB/T 50121—2005）规定的方法，综合考虑了关注对象在 100～3150Hz 中心频率范围内各 1/3 倍频程（或 125～2000Hz 中心频率范围内各 1/1 倍频程）的隔声性能后，所确定的单一隔声参数。

3）计权隔声量：表征建筑构件空气隔声性能的单值评价量。计权隔声量宜在实验室测得。代号为 R_W。

4）计权标准化声压级差：以接收室的混响时间作为修正参数而得到的两个房间之间空气声隔声性能的单值评价量。代号为 $D_{nT,W}$。

5）计权规范化撞击声压级：以接收室的吸声量为修正系数而得到的楼板或楼板构造撞击声隔声性能的单值评价量。代号为 $L_{n,W}$。

6）计权标准化撞击声压级：以接收室的混响时间作为修正系数而得到的楼板或楼板构造撞击声隔声性能的单值评价量。代号为 $L'_{nT,W}$。

7）频谱修正量：频谱修正量是因隔声频道不同以及声源空间的噪声频道不同，所需加到空气声隔声单值评价量上的修正值。当声源空间的噪声呈粉红噪声频率特性或交通噪声频率特性时，计算得到的频谱修正量分别是粉红噪声频谱修正量（代号为 C）和交通噪声频谱修正量（代号为 C_W）。

8）降噪系数：通过对中心频率在 200～2500Hz 范围内各 1/3 倍频程的无规入射吸声系数测量值进行计算，所得到的材料吸声特性的单一值。代号为 NRC。

（3）各类建筑的允许噪声级和隔声标准

1）住宅

①允许噪声级

卧室、起居室（厅）内噪声级（表 125-1）。

表 125-1 卧室、起居室（厅）内的允许噪声级

房间名称		允许噪声级（A 声级，dB）	
		昼间	夜间
一般标准	卧室	≤45	≤37
	起居室（厅）	≤45	
较高标准	卧室	≤40	≤30
	起居室（厅）	≤40	

②隔声标准

A. 分户墙、分户楼板及分隔住宅和非居住用途空间楼板的空气声隔声性能，应符合表125-2 的规定。

表125-2　分户构件空气声隔声标准

构件名称	空气声隔声单值评价量+频谱修正量（dB）	
分户墙、分户楼板（低标准）	计权隔声量（R_W）+粉红噪声频谱修正量（C）	>45
分隔住宅和非居住用途空间的楼板	计权隔声量（R_W）+粉红噪声频谱修正量（C）	>51
分户墙、分户楼板（高标准）	计权隔声量（R_W）+粉红噪声频谱修正量（C）	>50

B. 相邻两户房间之间及住宅和非居住用途空间分隔楼板上下空间的空气声隔声性能，应符合表125-3 的规定。

表125-3　房间之间空气声隔声标准

房间名称	空气声隔声单值评价量+频谱修正量（dB）	
卧室、起居室（厅）与邻户房间之间（低标准）	计权标准化声压级差（$D_{nT,W}$）+粉红噪声频谱修正量（C）	≥45
住宅和非居住用途空间楼板上下的房间之间	计权标准化声压级差（$D_{nT,W}$）+粉红噪声频谱修正量（C）	≥51
卧室、起居室（厅）与邻户房间之间（高标准）	计权标准化声压级差（$D_{nT,W}$）+粉红噪声频谱修正量（C）	≥50
相邻两户的卫生间之间	计权标准化声压级差（$D_{nT,W}$）+粉红噪声频谱修正量（C）	≥45

C. 外窗（包括未封闭阳台的门）的空气声隔声性能，应符合表125-4 的规定。

表125-4　外窗（包括未封闭阳台的门）的空气声隔声性能

构件名称	空气声隔声单值评价量+频谱修正量（dB）	
交通干线两侧卧室、起居室（厅）的窗	计权隔声量（R_W）+交通噪声频谱修正量（C_W）	≥30
其他窗	计权隔声量（R_W）+交通噪声频谱修正量（C_W）	≥25

D. 外墙、户（套）门和户内分室墙的空气声隔声性能，应符合表125-5 的规定。

表 125-5　外墙、户（套）门和户内分室墙的空气声隔声标准

构件名称	空气声隔声单值评价量 + 频谱修正量（dB）	
外墙	计权隔声量（R_W）+ 交通噪声频谱修正量（C_{tr}）	≥45
户（套）门	计权隔声量（R_W）+ 粉红噪声频谱修正量（C）	≥25
户内卧室墙	计权隔声量（R_W）+ 粉红噪声频谱修正量（C）	≥35
户内其他分室墙	计权隔声量（R_W）+ 粉红噪声频谱修正量（C）	≥30

E. 卧室、起居（室）厅的分户楼板的撞击声隔声性能，应符合表 125-6 的规定。

表 125-6　卧室、起居（室）厅的分户楼板撞击声隔声标准

构件名称	撞击声隔声单值评价量（dB）	
卧室、起居室（厅）的分户楼板	计权规范化撞击声压级 $L_{n,W}$（实验室测量）	<75
	计权规范化撞击声压级 $L'_{nT,W}$（现场测量）	≤75

F. 高要求住宅卧室、起居（室）厅的分户楼板的撞击声隔声性能，应符合表 125-7 的规定。

表 125-7　高要求住宅分户楼板撞击声隔声标准

构件名称	撞击声隔声单值评价量（dB）	
卧室、起居室（厅）的分户楼板	计权规范化撞击声压级 $L_{n,W}$（实验室测量）	<65
	计权标准化撞击声压级 $L'_{nT,W}$（现场测量）	≤65

③隔声减噪设计

A. 与住宅建筑配套而建的停车场、儿童游戏场或健身活动场地的位置选择，应避免对住宅产生噪声干扰。

B. 当住宅建筑位于交通干线两侧或其他高噪声环境区域时，应根据室外环境噪声状况和住宅建筑的室内允许噪声级，确定住宅防噪措施和设计具有相应隔声性能的建筑围护结构（包括墙体、窗、门等构件）。

C. 在选择住宅建筑的体形、朝向和平面布置时，应充分考虑噪声控制的要求，并应符合下列规定：

- 在住宅平面设计时，应使分户墙两侧的房间和分户楼板上下的房间属于同一类型。
- 宜使卧室、起居室（厅）布置在背噪声源的一侧。
- 对进深较大变化的平面布置形式，应避免相邻户的窗户之间产生噪声干扰。

D. 电梯不得紧邻卧室布置，也不宜紧邻起居室（厅）布置。受条件限制

需要紧邻起居室（厅）布置时，应采取有效的隔声和减振措施。

E. 当厨房、卫生间与卧室、起居室（厅）相邻时，厨房、卫生间内的管道、设备等有可能传声的物体，不宜设在厨房、卫生间与卧室、起居室（厅）之间的隔墙上。对固定于墙上且有可能引起传声的管道等构件，应采取有效的减振、隔声措施。主卧室内卫生间的排水管道宜做隔声包覆处理。

F. 水、暖、电、燃气、通风和空调等管线安装及孔洞处理，应符合下列规定：
- 管线穿过楼板或墙体时，孔洞周边应采取密封隔声措施。
- 分户墙中所有电器插座、配电箱或嵌入墙内对墙体构造造成损伤的配套构件，在背对背设置时应相互错开位置，并应对所开洞（槽）有相应的隔声封堵措施。
- 对分户墙上施工洞口或剪力墙抗震设计所开洞口的封堵，应满足分户墙隔声设计要求的材料与构造。
- 相邻两户的排烟、排气通道，应采取防止相互串声的措施。

G. 现浇、大板和大模等整体性较强的住宅建筑，在附着于墙体和楼板上可能引起传声的设备处和经常产生撞击、振动的部位，应采取防止结构声传播的措施。

H. 住宅建筑的机电服务设备、器具的选用及安装，应符合下列规定：
- 机电服务设备，宜选用低噪声产品，并应采取综合手段进行噪声与振动控制。
- 设置家用空调时，应采取控制机组噪声和风道、风口噪声的措施。预留空调室外机的位置时，应考虑防噪要求，避免室外机噪声对居室的干扰。
- 排烟、排气及给排水器具，宜选用低噪声产品。

I. 商住楼内不得设置高噪声级的文化娱乐场所，也不应设置其他高噪声级的商业用房。对商业用房内可能会扰民的噪声源和振动源，应采取有效的防治措施。

2）学校建筑的隔声设计

①允许噪声级

A. 学校建筑中各种教学用房内的噪声级，应符合表125-8的规定。

表125-8　学校建筑中各种教学用房内的噪声级

房间名称	允许噪声级（A声级，dB）
语言教室、阅览室	≤40
普通教室、实验室、计算机房	≤45
音乐教室、琴房	≤45
舞蹈教室	≤50

B. 学校建筑中各种教学辅助用房内的噪声级，应符合表 125-9 的规定。

表 125-9　学校建筑中各种教学辅助用房内的噪声级

房间名称	允许噪声级（A 声级，dB）
教师办公室、休息室、会议室	≤45
健身房	≤50
教学楼中封闭的走廊、楼梯间	≤50

②隔声标准

A. 教学用房隔墙、楼板的空气声隔声性能，应符合表 125-10 的规定。

表 125-10　教学用房隔墙、楼板的空气声隔声标准

构件名称	空气声隔声单值评价量+频谱修正量（dB）	
语言教室、阅览室的隔墙与楼板	计权隔声量（R_W）+粉红噪声频谱修正量（C）	>50
普通教室与各种产生噪声的房间之间的隔墙、楼板	计权隔声量（R_W）+粉红噪声频谱修正量（C）	>50
普通教室之间的隔墙与楼板	计权隔声量（R_W）+粉红噪声频谱修正量（C）	>45
音乐教室、琴房之间的隔墙与楼板	计权隔声量（R_W）+粉红噪声频谱修正量（C）	>45

B. 教学用房与相邻房间之间的空气声隔声性能，应符合表 125-11 的规定。

表 125-11　教学用房与相邻房间之间的空气声隔声标准

房间名称	空气声隔声单值评价量+频谱修正量（dB）	
语言教室、阅览室与相邻房间之间	计权标准化声压级差（$D_{nT,W}$）+粉红噪声频谱修正量（C）	≥50
普通教室与各种产生噪声的房间之间	计权标准化声压级差（$D_{nT,W}$）+粉红噪声频谱修正量（C）	≥50
普通教室之间	计权标准化声压级差（$D_{nT,W}$）+粉红噪声频谱修正量（C）	≥45
音乐教室、琴房之间	计权标准化声压级差（$D_{nT,W}$）+粉红噪声频谱修正量（C）	≥45

C. 教学用房的外墙、外窗和门的空气声隔声性能，应符合表 125-12 的规定。

表125-12　教学用房的外墙、外窗和门的空气声隔声标准

构件名称	空气声隔声单值评价量+频谱修正量（dB）	
外墙	计权隔声量（R_W）+交通噪声频谱修正量（C_W）	≥45
临交通干线的外窗	计权隔声量（R_W）+交通噪声频谱修正量（C_W）	≥30
其他外窗	计权隔声量（R_W）+交通噪声频谱修正量（C_W）	≥25
产生噪声房间的门	计权隔声量（R_W）+粉红噪声频谱修正量（C）	≥25
其他门	计权隔声量（R_W）+粉红噪声频谱修正量（C）	≥20

D. 教学用房楼板的撞击声隔声性能，应符合表125-13的规定。

表125-13　教学用房楼板的撞击声隔声标准

构件名称	撞击声隔声单值评价量（dB）	
	计权规范化撞击声压级 $L_{n,W}$（实验室测量）	计权标准化撞击声压级 $L'_{nT,W}$（现场测量）
语言教室、阅览室与上层房间之间的楼板	<65	≤65
普通教室、实验室、计算机房与上层产生噪声房间之间的楼板	<65	≤65
琴房、音乐教室之间的楼板	<65	≤65
普通教室之间的楼板	<75	≤75

③隔声减噪设计

A. 位于交通干道旁的学校建筑，宜将运动场沿干道布置，作为噪声隔离带。产生噪声的固定设施与教学楼之间，应设足够距离的噪声隔离带。当教室有门窗面对运动场时，教室外墙至运动场的距离不应小于25m。

B. 教学楼内不应设置发出强烈噪声或振动的机械设备，其他可能产生噪声和振动的设备应尽量远离教学用房，并采取有效的隔声、减振措施。

C. 教学楼内的封闭走廊、门厅及楼梯间的顶棚，在条件允许时宜设置降噪系数（NRC）不低于0.40。

D. 各类教室内宜控制混响时间，避免不利反射声，提高语言清晰度。各类教室空场500～1000Hz的混响时间应符合表125-14的规定。

表125-14　各类教室空场500～1000Hz的混响时间

房间名称	房间容积（m³）	空场500～1000Hz的混响时间（s）
普通教室	≤200	≤0.8
	>200	≤1.0
语言和多媒体教室	≤300	≤0.6
	>300	≤0.8

续表

房间名称	房间容积（m³）	空场 500~1000Hz 的混响时间（s）
音乐教室	≤250	≤0.6
	>250	≤0.8
琴房	≤50	≤0.4
	>50	≤0.6
健身房	≤2000	≤1.2
	>2000	≤1.5
舞蹈教室	≤1000	≤1.2
	>1000	≤1.5

注：表中混响时间值，可允许有 0.1s 的变动幅度；房间体积可允许有 10% 的变动幅度。

E. 产生噪声的房间（音乐教室、舞蹈教室、琴房、健身房）与其他教学用房同设于一教学楼内时，应分区布置，并应采取隔声和减振措施。

3）医院建筑的隔声设计

①允许噪声级：医院主要房间内的噪声级，应符合表 125-15 的规定。

表 125-15　医院主要房间内允许噪声级

房间名称	允许噪声级（A 声级，dB）			
	高要求标准		低限标准	
	昼间	夜间	昼间	夜间
病房、医护人员休息室	≤40	≤35①	≤45	≤40
各类重症监护室	≤40	≤35	≤45	≤40
诊室	≤40	≤40	≤45	≤45
手术室、分娩室	≤40	≤40	≤45	≤45
洁净手术室	—	—	≤50	≤50
人工生殖中心净化区	—	—	≤40	≤40
听力测听室	—	—	≤25②	≤25②
化验室、分析实验室	—	—	≤40	≤40
入口大厅、候诊厅	≤50	≤50	≤55	≤55

注：1. 对特殊要求的病房，室内允许噪声级应小于或等于 30dB；
　　2. 表中听力测评室允许噪声级的数值，适用于采用纯音气导和骨导听阀测听法的听力测听室。采用声扬测听法的听力测听室的允许噪声级另有规定。

②隔声标准

A. 医院各类隔墙、楼板的空气声隔声性能，应符合表 125-16 的规定。

表 125-16　医院各类隔墙、楼板的空气声隔声标准

构件名称	空气声隔声单值评价量+频谱修正量	高要求标准（dB）	低限标准（dB）
病房与产生噪声的房间之间的隔墙、楼板	计权隔声量（R_W）+交通噪声频谱修正量（C_W）	>55	>50
手术室产生噪声的房间之间的隔墙、楼板	计权隔声量（R_W）+交通噪声频谱修正量（C_W）	>50	>45
病房之间及病房、手术室与普通房间之间的隔墙、楼板	计权隔声量（R_W）+粉红噪声频谱修正量（C）	>50	>45
诊室之间的隔墙、楼板	计权隔声量（R_W）+粉红噪声频谱修正量（C）	>45	>40
听力测听室的隔墙、楼板	计权隔声量（R_W）+粉红噪声频谱修正量（C）	—	>50
体外震波碎石室、核磁共振室的隔墙、楼板	计权隔声量（R_W）+交通噪声频谱修正量（C_W）	—	>50

B. 相邻房间之间空气声隔声性能，应符合表 125-17 的规定。

表 125-17　相邻房间之间空气声隔声标准

房间名称	空气声隔声单值评价量+频谱修正量	高要求标准（dB）	低限标准（dB）
病房与产生噪声的房间之间	计权隔声量（R_W）+交通噪声频谱修正量（C_W）	≥55	≥50
手术室产生噪声的房间之间	计权隔声量（R_W）+交通噪声频谱修正量（C_W）	≥50	≥45
病房之间及病房、手术室与普通房间之间	计权隔声量（R_W）+粉红噪声频谱修正量（C）	≥50	≥45
诊室之间	计权隔声量（R_W）+粉红噪声频谱修正量（C）	≥45	≥40
听力测听室与毗邻房间之间	计权隔声量（R_W）+粉红噪声频谱修正量（C）	—	≥50
体外震波碎石室、核磁共振室与毗邻房间之间	计权隔声量（R_W）+交通噪声频谱修正量（C_W）	—	≥50

C. 外墙、外窗和门的空气声隔声性能，应符合表 125-18 的规定。

表 125-18　外墙、外窗和门的空气声隔声标准

构件名称	空气声隔声单值评价量 + 频谱修正量（dB）	
外墙	计权隔声量（R_W）+ 交通噪声频谱修正量（C_W）	≥45
外窗	计权隔声量（R_W）+ 交通噪声频谱修正量（C_W）	≥35（临街一侧病房）
外窗	计权隔声量（R_W）+ 交通噪声频谱修正量（C_W）	≥25（其他）
门	计权隔声量（R_W）+ 粉红噪声频谱修正量（C）	≥30（听力测听室）
门	计权隔声量（R_W）+ 粉红噪声频谱修正量（C）	≥20（其他）

D. 各类房间与上层房间之间楼板的撞击声隔声标准，应符合表 125-19 的规定。

表 125-19　各类房间与上层房间之间楼板的撞击声隔声标准

构件名称	撞击声隔声单值评价量	高要求标准（dB）	低限标准（dB）
病房、手术室与上层房间之间的楼板	计权规范化撞击声压级 $L_{n,W}$（实验室测量）	<65	<75
病房、手术室与上层房间之间的楼板	计权标准化撞击声压级 $L'_{nT,W}$（现场测量）	≤65	≤75
听力测听室与上层房间之间的楼板	计权标准化撞击声压级 $L'_{nT,W}$（现场测量）	—	≤60

注：当确有困难时，可允许上层为普通房间的病房、手术室顶部楼板的撞击声单值评价量小于或等于85dB，但在楼板结构上应预留改善的可能条件。

③隔声减噪设计

A. 医院建筑的总平面设计，应符合下列规定：

综合医院的总平面布置，应利用建筑物的隔声作用。门诊楼可沿交通干线设置，但与干线的距离应考虑防噪要求。病房楼应设在内院。若病房楼接近交通干线，室内噪声级不符合标准规定时，病房不应设于临街一侧，否则应采取相应的隔声降噪处理措施（如临街布置公共走廊等）。

综合医院的医用气体站、冷冻机房、柴油发电机房等设备用房如设在病房大楼内时，应自成一区。

B. 临近交通干线的病房楼，在满足外墙、外窗和门的空气隔声性能的基础上，还应根据室外环境噪声状况及规定的室内允许噪声级，设计具有相应隔声性能的建筑围护结构（包括墙体、窗、门等构件）。

C. 体外震波碎石室、核磁共振检查室不得与要求安静的房间毗邻，并应对其围护结构采取隔声和隔振措施。

D. 病房、医护人员休息室等要求安静房间的邻室及其上、下层楼板或屋面，不应设置噪声、振动较大的设备。当设计上难于避免时，应采取有效的隔

声和减振措施。

E. 医生休息室应布置在医生专用区或设置门斗，避免护士站、公共走廊等公共空间人员活动噪声对医生休息室的干扰。

F. 对于病房之间的隔墙，当嵌入墙体的医疗带及其他配套设施造成墙体损伤并使隔墙的隔声性能降低时，应采取有效的隔声减噪措施。

G. 穿越病房围护结构的管道周围的缝隙应密封。病房的观察窗宜采用密封窗。病房楼内的污物井道、电梯井道不得毗邻病房等要求安静的房间。

H. 入口大厅、挂号大厅、候药厅及分科候诊厅（室）内，应采取吸声处理措施；其室内 500~1000Hz 的混响时间不宜大于 2s。病房楼、门诊楼内走廊的顶棚，应采取吸声处理措施；吊顶所用吸声材料的降噪系数（NRC）不应小于 0.40。

I. 听力测听室不应与设置有振动或强噪声设备的房间相邻。听力测听室应做全浮筑房中房设计，且房间入口设置声闸；听力测听室的空调系统应设置消声器。

J. 手术室应选用低噪声空调设备，必要时应采取降噪措施。手术室的上层不宜设置有振动源的机电设备；如设计上难于避免时，应采取有效的隔振、隔声措施。

K. 诊室、病房、办公室等房间外的走廊吊顶内，不应设置有振动和噪声的机电设备。

L. 医院内的机电设备，如空调机组、通风机组、冷水机组、冷却塔、医用气体设备和柴油发电机组等设备，均应选用低噪声产品；并应采取隔振及综合降噪措施。

M. 在通风空调系统中，应设置消声装置，通风空调系统在医院各房间内产生的噪声应符合相关规定。

4）旅馆

①允许噪声级

旅馆建筑内各房间的噪声级，应符合表 125-20 的规定。

表 125-20　旅馆建筑内各房间的噪声级

房间名称	允许噪声级（A声级，dB）					
	特级		一级		二级	
	昼间	夜间	昼间	夜间	昼间	夜间
客房	≤35	≤30	≤40	≤35	≤45	≤40
办公室、会议室	≤40	≤40	≤45	≤45	≤45	≤45
多用途厅	≤40	≤40	≤45	≤45	≤50	≤50
餐厅、宴会厅	≤45	≤45	≤50	≤50	≤55	≤55

②隔声标准

A. 客房之间的隔墙或楼板、客房与走廊之间的隔墙、客房外墙（含窗）的空气声隔声性能，应符合表125-21的要求。

表125-21 客房之间的隔墙式楼板、客房与走廊之间的隔墙、客房外墙（含窗）的空气声隔声性能

构件名称	空气声隔声单值评价量+频谱修正量	特级（dB）	一级（dB）	二级（dB）
客房之间的隔墙、楼板	计权隔声量（R_W）+粉红噪声频谱修正量（C）	>50	>45	>40
客房与走廊之间的隔墙	计权隔声量（R_W）+粉红噪声频谱修正量（C）	>45	>45	>40
客房外墙（含窗）	计权隔声量（R_W）+交通噪声频谱修正量（C_W）	>40	>35	>30

B. 客房之间、走廊与客房之间，以及室外与客房之间的空气声隔声标准，应符合表125-22的要求。

表125-22 客房之间、走廊与客房之间，以及室外与客房之间的空气声隔声标准

房间名称	空气声隔声单值评价量+频谱修正量	特级（dB）	一级（dB）	二级（dB）
客房之间	计权隔声量（R_W）+粉红噪声频谱修正量（C）	≥50	≥45	≥40
走廊与客房之间	计权隔声量（R_W）+粉红噪声频谱修正量（C）	≥40	≥40	≥35
室外与客房	计权隔声量（R_W）+交通噪声频谱修正量（C_W）	≥40	≥35	≥30

C. 客房外窗与客房门的空气声隔声性能，应符合表125-23的要求。

表125-23 客房外窗与客房门的空气声隔声标准

构件名称	空气声隔声单值评价量+频谱修正量	特级（dB）	一级（dB）	二级（dB）
客房外窗	计权隔声量（R_W）+交通噪声频谱修正量（C_W）	≥35	≥30	≥25
客房门	计权隔声量（R_W）+粉红噪声频谱修正量（C）	≥30	≥25	≥20

D. 客房与上层房间之间楼板的撞击声隔声性能，应符合表125-24的要求。

表125-24 客房与上层房间之间楼板的撞击声隔声标准

楼板部位	撞击声隔声单值评价量	特级（dB）	一级（dB）	二级（dB）
客房与上层房间之间的楼板	计权规范化撞击声压级 $L_{n,w}$（实验室测量）	<55	<65	<75
	计权标准化撞击声压级 $L'_{nT,w}$（现场测量）	≤55	≤65	≤75

E. 客房及其他对噪声敏感的房间与有噪声或振动源的房间之间的隔墙和楼板，其空气声隔声性能标准、撞击声隔声性能标准，应根据噪声和振动源的具体情况确定，并应对噪声和振动源进行减噪和隔振处理，使客房及其他对噪声敏感的房间内噪声级满足规定。

F. 不同级别旅馆建筑的声学指标（包括室内允许噪声级、空气声隔声标准及撞击声隔声标准）所应达到的等级，应符合表125-25的规定。

表125-25 声学指标等级与旅馆建筑等级的对应关系

声学指标的等级	旅馆建筑的等级
特级	五星级以上旅游饭店及同档次旅馆建筑
一级	三、四星级旅游饭店及同档次旅馆建筑
二级	其他档次的旅馆建筑

③隔声减噪设计

A. 旅馆建筑的总平面设计，应符合下列要求：
- 旅馆建筑的总平面布置，应根据噪声状况进行分区。
- 产生噪声或振动的设施应远离客房及其他要求安静的房间，并应采取隔声、隔振措施。
- 旅馆建筑中的餐厅不应与客房等对噪声敏感的房间在同一区域内。
- 可能产生较大噪声并可能在夜间营业的附属娱乐设施应远离客房和其他有安静要求的房间，并应进行有效地隔声、隔振处理。
- 可能产生较大噪声和振动的附属娱乐设施不应与客房和其他有安静要求的房间设置在同一主体结构内，并应远离客房等需要安静的房间。
- 可能在夜间产生干扰噪声的附属娱乐房间，不应与客房和其他有安静要求的房间设置在同一走廊内。
- 客房沿交通干道或停车场布置时，应采取防噪措施，如采用密闭窗或双层窗；也可利用阳台或外廊进行隔声减噪处理。
- 电梯井道不应毗邻客房和其他有安静要求的房间。

B. 客房及客房楼的隔声设计，应符合下列要求：

- 客房之间的送风和排气管道,应采取消声处理措施,相邻客房间的空气声隔声性能应满足相关规定。
- 旅馆内的电梯间,高层旅馆的加压泵、水箱间及其他产生噪声的房间,不应与需要安静的客房、会议室、多用途大厅等毗邻,更不应设置在这些房间的上部。确需设置于这些房间的上部时,应采取有效的隔振降噪措施。
- 走廊两侧配置客房时,相对房间的门宜错开布置。走廊内宜采用铺设地毯、安装吸声吊顶等吸声处理措施。吊顶所用吸声系数的降噪系数(NRC)不应小于0.40。
- 相邻客房卫生间的隔墙,应与上层楼板紧密接触,不留缝隙。相邻客房隔墙上的所有电气插座、配电箱或其他嵌入墙里对墙体构造造成损伤的配套构件,不宜背对背布置,宜相互错开,并应对损伤墙体所开的洞(槽)有相应的封堵措施。
- 客房隔墙或楼板与玻璃幕墙之间的缝隙应使用有相应隔声性能的材料封堵,以保证整个隔墙或楼板的隔声性能满足标准要求。在设计玻璃幕墙时应为此预留条件。
- 当相邻客房橱柜采用"背对背"布置时,两个橱柜应使用满足隔声标准要求的墙体隔开。

C. 设有活动隔断的会议室、多功能厅,其活动隔断的空气声隔声性能,应符合下式的规定:

计权隔声量(R_w)+粉红噪声频谱修正量(C)≥35dB

5)办公建筑的隔声设计

①允许噪声级

办公室、会议室内的噪声级,应符合表125-26的规定。

表125-26 办公室、会议室内允许噪声级

房间名称	允许噪声级(A声级,dB)	
	高要求标准	低限标准
单人办公室	≤35	≤40
多人办公室	≤40	≤45
电视电话会议室	≤35	≤40
普通会议室	≤40	≤45

②隔声标准

A. 办公室、会议室隔墙、楼板的空气声隔声性能,应符合表125-27的

规定。

表125-27　办公室、会议室隔墙、楼板的空气声隔声标准

构件名称	空气声隔声单值评价量+频谱修正量	高要求标准（dB）	低限标准（dB）
办公室、会议室与产生噪声的房间之间的隔墙、楼板	计权隔声量（R_W）+交通噪声频谱修正量（C_W）	>55	>45
办公室、会议室与普通房间之间的隔墙、楼板	计权隔声量（R_W）+粉红噪声频谱修正量（C）	>50	>45

B. 办公室、会议室与相邻房间之间的空气声隔声性能，应符合表125-28的规定。

表125-28　办公室、会议室与相邻房间之间的空气声隔声性能

房间名称	空气声隔声单值评价量+频谱修正量	高要求标准（dB）	低限标准（dB）
办公室、会议室与产生噪声的房间之间	计权隔声量（R_W）+交通噪声频谱修正量（C_W）	≥50	≥45
办公室、会议室与普通房间之间	计权隔声量（R_W）+粉红噪声频谱修正量（C）	≥50	≥45

C. 办公室、会议室的外墙、外窗（包括未封闭阳台的门）和门的空气声隔声性能，应符合表125-29的规定。

表125-29　办公室、会议室的外墙、外窗和门的空气声隔声标准

构件名称	空气声隔声单值评价量+频谱修正量（dB）	
外墙	计权隔声量（R_W）+交通噪声频谱修正量（C_W）	≥45
临交通干线的办公室、会议室外窗	计权隔声量（R_W）+交通噪声频谱修正量（C_W）	≥30
其他外窗	计权隔声量（R_W）+交通噪声频谱修正量（C_W）	≥25
门	计权隔声量（R_W）+粉红噪声频谱修正量（C）	≥20

D. 办公室、会议室顶部楼板的撞击声隔声性能，应符合表125-30的规定。

表125-30 办公室、会议室顶部楼板的撞击声隔声标准

构件名称	撞击声隔声单值评价量（dB）			
	高要求标准		低限标准	
	计权规范化撞击声压级 $L_{n,W}$（实验室测量）	计权标准化撞击声压级 $L'_{nT,W}$（现场测量）	计权规范化撞击声压级 $L_{n,W}$（实验室测量）	计权标准化撞击声压级 $L'_{nT,W}$（现场测量）
办公室、会议室顶部的楼板	<65	≤65	<75	≤75

注：当确有困难时，可允许办公室、会议室顶部楼板的计权规范化撞击声压级或计权标准化撞击声压级小于或等于85dB，但在楼板结构上应预留改善的可能条件。

③隔声减噪设计

A. 拟建办公建筑的用地确定后，应对用地范围环境噪声现状及其随城市建设的变化进行必要的调查、测量和预计。

B. 办公建筑的总体布局，应利用对噪声不敏感的建筑物或办公建筑中的辅助房间遮挡噪声源，减少噪声对办公用房的影响。

C. 办公建筑的设计，应避免将办公室、会议室与有明显噪声源的房间相邻布置；办公室及会议室的上部（楼层）不得布置在产生高噪声（含设备、活动）的房间。

D. 走道两侧布置办公室时，相对房间的门宜错开布置。办公室及会议室面向走廊或楼梯间的门的隔声性能应符合规定。

E. 面向城市干道及户外其他高噪声环境的办公室及会议室，应依据室外环境噪声状况及所确定的允许噪声级，设计具有相应隔声性能的建筑围护结构（包括墙体、窗、门等各种部件）。

F. 相邻办公室之间的隔墙应沿伸到吊顶高度以上，并与承重楼板连接，不留缝隙。

G. 办公室、会议室的墙体或楼板因孔洞、缝隙、连接等原因导致隔声性能降低时，应采取以下措施。

- 管线穿过楼板或墙体时，孔洞周边应采取密封隔振措施。
- 固定于墙面引起噪声的管道等构件，应采取隔振措施。
- 办公室、会议室隔墙中的电气插座、配电箱或其他嵌入墙里对墙体构造造成损伤的配套构件，在背对背布置时，宜相互错开位置，并对所开的洞（槽）有相应的隔声封堵措施。
- 对分室墙上的施工洞口或剪力墙抗震设计所开洞口的封堵，应采用满足分室墙隔声要求的材料和构造。
- 幕墙和办公室、会议室隔墙及楼板连接时，应采用符合分室墙隔声要求的构造，并应采取防止相互串声的封堵隔声措施。

H. 对语言交谈有较高私密要求的开放式、分格式办公室宜做专门的设计。

I. 较大办公室的顶棚宜结合装修选用降噪系数（NRC）不小于 0.40 的吸声材料。

J. 会议室的墙面和顶棚宜结合装修选用降噪系数（NRC）不小于 0.40 的吸声材料。

K. 电视、电话会议室及普通会议室空场 500～1000Hz 的混响时间宜符合表 125-31 的规定。

表 125-31　会议室空场 500～1000Hz 的混响时间

房间面积	房间面积（m²）	空场 500～1000Hz 的混响时间
电视、电话会议室	≤200	≤0.6
普通会议室	≤200	≤0.8

L. 办公室、会议室内的空调系统风口在办公室、会议室内产生的噪声应符合规定。

M. 走廊顶棚宜结合装修使用降噪系数（NRC）不小于 0.40 的吸声材料。

6）商业建筑的隔声设计

①允许噪声级

商业建筑各房间内空场时的噪声级，应符合表 125-32 的规定。

表 125-32　商业建筑各房间内空场时的噪声级

房间名称	允许噪声级（A 声级，dB）	
	高要求标准	低限标准
商场、商店、购物中心、会展中心	≤50	≤55
餐厅	≤45	≤55
员工休息厅	≤40	≤45
走廊	≤50	≤60

②室内吸声

容积大于 400m³ 且流动人员人均占地面积小于 20m² 的室内空间，应安装吸声顶棚；吸声顶棚面积不应小于顶棚总面积的 75%；顶棚吸声材料或构造的降噪系数（NRC）应符合表 125-33 的规定。

表 125-33　顶棚吸声材料或构造的降噪系数（NRC）

房间名称	降噪系数（NRC）	
	高要求标准	低限标准
商场、商店、购物中心、会展中心、走廊	≥0.60	≥0.40
餐厅、健身中心、娱乐场所	≥0.80	≥0.40

③隔声标准

A. 噪声敏感房间与产生噪声房间之间的隔墙、楼板的空气声隔声性能，应符合表125-34的规定。

表125-34 噪声敏感房间与产生噪声房间之间的隔墙、楼板的空气声隔声标准

围护结构部位	计权隔声量（R_W）+ 交通噪声频谱修正量（C_W）单位：dB	
	高要求标准	低限标准
健身中心、娱乐场所等与噪声敏感房间之间的隔墙、楼板	>60	>55
购物中心、餐厅、会展中心等与噪声敏感房间之间的隔墙、楼板	>50	>45

B. 噪声敏感房间与产生噪声房间之间的的空气声隔声性能，应符合表125-35的规定。

表125-35 噪声敏感房间与产生噪声房间之间的空气声隔声标准

房间名称	计权隔声量（R_W）+ 交通噪声频谱修正量（C_W）单位：dB	
	高要求标准	低限标准
健身中心、娱乐场所等与噪声敏感房间之间	≥60	≥55
购物中心、餐厅、会展中心等与噪声敏感房间之间	≥50	≥45

C. 噪声敏感房间的上一层为产生噪声房间时，噪声敏感房间顶部楼板的撞击声隔声性能，应符合表125-36的规定。

表125-36 噪声敏感房间顶部楼板的撞击声隔声标准

楼板部位	撞击声隔声单值评价量（dB）			
	高要求标准		低限标准	
	计权规范化撞击声压级 $L_{n,W}$（实验室测量）	计权标准化撞击声压级 $L'_{nT,W}$（现场测量）	计权规范化撞击声压级 $L_{n,W}$（实验室测量）	计权标准化撞击声压级 $L'_{nT,W}$（现场测量）
健身中心、娱乐场所等与噪声敏感房间之间的楼板	<45	≤45	<50	≤50

④隔声减噪设计

A. 高噪声级的商业空间不应与噪声敏感的空间位于同一建筑内或毗邻。如果不可避免地位于同一建筑内或毗邻,必须进行隔声、隔振处理,保证传至敏感区域的营业噪声和该区域内的背景噪声叠加后的总噪声级与背景噪声级之差值不大于3dB(A声级)。

B. 当公共空间室内设有暖通空调系统时,暖通空调系统在室内产生的噪声级应符合规定。并宜采取下列措施:
- 降低风管中的风速。
- 设置消声器。
- 选用低噪声的风口。

(4) 墙板的隔声性能参考值

1) 相关技术资料指出:不同房间墙板的隔声性能见表125-37。

表125-37 不同房间墙板的隔声性能

编号	构件名称	面密度（kg/m²）	空气声隔声指数（dB）
1	240mm砖墙,双面抹灰	500	48~53
2	140mm振动砖墙板	300	48~50
3	140~180mm钢筋混凝土大板	250~400	46~50
4	250mm加气混凝土,双面抹灰	220	47~48
5	3~4层双层碳化石灰板喷浆	130	45
6	板条墙	90	45~47
7	140~160mm钢筋混凝土空心大板	200~240	43~47
8	120~150mm加气混凝土,双面抹灰	150~165	40~45
9	120mm砖墙双面抹灰	280	43~47
10	200mm混凝土空心砌块,双面抹灰	220~285	43~47
11	石膏龙骨四层石膏板,板竖向排列	60	45~47
12	石膏龙骨四层石膏板,板横向排列	60	41
13	抽空石膏条板,双面抹灰	110	42
14	200~240mm煤渣砖或粉煤灰砖墙,双面抹灰	—	44~47
15	20mm×90mm双层碳化石灰板喷浆	130	45
16	石膏板与其他板材的组合墙体	65~69	44~47
17	80~90mm石膏复合板填棉	32	37~41
18	石膏板与加气混凝土组合墙体	70	38~39

续表

编号	构件名称	面密度（kg/m²）	空气声隔声指数（dB）
19	100mm 石膏蜂窝板加贴石膏板一层	44	35
20	20mm×60mm 双面珍珠岩石膏板	70	30~35
21	80~90mm 双层纸面石膏板（木龙骨）	25	31~34
22	90mm 单层碳化石灰板	65	32
23	80mm 双层水泥刨花板	45	30
24	60mm 单层珍珠岩石膏板	35	24

2)《蒸压加气混凝土建筑应用技术规程》（JGJ/T 17—2008）中指出：蒸压加气混凝土隔墙隔声性能，详见表 125-38。

表 125-38　蒸压加气混凝土隔墙隔声性能

隔墙做法	500~1000Hz 的计权隔声量 R_w(dB)
75mm 厚砌块墙，两侧各 10mm 抹灰	38.8
100mm 厚砌块墙，两侧各 10mm 抹灰	41.0
150mm 厚砌块墙，两侧各 20mm 抹灰	44.0（砌块）
	46.0（板材）（B6 级制品无抹灰层）
100mm 厚条板，双面各刮 3mm 腻子喷浆	39.0
两道 75mm 厚砌块墙，75mm 中空，两侧各抹 5mm 混合灰	49.0
两道 75mm 厚条板墙，75mm 中空，两侧各抹 5mm 混合灰	56.0
一道 75mm 厚砌块墙，50mm 中空，一道 120mm 厚砖墙，两侧各 20mm 抹灰	55.0
200mm 厚条板，双面各刮 5mm 腻子喷浆	45.2（板材）
200mm 厚砌块，双面各刮 5mm 腻子喷浆	48.4（B6 级制品无抹灰层）

注：1. 上述检测数据，均为 B05 级水泥、矿渣、砂加气混凝土砌块；
2. 砌块均为普通水泥砂浆砌筑；
3. 抹灰为 1:3:9（水:石灰:砂）混合砂浆；
4. B06 级制品隔声数据系水泥、矿渣、粉煤灰加气混凝土制品。

(5) 楼板的隔声性能参考值

1) 相关技术资料指出：不同房间楼板的隔声性能见表 125-39、表 125-40。

表 125-39　不同房间楼板的隔声性能

编号	构件名称	计权标准化声压级撞击声指数（dB）
1	钢筋混凝土楼板上有木搁栅与焦渣垫层的木楼板	58～65
2	钢筋混凝土楼板上设水泥焦渣及锯末白灰垫层	65～66
3	钢筋混凝土槽形板，板条吊顶	66
4	钢筋混凝土圆孔板，砂子垫层，铺预制混凝土夹心块	66～67
5	钢筋混凝土圆孔板上实贴木地板或复合再生胶面层	69～72
6	钢筋混凝土楼板上设水泥焦渣及砂子烟灰垫层	71～72
7	钢丝网水泥楼板，纤维板吊顶，复合再生胶面层	73～75
8	钢筋混凝土圆孔板水泥焦渣及砂子烟灰垫层	75～78
9	110～120mm 厚钢筋混凝土大楼板	77
10	钢筋混凝土楼板上设水泥焦渣垫层	81～83
11	钢筋混凝土圆孔板水泥砂浆或豆石混凝土垫层	82～84
12	密肋楼板松散矿渣填芯	82
13	钢丝网水泥楼板纤维板吊顶	83～87
14	钢丝网水泥楼板石膏板吊顶	86～90
15	密肋楼板珍珠岩或陶粒粉煤灰填芯	85～89
16	密肋楼板加气混凝土或纸蜂窝填芯	92～96
17	钢丝网水泥楼板	101

2）楼板撞击声实测举例

表 125-40　楼板撞击声实测

楼板构造	有无地毯	撞击声压级（dB）
水磨石楼面 180mm 厚钢筋混凝土预制圆孔板、五夹板吊顶	无	61.3
	有 12mm 厚羊毛地毯	32.6
水泥楼面 110mm 厚现制钢筋混凝土板	无	70.1
	有 12mm 厚地毯和 5mm 厚毛毡毯	35.9
水泥楼面钢筋混凝土密肋楼板	无	78.7
	有 10mm 厚尼龙地毯和 5mm 厚泡沫塑料垫	26.4
110mm 厚楼板	无	73.0
130mm 厚预制钢筋混凝土圆孔板	有 6mm 厚羊毛地毯	42.0

附录　与考试复习有关的规范索引

一、通用规范

1. 《民用建筑设计通则》（GB 50352—2005）
2. 《民用建筑设计术语标准》（GB/T 50504—2009）
3. 《建筑模数协调统一标准》（GBJ 2—86）
4. 《建筑工程建筑面积计算规范》（GB/T 50353—2005）
5. 《绿色建筑评价标准》（GB/T 50378—2006）
6. 《建筑材料术语标准》（JGJ/T 191—2009）

二、建筑设计

7. 《住宅设计规范》（GB 50096—1999）2003年版
8. 《住宅建筑规范》（GB 50368—2005）
9. 《老年人居住建筑设计规范》（GB/T 50340—2003）
10. 《老年人建筑设计规范》（JGJ 122—89）
11. 《汽车库建筑设计规范》（JGJ 100—98）
12. 《剧场建筑设计规范》（JGJ 57—2000）
13. 《办公建筑设计规范》（JGJ 67—2006）
14. 《人民防空地下室设计规范》（GB 50038—2005）
15. 《宿舍建筑设计规范》（JGJ 36—2005）
16. 《托儿所、幼儿园建筑设计规范》（JGJ 39—87）
17. 《智能建筑设计标准》（GB/T 50314—2006）
18. 《中小学校建筑设计规范》（GBJ 99—86）
19. 《疗养院建筑设计规范》（JGJ 40—87）2008年版
20. 《体育建筑设计规范》（JGJ 31—2003）
21. 《洁净厂房设计规范》（GB 50073—2001）
22. 《轻钢结构住宅技术规程》（JGJ 209—2010）

三、建筑结构

23. 《建筑抗震设计规范》（GB 50011—2010）

24. 《砌体结构设计规范》（GB 50003—2001）
25. 《高层建筑混凝土结构技术规程》（JGJ 3—2010）
26. 《建筑工程抗震设防分类标准》（GB 50223—2008）
27. 《建筑结构可靠度统一设计标准》（GB 50068—2001）
28. 《建筑地基基础设计规范》（GB 50007—2002）
29. 《建筑结构荷载规范》（GB 50009—2001）2006 年版
30. 《混凝土结构设计规范》（GB 50010—2010）
31. 《多孔砖砌体结构技术规范》（JGJ 137—2001）

四、建筑防火

32. 《建筑设计防火规范》（GB 50016—2006）
33. 《高层民用建筑设计防火规范》（GB 50045—95）2005 年版
34. 《人民防空工程设计防火规范》（GB 50098—2009）
35. 《建筑内部装修设计防火规范》（GB 50222—95）2001 年版
36. 《汽车库、修车库、停车场设计防火规范》（GB 50067—97）

五、建筑物理

37. 《民用建筑热工设计规范》（GB 50176—93）
38. 《严寒和寒冷地区居住建筑节能设计标准》（JGJ 26—2010）
39. 《居住建筑节能设计标准》（DBJ 11—602—2006）
40. 《民用建筑隔声设计规范》（GB 50118—2010）
41. 《公共建筑节能设计标准》（DBJ 01—621—2005）
42. 《公共建筑节能设计标准》（GB 50189—2005）
43. 《夏热冬冷地区居住建筑节能设计标准》（JGJ 134—2010）
44. 《夏热冬暖地区居住建筑节能设计标准》（JGJ 75—2003）
45. 《建筑采光设计标准》（GB/T 50033—2001）
46. 《公共建筑节能设计标准》（DB 11/687—2009）

六、建筑构造与建筑装饰装修构造

47. 《建筑地面设计规范》（GB 50037—96）
48. 《地下工程防水技术规范》（GB 50108—2008）
49. 《屋面工程技术规范》（GB 50345—2004）
50. 《屋面工程质量验收规范》（GB 50207—2002）
51. 《城市道路和建筑物无障碍设计规范》（JGJ 50—2001）
52. 《建筑装饰装修工程质量验收规范》（GB 50210—2001）

53. 《玻璃幕墙工程技术规范》（JGJ 102—2003）
54. 《玻璃幕墙工程质量验收标准》（JGJ/T 139—2001）
55. 《金属与石材幕墙工程技术规范》（JGJ 133—2001）
56. 《建筑地面工程施工质量验收规范》（GB 50209—2010）
57. 《地面辐射供暖技术规程》（JGJ 142—2004）
58. 《建筑涂料工程施工及验收规范》（JGJ/T 29—2003）
59. 《住宅装饰装修工程施工规范》（GB 50327—2001）
60. 《建筑玻璃应用技术规程》（JGJ 113—2009）
61. 《外墙饰面砖工程施工及验收规程》（JGJ 126—2000）
62. 《塑料门窗安装及验收规范》（JGJ 103—2008）
63. 《屋面工程质量验收规范》（GB 50207—2002）
64. 《地下防水工程质量验收规范》（GB 50208—2002）
65. 《建筑轻质条板隔墙技术规程》（JGJ/T 157—2008）
66. 《种植屋面工程技术规程》（JGJ 15—2007）
67. 《外墙外保温工程技术规程》（JGJ 144—2004）
68. 《混凝土小型空心砌块建筑技术规程》（JGJ/T 14—2004）
69. 《建筑涂饰工程施工及验收规程》（JGJ/T 29—2003）
70. 《砌体工程施工质量验收规范》（GB 50203—2002）
71. 《硬泡聚氨酯保温防水工程技术规范》（GB 50404—2007）
72. 《蒸压加气混凝土建筑应用技术规程》（JGJ/T 17—2008）
73. 《建筑陶瓷薄板应用技术规程》（JGJ/T 172—2009）
74. 《民用建筑工程室内环境污染控制规范》（GB 50325—2010）
75. 《硬泡聚氨酯保温防水工程技术规范》（GB 50404—2007）
76. 《自流平地面工程技术规程》（JGJ/T 175—2009）
77. 《轻骨料混凝土技术规程》（JGJ 51—2002）
78. 《石膏砌块砌体技术规程》（JGJ/T 201—2010）
79. 《住宅建筑门窗应用技术规程》（DBJ 01—79—2004）
80. 《铝合金门窗工程技术规范》（JGJ 214—2010）
81. 《倒置式屋面工程技术规程》（JGJ 230—2010）
82. 《建筑外墙防水工程技术规范》（JGJ/T 235—2011）
83. 《建筑遮阳工程技术规范》（JGJ 237—2011）
84. 《植物纤维工业灰渣混凝土砌块建筑技术规程》（JGJ/T 228—2010）